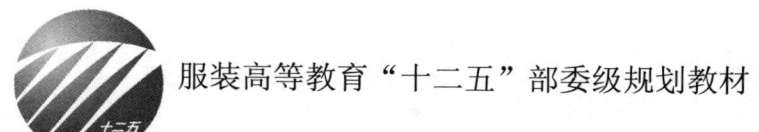 

服装高等教育"十二五"部委级规划教材

服装CAD应用教程

罗岐熟　张祥磊　杨贤春　编著

中国纺织出版社

内 容 提 要

本书是服装高等教育"十二五"部委级规划教材。书中系统地介绍了法国力克（Lectra）公司在服装CAD领域推出的主打产品，包括Modaris V6R1纸样设计/放码软件与DiaminoFashion V5R4排料/估料软件。这些软件在力克倡导的Fashion PLM（时尚产品生命周期）管理解决方案中占据核心地位并起主导作用，是全球服装CAD领域中理念与技术的引领者。本书包括力克服装CAD概述、力克纸样设计系统、力克纸样放码系统、高阶裁片关联、下拉菜单与状态栏、力克排料系统。全书在对软件进行详尽介绍的同时，注重实操性，引入了大量的实例和练习，做到理论与实践相结合。

本书既可作为高等服装院校服装类专业的教材，也可供从事服装行业的技术人员阅读与参考。本书还配有学习光盘，便于教师教学与读者自学使用。

图书在版编目（CIP）数据

服装CAD应用教程／罗岐熟，张祥磊，杨贤春编著．--北京：中国纺织出版社，2015.12
服装高等教育"十二五"部委级规划教材
ISBN 978-7-5180-2161-1

Ⅰ.①服⋯ Ⅱ.①罗⋯②张⋯③杨⋯ Ⅲ.①服装—计算机辅助设计—高等学校—教材 Ⅳ.①TS941.26

中国版本图书馆CIP数据核字（2015）第272909号

责任编辑：宗 静　　特约编辑：刘 津　　责任校对：余静雯
责任设计：何 建　　责任印制：何 建

中国纺织出版社出版发行
地址：北京市朝阳区百子湾东里A407号楼　邮政编码：100124
销售电话：010—67004422　传真：010—87155801
http://www.c-textilep.com
E-mail:faxing@c-textilep.com
中国纺织出版社天猫旗舰店
官方微博http://weibo.com/2119887771
北京通天印刷有限责任公司印刷　各地新华书店经销
2015年12月第1版第1次印刷
开本：787×1092　1/16　印张：19.5
字数：318千字　定价：42.80元（附赠光盘）

凡购本书，如有缺页、倒页、脱页，由本社图书营销中心调换

出版者的话

《国家中长期教育改革和发展规划纲要》（简称《纲要》）中提出"要大力发展职业教育"。职业教育要"把提高质量作为要点。以服务为宗旨，以就业为导向，推进教育改革。实行工学结合、校企合作、顶岗实习的人才培养模式"。为全面贯彻落实《纲要》，中国纺织服装教育协会协同中国纺织出版社，认真组织制订"十二五"部委级教材规划，组织专家对各院校上报的"十二五"规划教材选题进行认真评选，力求使教材出版与教学改革和课程建设发展相适应，并对项目式教学模式的配套教材进行了探索，充分体现职业技能培养的特点。在教材的编写上重视实践和实训环节内容，使教材具有以下三个特点：

（1）围绕一个核心——育人目标。根据教育规律和课程设置特点，从培养学生学习兴趣和提高职业技能入手，教材内容围绕生产实际和教学需要展开，形式上力求突出重点，强调实践。附有课程设置指导，并于章首介绍本章知识点、重点、难点及专业技能，章后附形式多样的思考题等，提高教材的可读性，增加学生学习兴趣和自学能力。

（2）突出一个环节——实践环节。教材出版突出高职教育和应用性学科的特点，注重理论与生产实践的结合，有针对性地设置教材内容，增加实践、实验内容，并通过多媒体等形式，直观反映生产实践的最新成果。

（3）实现一个立体——开发立体化教材体系。充分利用现代教育技术手段，构建数字教育资源平台，开发教学课件、音像制品、素材库、试题库等多种立体化得配套教材，以直观的形式和丰富的表达充分展现教学内容。

教材出版是教育发展中的重要组成部分，为出版高质量的教材，出版社严格甄选作者，组织专家评审，并对出版全过程进行跟踪，及时了解教材编写进度、编写质量，力求做到作者权威、编辑专业、审读严格、精品出版。我们愿与院校一起，共同探讨、完善教材出版，不断推出精品教材，以适应我国职业技术教育的发展要求。

中国纺织出版社
教材出版中心

前言

服装CAD课程是服装设计与工程类及服装艺术设计类学生的专业必修课程，也是培养服装专业学生综合应用计算机进行辅助设计的能力的重要专业课之一。其培养目标是以应用型人才培养为核心，培养学生掌握和综合运用CAD系统进行服装结构设计以及推板排料的能力。

随着我国加入世界贸易组织（World Trade Organization，简称WTO），服装企业要在激烈的国际市场竞争中求得生存发展，就必须借助高科技特别是IT技术，以缩短产品生命周期，提高产品质量，降低生产成本和提供更好的服务。我国纺织服装业今后能否在国际市场竞争中保持活力，关键要看能否推进和实现服装产业数字化和信息化。

服装CAD作为服装产业数字化和信息化的重要一环，在服装教学中占据了重要的位置。近年来，国内外服装CAD系统层出不穷，在教学实践中，编者选择力克（Lectra）服装CAD作为教学与科研的主体，是因为力克服装CAD不但是国内外几款优秀的服装CAD之一，而且还具有以下特性。

创新性与前瞻性。力克作为全球服装CAD领域中理念与技术的引领者，理念与技术的创新与前瞻是必不可少的。无论是"力克时尚产品生命周期解决方案"的提出，全数字化服装生产、相关联技术、层技术的率先尝试，还是三维试衣系统的日臻完善，都显示了创新和前瞻的生命力。

系统性与高效性。力克服装CAD每款软件并不是孤立开发和存在的，而是所有软件与硬件都被整合进力克公司倡导的"时尚产品生命周期解决方案"中，使其服装CAD成为一个完整的系统体系，高效且具有强大的生命力。另外，其严谨性与及时性，都给用户留下了深刻的印象。

本书在内容上重点介绍Modaris V6R1纸样设计/放码软件与DiaminoFashion V5R4排料/估料软件。对软件进行详尽介绍的同时，注重实操性，引入了大量的实例和练习，做到理论与实践相结合。本书既可以作为高等服装院校服装类专业的教材，也可供从事服装行业的专业技术人员阅读与参考。

全书共分六个章节，由广东轻工职业技术学院罗岐熟负责编写第一章、第二章、第六章，广东轻工职业技术学院张祥磊负责编写第三章、第四章，广东轻工职业技术学院杨贤春负责编写第五章，由罗岐熟负责全书的统稿及修改。

在教材编写过程中，得到中国纺织出版社、力克（上海）有限公司的鼎力支持，部分内容参考了法国力克公司的《Modaris中文用户手册》及《Diamino中文用户手册》，在此表示真诚的谢意。

本书的编写历时两年，由于作者水平有限，难以达到尽善尽美，书中难免有不足和疏漏之处，敬请各位专家、读者指正。

编著者

2015年9月

教学内容及课时安排

章/课时	课程性质/课时	节	课程内容
第一章 （4课时）	基础理论 （4课时）		·力克（Lectra）服装CAD概述
		一	力克服装CAD的发展历史及其发展趋势
		二	力克服装CAD软件系统
		三	力克服装CAD硬件系统
		四	力克时尚产品生命周期解决方案
第二章 （32课时）	应用与技能 （40课时）		·力克纸样设计系统（Modaris V6R1）
		一	Modaris V6R1系统概述
		二	图形绘制（F1、F2工具箱面板）
		三	图形修改与裁片创建（F3、F4工具箱面板）
		四	衍生裁片与成衣管理（F5、F8工具箱面板）
第三章 （8课时）			·力克纸样放码系统（Modaris V6R1）
		一	放码与尺码系统（F6、F7工具箱面板）
		二	纸样放码综合应用
第四章 （8课时）	运用与拓展 （20课时）		·高阶裁片关联（Modaris V6R1）
		一	"高阶裁片关联"工具
		二	"高阶裁片关联"综合应用
第五章 （4课时）			·下拉菜单与状态栏（Modaris V6R1）
		一	下拉菜单
		二	状态栏
第六章 （8课时）			·力克排料系统（Diamino Fashion V5R4）
		一	排料系统开启
		二	排料系统操作
		三	工具箱与快捷键
		四	下拉菜单
		五	排料系统综合应用

注　各院校可根据自身的教学特点和教学计划对课程时数进行调整。

目录

第一章　力克（Lectra）服装CAD概述 ·· 002
  第一节　力克服装CAD的发展历史及其发展趋势 ······································· 002
    一、力克服装CAD的发展历史 ··· 002
    二、力克服装CAD的发展趋势 ··· 004
  第二节　力克服装CAD软件系统 ·· 007
    一、设计类软件系统 ·· 007
    二、纸样制作软件系统 ··· 010
    三、排料软件系统 ·· 010
    四、控制裁剪订单规划软件系统 ··· 011
  第三节　力克服装CAD硬件系统 ·· 011
    一、高速绘图机Alys ··· 011
    二、智能铺布机Progress Brio ·· 012
    三、单层自动裁剪系统Prospin ··· 013
    四、多层自动裁剪系统Vector ·· 013
  第四节　力克时尚产品生命周期解决方案 ·· 013
    一、统一性 ·· 015
    二、高效性 ·· 016
    三、及时性 ·· 017
    本章小结 ·· 017
    思考题与实训练习 ··· 018

第二章　力克纸样设计系统（Modaris V6R1） ······································ 020
  第一节　Modaris V6R1系统概述 ·· 020
    一、Modaris V6R1工作界面 ·· 021
    二、Modaris常见的文件类型 ··· 023
    三、Modaris常见的点类型 ·· 024
    四、Modaris常见的快捷键 ·· 025
    五、Modaris工作页资料框 ·· 026
    六、访问路径设置 ·· 027

七、制作尺码表 ·· 028
　　　八、参数设置 ·· 030
　　　九、文件的导出与输入 ·· 031
　第二节　图形绘制 ··· 034
　　　一、【F1】工具箱面板 ·· 034
　　　二、【F2】工具箱面板 ·· 048
　　　三、【F1】、【F2】面板制图实例 ·································· 056
　第三节　图形修改与裁片创建 ·· 070
　　　一、【F3】工具箱面板 ·· 070
　　　二、【F4】工具箱面板 ·· 078
　　　三、【F3】、【F4】面板制图实例 ·································· 097
　第四节　衍生裁片与成衣管理 ·· 114
　　　一、【F5】工具箱面板 ·· 114
　　　二、【F8】工具箱面板 ·· 122
　　　三、【F5】、【F8】面板制图实例 ·································· 141
　　本章小结 ·· 145
　　思考题与实训练习 ·· 146

第三章　力克纸样放码系统（Modaris V6R1） 150
　第一节　放码与尺码系统 ·· 150
　　　一、【F6】工具箱面板 ·· 150
　　　二、【F7】工具箱面板 ·· 163
　第二节　纸样放码综合应用 ·· 171
　　　一、成品规格与档差 ·· 172
　　　二、在Modaris系统中放码 ·· 172
　　本章小结 ·· 179
　　思考题与实训练习 ·· 179

第四章　高阶裁片关联（Modaris V6R1） 182
　第一节　"高阶裁片关联"工具 ··· 182
　　　一、【F1】面板相关联工具 ·· 182
　　　二、【F3】面板相关联工具 ·· 185
　　　三、【F4】、【F5】面板相关联工具 ································ 189
　第二节　"高阶裁片关联"综合应用 ····································· 189
　　　一、双排扣戗驳领女西服 ·· 189
　　　二、在Modaris中绘制女西服纸样 ·································· 190

本章小结 ………………………………………………………………………… 222
思考题与实训练习 ……………………………………………………………… 222

第五章　下拉菜单与状态栏（Modaris V6R1） ………………………… 226
第一节　下拉菜单 …………………………………………………………… 226
一、【档案】菜单 ………………………………………………………… 226
二、【编辑】菜单 ………………………………………………………… 231
三、【工作页】菜单 ……………………………………………………… 231
四、【切角工具】菜单 …………………………………………………… 233
五、【显示】菜单 ………………………………………………………… 233
六、【尺码】菜单 ………………………………………………………… 234
七、【选择】菜单 ………………………………………………………… 235
八、【巨集】菜单 ………………………………………………………… 236
九、【工作层】菜单 ……………………………………………………… 238
十、【参数】菜单 ………………………………………………………… 240
十一、【画面配置】菜单 ………………………………………………… 241
十二、【工具】菜单 ……………………………………………………… 244
十三、【辅助说明】菜单 ………………………………………………… 244

第二节　状态栏 ……………………………………………………………… 245
一、【剪口工具】 ………………………………………………………… 245
二、【记号工具】 ………………………………………………………… 245
三、【切角工具】 ………………………………………………………… 246
四、【轴线】 ……………………………………………………………… 246
五、【放缩工具】 ………………………………………………………… 246
六、【曲线点】 …………………………………………………………… 246
七、【影子】 ……………………………………………………………… 246
八、【裁剪部分】 ………………………………………………………… 247
九、【平面图】 …………………………………………………………… 247
十、【用户布局】 ………………………………………………………… 248

本章小结 ………………………………………………………………………… 248
思考题与实训练习 ……………………………………………………………… 249

第六章　力克排料系统（Diamino Fashion V5R4） ……………………… 252
第一节　排料系统开启 ……………………………………………………… 252
一、成衣档案设置 ………………………………………………………… 253
二、【档案】下拉菜单设置 ……………………………………………… 254

第二节　排料系统操作 ·············· 264
　　一、将裁片移入排料区 ············ 264
　　二、将裁片移回顶部图表区 ········ 266
　　三、对排料区中裁片的操作 ········ 266
第三节　工具箱与快捷键 ·············· 270
　　一、工具箱 ······················ 270
　　二、快捷键 ······················ 277
第四节　下拉菜单 ···················· 279
　　一、【档案】菜单 ················ 280
　　二、【编辑】菜单 ················ 280
　　三、【显示】菜单 ················ 281
　　四、【工具】菜单 ················ 281
　　五、【条纹工具】 ················ 289
　　六、【辅助说明】菜单 ············ 292
第五节　排料系统综合应用 ············ 292
　　一、素色布排料应用 ·············· 292
　　二、对条、对格排料应用 ·········· 292
　　三、并床排料应用 ················ 297
　　本章小结 ························ 298
　　思考题与实训练习 ················ 298

参考文献 ·························· 300

基础理论——

力克（Lectra）服装CAD概述

课题内容： 1. 力克服装CAD的发展历史及其发展趋势
2. 力克服装CAD软件系统
3. 力克服装CAD硬件系统
4. 力克时尚产品生命周期解决方案（Lectra Fashion PLM）

课题时间： 4课时

教学目的： 通过本章的学习，了解力克服装CAD的发展历史及其发展趋势，了解力克服装CAD的软件与硬件系统，以及其倡导的时尚产品生命周期解决方案。

教学方法： 应用PPT课件，上机操作与教师讲授同步进行。

教学要求： 1. 了解力克服装CAD"立体化""智能化""集成化""网络化"的发展趋势。
2. 了解力克Kaledo系列、Modaris系列、Diamino系列、Optiplan系列软件及各种硬件系统。
3. 了解力克时尚产品生命周期解决方案"统一性""高效性""及时性"的特征。

第一章　力克（Lectra）服装CAD概述

第一节　力克服装CAD的发展历史及其发展趋势

法国力克公司（Lectra）是位于法国波尔多地区的一家高科技公司，是业界领先的解决方案（特别是CAD/CAM整合技术解决方案）及配套服务的供应商，为时尚业（服装、饰件、鞋类）、纺织品、皮革、汽车（汽车座椅、汽车内饰和气囊）、家具及其他行业（如航天、船舶、风力发电及个人防护装备等）开发最先进的专业化软件和裁剪系统，并提供相应的配套服务。图1–1是力克公司位于法国波尔多的研发中心，占地28英亩，拥有办公面积30万平方英尺，共有540名专职研发人员。

图1-1　力克法国波尔多研发中心

一、力克服装CAD的发展历史

1973年11月12日，由Jean和Bernard Etcheparre这两位卓有远见的工程师在法国波尔多开发了可以自动计算并绘制出一件服装所有尺码的LECteur-TRAceur 200计算机系统，因此成立的公司被命名为力克系统公司（Lectra Systèmes）。

经过40多年的努力，力克公司从开始不到10名雇员，发展成为为软性材料（纺织品、皮革、工业面料以及复合材料等）行业提供整合技术解决方案的全球领导者。以下的时间节点反映了力克公司的发展轨迹。

1976年，售出第一套服装打板与放码系统；1985年，第一台自动化面料裁剪系统投放市场，从计算机辅助设计（CAD）领域迈入了计算机辅助制造（CAM）领域；1993年，新一代自动面料裁剪系统Vector实现第一项技术突破，使之很快成为全球行业标准；1996年，包括Modaris打板系统及Diamino排料系统在内的新一代CAD软件系统实现新的技术突破；2001年，力克系统公司更名为力克公司，并将完美的技术（尤其是三维及互联网技术）与新型应用软件进行整合；2006年，力克推出了为时尚行业专门设计，专用于服饰系列的产品生命周期管理解决方案（Lectra Fashion PLM），力克已经超越传统CAD/CAM系统供应商的角色，成为为客户提供全面性整合服务（涵盖项目规划、落实与咨询）的技术供应商。Lectra Fashion PLM将流程管理系统（由Optiplan控制裁剪订单规划系统、产品设计与开发管理系统、战略采购和工作流程管理系统构成）、Kaledo服装/纺织品设计系统、Modaris纸样开发系统、Modaris 3D Fit服装虚拟三维系统、Diamino排料/估料系统等整合为一体，使客户的产品生命周期得到了最为有效的管理与控制，如图1-2所示为力克的时尚产品生命周期管理体系。

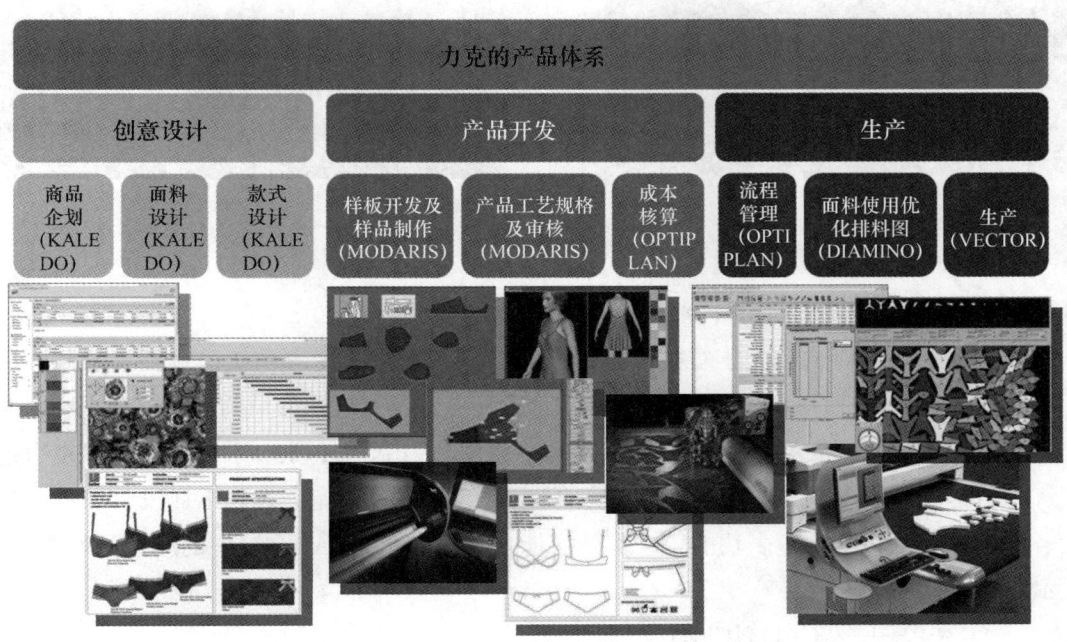

图1-2 力克的时尚产品生命周期管理体系

二、力克服装CAD的发展趋势

1. 立体化——从平面到立体设计

日益变化的服装市场正在经历着一场从传统走向创新的大变革，服装消费市场对服装设计、生产企业提出了更高的要求。由于服装设计是根据人体形态与审美观念而进行的，服装最终穿着效果才是该服装成功与否的唯一检验标准。而传统的工业化成衣设计多是在二维平面上完成，经验的成分起了决定性作用，与现代服装讲究立体化、个性化和时尚化的发展趋势不可避免地会产生诸多矛盾。

现在，Modaris 3D Fit的出现可以解决上述问题。Modaris 3D Fit与二维Modaris打板解决方案相连，能够快速实现二维样板与三维试衣互相切换，不但可以实时看到样板穿着在人体身上的款式效果，并能够检验其服装的合身性、颜色、图案与松紧度等一系列参数，还可以实时联动修改，可以更快地实现样品认可。设计师在不断的互动过程中也能形成更深的设计理念，使得相对枯燥的设计过程因而变得更加生动与深刻。如图1-3、图1-4所示为Modaris 3D Fit款式与合身性的检验、款式颜色与图案的确认。

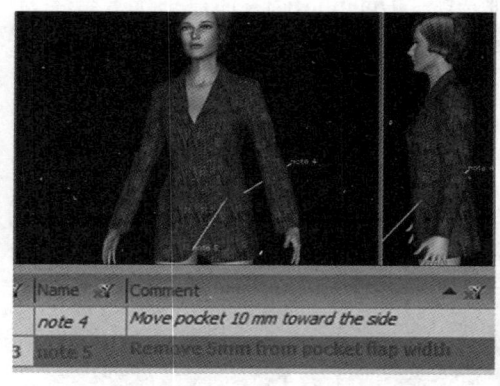
图1-3 款式与合身性

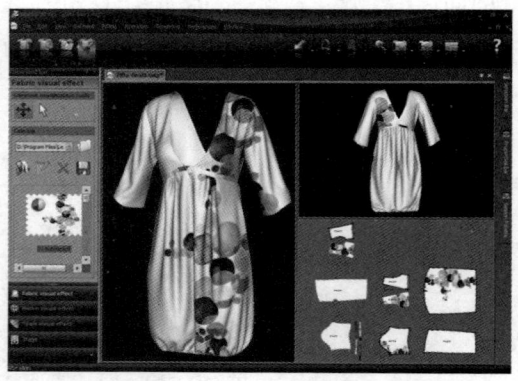
图1-4 款式颜色与图案确认

2. 智能化——服装CAD专家系统

随着新一代计算机和人工智能技术的发展，知识工程、专家系统已逐渐渗透到服装CAD系统中，计算机具有了模拟人脑的推理分析功能，拥有行业领域的经验、知识和语言能力，使系统发挥出更有意义的"专家顾问"作用。力克在Modaris系统的开发中也引进了许多智能化设计，如纸样相关联功能、交互式纸样核对功能、齐码纸样设计和放码功能、同步更新纸样和测量表功能等，都是智能化技术在服装CAD系统中的应用，如图1-5所示。

3. 集成化——从CAD到CIMS

随着时装行业产品细分，服装业向多品种、小批量、短周期、快变化及时装化等方向

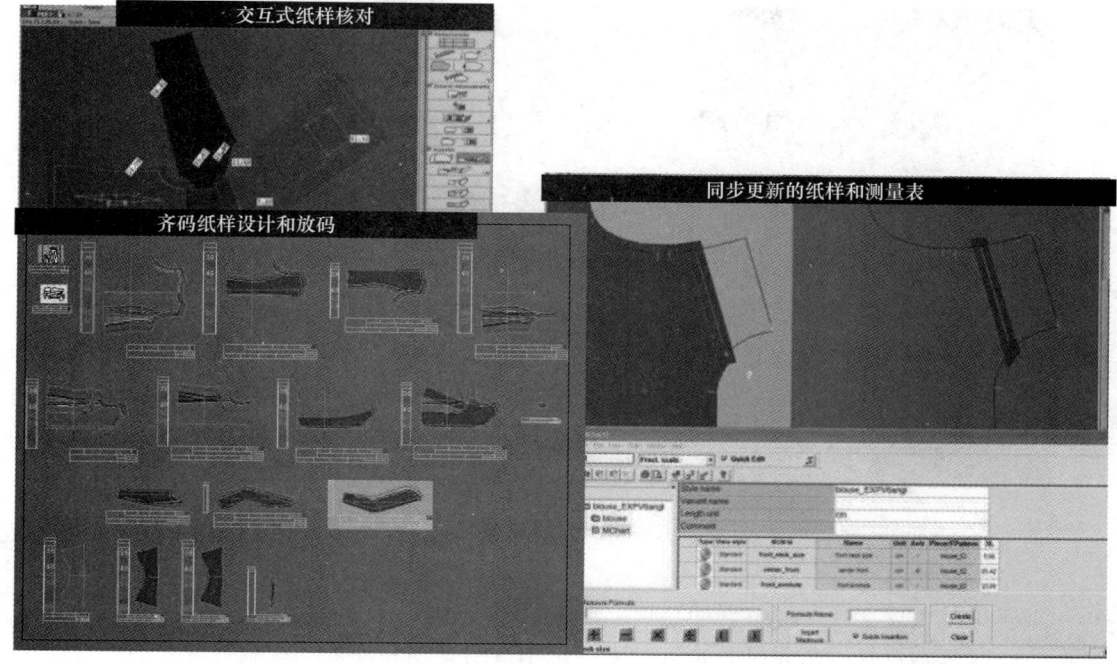

图1-5　智能化在Modaris系统中的应用

发展。为了适应市场，"多款式、少批量"的生产方式蔚然成风，计算机集成制造，即CIMS（Computer Integrated Manufacturing System）已成为当今服装业发展的必然趋势。

力克公司顺应这种发展趋势，并领导这种发展趋势，在信息技术、计算机技术、自动化技术和现代科学管理的基础上，将设计、制造、管理经营活动等所需的各种自动化系统，通过新的生产模式、工艺理论和计算机网络等有机集成，根据市场竞争多变的特点，把产品从设计到面料投入、打板、裁剪、缝制、整理加工、管理到营销所需的工作量降到最低，追求企业全局动态优化的新型生产管理模式。

力克公司整合了公司经营和工厂生产管理的计算机信息系统（MIS系统），包括计算机辅助设计与制造系统（CAD/CAM系统），计算机辅助企划系统（CAP系统），还包括PDM系统，即产品数据管理系统（Product Data Management），以服装产品为中心，通过计算机网络和数据库技术把服装生产过程中所有与服装产品有关的信息和生产过程（包括项目计划、设计数据、成品样衣、样板图等）集成起来，实现服装CAD、CAPP、CAM、ERP、MIS等单项孤岛技术所产生的数据共享，统一管理，并提出了Lectra Fashion PLM解决方案，从而使产品数据在其生命周期内保持一致，为服装企业找到一条能真正实现集成化数据管理的技术道路，如图1-6所示为力克的CIMS系统。

4. 网络化——国际互联网的运用

近10年来，计算机通信和网络技术发展迅猛，尤其是Internet，每年新加入Internet的用户以120%的速度增长。信息技术飞速发展的同时，也使传统的制造业发生了革命性变

图1-6 力克的CIMS系统

化。企业普遍通过互联网进行产品宣传、信息收集等工作，并有许多企业开展了电子商务工作，一些基础较好的企业已开始进行网络化制造的规划和部署。就服装行业而言，服装的流行周期越来越短，服装企业能否建立高效的快速反应机制，已是当今世界服装行业在激烈竞争中胜利与否的关键所在。

如图1-7所示，力克公司利用网络技术，为用户建立跨国的信息系统，进入国内外的公共信息网络，使企业既能及时掌握内部的各种信息，有利于企业的决策，又能通过信息网络宣传产品和进行商品交易，以提高企业的知名度和经济效益。力克公司还致力于服装企业在下订单、原料、设计、工艺到生产订货过程中的网络化，可以实现设计师能在全球不同的地区设计，原料能在全球不同的地区采购，产品在全球不同的地区生产和销售，并充分利用网络的强大功能来保证数据的集中、共享及统一，从而实现产品的异地设计和并行工程。

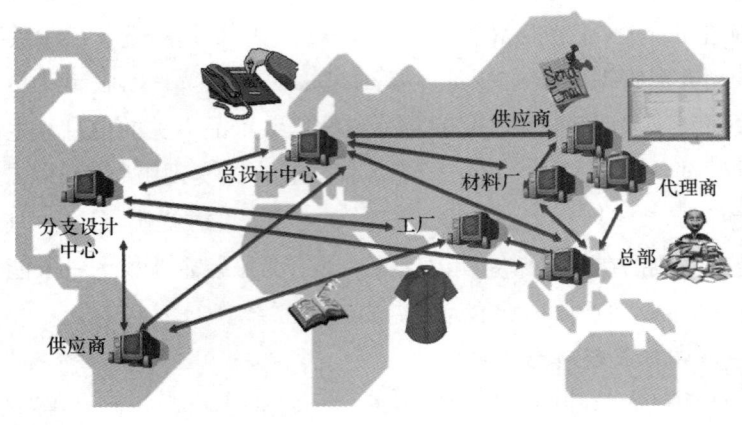

图1-7 力克CAD系统的网络化

第二节　力克服装CAD软件系统

力克服装CAD软件系统主要包括设计类软件系统（如Kaledo Collection、Kaledo Style、Kaledo Print、Kaledo Weave、Kaledo Knit等）、纸样制作软件系统（如Modaris系列）、排料软件系统（如Diamino系列）、控制裁剪订单规划系统（如Optiplan系统）。

一、设计类软件系统

1998～2000年期间，力克公司收购了中国香港澎马公司（Prima Design Systems），经过多年的努力，开发出Kaledo系列软件，这是力克公司专门为纺织品设计、服装设计打造的软件系统。

1. Kaledo Collection

Kaledo Collection是一个促进设计、业务和技术团队在整个产品开发过程中交流、共享的协作平台。设计师、样板开发师、纺织品专员、采购员、经理等团队成员都可以通过这个平台搜索和查看产品系列的款式、面料、色彩、图案、饰品、配件等信息，凭借其专业技术知识，可以对平台的内容进行统一修改。并且通过创建和共享各类故事板，包括趋势故事板、情景故事板、款式故事板、产品系列计划、产品简介、规格等，更能有效地整合设计资源、把握设计整体风格、缩短产品上市时间、灵活增加创意元素，使整个产品开发处于开放、共享、可控的状态之中，从而能够开发出最佳的系列产品。如图1-8所示为在Kaledo Collection环境下开发的款式故事板。

图1-8　款式故事板

2. Kaledo Style

Kaledo Style的主要任务是利用直观的操作界面和先进的设计工具，使服装设计师或纺织品设计师可以快速定义新的服装款式和进行款式变化设计，并且可快速形成更多的设计理念，形成更多的色彩、面料、成分、饰品和款式组合，简化的工具集和简单易用的解决方案加快了修改的速度，从而更快、更好地实现最佳的产品系列设计。如图1-9所示为在Kaledo Style环境下设计的衬衫款式系列。

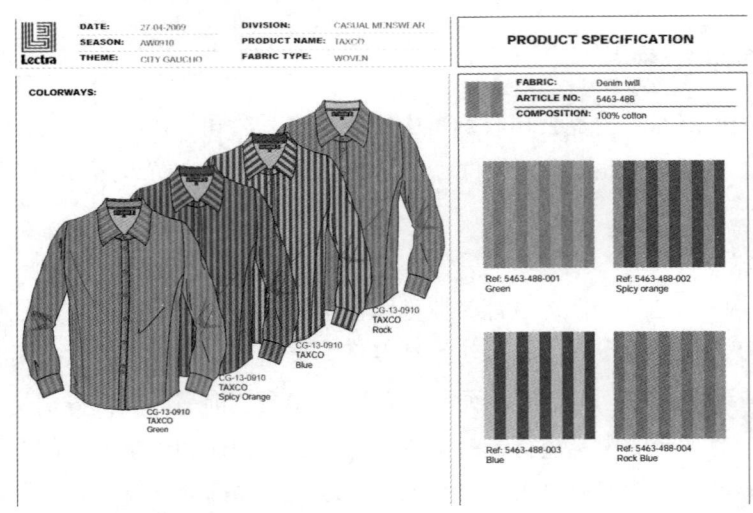

图1-9　衬衫款式系列设计

3. Kaledo Print

Kaledo Print主要运用于纺织品印花的开发，可以通过扫描织物、原始图稿获得印花，或者从头开始创建符合市场需求的印花。通过减色工具，可以控制印花设计所需的颜色数量，从而模拟各种色彩组合，找到最佳性价比的设计方案。如图1-10所示为在Kaledo Print环境下设计的印花图案。

4. Kaledo Weave

Kaledo Weave给用户提供一套用于创建和开发小提花机织物的高效工具，设计师可以从丰富的纱线库中选择纱线建立梭织面料，也可以通过色彩和纱线的变化来创建不同捻度、直径和织纹图案的纤维，从而创建独特的机织面料，并可在制作样品之前预览逼真的模拟效果，创建准确、清晰的机织面料报告给纺织品制作商。如图1-11所示为在Kaledo Weave环境下设计的机织织物。

5. Kaledo Knit

Kaledo Knit提供了逼真的3D针织织物模拟器，可以帮助设计师实现大量颜色、纹理和结构组合的针织织物模拟，并支持设计师微调纤维捻度、密度、股数及其他技术参数，从而开发出定制的针织面料。通过创建准确、清晰的针织面料报告给纺织品制作商，简化了

第一章 力克（Lectra）服装CAD概述 | 009

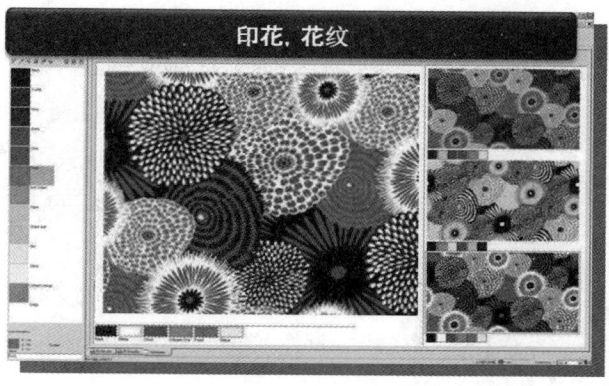

图1-10 印花图案设计

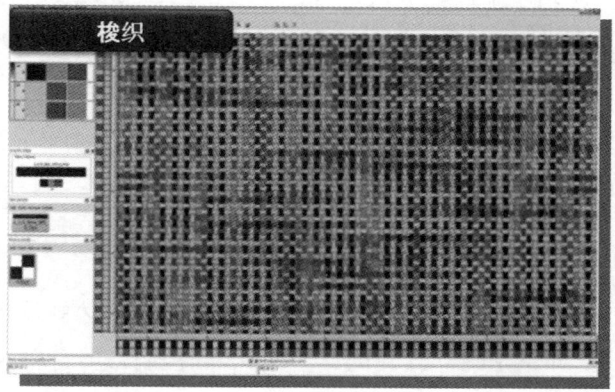

图1-11 机织织物设计

针织面料设计流程，减少了误差，提高设计师的工作效率。如图1-12所示为在Kaledo Knit环境下设计的针织织物。

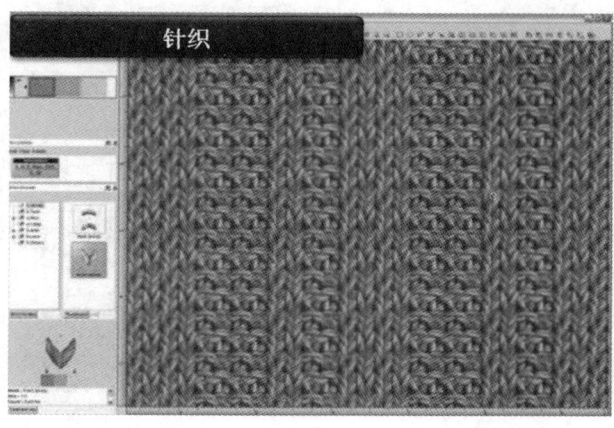

图1-12 针织织物设计

二、纸样制作软件系统

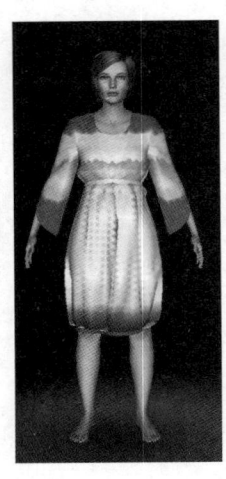

图1-13 Modaris 3D Fit 环境下松紧度检测

Modaris纸样制作软件是力克公司的拳头产品，一直被视为行业纸样开发的标准解决方案。用户在其平台上能够创建所有类型的服装样板，包括女装、男装、童装、内衣、职业装等，完全以工作和流程为导向涵盖包括屏幕管理款式、样板设计、样板修改、样板验证、样板缩放、尺寸管理及生产前准备等各种功能。加上市面上其他CAD系统的卓越数据交换能力使其成为国际性公司不可或缺的应用软件。

值得一提的是，Modaris 3D Fit软件与Modaris打板解决方案相连，使用户能够快速验证服装的三维款式效果与其合体性。通过结合材料信息（基于120种不同面料及物理特性库），三维服装款式可以逼真虚拟呈现，二维样板的修改与三维服装效果的实时呈现，可以打破以往设计师仅凭经验制板的历史。如图1-13所示为在Modaris 3D Fit环境下对服装进行松紧度检测。

三、排料软件系统

Diamino排料软件功能强大，用于成本核算、样衣制作、材料采购以及生产阶段创建高效的排料图。该软件并不是独立存在的，与Optiplan控制裁剪订单规划软件整合可以为生产订单确定排料图与铺布策略的最高效率组合，可以准确计算面料的用量；与Modaris整合，款式的修改直接体现在排料图上，能够直接被绘图仪、铺布机以及自动裁剪系统用于生产。如图1-14所示为Diamino排料软件系统。

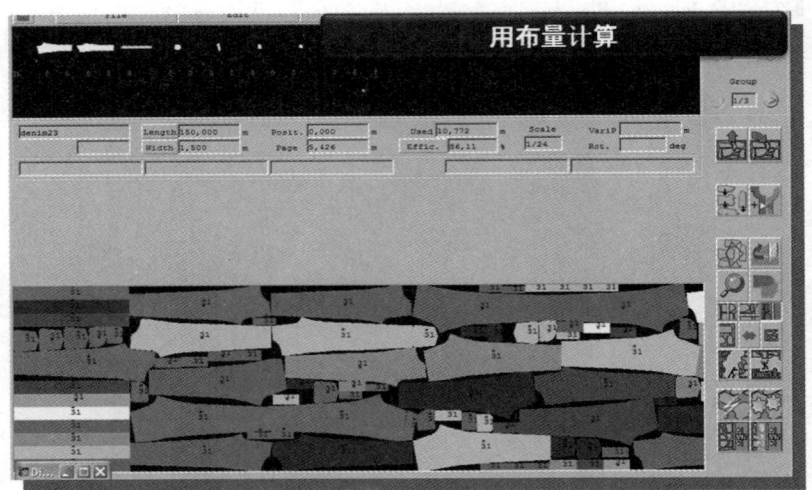

图1-14 Diamino排料软件系统

四、控制裁剪订单规划软件系统

Optiplan软件是名副其实的控制中心，它控制并监控着力克的智能化通信网络设备，使用户能够改进订单管理。有助于控制面料的库存，优化CAD/CAM设备，为规划过程中的每个阶段做精确的指示。从制板到铺布和裁剪，每项决策都得到优化，最大限度降低成本和达到最高效率。如图1-15所示为Optiplan软件系统。

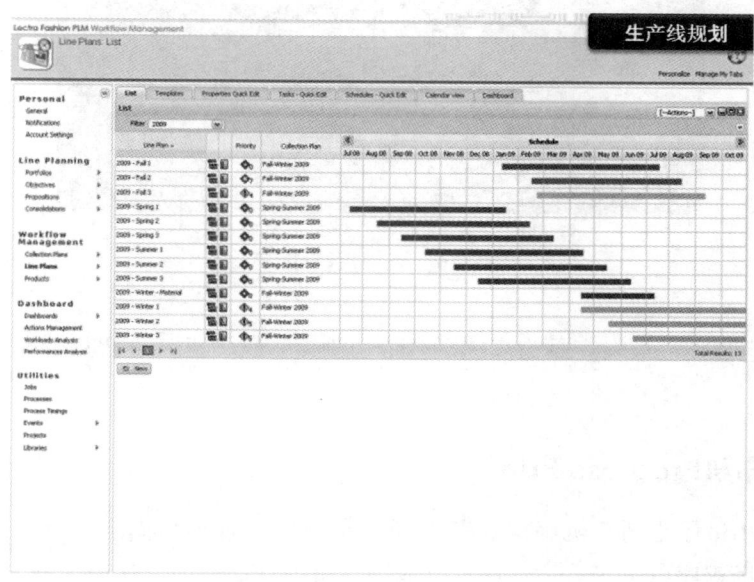

图1-15　Optiplan软件系统

第三节　力克服装CAD硬件系统

力克公司自从1985年第一台自动化面料裁剪系统投放市场开始，就从计算机辅助设计（CAD）领域迈向计算机辅助制造（CAM）领域，开发、研制并销售其专有的软件及设备。

力克服装CAD硬件系统包括大型专用高速绘图机Alys、智能铺布机Progress Brio、单层自动裁剪系统Prospin、多层自动裁剪系统Vector等性能先进、配套完善的硬件设备。

一、高速绘图机Alys

Alys高速绘图机属于平板笔式绘图机，是服装CAD专用的大型绘图机，速度快、效率高、但造价较高，如图1-16所示。Alys的工作原理是将纸平铺在绘图平台上，绘图笔进行纵向和横向的运动而产生图形轨迹，执行的是矢量指令，其精度高于滚筒式。有效幅宽达

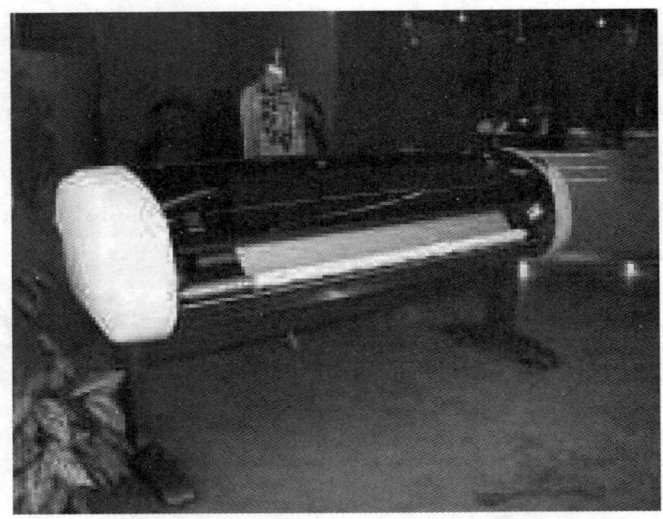

图1-16　Alys高速绘图机

200cm，长寿笔装置，最新产品为高速平台带切割装置绘图机，可切割厚度达0.3cm的硬板纸物料。

二、智能铺布机Progress Brio

Progress Brio智能铺布机确保在裁剪前顺利完成各种类型面料的铺布，如图1-17所示。与CAD应用程序以电子方式连接可完成铺布机的自动编程，从而实现不间断的生产及卓越的瑕疵控制。盘式给料系统便于快速装入布卷，实现高度灵活性，确保无张力铺布作业并精确调整面料。

图1-17　Progress Brio智能铺布机

三、单层自动裁剪系统Prospin

裁剪是服装工业化生产的重要工序之一，服装CAD系统的排料图可以通过数字文件的方式传送给计算机辅助裁剪系统，自动完成裁剪工作。Prospin单层自动裁剪系统主要用于原型及小批量生产的单层裁剪。这种固定的系统是完全模块化的，根据具体的裁剪要求，可以设定不同的宽度和长度，适用于各种不同的工作环境。

四、多层自动裁剪系统Vector

1993年，新一代自动面料裁剪系统Vector实现第一项技术突破，使之很快成为全球行业标准。迄今为止，已经推出第七代Vector自动裁剪系统。该系统具有蓝宝石透明外壳设计，便于实时监控及了解该系统的工作情况；通过优化排料图，可轻松确保零间隙裁片裁剪；裁刀偏转数字控制系统保证了裁剪的精确性，提高了裁片的质量；同时高智能裁剪控制软件可以减少误裁、漏裁、多裁等所造成的损失，有效节约面料与成本。如图1-18所示为Vector自动裁剪系统。

图1-18　多层自动裁剪系统Vector

第四节　力克时尚产品生命周期解决方案

当前服装公司面临的市场挑战主要有三种：第一，近些年来，我国的出口比重不断上升，但价格不断下降，随着世界服装市场的降价风潮由盛转衰，我国服装的低价优势减弱，数量扩张余地缩小，服装企业加快结构调整和升级，加快推进以质以设计取胜的生产格局的任务已经迫在眉睫。第二，时装潮流越变越快，据资料统计，产品提早上市一周，可提高20%的企业利润。所以，缩短设计周期、生产周期和收款周期，使产品能够缩短上市时间成为企业成功的关键。第三，如何降低开发和生产成本、节约人力和场地，改善整个供应链的协作以提高产品质量，提高企业的现代化管理水平和对市场的快速反应能力也是企业面临的当务之急。

面对服装公司的各种市场挑战，"有效地管理产品生命周期（Product Life Cycle，PLM）"被业界看作是应对市场挑战的解决手段。

力克作为市场上能够根据行业需求提供专门技术和服务的供应商，也为服装公司专门设计了"力克时尚产品生命周期解决方案（Lectra Fashion PLM）"。

Lectra Fashion PLM是一个系统工程，主要根据客户的需求，量身定制一系列解决方案，从而为客户解决面临的市场挑战，使客户能快速地开发产品及投资回报，更好地降低产品系列开发成本，预知延迟以确保更短的前置时间，保证质量和促进创造力。

Lectra Fashion PLM包括服装企业运作的方方面面，包括生产管理（如目标/过程与样品开发管理等）、产品创建与设计（如时装设计、面料设计等）、产品开发（如样板设计和放缩、原型开发、面料消耗预估、原型样品裁剪等）、产品生产（如生产计划、排料制作、铺布和裁剪等）、产品优化（如项目实施、技术支持、安装与维护、顾问与咨询）等。如图1-19所示为力克时尚产品生命周期解决方案。

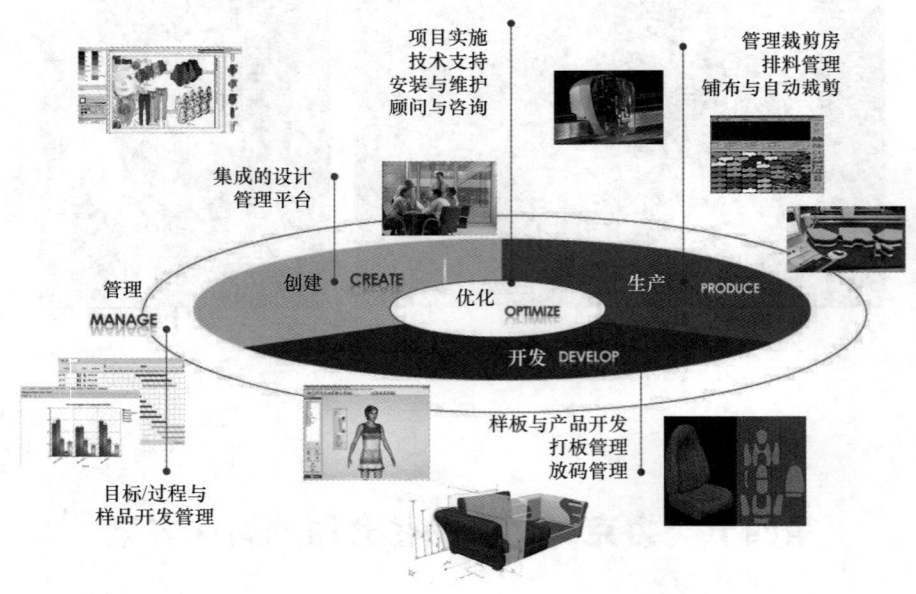

图1-19　力克时尚产品生命周期解决方案

力克时尚产品生命周期解决方案（Lectra Fashion PLM）的主要特性有统一性、高效性、及时性。

一、统一性

　　Lectra Fashion PLM通过将设计、开发、生产等诸多独立元素自然融入到统一的开发周期中，把每一个单一的产品细节都与更高层的产品系列信息联系起来，实现统一的数据库，达到技术支撑设计，技术实现设计理念的目的。

　　案例：力克为Rusty品牌提供统一数据库

　　力克将LaJolla集团的Rusty品牌加入到Lectra Fashion PLM平台中，利用整合Adobe Illustrator的计算机，设计师可在Lectra Fashion PLM中自动创建或更新作品；同时色彩解决方案将ERP与包含了营销和技术名称的NRF代码及季节性色彩整合在一起；结合简便的物料单（BOM）、尺寸、规格和试穿解决方案，设计师只需轻点鼠标就能获得控制从设计到营销的整个过程所需的一切信息，如图1-20所示。

　　"它为设计周期提供了一个统一的数据库，让企业无须担心有独立于系统之外的

图1-20　力克Lectra Fashion PLM统一的数据库

数据,也无须进行手动操作。"LaJolla集团首席运营官Wellington这样评价Lectra Fashion PLM。

二、高效性

Lectra Fashion PLM能够帮助企业简化产品开发流程,缩短产品上市时间,提高工作效率,大大控制了产品研发成本。

案例:力克为丽婴房童装解决产品研发效率问题

对于丽婴房童装研发部门来说,避免不了对大量的效果图、平面图、样板、工艺单、生产单等详细信息进行保存或细节修改。设计类文件、相关的面辅料信息等总不能快捷地出现在操作界面或需要在多个资料夹中多级查找,不同部门或流程中的操作者之间的反复确认,或因细节修改带来多次打印,创造力也在这样的反复中被无形地消耗。

在加入了Lectra Fashion PLM之后,主要有以下改观。

①公司资料规范建档,信息共享,工作进程一目了然,提高工作效率,如图1-21所示。

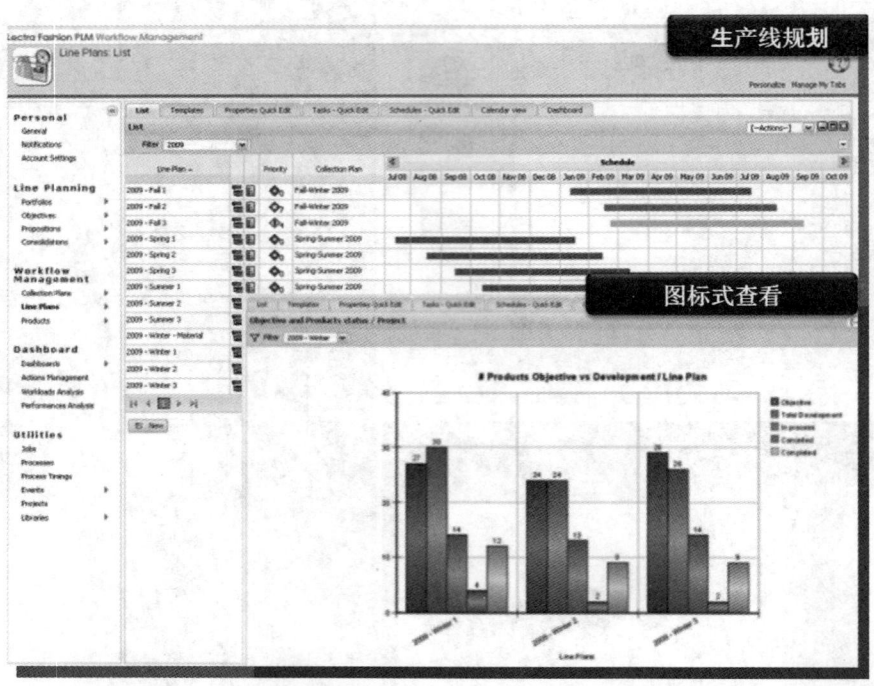

图1-21 可视化工作进程提高工作效率

②开始新的产品系列工作时,通过对原有基础款的资料的搜索,无须重新绘制创建;曾经的销售数据可直接调取出来进行参考分析。

③简化了繁琐的研发工作,成本核算变得方便。选择面辅料图样和数据也快捷准确,

面辅料实物图片及数据在线查找，无须去采购部翻阅大量面辅料卡或相关报表。哪些款式已采用过同款同色的面辅料都一目了然，既方便设计师的配料选择，也方便成本的核算和制作部的统计。

三、及时性

Lectra Fashion PLM使得企业可全面掌控运营，持续预测和对分销渠道中的产品颜色、尺寸、款式、合身性、采购等做出跟踪分析，并快速明智地应对原材料价格波动和世界经济形势变化。同时，可将研发阶段的数据资料及时准确地发布到生产作业ERP系统中，实现内部作业系统之间的及时更新。如图1-22所示为采购与RFQ跟踪。

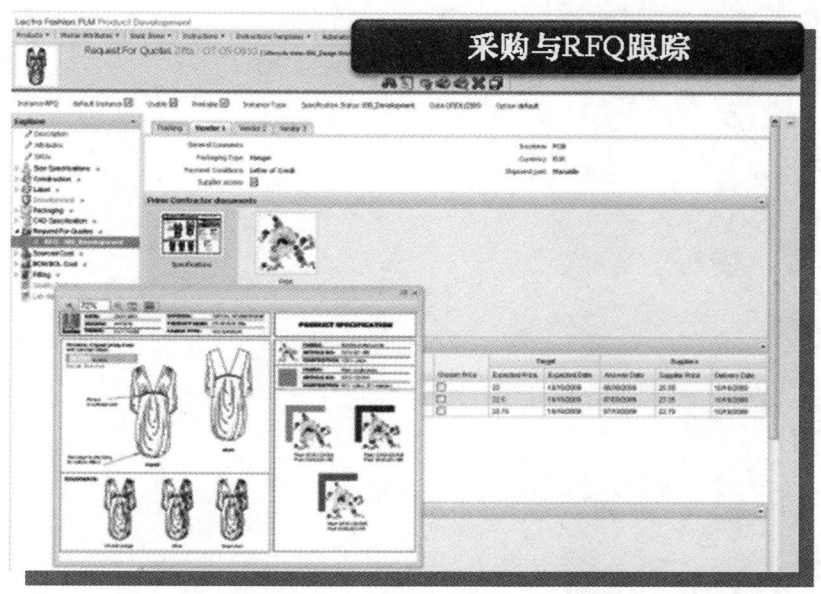

图1-22　采购与RFQ跟踪

本章小结

■ 1973年11月12日，由Jean和Bernard Etcheparre两位工程师在法国波尔多开发出LECteur-TRAceur 200计算机系统，因此成立的公司被命名为力克系统公司（Lectra Systèmes）。

■ 力克服装CAD向"立体化""智能化""集成化""网络化"方向发展。

■ 力克服装软件包括Kaledo系列、Modaris系列、Diamino系列、Optiplan系列等。

■ 力克服装硬件包括高速绘图机Alys、智能铺布机Progress Brio、单层自动裁剪系统Prospin、多层自动裁剪系统Vector等。

■ 力克时尚产品生命周期解决方案具有"统一性""高效性""及时性"等特征。

思考题与实训练习

1. 简述力克服装CAD的发展历史。
2. 力克服装CAD系统包括哪些软件和硬件？
3. 什么是产品生命周期？力克服装CAD在时尚产品生命周期解决方案中处于什么地位与起什么作用？
4. 自行收集国内外服装CAD系统材料，制作PPT，阐述它们在技术特点上有哪些异同点。

应用与技能——

力克纸样设计系统（Modaris V6R1）

课题内容：1. Modaris V6R1系统概述
2. 图形绘制
3. 图形修改与裁片创建
4. 衍生裁片与成衣管理

课题时间：32课时

教学目的：通过本章的学习，了解Modaris V6R1系统的工作界面，熟知软件各种参数的设置、文件的格式以及一些常用的操作方法。重点掌握F1、F2、F3、F4、F5、F8工具箱面板工具的使用。

教学方法：应用PPT课件，上机操作与教师讲授同步进行。

教学要求：1. 能够熟知各种参数的设置、文件的格式，掌握Modaris V6R1系统各种操作方法。
2. 能够熟练操作F1、F2、F3、F4、F5、F8工具箱面板工具。
3. 能够熟练运用F1、F2、F3、F4、F5、F8工具箱面板工具进行纸样的设计。

第二章　力克纸样设计系统（Modaris V6R1）

第一节　Modaris V6R1系统概述

作为专为软性材料（纺织品、皮革、工业面料以及复合材料等）行业提供整合技术解决方案的全球领导者之一，法国力克公司推出的Modaris一直被视为行业纸样开发的标准解决方案，为全球时尚行业各大知名公司所广泛使用。Modaris V6R1是法国力克公司的最新版本，为纸样设计师提供了一个友好的设计界面，设计师所有的纸样设计任务都可以在这个设计界面中完成，包括纸样的创建、纸样的打开、修改和保存、纸样的输入与输出、纸样的放缩等。

安装Modaris V6R1软件后，双击桌面上的图标 ，或点击屏幕左下角的 开始 按钮，选择"所有程序"中的"Lectra"组件，单击ModarisV6R1→ ModarisV6R1按钮，弹出Modaris V6R1版权图，如图2-1所示，接着进入Modaris的工作界面，如图2-2所示。

图2-1　Modaris V6R1版权图

第二章 力克纸样设计系统（Modaris V6R1） | 021

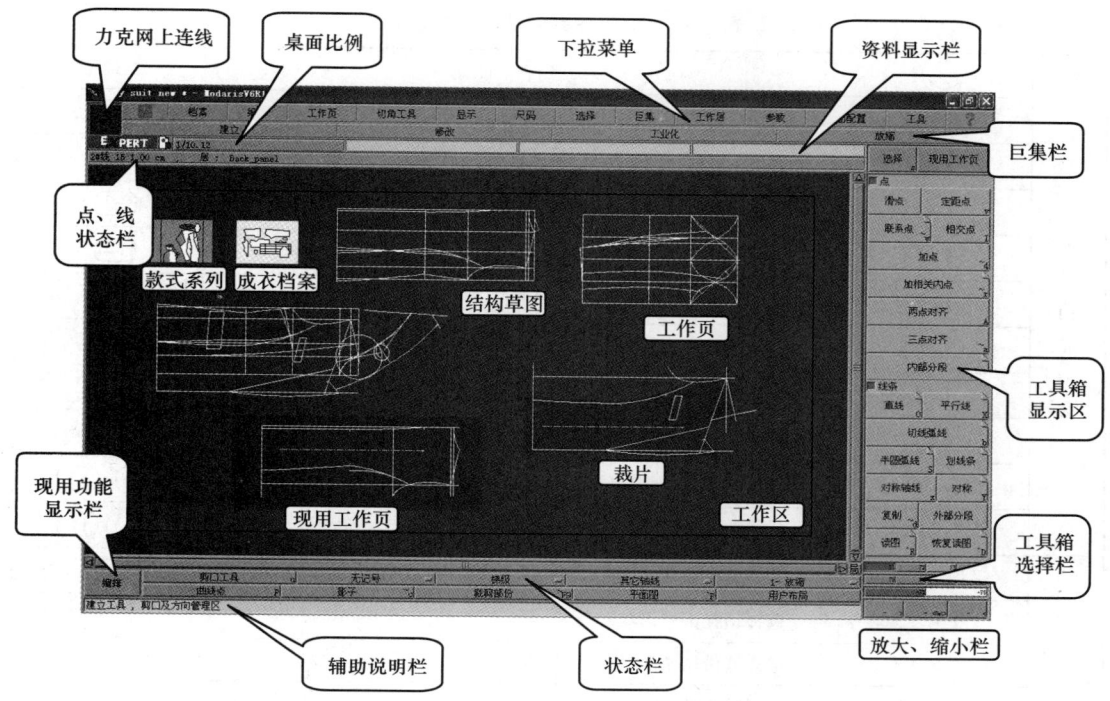

图2-2　Modaris V6R1工作界面

一、Modaris V6R1工作界面

（一）下拉菜单

Modaris V6R1工作界面中共有14个下拉菜单，包括【力克版权■】、【档案】、【编辑】、【工作页】、【切角工具】、【显示】、【尺码】、【选择】、【巨集】、【工作层】、【参数】、【画面配置】、【工具】、【辅助说明 ?】。点击菜单时，会弹出下拉式命令列表，点击命令，可以执行各种操作处理。

（二）工具箱选择栏

工具箱选择栏包括【F1】、【F2】、【F3】、【F4】、【F5】、【F6】、【F7】、【F8】、【~F1】、【~F8】按钮。

（三）工具箱显示区

工具箱显示区与工具箱选择栏配合使用的，点击工具箱选择栏中的按钮时，工具箱显示区会显示该按钮下包含的各种常用工具。具体界面功能与快捷键见表2-1。

表2-1 Modaris界面功能与快捷键

区域	工具	功　　能	快捷键
工具箱显示区	【F1】	点、线功能选择区	F1
	【F2】	剪口、方向、图形工具功能选择区	F2
	【F3】	点、线修改、钉功能选择区	F3
	【F4】	工业生产、裁片管理功能选择区	F4
	【F5】	衍生裁片、褶子、CAM功能选择区	F5
	【F6】	缩放控制、缩放修改、缩放规则功能选择区	F6
	【F7】	尺码系统、修改网状功能选择区	F7
	【F8】	测量、动态尺码、组合、成衣功能选择区	F8
	【~F1】	Fitnet、3D Fit、BodyClick软件功能选择区	Alt+F1
	【~F8】	功能键主画面	Alt+F8
状态栏	剪口工具	选择剪口形状	u
	记号工具	选择钻孔记号形状	
	切角工具	选择缝份切角形状	
	轴线	选择轴线种类	
	放缩	选择放缩种类	
	曲线点	显示/不显示曲线点	P
	影子	保留/清除修改部分	Alt+c
	裁剪部分	显示/不显示裁剪部分	Alt+F9
	平面图	引出的裁片显示/不显示平面图	Ctrl+P
	用户布局		
放大缩小栏		放大一倍	Shift+>
		选择区域作局部放大	Enter
		缩小一倍	Shift+<
其他功能栏	点、线状态栏	显示鼠标所在位置点、线、层等的状态信息	
	现用功能显示栏	显示当前正在使用的工具	
	辅助说明栏	解释说明系统内所有执行命令的具体功能	
	力克网上连线	点击链接到力克公司的官方网站	
	桌面比例	显示桌面比例	
	资料显示框	显示工作页的资料信息，比如裁片名称等	
	选择	选择工作页	s
	现用工作页	直接提取所需工作页并将页面放大居中	鼠标左键直接点击工作页

（四）工作区

所有的纸样设计工作都会在工作区中完成。在工作区中，能创建三种类型工作页，包括款式系列图标工作页、结构草图或裁片工作页、成衣档案图标工作页。

款式系列图标工作页是基础，在所有纸样设计工作开始时，首先要在下拉菜单【档案】→【新款式系列】中创建款式系列图标工作页。但款式系列图标工作页只是标志，不能对它进行操作、更改或删除。

结构草图或裁片工作页是用来绘制纸样结构草图、生成裁片、纸样放缩、修改纸样等与纸样相关的一切操作的区域。该工作页需要在下拉菜单【工作页】→【新工作页】中创建。

在完成所有纸样设计之后，需要把其中的一些纸样裁片输出进行排料、估料，这时需要在【F8】面板中选取【成衣档案】工具，生成成衣档案图标工作页，然后拾取需要输出的裁片，建立成衣档案。一个款式系列可以建立多个不同裁片组合的成衣档案。

（五）巨集栏

巨集是一种批次处理的称谓，通常中国大陆称为宏，港台地区称为巨集。巨集是由一连串执行指令构成，利用巨集，可使一些冗长、重复或是例行的任务自动化。例如，在每一次制作纸样时，都要建立新款式系列，导入尺码表，接着要创建新工作页的处理。这是一件重复性的例行工作。我们只要在下拉菜单【巨集】→【编辑】中制作巨集，或者在【巨集栏】的【建立】、【修改】、【工业化】、【放缩】中调用编辑好的巨集，执行巨集，就可以完成部分工作了。

（六）其他功能栏

Modaris工作界面还包括其他功能栏：状态栏，放大、缩小栏，点、线状态栏，现用功能显示栏，辅助说明栏，力克网上连线，桌面比例，资料显示框，选择按钮，现用工作页按钮等。具体界面功能与快捷键见表2-1。

二、Modaris常见的文件类型

Modaris常见的文件类型包括*.MDL、*.VET、*.IBA、*.PLA、*.PLX、*.EVN、*.EVA等，具体见表2-2。

表2-2　Modaris常见的文件类型

名称	英文名称	文件类型
款式系列	Model	xxx.mdl/xxx.MDL
经由自动储存产生的款式系列	Model	#xxx.mdl

续表

名称	英文名称	文件类型
前一个储存的款式系列	Model	xxx.mdl.omd、xxx.mdl~
成衣	Variant	xxx.VET
纸样	Basic Image	xxx.IBA
排料	Marker	xxx.PLA/xxx.PLX
数字码表	Sizes Table	xxx.EVN
文字码表	Sizes Table	xxx.EVA

值得注意的是，给Modaris文件命名时，文件名一定是由英文、数字或者常用符号组成，不能用中文命名（用中文命名的文件常常会出现些意想不到的问题）。

三、Modaris常见的点类型

Modaris定义了各种类型的点，用来实现不同的功能，其中常见的点类型包括端点、特性点、滑点、相交点、定距点、"钉"点、圆洞、钻孔点、对条、对格点、剪口工具等。具体点的形状、名称、特性见表2-3。

表2-3 Modaris常见的点类型

点形状	点名称	点特性	点形状	点名称	点特性
□	端点	线段的起始点与结束点，每一个图形至少必须有两个端点	◇	钻孔点	选择【记号工具'36'】，使用【F2】面板的【加记号点】工具生成的点
白色×	特性点 联系点	未放缩的特性点、联系点	◇	钻孔点	选择【记号工具'37'】，使用【F2】面板的【加记号点】工具生成的点
蓝色×	特性点 联系点 曲线点	放缩过的特性点、联系点、曲线点	※	钻孔点	选择【记号工具'1'】，使用【F2】面板的【加记号点】工具生成的点
红色×	曲线点	在【状态栏】→【曲线点】按钮打开的情况下可视，关闭该按钮，红色的曲线点被隐藏	⊥×⊤	对条点	选择【垂直图案条纹】，使用【F2】面板的【加记号点】工具生成的点
○	滑点	使用【F1】面板的【滑点】或【外部分段】等工具加点生成，只能在线段上加点	⊢×⊣	对条点	选择【水平图案条纹】，使用【F2】面板的【加记号点】工具生成的点
○	相交点	使用【F1】面板的【相交点】工具在两线段相交处加点生成	⊥×⊤	对格点	选择【垂直、水平图案条纹】，使用【F2】面板的【加记号点】工具生成的点
▷	定距点	使用【F1】面板的【定距点】工具加点生成	ǀ	剪口工具21	选择【剪口工具21】，使用【F2】面板的【剪口】工具加的剪口

续表

点形状	点名称	点特性	点形状	点名称	点特性
◇	"钉"点	使用【F3】面板的【钉】工具"钉住"的点	⌒	剪口工具22	选择【剪口工具22】，使用【F2】面板的【剪口】工具加的剪口
●	圆洞	使用【F4】面板的【圆洞】工具生成	∧	剪口工具23	选择【剪口工具23】，使用【F2】面板的【剪口】工具加的剪口
✳	钻孔点	选择【记号工具"35"】，使用【F2】面板的【加记号点】工具生成的点	∏	剪口工具24	选择【剪口工具24】，使用【F2】面板的【剪口】工具加的剪口

四、Modaris常见的快捷键

为了方便用户操作，Modaris提供了常用的快捷键方式，可以快速代替鼠标，执行一些常见的命令。Modaris具体的快捷键功能见表2-4。

表2-4　Modaris常见的快捷键

快捷键	功能	快捷键	功能
[F1]～[F8]	F1~F8工具箱面板间的切换	[Home]	将现用工作页放大居中
[F9]	显示选择尺码网状图	[End]	选中并移动工作页
[F10]	单一呈现基本码	[PgUp]	翻到上一张工作页
[F11]	选择分段尺码	[PgDn]	翻到下一张工作页
[F12]	选择所有尺码	[F9]+[F11]	选择并显示分段尺码网状图
[a]	调整工作页到正常大小	[F9]+[F12]	选择并显示所有尺码网状图
[i]	选择工作页	[j]	显示所有工作页
[z]	删除工作页	[l]	将结构图作为工作层
[2]	将基础图作为工作层	[7]	选择性呈现工作页
[8]	显示所有工作页	[Esc]	取消某些动作
[Q]	配合某些功能键逆时针旋转1°	[W]	配合某些功能键顺时针旋转1°
[A]	配合某些功能键逆时针旋转10°	[S]	配合某些功能键顺时针旋转10°
[Enter]	确认键或放大镜功能	[Caps Lock]	大小写转换键
[Backspace]	后退键（删除错误输入）	[Delete]	删除键（删除错误输入）
[↑][↓]	游标键（进入数值输入框）	[Ctrl]+[A]	全选工作页
[s]	选择按钮快捷键	[Ctrl]+[U]	显示/不显示资料框
[N]	建立新工作页	[Ctrl]+[W]	恢复上一步操作
[H]	显示/不显示弧切线	[Ctrl]+[Z]	退后一步操作
[Shift]+[>]	放大工作页	[Shift]+[<]	缩小工作页
[Tab]	弹出输入栏选项框	[.]	套取实样时将视图移到光标位置

Modaris的快捷键有大、小写之分，使用时应注意字母是大写还是小写。用 Caps lock 键转换大小写。

五、Modaris工作页资料框

点击下拉菜单【显示】→【资料框】打"√"，或者按快捷键 Ctrl + U，所有工作页都会显示出资料框，资料框记录着工作页中草稿图或裁片的所有内容信息，如图2-3所示。

① 尺码表文件名称
② 放缩类别（1—放缩、2—特殊放缩1、3—特殊放缩2）
③ 尺码表
④ 裁片出现在相关成衣的次数
⑤ 款式档名称
⑥ 裁片名称（最多九个英文、数字或特殊符号字符）
⑦ 同类代码（最多九个字符）
⑧ 参考字名称（最多八个字符）
⑨ 裁剪、缝份与缝线信息
⑩ 裁片注解
⑪ 布料缩水率

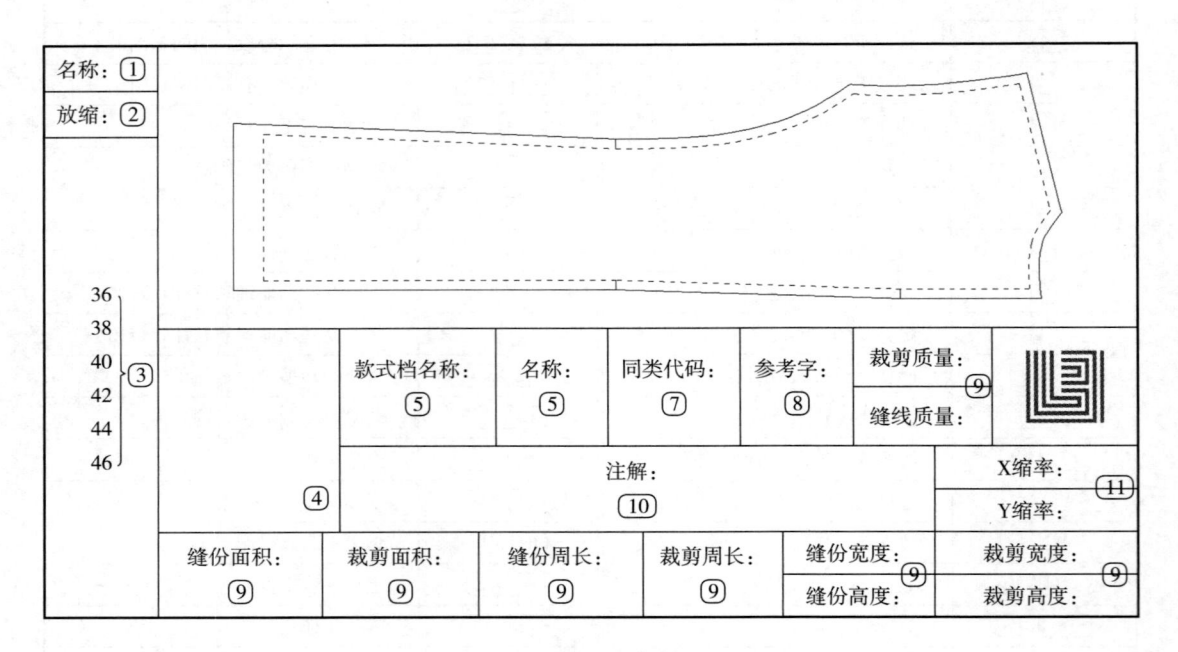

图2-3　Modaris工作页资料框

六、访问路径设置

在Modaris系统中，设置访问路径尤为重要。通常在正式绘制纸样之前，就应该把访问路径设置好，以方便力克各种资料文件的读取与保存。设置步骤如下。

（1）点击下拉菜单【档案】→【访问路径】，进入【访问路径】对话框，如图2-4所示。

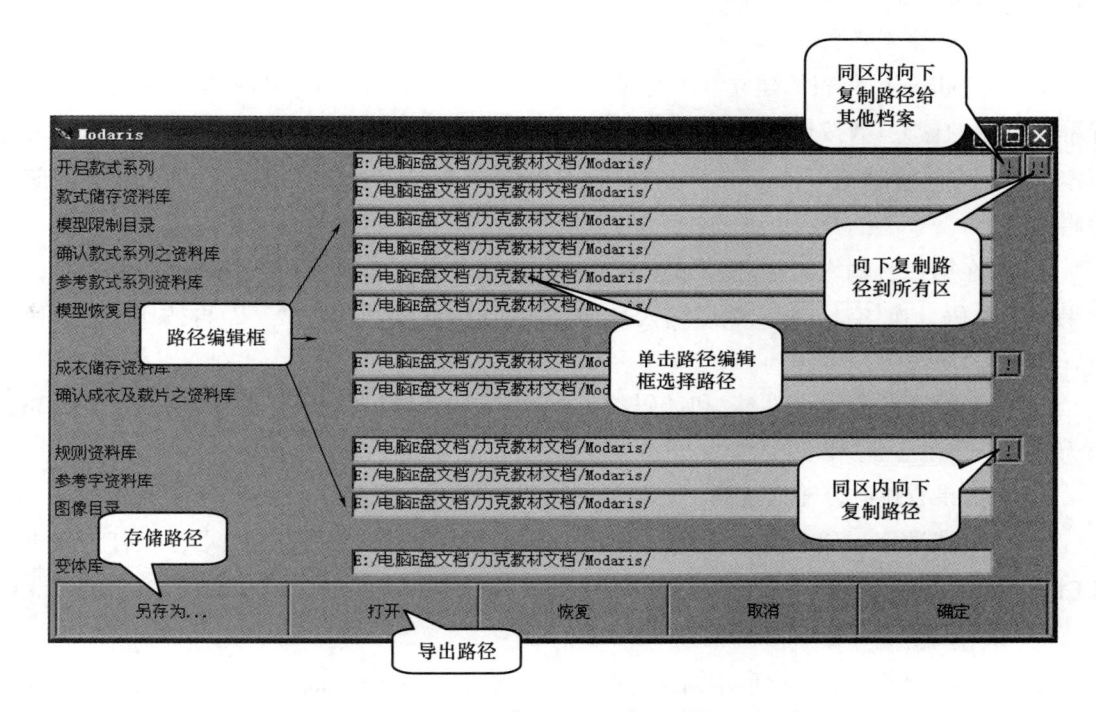

图2-4 【访问路径】对话框

（2）鼠标左键单击【开启款式系列】路径编辑框，打开【浏览文件夹】窗口，设置正确的访问路径。其他的路径可以用同样的方法设置。

（3）如果使用的路径全部相同，在【开启款式系列】路径编辑框中设定好路径后，点击按钮▇，将相同的路径向下复制给同区内其他档案；点击按钮▇，将相同路径向下复制给所有区中其他档案。

（4）如果想把设置好的路径存储起来，方便以后调用，可以点击【另存为…】按钮，将路径设置取名以文件的形式存储，可以点击【打开】按钮，导出之前存储的路径设置文件。

（5）如果错删了某个档案路径，想还原到原来的状态，可以点击【恢复】按钮；如果想不作任何修改离开窗口，点击【取消】按钮退出窗口。

（6）全部设置完毕后，按回车键或点击【确定】按钮，退出【访问路径】对话框，完成访问路径的设置。

七、制作尺码表

（一）建立尺码表

Modaris系统中的尺码表包括数字尺码表和文字尺码表两种。通常在纸样放码前，用户要将尺码表设置好，以便系统调用。

1. 建立数字尺码表

（1）Modaris尺码表的建立并不是在系统内部进行，而是在Windows操作系统中点击屏幕左下角的 开始 按钮，选择【所有程序】中的【附件】→【记事本】按钮，打开记事本，在记事本中输入"numeric"后按 Enter 键换行，"numeric"表示数字尺码表的前导码。

（2）在第二行输入最小码，如输入"36"码，如果不需要跳码，按 Enter 键换行；如果需要跳码，按 空格键 ，然后输入号与号之间的差，如输入"2"，再按 Enter 键换行，如图2-5所示。

（3）在第三行先输入"*"和"码数"，表示以该码数为基码，如"*38"，表示38码为基码，按 Enter 键换行。

（4）如果有跳码，输入跳码，如果没有跳码，就输入最大码，如图2-5所示。

（5）完成数字尺码表的设置，点击下拉菜单【文件】→【另存为...】，保存为文本文档*.txt文件。

2. 建立文字尺码表

（1）打开记事本，在记事本第一行中输入"Alpha"后按 Enter 键换行，"Alpha"表示文字尺码表的前导码。

（2）在第二行输入最小码，如输入"XS"码。文字尺码表需要逐一输入相邻的两个码，如第三行输入"S"码，再按 Enter 键换行，如图2-6所示。

（3）在基础码前面输入"*"，表示该码数为基码，如"*M"，表示M码为基码，按 Enter 键换行。

（4）在最后一行输入最大码，如图2-6所示。

（5）完成文字码表的设置，点击下拉菜单【文件】→【另存为...】，保存为文本文档 *.txt文件。

（二）读取尺码表

（1）完成数字或文字尺码表的设置后，在Modaris的工作区中打开要读取尺码表的款式系列。

（2）点击下拉菜单【显示】→【资料框】打"√"，或者按快捷键 Ctrl + U ，所有

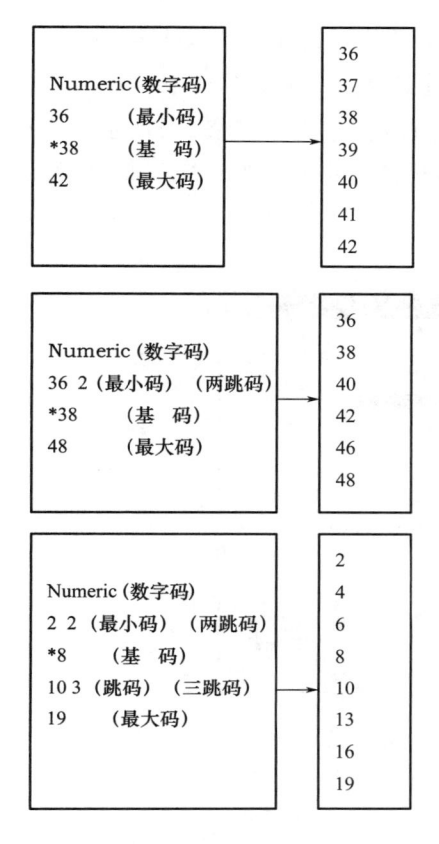

```
Numeric(数字码)
36      （最小码）        36
*38     （基  码）   →    37
42      （最大码）        38
                         39
                         40
                         41
                         42
```

```
Numeric(数字码)
36 2（最小码）（两跳码）   36
*38  （基  码）            38
48   （最大码）       →    40
                          42
                          46
                          48
```

```
Numeric(数字码)              2
2 2（最小码）（两跳码）       4
*8  （基  码）               6
10 3（跳 码）（三跳码）  →    8
19  （最大码）              10
                           13
                           16
                           19
```

```
Alpha  （文字码）
XS     （最小码）        XS
S                       S
*M     （基  码）   →    M
L                       L
XL     （最大码）        XL
```

```
Alpha  （文字码）
0      （最小码）        0
3M                      3M
*6M    （基  码）   →    6M
9M                      9M
1      （最大码）        1
```

图2-5　数字尺码表　　　　　　　　　　　　图2-6　文字尺码表

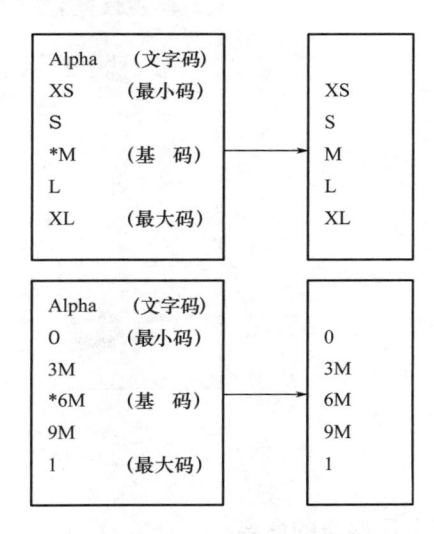

工作页都会显示出资料框。

（3）按 F7 键进入【F7】工具箱面板，点击【读出尺码表】工具，鼠标左键单击在【款式系列】图标工作页上，弹出【选档案】对话框，选中之前设置好的尺码表，可以看到资料框中读入了新的尺码表。

（4）按 Ctrl + A 键，选取所有工作页，单击【F7】面板上的【复印尺码表】按钮，双击读入尺码表工作页尺码资料框的最上端，如图2-7所示，可将该尺码表复制给所有的工作页。

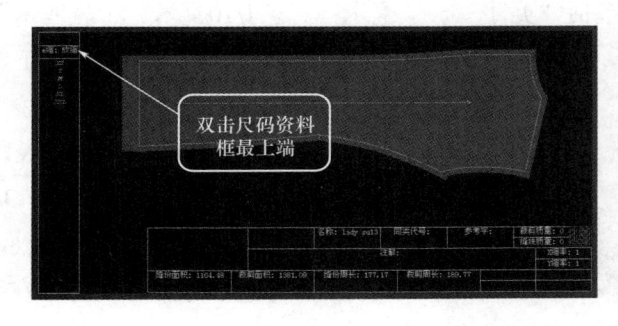

图2-7　双击尺码资料框最上端

（5）如果想要对读入工作页的尺码进行修改，可以点击【读出尺码表】工具，鼠标左键单击在想要修改尺码的工作页上，在弹出的【选档案】对话框中右键点击想要修改的尺码表，下拉出快捷菜单，在快捷菜单中选择【打开】按钮。如图2-8所示，打开记事本，在记事本中修改好尺码表，保存尺码表，再读出该尺寸表，就可以看到资料框中读入了修改过的尺码表。

图2-8　右键打开记事本

（三）尺码表的命名

通常情况下，尺码表是按照用户的习惯来进行命名，但对于初学者，这里介绍一种简单直观的尺码表命名方式，以方便实际操作。

如2～16码、基码为8码的数字码表，可以将它命名为：2-8-16.EVN。

如XS～XXL码、基码为M码的文字码表，可以将它命名为：XS-M-XXL.EVA。

八、参数设置

想要进行参数设置，需要点击下拉菜单【参数】，可以看到系统提供了【长度单位】、【角度单位】、【面积单位】、【比例单位】的设置。

（1）长度单位包括"英寸"、"毫米"、"1/10毫米"、"厘米"、"1/16英寸"、"1/32英寸"等选择，鼠标左键单击在这些长度单位上，长度单位打"√"表示选中该单位，如图2-9所示。

"inches fract."表示英寸，在系统中输入1″，表示1英寸（在系统中输入的格式为整数或者分数，如：2″或3″3/4，不能为小数）。

"mm"表示毫米，在系统中输入1，表示1毫米。

"1/10mm"表示将毫米等分为10份，在系统中输入1，表示1/10毫米。

图2-9　选中的长度单位

"cm"表示厘米，在系统中输入1，表示1厘米。

"inches and 16ths"表示将1英寸等分为16份，在系统中输入1，表示1/16英寸。

"inches and 32ths"表示将1英寸等分为32份，在系统中输入1，表示1/32英寸。

"inches and 10ths"表示将1英寸按十进制来计算，在系统中输入0.1，表示1/10英寸，输入1，表示1英寸。（在系统中输入的格式为整数或小数，如：2、1.25等，不能为分数。）

（2）"分"的概念。在很多外贸服装公司或外贸工厂都会有"分"的概念。即1分＝1/8英寸。

在"inches fract."单位系统中，1分应输入数值为"1/8"。

在"inches and 32ths"单位系统中，1分应输入数值为"4"。

在"inches and 16ths"单位系统中，1分应输入数值为"2"。

在"inches and 10ths"单位系统中，1分应输入数值为"0.125"。

（3）角度单位。包括"十进位"、"Gr"、"度"，常用单位为"度"。

（4）面积单位。包括"1/?″平方"、"mm平方"、"1/10mm平方"、"cm平方"、"dm²"、"1/16″平方"、"1/32″平方"、"1/10″平方"，常用单位为"cm平方"，如图2-10所示。

（5）比例单位。包括"分数比例"、"实际比例"、"%比例"，常用单位为"分数比例"。

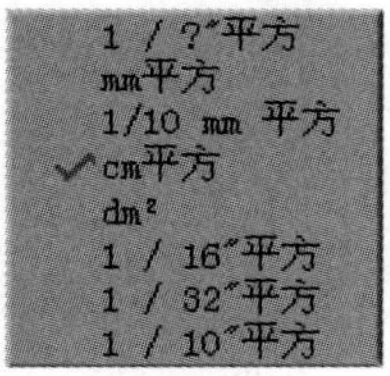

图2-10　面积单位

九、文件的导出与输入

（一）文件的导出

文件的导出尤为重要，因为运用Modaris进行一系列样板设计与绘制，最终的目的还是为了可以导出高质量的图形，以方便打印或切割裁剪。另外，Modaris集成了数据转换工具，可以将Modaris的内部数据转换成通用的标准格式。通过输出标准格式文件，可以与其他CAD软件交换数据。Modaris导出的文件可以在其他CAD软件中读出、修改、储存和使用，无疑大大简化了工作流程，实现数据的异地传输，缩短了产品生命周期，节约大量的人力、物力与财力。Modaris导出的标准文件格式见表2-5。

表2-5　Modaris导出的标准文件格式

文件名称	文件用途	文件类型
AAMA	用于除了日本系统外的所有主要CAD系统的标准文件格式	DXF、RUL
ASTM	用于所有主要CAD系统的标准文件格式	DXF、RUL
GT	美国Gerber CAD系统的文件格式，Accumark7格式	MOD、PCE
Lumiere	处理鞋类产品策略的专用文件格式	DXF
TIIP	Ex JWCA，用于亚洲特别是日本CAD的标准文件格式	DXF、CTL

在Modaris系统中导出AAMA的DXF、RUL文件类型，步骤如下。

（1）点击下拉菜单【档案】→【开启款式系列】，打开需要导出的款式系列。

（2）点击下拉菜单【档案】→【导出】，弹出对话框如图2-11所示，在【AAMA】上点击鼠标右键弹出快捷键菜单，选择【New alias...】，弹出【New alias...】对话框，如图2-12所示。

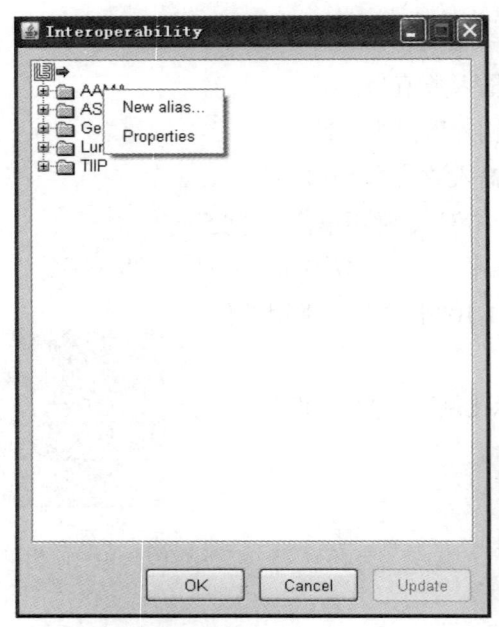

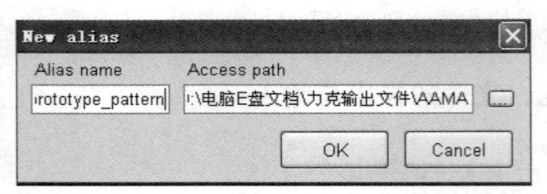

图2-11 【导出】对话框　　　　图2-12 【New alias...】对话框

（3）在【Alias name】输入框中输入导出文件的名称如"prototype_pattern"，点击按钮，弹出路径对话框，选择好路径与文件夹，按【OK】按钮即可。

（4）在【AAMA】下生成一个带有图标的树状目录，点击"prototype_pattern"左边的，可以看到即将导出prototype.DXF、prototype2.DXF、prototype3.DXF三个文件，这是因为此款式系列中包含"前片"、"后片"、"袖片"三个裁片，每个文件下包含一个裁片。点击【OK】按钮完成裁片的导出，如图2-13所示。

打开之前设定好路径的文件夹，会看到文件夹中有三个"DXF"文件和三个"RUL"文件。

（5）在不建立【成衣档案】的情况下，款式系列中的裁片是以单个的形式导出，也就是说有多少个裁片就生成多少个"DXF"文件。如果裁片非常多，"DXF"文件也会非常多。而且一些裁片也不需要导出，这时需要建立【成衣档案】，有选择地导出【成衣档案】中的裁片。

（6）按【F8】键点击【成衣档案】按钮，按↓进入【成衣名称】输入框，起名为"new pattern"。在【F8】面板选择【建立裁片项目】工具，点击"前片"、"后片"、"袖片"，三个裁片进入【成衣档案】。

（7）点击下拉菜单【档案】→【导出】，弹出对话框，双击【AAMA】，在树状目录下，可以看到在"new pattern.DXF"文件下有三个裁片信息，如图2-14所示，按【OK】键导出"DXF"文件，文件包含三个裁片。

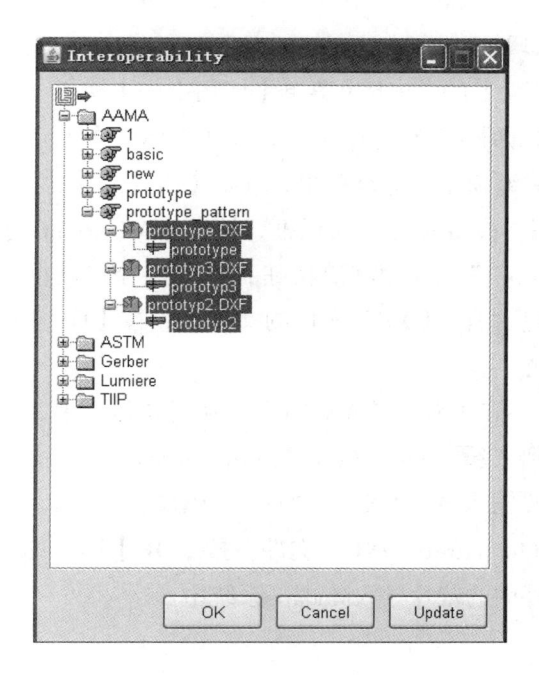

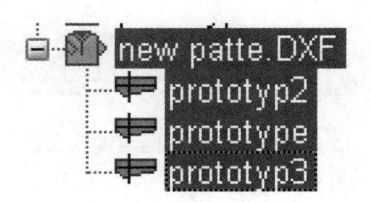

图2-13　导出文件　　　　　　　　　图2-14　【成衣档案】导出文件

（8）修改路径与导出文件名称。点击下拉菜单【档案】→【导出】，弹出对话框，双击【AAMA】，在需要修改的导出文件名称上点击右键，如在"new pattern"上点击右键，在弹出的快捷菜单中点击【Properties】（属性），在弹出的输入框中重新输入新名称与寻找新路径即可。在弹出的快捷菜单中点击【Suppress】（删除），删除导出文件名称。

（二）文件的输入

其他CAD系统生成的标准文件格式也可以输入到Modaris中进行纸样的处理，可以输入Modaris的标准文件格式见表2-6。

表2-6 Modaris输入的标准文件格式

文件名称	文件用途	文件类型
AAMA	用于除了日本系统外的所有主要CAD系统的标准文件格式	DXF、RUL
ASTM	用于所有主要CAD系统的标准文件格式	DXF、RUL
DXF-Pattern	力克专用格式，别名为Top CAD	DXF
GT	美国Gerber CAD系统的文件格式，Accumark7格式	MOD、PCE
TIIP	Ex JWCA，用于亚洲特别是日本CAD的标准文件格式	DXF、CTL

将AAMA的DXF文件输入到Modaris系统中，步骤如下。

（1）点击下拉菜单【档案】→【输入】，弹出对话框如图2-15所示，在【AAMA】上点击鼠标右键弹出快捷键菜单，选择【New alias...】，弹出【New alias...】对话框，输入【Alias name】为"input"，点击 按钮，弹出路径对话框，选择包含有"DXF"文件的文件夹，按【OK】按钮即可。

（2）双击【AAMA】，在树状目录下，可以看到" input"按钮，双击【input】按钮，选择需要输入的"DXF"文件，如图2-15所示，选择"new pattern.DXF"文件，按【OK】键，即可把文件中的裁片导入Modaris系统中。

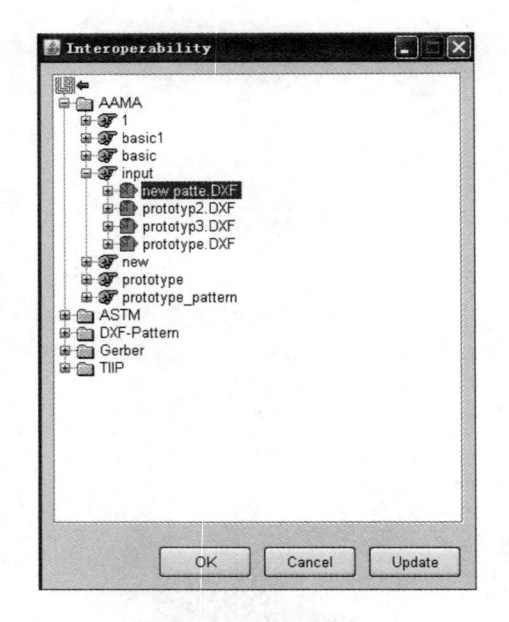

图2-15 【输入】对话框与输入文件

第二节 图形绘制

Modaris工具箱显示区中包括【F1】~【F8】面板和【~F1】面板（其中【F6】和【F7】属于放缩工具面板，会在"第三章 力克纸样放码系统"中介绍；【~F1】包括FitNet、3D Fit、BodyClick工具，属于三维范畴面板，在本书不作介绍）。

工具箱面板有图像与文字两种显示方式，用户可以根据个人的喜好选择面板的显示方式。点击下拉菜单【画面配置】→【图像/文字】打钩"√"，为文字显示方式，如图2-16右边的面板图标所示；不打钩为图像显示方式，如图2-16左边的面板图标所示。

一、【F1】工具箱面板

想要进入【F1】面板，可以采用以下几种方式：鼠标左键单击【工具箱选择栏】上的【F1】，或者按键盘上的快捷键 F1 键，或者直接点击【工具箱显示区】中的图标 ![icon]。

【F1】面板包括点面板与线条面板，如图2-17所示。

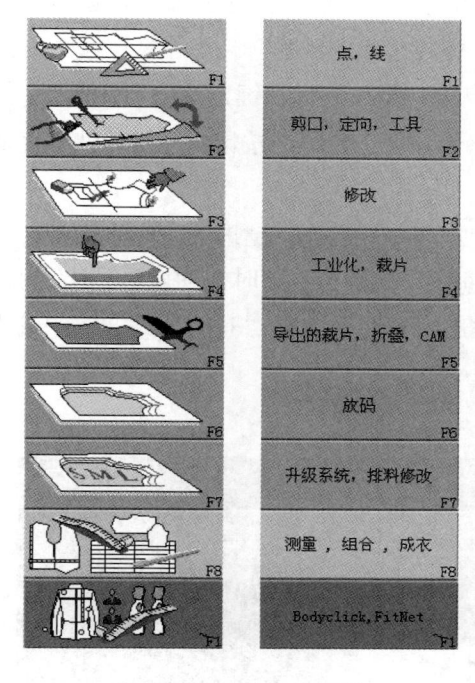

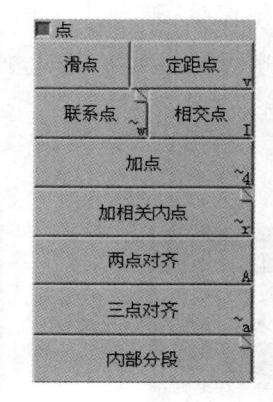

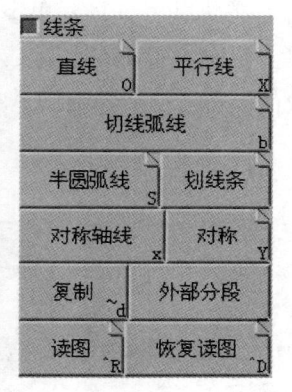

图2-16　图像/文字面板

图2-17　【F1】工具箱面板

点面板与线条面板各自可以展开和收起。如图2-17所示的面板是处于展开的状态，如果想把点面板收起，可以鼠标左键单击■点旁边的凹槽按钮，当凹槽按钮变为凸起■点时，点面板被收起，状态如图2-18所示。

面板上很多工具按钮右上角会有个小三角，鼠标左键点击小三角，弹出该工具的属性对话框，可以在对话框中进行属性设置。

工具按钮右下角的英文字母为该工具的快捷键方式（快捷键需要区分大、小写）。

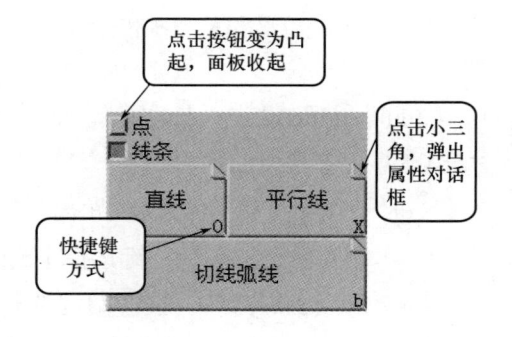

图2-18　收起点面板

（一）点工具

1. ![icon]【滑点】

【滑点】工具的主要功能是在线段上增加一个()形的滑点。

增加的滑点只能在端点与端点之间移动，并能跟着线段按比例移动位置和按比例自动放码，配合空格键可以在多条线段上切换方向。

（1）添加滑点。

①按F1键选择【F1】面板，鼠标左键点击【滑点】按钮，选中该工具。

②鼠标左键点击在线段上，线段上出现()形的滑点，移动鼠标，()形滑点跟随鼠标沿着线段移动，移动到合适位置后按鼠标左键确认，完成滑点的添加。

③选中【滑点】工具，鼠标左键点击在参考点上，释放鼠标左键，拉出()形滑点，按空格键切换滑点所在的线段，如图2-19所示，移动到合适位置后按鼠标左键确认，完成滑点的添加。

（2）移动滑点。滑点最大的特点是沿线段自由滑动，按F3键进入【F3】面板，选择【移动点】工具，单击滑点A，弹出对话框，如图2-20所示，同时拖动鼠标到B，再次单击鼠标左键确认，完成滑点的移动；或按↓键进入对话框，在"ddl"或"dl"中输入数值，按Enter键确认，完成滑点的移动。

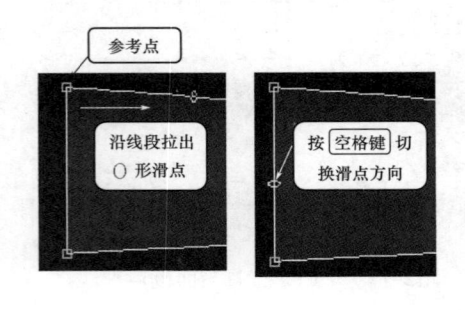

图2-19　按空格键切换滑点方向　　　　图2-20　移动滑点

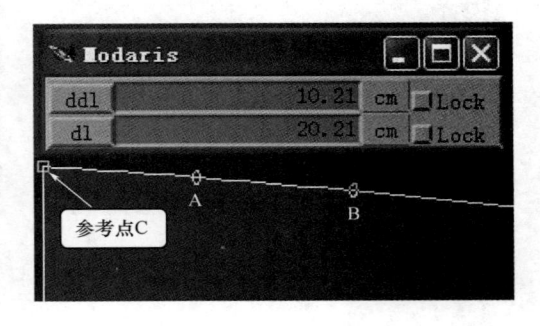

"ddl"表示B点与A点的距离，有正负之分，B点相对于A点远离参考点C为正，B点相对于A点靠近参考点C为负。

"dl"表示B点与参考点C的距离，只有正数。

（3）删除滑点。按F3键选择【删除】工具，鼠标左键单击滑点，即可删除滑点。

（4）滑点上加剪口。按F2键选择【剪口】工具，鼠标左键单击在滑点上，即可在滑点上添加剪口。按F3键选择【移动点】工具，移动滑点，剪口跟随滑点移动。

2. 【定距点】

【定距点】工具的主要功能是在线段上增加一个▷形的定距点，快捷键为v。

增加的定距点只能在端点与端点之间移动，能跟着参考点移动或自动顺放而保持与参考点恒定的距离，配合空格键可以在多条线段上切换方向。

（1）添加定距点。

①按F1键选择【F1】面板，鼠标左键点击【定距点】按钮，选中该工具。

②鼠标左键点击在参考点上，释放鼠标左键，沿线段拉出刻度，同时弹出定距点对话

框，按⬇键进入距离输入框，输入需要的距离，按Enter键确认，鼠标点击在工作页空白处，线段上出现▷形的定距点，完成定距点的添加，如图2-21所示。

（2）切换定距点方向。选中【定距点】工具，鼠标左键点击在参考点上，拉出()形滑点与刻度，按空格键切换定距点所在的线段，如图2-22所示，移动到合适位置后按鼠标左键确认，完成定距点的线段切换添加。

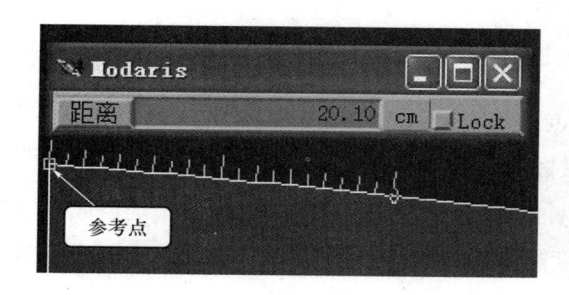

图2-21　定距点的添加

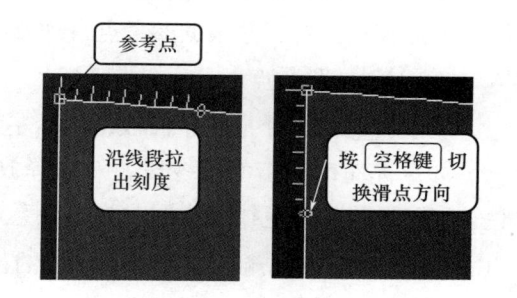

图2-22　按空格键切换定距点方向

（3）显示距离。设置完成定距点后线段上只显示定距点图标"▷"形，想要查看定距点与参考点的距离，可以将鼠标箭头放在定距点上，这时参考点与定距点之间会出现刻度，并显示距离，如图2-23所示。

（4）移动定距点。定距点可以在端点与端点间移动。按F3键进入【F3】面板，选择【移动点】工具，单击定距点A❶，弹出对话框，如图2-24所示，同时拖动鼠标到点B，再次单击鼠标左键确认，完成定距点的移动；或按⬇键进入对话框，在"ddl"或"dl"中输入数值，按Enter键确认，完成定距点的移动。

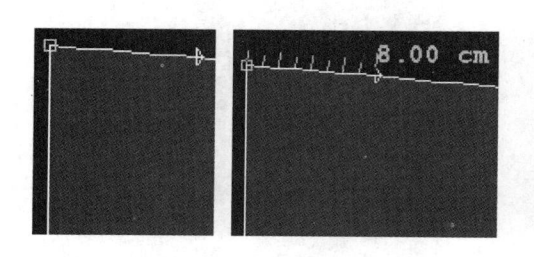

图2-23　显示定距点距离

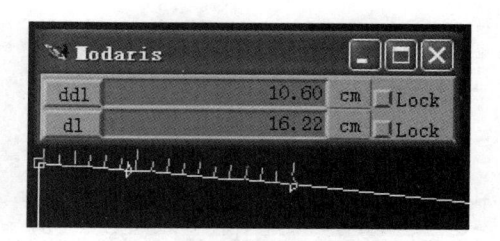

图2-24　移动定距点

"ddl"表示点B与点A的距离，有正负之分，点B相对于点A远离参考点C为正，点B相对于A点靠近参考点C为负。

"dl"表示点B与参考点C的距离，只有正数。

---

❶ 文中表示变量的字母应用斜体表示，为了与软件自动生成的正体一致，所以本书中表示变量的字母全部用正体表示。——编者注

（5）删除定距点。按 F3 键选择【删除】工具，鼠标左键单击定距点，即可删除定距点。

3. ▨【联系点】

【联系点】工具的主要功能是在工作页上增加一个白色"×"形的联系点，其快捷键为 Alt + w 。

联系点可以在参考点或参考线段上朝垂直或任意方向建立。联系点最大的特点是会跟随参考点移动位置，并根据参考点自动放码。

（1）添加联系点。

①按 F1 键选择【F1】面板，鼠标左键点击【联系点】按钮，选中该工具。

②鼠标左键点击参考线段，然后释放鼠标左键，拉出与参考线段垂直并且顶端带白色"×"形状的蓝色线段，同时弹出联系点对话框，确定位置后，单击鼠标左键生成联系点；或按 ↓ 键进入输入框，输入需要的长度或旋转的角度，按 Enter 键确认后生成联系点，如图2-25所示。

③鼠标左键点击参考点，然后释放鼠标左键，从参考点上拉出线段，按 空格键 ，可以分别切换成"以参考点为顶点，与参考线段AB垂直的蓝色线段"、"以参考点为顶点，与参考线段AC垂直的蓝色线段"、"与参考线段AB任意垂直的线段"、"与参考线段AC任意垂直的线段"、"以参考点为顶点，任意角度旋转的线段"五种模式，如图2-26所示。

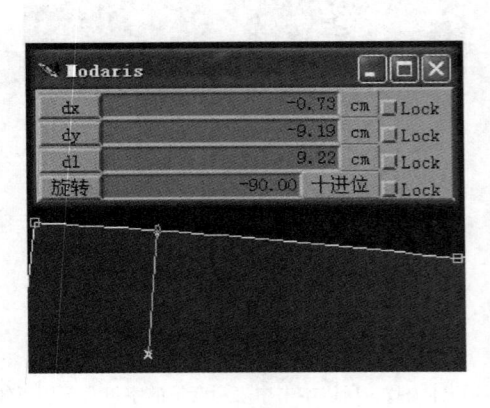

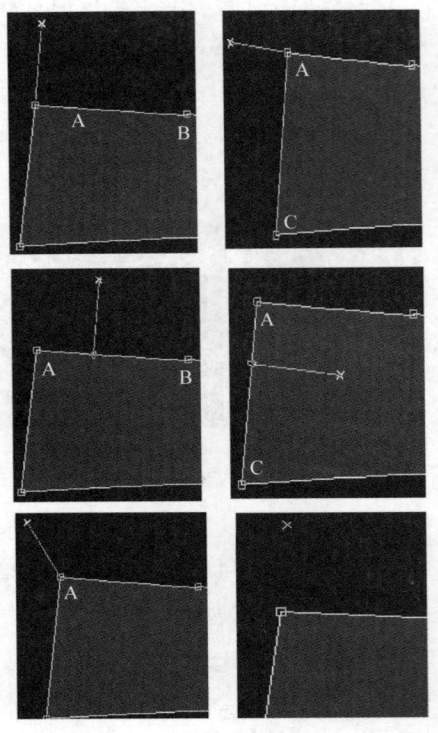

图2-25　添加联系点　　　　　　　　图2-26　切换联系点方向

（2）移动联系点。联系点的移动通常分为两种：联系点自身的移动和跟随参考点移动。

①联系点自身移动。添加的联系点与参考点无任何的直线联系，但将鼠标箭头放在联系点上，这时参考点与联系点之间会出现蓝色的线段；按 F3 键进入【F3】面板，选择【移动点】工具，单击联系点并拖动，联系点只能在蓝色线段中或其延长线上移动；或者按 ↓ 键进入弹出的对话框中设置长度与改变角度。

②跟随参考点移动。联系点通常与滑点或定距点一起建立，这样移动滑点或定距点，联系点也跟随移动，并与滑点或定距点保持相对位置不变。

（3）删除联系点。按 F3 键选择【删除】工具，鼠标左键单击联系点，即可删除联系点。

（4）联系点的打印输出。无记号的联系点，即白色"×"形状的联系点是不能打印输出的，如果想把它打印输出，需要把它的点型设置为记号点。

①点击【联系点】工具按钮右上角的小三角，弹出对话框如图2-27所示。

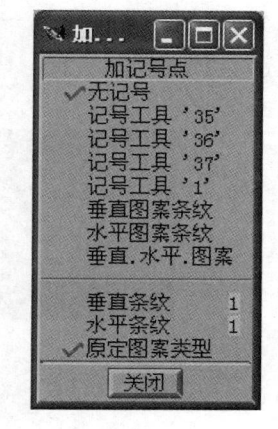

图2-27 【联系点】对话框

②鼠标左键单击对话框中的【记号工具"35"】打钩"√"，关闭对话框。

③按 F2 键进入【F2】面板，选择【加记号点】工具，单击联系点，给联系点加上了【记号工具"35"】类型点。

④【无记号】表示该点只能在电脑中显示，但不能打印输出。

【记号工具"35"】电脑显示形状为"＊"，可以打印输出，但输出的形状不一定为"＊"，具体输出形状要在力克绘图软件Justprint或Vigiprint中设定。

【记号工具"36"】电脑显示形状为"◇"，可以打印输出，打印输出形状在力克绘图软件中设定。

【记号工具"37"】电脑显示形状为"◈"，可以打印输出，打印输出形状在力克绘图软件中设定。

【记号工具"1"】电脑显示形状为"※"，可以打印输出，打印输出形状在力克绘图软件中设定。

【垂直图案条纹】显示形状为"I"，用于对条。

【水平图案条纹】显示形状为"⊢⊣"，用于对条。

【垂直.水平.图案条纹】显示形状为"✢"，用于对格。

4. ⊠【相交点】

【相交点】工具的主要功能是给相交的两条线段的交叉位置或线段顺延方向添加一个"○"形状的交点，其快捷键为 I 。

（1）添加相交点。

①按 F1 键选择【相交点】工具，点击在两线相交处，加上了圆形的相交点，如图2-28所示。

②鼠标左键按在参考线AB上不松手，移动鼠标到另一参考线CD上，然后松开鼠标左键，在CD线上加上圆形的相交点E，如图2-29所示。

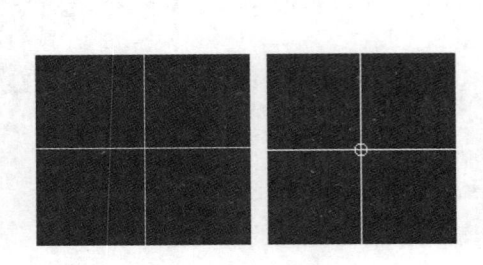

图2-28　添加相交点

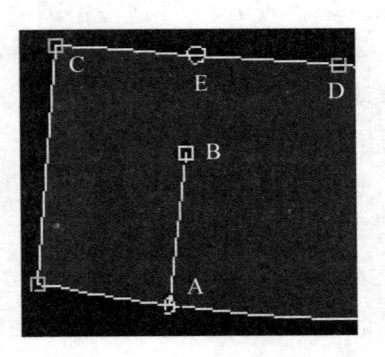

图2-29　添加相交点

（2）删除相交点。按 F3 键选择【删除】工具，鼠标左键单击相交点，即可删除相交点。

5. 【加点】

【加点】工具的主要功能是在线段上增加一个白色"×"形状的【特性点】或红色"×"形状的【曲线点】，快捷键为 Alt + 4 。

使用【加点】工具必须要选择参考点，而且只能在线段上加点，加的点根据线段按比例自动放码。

（1）添加特性点与曲线点。

①按 F1 键选择【加点】工具，鼠标左键点击在参考点A上，拖出一条带箭头的白色线段，同时弹出对话框，按 ↑ 方向键，进入输入框，输入需要的长度值，如"5cm"，按 Enter 键确认，在线段AB上点击左键，绘制出距离参考点A"5cm"的白色特性点C，如图2-30所示。

②如果输入需要的长度按 Enter 键确认后，同时按 Shift 键不松手，在需要加点的线上点击左键，绘制出红色的曲线点，但不可视，要打开【状态栏】中的【曲线点】 曲线点 P 按键才能显示红色的曲线点，如图2-31所示。

③如果输入需要的长度按 Enter 键确认后，同时按 Ctrl 键不松手，可以在垂直、水

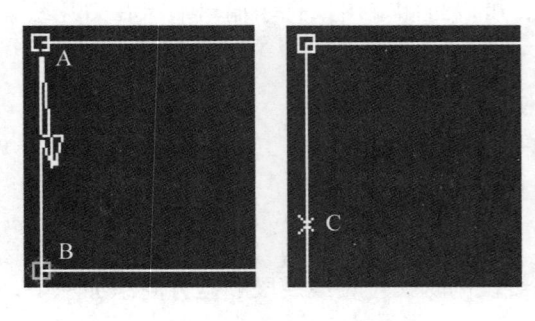

图2-30　添加特性点

平或45°、135°、225°、315°方向上加特性点；如果输入需要的长度按 Enter 键确认后，同时按住 Ctrl + Shift 键不松手，可以在垂直、水平或45°、135°、225°、315°方向上加曲线点。

（2）删除特性点或曲线点。按 F3 键选择【删除】工具，鼠标左键单击特性点或曲线点，即可删除该点。

6. 【加相关内点】

图2-31　添加曲线点

【加相关内点】工具的主要功能是在工作页内增加一个蓝色"×"形状的相关内点，如定纽扣位。快捷键为 Alt + r 。

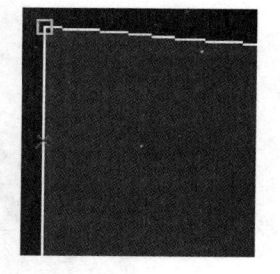

相关内点可加在工作页任意位置，利用输入框可输入与参考点水平、垂直或直线的距离、旋转的角度，并能根据参考点自动放码。

（1）添加相关内点。

①按 F1 键选择【F1】面板，鼠标左键点击【加相关内点】按钮，选中该工具。

②鼠标左键点击在参考点上，释放鼠标左键，从参考点上拉出带箭头的蓝色线段，同时弹出相关内点对话框，确定位置再次点击鼠标左键生成蓝色"×"形状的相关内点；或按 ↓ 键进入对话框，输入数值，按 Enter 键确定，鼠标左键点击在工作页空白处，生成相关内点，如图2-32所示。

③如果从参考点上拉出带箭头的蓝色线段后，同时按住 Ctrl 键不松手，可以在垂直、水平或45°、135°、225°、315°方向上加相关内点。

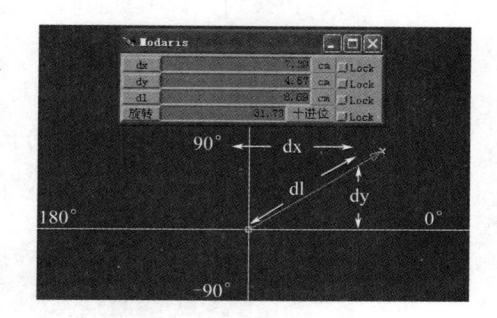

图2-32　添加相关内点

④如果从参考点上拉出带箭头的蓝色线段后，按 Q 键，每按一下，逆时针旋转1°；按 W 键，每按一下，顺时针旋转1°；按 A 键，每按一下，逆时针旋转10°；按 S 键，每按一下，顺时针旋转10°。

（2）移动相关内点。按 F3 键进入【F3】面板，选择【移动点】工具，单击相关内点并拖动到适合的位置，点击鼠标左键确认。

（3）删除相关内点。按 F3 键选择【删除】工具，鼠标左键单击相关内点，即可删除该点。

（4）相关内点的打印输出。点击【加相关内点】工具按钮右上角的小三角，弹出对话框如图2-27所示，具体的打印输出设置参考【联系点】的打印输出设置。

7. 【两点对齐】

【两点对齐】工具的主要功能是使移动点与参考点在水平或垂直方向上对齐。快捷键为 A 。

（1）按 F1 键选择【F1】面板，鼠标左键点击【两点对齐】按钮，选中该工具。

（2）鼠标左键点击在参考点A上，释放鼠标左键，从参考点上"拉出水平线段与垂直带箭头线段"（表示两点在水平方向对齐），鼠标放在移动点B上，左键点击点B，点A与点B水平对齐，如图2-33所示。

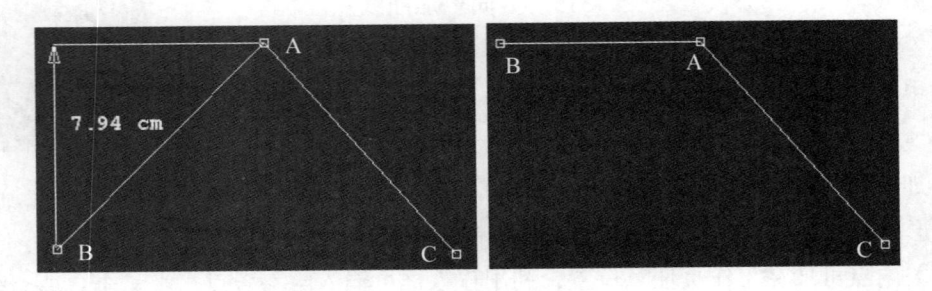

图2-33　两点水平对齐

如果希望点A与点B垂直对齐，从参考点A上"拉出水平线段与垂直带箭头线段"时，按 空格键 ，切换到"拉出垂直线段与水平带箭头线段"，左键点击点B，点A与点B垂直对齐。

（3）鼠标左键点击在参考点A上，释放鼠标左键，从参考点上"拉出垂直线段与水平带箭头线段"（表示两点在垂直方向对齐，如果想更改对齐方向，按 空格键 ），鼠标放在移动点C上，左键点击点C，点A与点C垂直对齐，如图2-34所示。

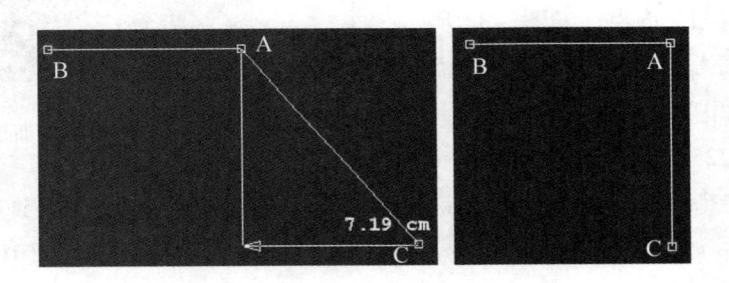

图2-34　两点垂直对齐

8. 【三点对齐】

【三点对齐】工具的主要功能是选择两点为参考轴线，以直线的形式对齐其他点，快捷键为 Alt + a 。

（1）按 F1 键选择【F1】面板，鼠标左键点击【三点对齐】按钮，选中该工具。

（2）鼠标左键点击点A，拉出白色线段；点击点B，拉出带箭头的线段，如图2-35所示；点击点C，点A、点B、点C成一条直线，如图2-36所示。

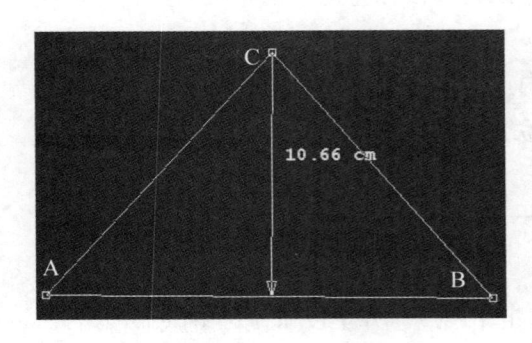

图2-35　三点对齐

9. ![] 【内部分段】

【内部分段】工具的主要功能是在两点直线线段间平均等分所需要的段数，并产生相应的【相关内点】。【相关内点】可根据参考点按比例自动放码。

（1）按 F1 键选择【F1】面板，鼠标左键点击【内部分段】按钮，选中该工具。

（2）鼠标左键先后点击点A、点B，弹出【段数】输入框，输入需要的段数，如输入"5"，按 Enter 键确认，线段AB被平均等分为5段，生成4个相关内点，如图2-37（a）所示。

（3）点击【内部分段】工具按钮右上角的小三角，弹出对话框如图2-27所示，左键单击对话框中的【记号工具"36"】打钩"√"，关闭对话框。再执行步骤②的操作，完成如图2-37（b）所示。

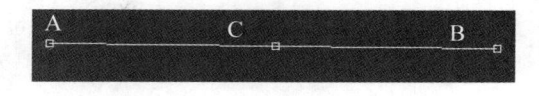

图2-36 三点对齐结果

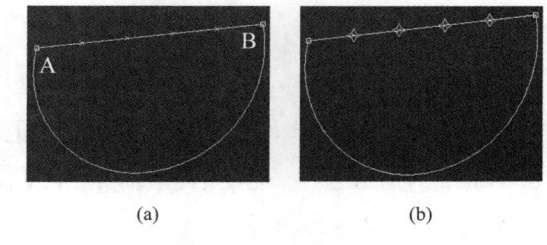

图2-37 内部分段

（二）线条工具

1. ![] 【直线】

【直线】工具的主要功能是连接两点成直线或自由绘制直线。快捷键为 O。

（1）按 F1 键选择【F1】面板，鼠标左键点击【直线】按钮，选中该工具。

（2）鼠标左键在工作页任意两个位置点击确认，随意绘制直线；或用鼠标左键在工作页任意位置单击，拉出白色线段，同时弹出对话框，按 ↓ 键进入对话框，设置数值，按 Enter 键确认，鼠标左键点击在工作页空白处，完成直线的绘制，如图2-38所示。

（3）鼠标左键先后点击在起始点与结束点上，连接两点成直线。

（4）在绘制直线时，按住 Ctrl 键不松手，可以在垂直、水平或45°、135°、225°、315°方向上绘制直线。

（5）已知线段AB，想要作AB的垂直线AC，可以按住 Shift 键，鼠标左键点击点A，拉出线段AB的垂直线，再次单击鼠标左键确定，如图2-39所示。

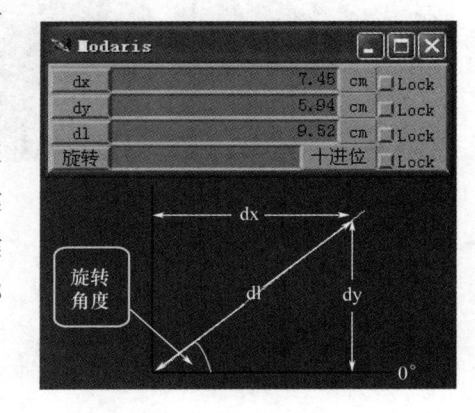

图2-38 【直线】工具输入框

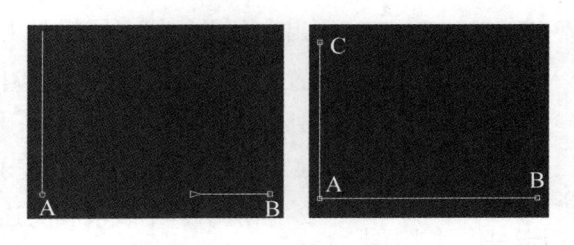

图2-39 绘制垂直线

（6）点击【直线】工具按钮右上角的小三角，弹出对话框如图2-40所示。

【最大限制】：选择【最大限制】，在线段AB的基础上绘制线段AC时，线段AB与线段AC是连接在一起的，用【移动点】工具移动点A时，线段AB、AC一起跟随移动，如图2-41所示。

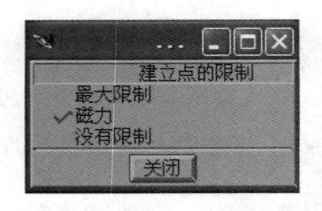

图2-40　【直线】工具对话框

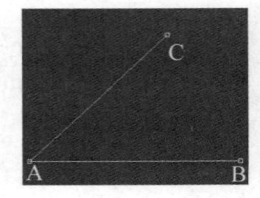

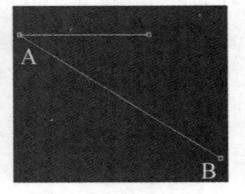

图2-41　【最大限制】

【磁力】：选择【磁力】，在线段AB的基础上绘制线段AC时，表面上看线段AB与线段AC的点A是重叠在一起，但用【移动点】工具移动点A时，线段AB和线段AC会分离，并无连接，如图2-42所示。

【没有限制】：选择【没有限制】，在线段AB的基础上绘制线段AC时，线段AB与线段AC并无连接，点A也并不重叠，完全是分离的两条线段，如图2-43所示。

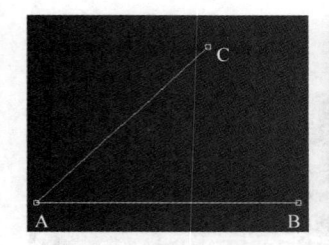

图2-42　【磁力】

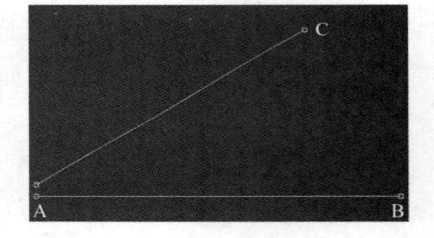

图2-43　【没有限制】

2. 【平行线】

【平行线】工具的主要功能是绘制线段的平行线。快捷键为Ⓧ。

该工具可同时绘制多条线段的平行线，生成的平行线根据参考线自动放码。

（1）按F1键选择【F1】面板，鼠标左键点击【平行线】按钮，选中该工具。

（2）鼠标左键点击参考线段，或鼠标右键框选多条参考线段，拉出白色平行线，同时弹出【距离】对话框，再次点击鼠标左键确定位置或按↓键进入【距离】对话框，输入数值（向裁片内部为负值，向外部为正值），按Enter键确认，生成平行线。

（3）点击【平行线】工具按钮右上角的小三角，弹出对话框如图2-44所示，【线段相关连】选项属于力克高阶相关联范畴，在"第四章 高阶裁片关联"中会详细讲述。

图2-44　【平行线/对称】对话框

3. ～ 【切线弧线】

【切线弧线】工具的主要功能是在工作页中绘制切线弧线，切线弧线会根据起始点和结束点按比例自动放码。快捷键为 ⓑ。

（1）绘制切线弧线。

①按 F1 键选择【F1】面板，鼠标左键点击【切线弧线】按钮，选中该工具。

②鼠标左键点击在工作页上生成起始点，拉出白色线段并弹出对话框，按 ↓ 键进入输入框输入数据或点击鼠标左键，生成直线线段和白色特性点。

③按住 Shift 键，点击鼠标左键，绘制曲线点，按住 Ctrl 键绘制垂直、水平或45°、135°、225°、315°方向上的直线。

④在绘图没有结束前，若觉得绘制切线弧线不满意，可同时按鼠标左右键或直接按鼠标滚轮键，每按一次操作后退一步，直到完全退出绘图为止。

⑤在最后结束点单击鼠标右键结束切线弧线的绘制，如图2-45所示。

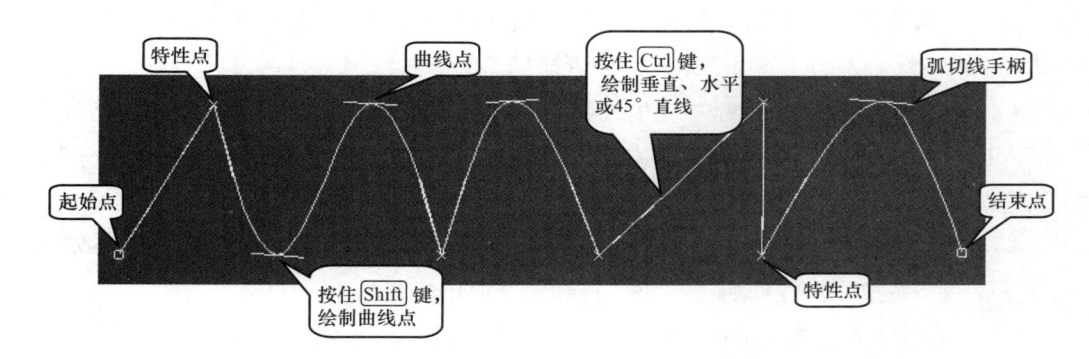

图2-45　切线弧线的绘制

（2）修改切线弧线。

①选择下拉菜单【显示】→【弧切线】，或用快捷键 Ⓗ，使【弧切线】打钩"√"，在曲线点上出现白色的弧切线手柄，如图2-45所示。

②点击状态栏【曲线点】按钮，或按快捷键 Ⓟ，切线弧线上出现了红色的曲线点，如图2-45所示。

③点击状态栏【影子】按钮，或按快捷键 Alt + ⓒ，激活【影子】工具。

④按 F3 键选择【移动点】工具，左键点击左边弧切线手柄，松开左键，移动鼠标，手柄会跟随鼠标移动，弧线也相应发生变化，调整好弧线，左键结束移动；再调整右边弧切线手柄。如图2-46所示，红色图形表示没修改之前的影子图形，关闭【影子】按钮，红色图形会消失；白色图形为修改后的图形，影子工具方便修改前与修改后图形的对比。

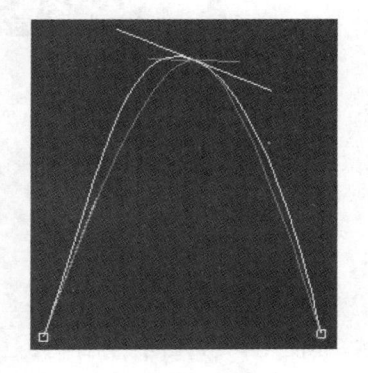

图2-46　移动切线弧线

⑤按住 Alt 键，鼠标拖动任意一边的弧切线手柄，另一边会对称修改，如图2-47（a）所示；按住 Shift 键，可单边移动弧切线手柄，如图2-47（b）所示。

⑥点击【切线弧线】工具按钮右上角的小三角，弹出对话框如图2-40所示，功能设置和【直线】工具相同。

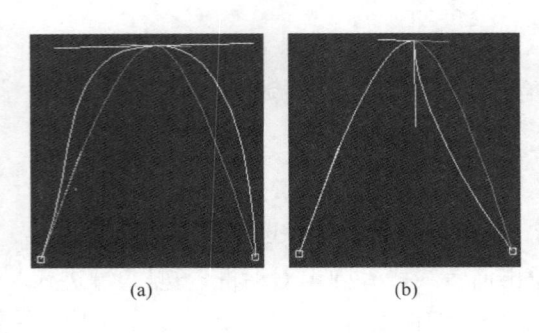

图2-47 修改切线弧线

4. 【半圆弧线】

【半圆弧线】工具的主要功能是在工作页中绘制半圆弧线，半圆弧线会根据起始点和结束点按比例自动放码。快捷键为 S 。

（1）按 F1 键选择【F1】面板，鼠标左键点击【半圆弧线】按钮，选中该工具。

（2）鼠标左键点击在工作页上生成起始点，拉出白色线段并弹出对话框，按↓键进入输入框输入数据或点击鼠标左键生成直线线段和白色特性点。按住 Ctrl 键绘制垂直、水平或45°、135°、225°、315°方向上的直线。

（3）按住 Shift 键点击鼠标左键生成起始点，拉出白色线段并弹出对话框，按↓键进入输入框输入数据或点击鼠标左键生成中途曲线点，拉出半圆弧线，再次点击鼠标左键绘制出半圆弧线。

（4）在绘图没有结束前，若对绘制的半圆弧线不满意，可同时按鼠标左右键或直接按鼠标滚轮键，每按一次操作后退一步，直到完全退出绘图为止。

（5）在最后结束点单击鼠标右键结束半圆弧线的绘制，如图2-48所示。

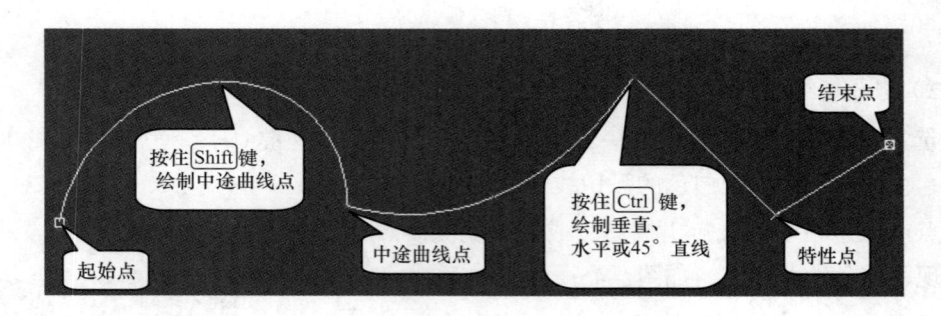

图2-48 半圆弧线的绘制

（6）点击【半圆弧线】工具按钮右上角的小三角，弹出对话框如图2-40所示，功能设置和【直线】工具相同。

5. 【对称轴线】

【对称轴线】工具的主要功能是在工作页中绘制对称轴线，通常配合【对称】工具一起使用。可在同一工作页上绘制多条【对称轴线】，同一时间只有一条对称轴线为现用对称轴线。快捷键为 X 。

（1）按 F1 键选择【F1】面板，鼠标左键点击【对称轴线】按钮，选中该工具。

（2）鼠标左键点击在工作页上任意位置生成起始点，确定位置后，鼠标左键点击在结束点上，生成蓝色虚线对称轴线。

（3）按住 Ctrl 键绘制垂直、水平或45°、135°、225°、315°方向上的对称轴线。

（4）按 F3 键选择【移动点】或【移动】工具，可对对称轴线的端点单独移动或移动整条对称轴线。

（5）【F3】面板中的【删除】工具不能删除任何对称轴线；有对称内容的【对称轴线】不能被人工或系统删除，没有对称内容、空的对称轴线在重新打开文档后被系统自动删除。

6. 【对称】

【对称】工具的主要功能是在建立或选中对称轴线后，对称绘制点、线或图形。快捷键为 Y。

（1）按 F1 键选择【F1】面板，鼠标左键点击【对称轴线】按钮，在工作页上建立对称轴线。

（2）按 F1 键选择【F1】面板，选择【对称】工具，鼠标左键点击要对称的点、线或图形即可。

（3）当有多条对称轴线时，只有一条为现用对称轴线，要想激活其他对称轴线，可以选择【对称】工具，鼠标左键点击在想要激活的对称轴线上，该轴线被激活。

（4）点击【对称】工具按钮右上角的小三角，弹出对话框如图2-44所示，【线段相关连】选项属于力克高阶相关联范畴，在"第四章 高阶裁片关联"中会详细讲述。

7. 【复制】

【复制】工具的主要功能是在工作页上复制点、线或图形。按 Shift 键可连续选择点或线，或按住鼠标右键框选点或线，然后再加以复制。所复制的点或线段会根据参考的点或线段自动放码。快捷键为 Alt + d。

（1）按 F1 键选择【F1】面板，选择【复制】工具，鼠标左键点击需要复制的点或线。

（2）拖动鼠标，弹出对话框，按 ↓ 键进入输入框，输入数据，或按 X 键上下翻转图形；按 Y 键左右翻转图形；按 Q 键逆时针旋转图形，每按一次旋转1°；按 W 键顺时针旋转图形，每按一次旋转1°；按 A 键逆时针旋转图形，每按一次旋转10°；按 S 键顺时针旋转图形，每按一次旋转10°。确定位置后点击鼠标左键结束复制操作。

8. 【外部分段】

【外部分段】工具的主要功能是在线段任意两点间沿线段平均等分所需要的段数，分段点以滑点的形式显示。线段可根据起始点及结束点按比例自动放码。

（1）按 F1 键选择【F1】面板，鼠标左键点击【外部分段】按钮，选中该工具。

（2）鼠标左键点击A点，拖出白色线段，再点击B点按住，图形上半部分变为白色粗线，说明为选中的部分，如图2-49所示；如果想选择图形下半部分，按 空格键 ，切换选择的方向，图形下半部分变为白色粗线，如图2-50所示；确定所选部分，释放鼠标，弹出【段数】输入框，输入需要的段数，如输入"5"，按 Enter 键确认，沿线段AB被平均等分为5段，生成4个滑点，如图2-51所示。

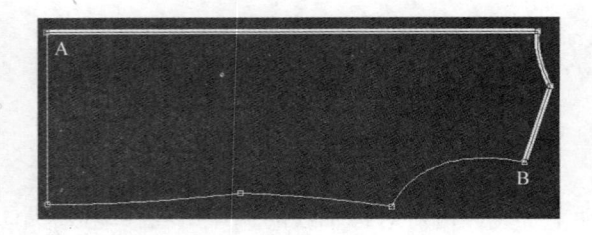

图2-49　选中上半部分

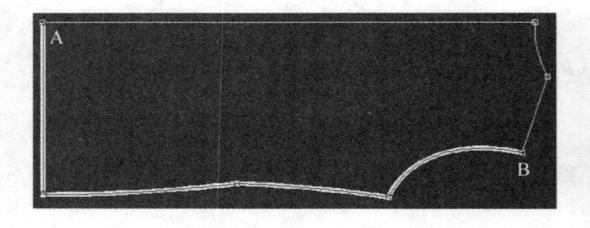

图2-50　按 空格键 切换选择方向

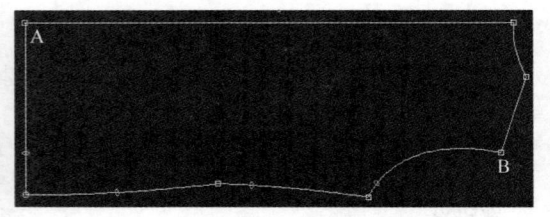

图2-51　线段AB被等分为5份

9. 【划线条】、【读图】、【恢复读图】

【划线条】、【读图】、【恢复读图】等工具主要与"读图仪"结合使用，在此不作详细介绍。但常常容易选中这些工具而无法退出，这时可以按 F 键结束操作。

二、【F2】工具箱面板

鼠标左键单击【工具箱选择栏】上的【F2】或者按键盘上的快捷键 F2 键，或者直接点击【工具箱显示区】中的图标，进入【F2】工具箱面板。

【F2】工具箱面板包括【剪口】、【方向】、【工具】等工具按钮。主要是用来绘制/修改剪口、改变图形方向、绘制各种弧线与几何图形，如图2-52所示，图2-52（a）为面板【图像】显示方式，图2-52（b）为面板【文字】显示方式，可以根据个人喜好点击下拉菜单【画面配置】→【图像/文字】进行选择。

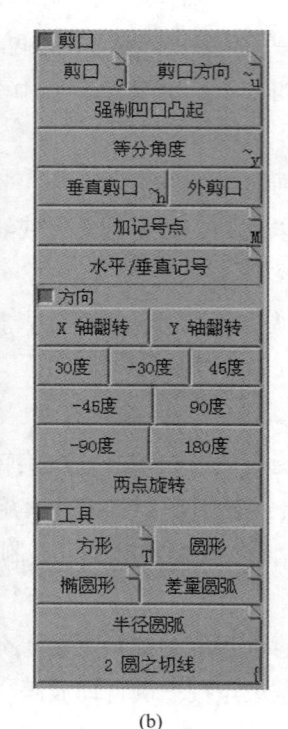

(a)　(b)

图2-52　【F2】工具箱面板

（一）剪口工具

1. ![] 【剪口】

【剪口】工具的主要功能是在点或线上加剪口。快捷键为 C 。

（1）按 F2 键选择【F2】面板，选择【剪口】工具，鼠标左键点击在参考点或线段的任何位置上，加上剪口。

（2）点击【剪口】按钮右上方的小三角，或点击【状态栏】中【剪口工具】按钮，弹出【剪口】形状对话框如图2-53（a）所示为【图像】显示方式，图2-53（b）所示为【文字】显示方式，选择剪口形状。在线段上加剪口如图2-54所示。

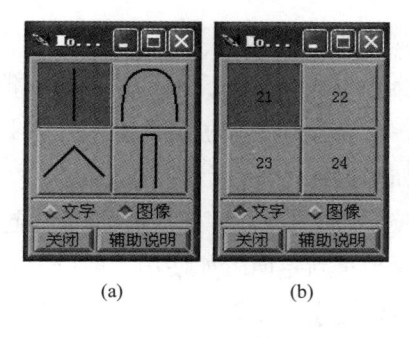

图2-53　剪口形状对话框

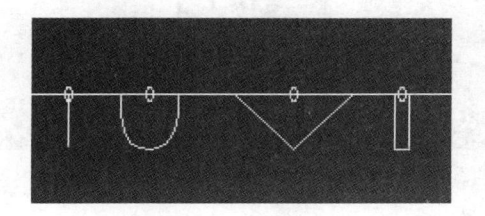

图2-54　添加剪口

（3）按 F3 键进入【F3】面板，选择【移动点】工具，单击剪口并移动到适合的位置，点击鼠标左键确认新剪口位置。

按 F3 键选择【删除】工具，鼠标左键单击在剪口上，即可删除剪口。

需要注意的是，这四种剪口形状只是在屏幕中显示的形状，并不是最终输出的绘图形状。最终绘图形状需要在力克的Justprint或Vigiprint绘图软件中重新定义。

2. ![] 【剪口方向】

【剪口方向】工具的主要功能是改变剪口方向。可自由改变剪口方向或依据参考点改变方向。若以参考点作定位方向，剪口会依据它而自动放码。快捷键为 Alt + u 。

（1）按 F2 键选择【F2】面板，选择【剪口方向】工具，鼠标左键点击剪口图形尾部，拉出白色方向线段，确定位置后在空白处点击鼠标左键（若依据参考点，鼠标左键点击在参考点上），改变剪口方向，如图2-55所示。

（2）点击【剪口方向】工具按钮右上角的小三角，弹出对话框如图2-40所示，功

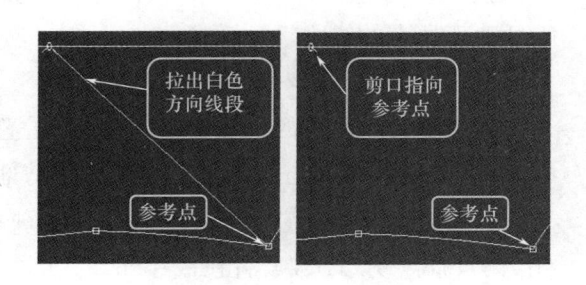

图2-55　改变剪口方向

能设置和【直线】工具相同。

3. 【强制凹口凸起】

【强制凹口凸起】工具的主要功能是在剪口延长线投影处（即同一裁片对边止口处）进行强制性加剪口。使用该工具要在加缝份的实样中进行，完成操作步骤后要点击【状态栏】的【裁剪部分】按钮才能看到操作结果。

（1）按 F2 键选择【F2】面板，选择【剪口】工具，在加了缝份的实样中加剪口。

（2）按 F2 键选择【F2】面板，选择【强制凹口凸起】工具，鼠标左键点击剪口按住不松手，按 空格键 出现蓝色线段，选择剪口投影的位置，如图2-56（a）所示，确认好位置放开鼠标左键。

（3）松开鼠标后表面无任何变化，但当鼠标的光标经过剪口时，如果该剪口已被强制性投影，就会在投影的位置出现一个黄色箭头。

（4）点击【状态栏】的【裁剪部分】按钮，可以看到在黄色箭头投影处加上了剪口，如图2-56（c）所示。

（5）如果执行了【强制凹口凸起】的剪口再被重新定向，如使用【剪口方向】、【等分角度】、【垂直剪口】等工具，它的强制性投影功能就会消失。

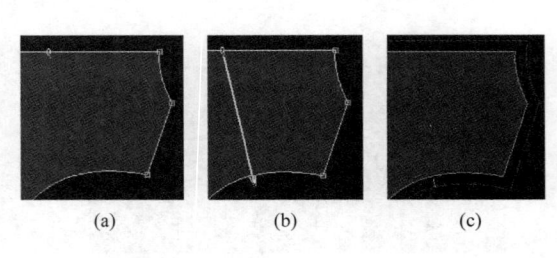

图2-56 【强制凹口凸起】工具操作步骤

4. 【等分角度】

【等分角度】工具的主要功能是平均分配剪口两边的角度。快捷键为 Alt + y 。

按 F2 键选择【F2】面板，选择【等分角度】工具，用鼠标左键在剪口上点击，剪口会重新定向在角平分线上，如图2-57所示。

图2-57 【等分角度】工具示意图

5. 【垂直剪口】

【垂直剪口】工具的主要功能是使剪口垂直于所在的线段。快捷键为 Alt + h 。

按 F2 键选择【F2】面板，选择【垂直剪口】工具，用鼠标左键在剪口上点击，剪口会垂直于所在的线段。

6. 【外剪口】

【外剪口】工具的主要功能是将剪口放置在裁片外部。使用该工具要在实样中进行，完成操作步骤后要点击【状态栏】的【裁剪部分】按钮，才能看到操作结果。

按 F2 键选择【F2】面板，选择【外剪口】工具，用鼠标左键在剪口B与剪口D上点击，剪口B、剪口D被放置在裁片外部。点击【状态栏】的【裁剪部分】按钮查看操作结果，如图2-58、图2-59所示。

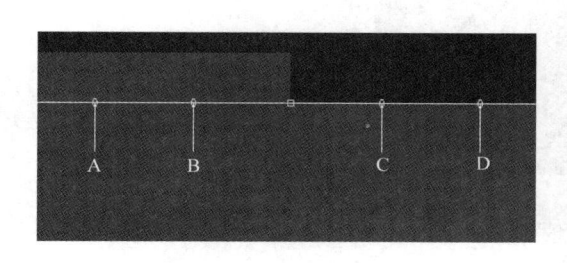

图2-58 外剪口

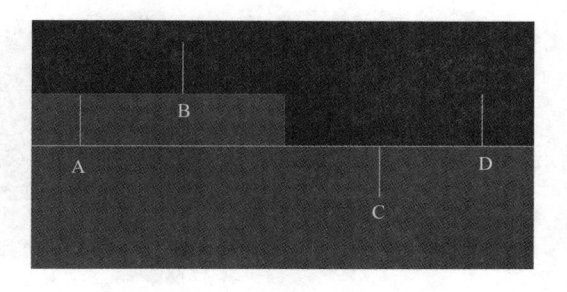

图2-59 【裁剪部分】状态下外剪口

7.  ┌─────┐【加记号点】

【加记号点】工具的主要功能是把需要打印输出的点设置为记号点。快捷键为 Ⓜ。

（1）点击【加记号点】按钮右上方的小三角，弹出【加记号点】对话框如图2-27所示，点击【记号工具"35"】打钩"√"；或鼠标左键按住【状态栏】的【无记号】按钮不松手，弹出【记号工具】选项框，按住鼠标左键上下移动选择【记号工具'35'】，松开左键，【状态栏】中显示【记号工具"35"】。

（2）按 F2 键选择【F2】面板，选择【加记号点】工具，鼠标左键点击在点A上。

（3）继续选择【记号工具"36"】、【记号工具"37"】、【记号工具"1"】，选择【加记号点】工具，鼠标左键点击在B、C、D点上，如图2-60所示。

（4）加上【记号工具】的点可以打印输出，但输出的并不是在屏幕中显示的形状。最终打印输出的绘图形状需要在力克的Justprint或Vigiprint绘图软件中重新设置。

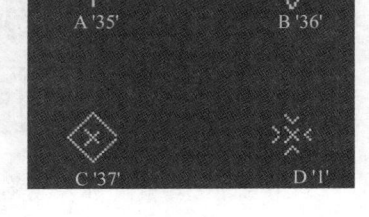

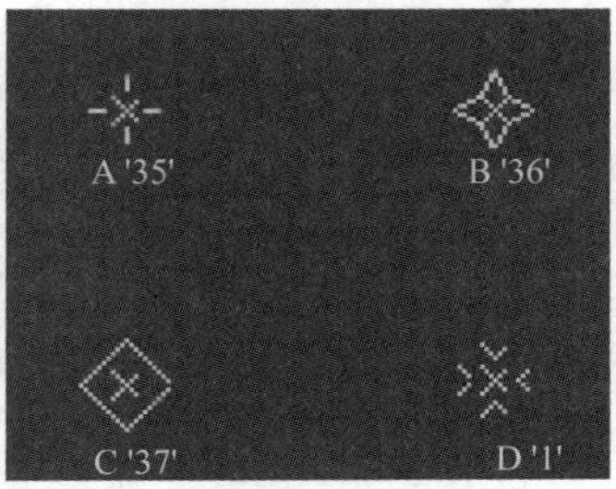

图2-60 【记号工具】显示图形

8.  ┌─────┐【水平/垂直记号】

【水平/垂直记号】工具的主要功能是用于排料图，在水平和垂直布纹线的交叉点建立记号点。

（1）鼠标左键按住【状态栏】的【其他轴线】按钮不松手，弹出【轴线】选项框，按住鼠标左键上下移动选择【布纹线"DF"】，松开左键，【状态栏】中显示【布纹线"DF"】，按住 Ctrl 键，在裁片上点击左键，拉出水平布纹线，再点击左键绘制出水平布纹线。

（2）鼠标左键按住【状态栏】的【其他轴线】按钮不松手，弹出【轴线】选项框，按住鼠标左键上下移动选择【垂直布纹线"TR"】，按住 Ctrl 键，在裁片上绘制出垂直布纹线。

（3）点击【水平/垂直记号】按钮右上方的小三角，弹出【加记号点】对话框如图2-27所示，点击【垂直·水平·图案】打钩"√"。

（4）按 F2 键选择【F2】面板，选择【水平/垂直记号】工具，鼠标左键点击在水平和垂直布纹线的交叉点上建立标记点，如图2-61所示。

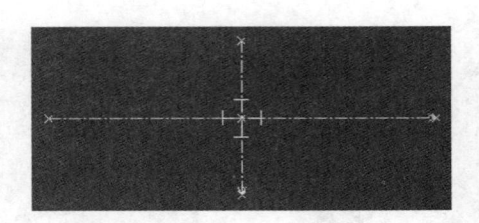

图2-61　水平/垂直记号

（二）方向工具

1. ▭【X轴翻转】

【X轴翻转】工具的主要功能是在现用工作页中，以X轴为对称轴，对工作页内所有的图形进行对称翻转。一旦点击【X轴翻转】按钮，现用工作页中的图形立即以X轴对称翻转。此操作不能使用还原功能，要还原时，再次单击该工具按钮即可。

按 F2 键选择【F2】面板，鼠标左键点击【X轴翻转】按钮，现用工作页中的图形立即以X轴对称翻转，如图2-62所示。

2. ▭【Y轴翻转】

【Y轴翻转】工具的主要功能是使现用工作页中的图形以Y轴对称翻转。此操作不能使用还原功能，要还原时，再次单击该工具按钮即可。

按 F2 键选择【F2】面板，鼠标左键点击【Y轴翻转】按钮，现用工作页中的图形立即以Y轴对称翻转。

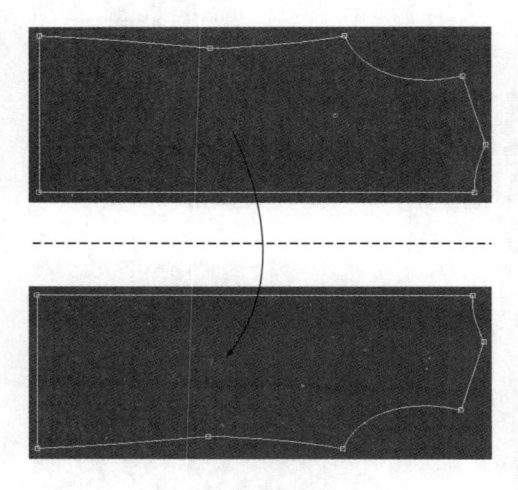

图2-62　图形以X轴对称翻转

3. ▭【30度】、▭【-30度】

【30度】工具的主要功能是使现用工作页中的图形逆时针旋转30°。此操作不能使用还原功能，要还原时，单击相应的【-30度】工具按钮即可。

【-30度】工具的主要功能是使现有工作页中的图形顺时针旋转30°。

按 F2 键选择【F2】面板，鼠标左键点击【30度】按钮，现用工作页中的图形立即逆时针旋转30°，如图2-63所示。

4. ▭【45度】、▭【-45度】、▭【90度】、▭【-90度】、▭【180度】

【45度】、【-45度】、【90度】、【-90度】、【180度】工具与【30度】、【-30度】工具使用方法相同，只是旋转角度度数不同。这几个工具的操作均不能使用还原功能还原。

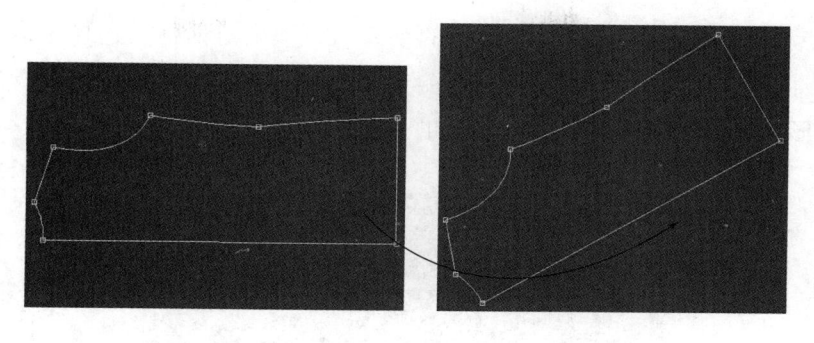

图2-63　30°旋转

5. ▭▭▭【两点旋转】

【两点旋转】工具的主要功能是以选中的两点作为水平轴线旋转现用工作页中的所有图形。此操作不能使用还原功能，要还原时，可以找到原水平方向两点，再次使用【两点旋转】将其恢复到原来的状态。

按 F2 键选择【F2】面板，选择【两点旋转】工具，鼠标左键点击参考点A点、B点，A、B两点变为水平轴线，现用工作页中的所有图形跟随旋转，如图2-64所示。

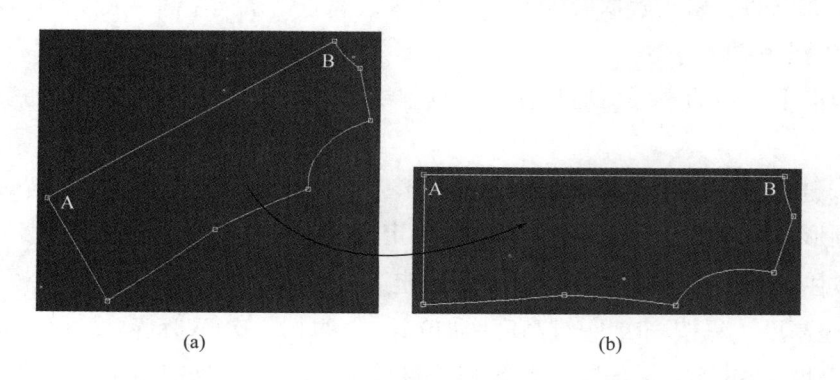

(a)　　　　(b)

图2-64　两点旋转

（三）工具

1. ▭▭▭【方形】

【方形】工具的主要功能是在工作页中绘制矩形或正方形。绘制图形会随参考点自动放码。快捷键为 T 。

（1）按 F2 键进入【F2】面板，选择【方形】工具，鼠标左键在参考点或任意位置按下，拖动鼠标出现白色的矩形框，并弹出对话框。确定位置后点击鼠标左键，完成矩形的绘制；或按 ↓ 键进入输入框，输入数据后按 Enter 键确定，再点击鼠标左键完成矩形的绘制。

（2）配合 Shift 键，可绘制正方形；配合 Q 、W 、A 、S 键，可使绘制的矩形或正方形逆时针或顺时针旋转1°或10°。

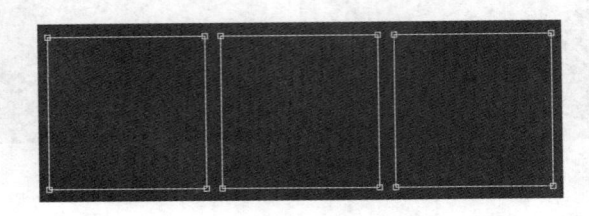

（3）点击【方形】工具按钮右上角的小三角，弹出对话框，选择【最大限制】和【磁力】，生成的矩形端点间是相关联的，没有分离。选择【没有限制】，端点呈现为 ⊡，表示矩形的四条线段是各自分离的，如图2-65所示。

图2-65　方形的三种状态

2. ⬜【圆形】

【圆形】工具的主要功能是在工作页中绘制圆形。绘制图形会随参考点自动放码。

按 F2 键选择【F2】面板，选择【圆形】工具，鼠标左键在参考点或任意位置按下，拖出圆形，并弹出【直径】对话框。确定位置后点击鼠标左键，完成圆形的绘制；或按 ↓ 键进入输入框，输入数据后按 Enter 键确定，再点击鼠标左键完成圆形的绘制。

3. ⬜【椭圆形】

【椭圆形】工具的主要功能是在工作页中绘制椭圆形。绘制的图形会随参考点自动放码。

按 F2 键选择【F2】面板，选择【椭圆形】工具，在参考点或任意位置按住鼠标左键，拖出圆形，并弹出【椭圆形】对话框。确定圆形大小后释放鼠标，继续移动鼠标，确定位置后按住鼠标左键，拖出另一个圆形，确定第二个圆形大小后释放鼠标，按 Q、W、A、S 调整高度：每按一次 Q 键高度增加0.1cm，每按一次 W 键高度减少0.1cm，每按一次 A 键高度增加0.5cm，每按一次 S 键高度减少0.5cm，再次点击鼠标左键完成椭圆形的绘制，如图2-66所示。

或按 ↓ 键进入输入框，输入数据后按 Enter 键确定，完成椭圆形绘制。

4. ⬜【差量圆弧】

【差量圆弧】工具的主要功能是以线段中央垂直的差量建立弧线。差量圆弧会随参考点自动放码，建立弧线后，仍可移动差量圆弧的【曲线点】。

按 F2 键选择【F2】面板，选择【差量圆弧】工具，鼠标左键点击在参考点A上，拉出白色的线段，弹出【差量】对话框。鼠标移动到参考点B上，按 Q、W、A、S 调整差量：每按一次 Q 键差量增加0.1cm，每按一次 W 键差量减少0.1cm，每按一次 A 键差量增加1cm，每按一次 S 键差量减少1cm，再次点击鼠标左键完成差量圆弧的绘制，如图2-67所示。

或者按 ↓ 键弹出【差量】输入框，输入数据后按 Enter 键确定，再次点击鼠标左键完成差量圆弧的绘制。

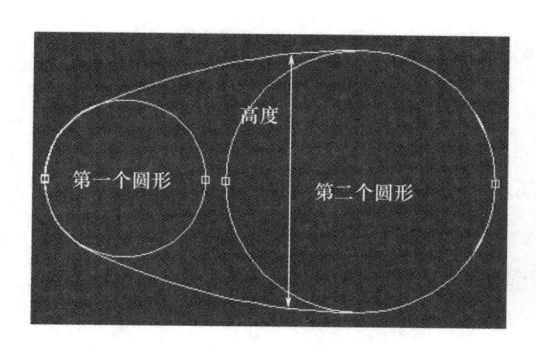

图2-66 绘制椭圆形

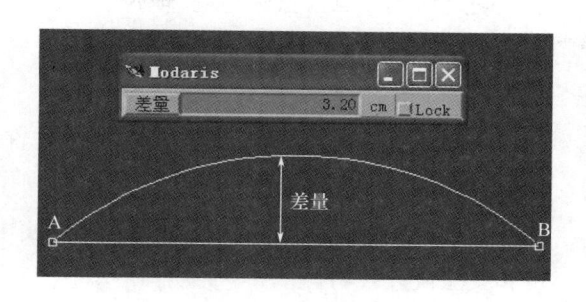

图2-67 差量圆弧

5. ▭ 【半径圆弧】

【半径圆弧】工具的主要功能是以半径值为参考建立弧线。半径圆弧会随参考点自动放码，建立弧线后，仍可移动半径圆弧的【曲线点】。

按 F2 键选择【F2】面板，选择【半径圆弧】工具，鼠标左键点击在参考点A上，拉出白色的线段，弹出【半径】对话框。鼠标移动到参考点B上，按 Q、W、A、S 键调整半径：每按一次 Q 键，半径增加0.1cm；每按一次 W 键半径减少0.1cm；每按一次 A 键半径量增加1cm；每按一次 S 键半径减少1cm，再次点击鼠标左键完成半径圆弧的绘制，如图2-68所示。

6. ▭ 【两圆之切线】

【两圆之切线】工具的主要功能是以两个圆作为定位，建立相关的切线。完成操作后两圆是不会保留的，只保留相关切线。快捷键为 Shift + ()。

（1）按 F2 键选择【F2】面板，选择【两圆之切线】工具，鼠标左键点击在参考点A上，拖出第一个圆，同时弹出对话框，确定半径后点击鼠标左键完成第一个圆绘制。

（2）鼠标左键点击在参考点B上，拖出第二个圆，确定半径后点击鼠标左键完成第二个圆绘制，并出现两圆的切线。

（3）按 空格键 切换切线的方向，切线出现的顺序分别为1、2、3、4，如图2-69所

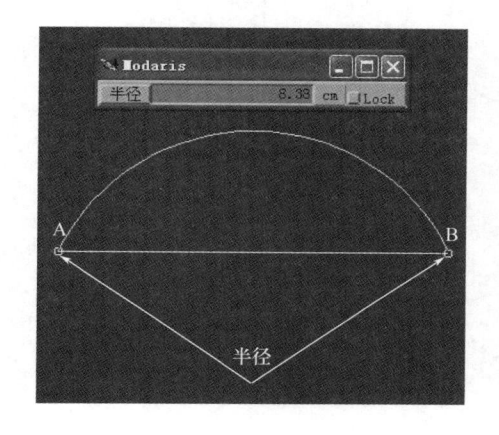

图2-68 半径圆弧

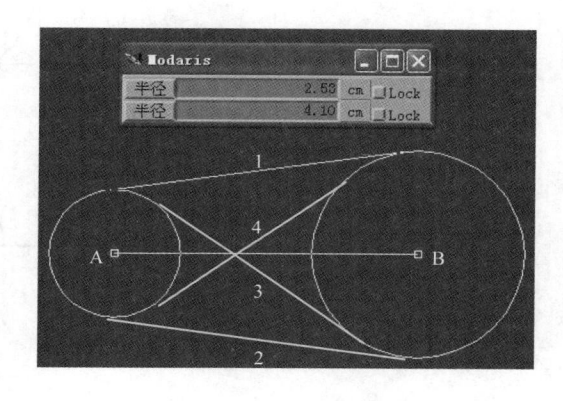

图2-69 两圆之切线

示，确定切线后点击鼠标左键，两圆消失，只保留相关的切线。

三、【F1】、【F2】面板制图实例

【F1】、【F2】面板包含了Modaris软件最基本的制图工具，现用这些制图工具绘制文化式女装衣身原型纸样。一方面可以使操作人员在制图实例中逐渐熟悉和掌握【F1】、【F2】面板的工具，另一方面可以为习惯使用原型法进行纸样设计的操作人员提供纸样原型和一些设计技巧。

（一）文化式女装原型

1. 文化式女装原型尺寸

文化式女装原型制图所需的尺寸比较简单，只需人体的净胸围、背长和袖长。本书选取了我国现行国家标准的中号（M）规格，即号型为160/84A、胸围为84cm、背长为38cm、袖长为55cm作为M号原型样板的制图尺寸（表2-7）。

表2-7 文化式女装尺寸表　　　　　　　　　　　　　　　　　　　单位：cm

规格＼部位	胸围 (B)	背长 (L)	袖长 (SL)
160/84A	84	38	55

2. 文化式女装上衣原型结构图

文化式女装上衣原型结构图如图2-70所示。

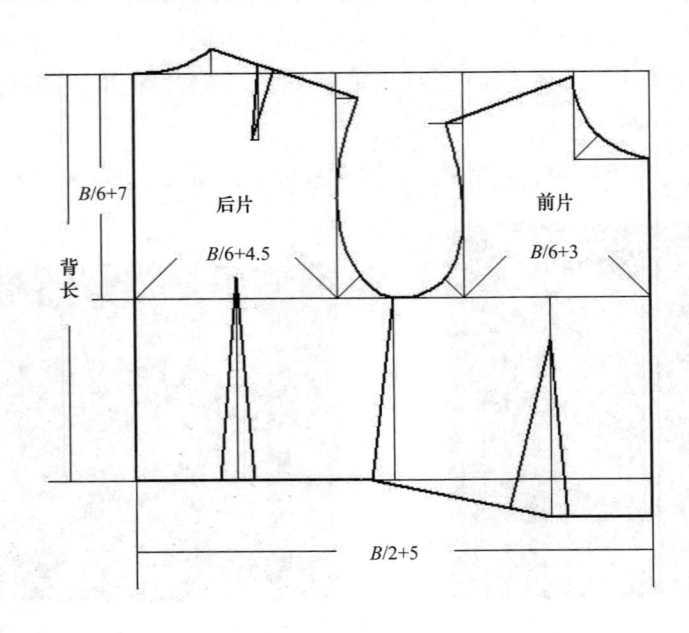

图2-70 文化式女装上衣原型结构图

（二）在Modaris系统中绘制原型

1. 建立新的款式系列

（1）双击桌面上的图标 ，打开Modaris纸样设计系统。点击下拉菜单【档案】→【新款式系列】，在弹出的对话框中输入"Prototype pattern"，按 Enter 键确认，在工作区出现了款式系列图标；按 Ctrl + U 键或点击下拉菜单【显示】→【资料框】，款式系列图标下方出现了黄色资料框；为了方便工作，按 F10 键，系统会自动给款式系列生成一个尺码框，按 Home 键显示整个工作页，如图2-71所示。

图2-71 款式系列图标

值得注意的是，款式名只能输入英文字母，不能输入中文。如强制改为中文，会出现很多意想不到的问题。

（2）款式系列工作页是不能绘制和编辑纸样的，需要点击【工作页】→【新工作页】，或按大写的 N 键建立新工作页，按 8 键，工作页并列排放在工作区中；点击工具区上方的【选择】 按钮，选中新工作页，按 Home 键显示整张工作页；或直接点击工具区上方的【现用工作页】 按钮，选中新工作页，也会显示整个工作页。

（3）点击下拉菜单【参数】→【长度单位】，将长度单位设置为"cm"；点击下拉菜单【参数】→【角度单位】，将角度单位设置为"度"。

2. 绘制基础线

（1）绘制矩形。按 F2 键进入【F2】面板，选择【方形】工具，鼠标左键在任意位置按下，拖动鼠标，弹出对话框；按 ↓ 键进入输入框，在【宽度】输入框输入数值"47"，在【高度】输入框输入数值"38"，按 Enter 键确定，再点击鼠标左键完成矩形的绘制；由于矩形太大，要按 Home 键显示整张工作页，如图2-72所示。

（2）绘制胸围线。按F1键选择【平行线】工具，单击矩形线AB，向下移动鼠标，按↓方向键，进入【距离】输入框，输入距离值"21"，按Enter键绘制出胸围线CD。

（3）绘制背宽线。按F1键选择【平行线】工具，单击线段AC，向右移动鼠标，按↓方向键，进入【距离】输入框，输入距离值"18.5"，按Enter键绘制出背宽线EF。

（4）绘制胸宽线。按F1键选择【平行线】工具，单击线段BD，向左移动鼠标，按↓方向键，进入【距离】输入框，输入距离值"17"，按Enter键绘制出胸宽线GH，如图2-72所示。

（5）按F3键选择【调整两线段】工具，鼠标左键单击背宽线要保留的部分EI，单击胸围线CD；单击胸宽线要保留的部分GJ，单击胸围线CD，得到图形如图2-73所示。

（6）按F1键选择【F1】面板，鼠标左键点击【内部分段】按钮，选中该工具。鼠标左键先后点击在胸围线点C、点D上，弹出【段数】输入框，输入需要的段数"2"，按Enter键确定，线段CD被平均等分为2段，等分点为K，如图2-73所示。

（7）按F1键选择【直线】工具，鼠标左键点击点K，按↓键，在弹出的对话框【dx】中输入"0"，【dy】中输入"-17"，按Enter键确认，得到线段KL，如图2-73所示。

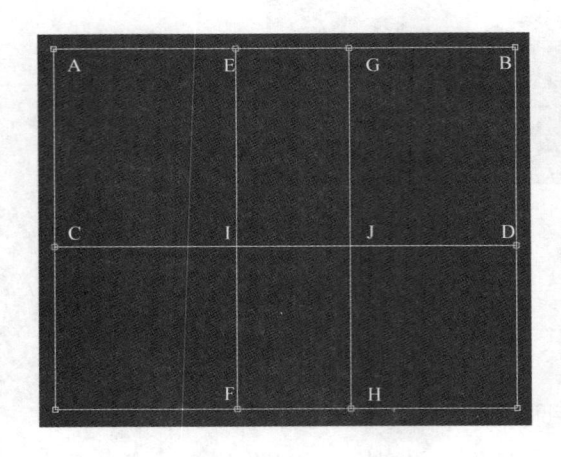

图2-72 绘制基础线　　　　　　　　　　图2-73 绘制基础线

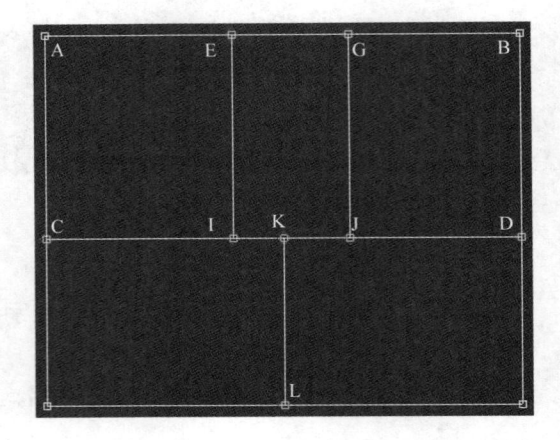

3. 绘制后衣片

（1）绘制后领窝弧线。按F1键选择【定距点】工具，鼠标左键点击点A，沿线段AB拉出刻度，同时弹出对话框。

如果没有出现刻度，可以按键盘上的【空格键】，改变选择的方向，直到线段AB显示刻度为止。

按↓键，在弹出的对话框中输入距离为"-7.1cm"，按Enter键确认，在空白处点击左键，线段AB上出现了三角符号▷的定距点C，线段AC的长度为"7.1cm"，记作"◎"。

（2）按F1键选择【直线】工具，按住Shift键，鼠标左键点击点C，拉出线段AC的垂直线CD，按↓键，在弹出的对话框【dl】中输入长度为"1/3◎"，即"2.37cm"，记作"○"，按Enter键确认，得到垂直线CD。

（3）按Enter键，鼠标变为放大镜形状，在后领窝处框选出需要放大的地方，放大后领窝。

按F2键选择【F2】面板，选择【差量圆弧】工具，鼠标左键点击在点D上，拉出白色的线段，弹出【差量】对话框。鼠标移动到点A上，按Q键、W键微量调整差量，直到得到满意的弧线为止，再次点击鼠标左键完成后领窝弧线的绘制，如图2-74所示。

（4）绘制后肩线。按Home键显示整张工作页。按F1键选择【F1】面板，选择【加相关内点】工具。鼠标左键点击在参考点E上，释放鼠标左键，从参考点上拉出带箭头的蓝色线段，同时弹出相关内点对话框，按↓键进入对话框，输入【dx】为"2"，【dy】为"○"，即"-2.37"，按Enter键确定，生成相关内点F。

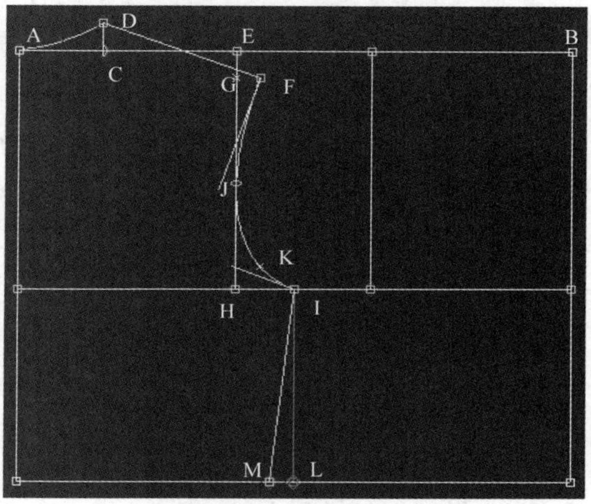

（5）按F1键选择【F1】面板，选择【直线】工具，连接点D与点F，完成后肩线的绘制，如图2-74所示。

图2-74 绘制后片

（6）绘制后袖窿弧线。按F1键选择【加点】工具，鼠标左键点击在参考点E上，拖出一条带箭头的白色线段，同时弹出对话框，按↑方向键，进入输入框，输入【长度】为"○"，即"2.37"，按Enter键确认，鼠标左键点击在线段EH上，绘制出距离参考点E"2.37cm"的白色特性点G。

（7）按F1键选择【F1】面板，鼠标左键点击【外部分段】按钮，选中该工具。将线段GH两等分，等分点为滑点J，如图2-74所示。

单击【加相关内点】，鼠标左键点击H点，按↓键，输入【dl】为"3"，【旋转】角度为"45"，按Enter键确定点K。

（8）按F1键选择【切线弧线】工具，鼠标左键点击点F，拉出白色线段，再点击点I，连接点F与点I，鼠标右键结束，暂时点F到点I是直线。

点击下拉菜单【显示】→【弧切线】打钩"√"；或用快捷键大写H，使【弧切线】打钩"√"，在暂时是直线的FI上露出白色的手柄。

按F3键选择【移动点】工具，左键点击手柄，松开左键，移动鼠标，手柄会跟随鼠标移动，弧线也相应发生变化，调整弧线经过滑点J，左键结束移动。再调整另一边手柄，调整弧线经过点K，左键结束移动。反复调整，直到得到满意的后袖窿弧线为止，如

图2-75所示。

（9）按 F3 键选择【移动点】工具，鼠标左键点击点L，按 ↓ 键进入输入框，在【dx】中输入 "-2"，【dy】中输入 "0"，按 Enter 键线段IL移动到IM，如图2-74所示，完成原型后衣片的绘制。

4. 绘制前衣片

（1）绘制前领窝弧线。按 F1 键选择【定距点】工具，鼠标左键点击点A，沿前中线拉出刻度，同时弹出对话框。

如果没有出现刻度，可以按键盘上的 空格键 ，改变选择的方向，直到显示刻度为止。

按 ↓ 键，在弹出的对话框中输入距离为 "◎+1"，即 "-8.1"，按 Enter 键确认，在空白处点击左键，前中线上出现了三角符号▷的定距点B，线段AB的长度为 "8.1cm"，如图2-76所示。

同样方法用【定距点】工具在上平线作定距点C，AC的长度为 "◎-0.2"，即 "6.9cm"。

（2）按 F1 键选择【直线】工具，按住 Shift 键，鼠标左键点击C点，拉出线段AC的垂直线CD，按 ↓ 键，在弹出的对话框【dl】中输入长度为 "◎+1"，即 "8.1cm"，按 Enter 键确认，得到垂直线CD。

按 F1 键选择【F1】面板，选择【直线】工具，连接点B与点D。

按 F1 键选择【加点】工具，鼠标左键点击在参考点C上，按 ↑ 方向键，进入输入框，输入【长度】为 "0.5"，按 Enter 键确认，鼠标左键点击在线段CD上，绘制出距离参考点C "0.5cm" 的白色特性点E。

单击【加相关内点】，鼠标左键点击D点，按 ↓ 键，输入【dl】为 "3.15"，【旋转】角度 "45"，按 Enter 键确定点F，如图2-76所示。

按 F2 键选择【F2】面板，选择【差量圆弧】工具，鼠标左键点击在点E上，拉出白色的线段，弹出【差量】对话框。鼠标移动到B点上，按 Q 键、W 键微量调整差量，调整弧线经过相关内点F，再次点击鼠标左键，完成前领窝弧线的绘制，如图2-76所示。

（3）绘制前肩线。按 F1 键选择【定距点】工具，鼠标左键点击点G，沿胸宽线拉出刻度，同时弹出对话框。按 ↓ 键，在弹出的【距离】对话框中输入距离为 "2○"，即 "-4.74"，按 Enter 键确认，在空白处点击左键，胸宽线上出现了三角符号▷的定距点H，线段GH的长度为4.74cm。

按 F1 键选择【直线】工具，按 Ctrl 键水平向左绘制足够长的线段HI。

按 F8 进入【F8】面板，选择【测量长度】工具，鼠标左键点击后侧颈点M，拉出刻度，鼠标左键点击后肩点N，弹出【测量名称】输入框，输入 "back shoulder length"，

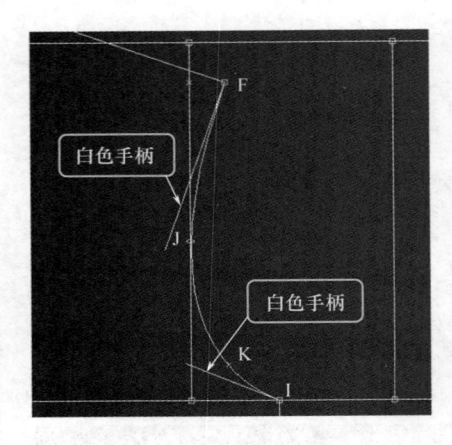

图2-75 绘制后袖窿弧线

按Enter键，出现后肩长度为"△"，即"14.21cm"。

前肩线长度为"△-1.8"，即"12.41cm"。按F2键进入【F2】面板，选择【圆形】工具，鼠标左键点击点E为圆心，拉出圆形，弹出【直径】输入框，按↓键进入输入框输入数据为"24.82"，按Enter键完成圆形的制作。按F1键进入【F1】面板，选择【相交点】工具，鼠标左键点击在圆形与线段HI相交处，生成圆形相交点J，如图2-76所示。

选择【直线】工具连接点E与点J，完成前肩线的绘制，如图2-77所示。

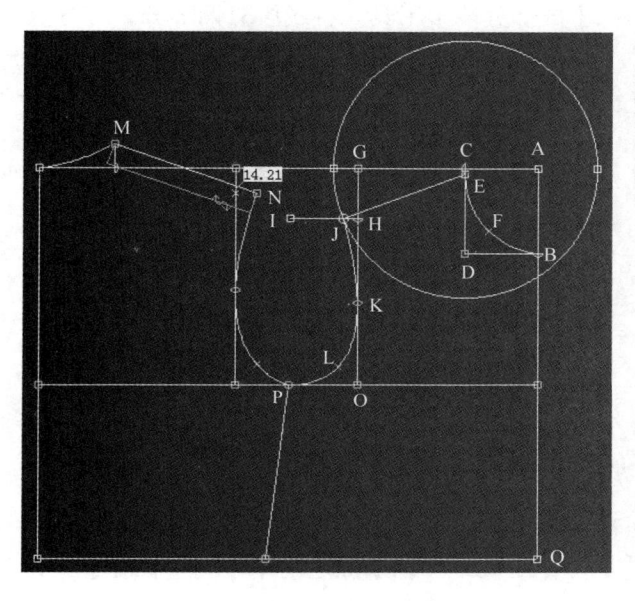

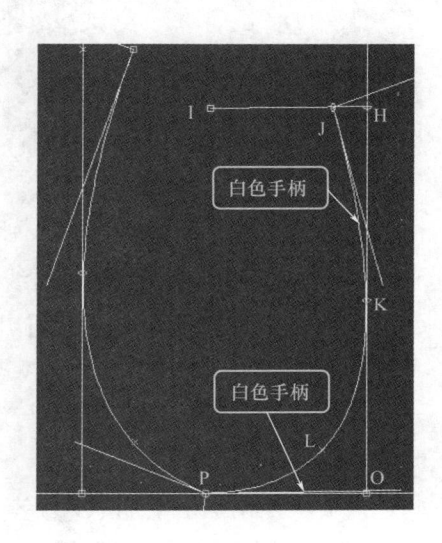

图2-76 绘制前片　　　　　　　　　图2-77 绘制前袖窿弧线

（4）绘制前袖窿弧线。按F1键选择【F1】面板，鼠标左键点击【外部分段】按钮，选中该工具。将线段HO两等分，等分点为滑点K。

单击【加相关内点】，鼠标左键点击点O，按↓键，输入【dl】为"2.5"，【旋转】角度"135"，按Enter键确定点L。

按F1键选择【切线弧线】工具，鼠标左键点击点J，拉出白色线段，再点击点P，连接点J与点P，鼠标右键结束，暂时点J到点P是直线。

点击下拉菜单【显示】→【弧切线】打钩"√"，或用快捷键大写H，使【弧切线】打钩"√"，在暂时是直线的JP上微微露出了白色的手柄。

按F3键选择【移动点】工具，左键点击手柄，松开左键，移动鼠标，手柄会跟随鼠标移动，弧线也相应发生变化，调整弧线经过滑点K，左键结束移动。再调整另一边手柄，调整弧线经过点L，按鼠标左键结束移动。反复调整，直到得到满意的前袖窿弧线为止，如图2-76、图2-77所示。

（5）延长前中线AQ。在前中线下摆处，需要延长前中线AQ至R。按F3键选择【延长线段】工具，点击在线段AQ上，拉出延长线，延长线可能向A端或Q端延长，

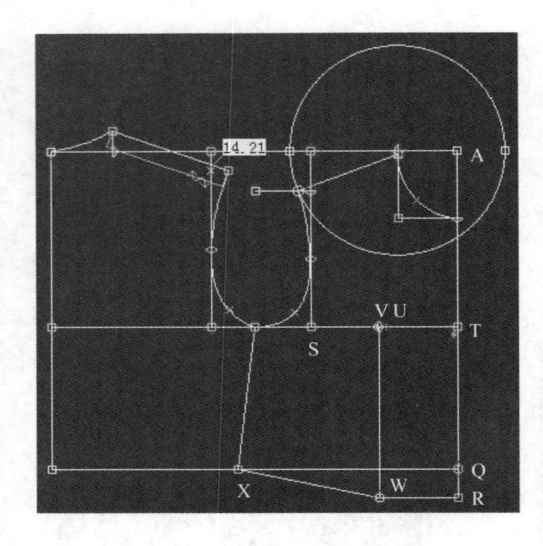

图2-78 绘制前片胸高量

按【空格键】改变方向。确认好向Q端延长，按【↓】键，在弹出的【d1】对话框中输入数据为"3.45"，按【Enter】键确认，在空白处点击左键，线段AQ延长到点R，线段QR为"3.45cm"，如图2-78所示。

（6）按【F1】键选择【F1】面板，选择【内部分段】工具。将线段ST两等分，等分点为U点。

按【F1】键选择【定距点】工具，以U点作为参考点，沿胸围线向左作V点，点U与点V的距离为"0.7cm"。

按【F1】键选择【直线】工具，按住【Shift】键，鼠标左键点击点V，拉出线段ST的垂直线VW，线段VW长度越过下平线QX为宜。

按【F1】键选择【两点对齐】工具，鼠标左键点击点R，拉出水平白色线段与垂直箭头，鼠标左键点击在点W上，点W与点R在X轴方向上对齐。

选择【直线】工具连接点R与点W，点W与点X，完成前衣片的绘制，如图2-78所示。

5. 绘制省道

（1）绘制后肩省。按【F3】键选择【删除】工具，可以删除之前用【测量长度】工具在后肩线上标记的"14.21"记录。

按【Enter】键选择【放大镜】工具，放大后肩线区域。

按【F1】键选择【定距点】工具，以点A作为参考点，沿后肩线作点B，点A与点B距离为"4.5cm"。继续以点B作为参考点，沿后肩线作点C，点B与点C的距离为"1.5cm"，如图2-79所示。

按【F1】键选择【直线】工具，鼠标左键点击在参考点B上，按【↓】键进入对话框，在【dx】中输入"0"，在【dy】中输入"-7"，按【Enter】键绘制出线段BD。鼠标左键点击在参考点D上，按【↓】键进入对话框，在【dx】中输入"-0.5"，在【dy】中输入"0"，按【Enter】键绘制出线段DE。

选择【直线】工具，分别连接点B与点E、点C与点E，完成后省道的绘制，如图2-79所示。

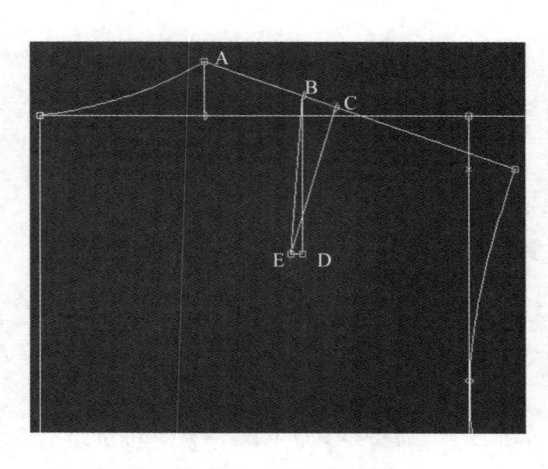

图2-79 绘制后肩省

（2）绘制后腰省。通过计算，后腰省为

"2.5cm"。

按 F1 键选择【F1】面板，选择【内部分段】工具。将线段AB两等分，等分点为C点，如图2-80所示。

按 F1 键选择【F1】面板，鼠标左键点击【联系点】按钮，选中该工具。鼠标左键点击在参考点C上，释放鼠标左键，拉出与参考线段垂直的蓝色线段，同时弹出联系点对话框，按 ↑ 键进入输入框，在【dl】中输入"17"，按 Enter 键，鼠标左键点击在空白处生成联系点D。

选择【联系点】工具，鼠标左键点击在参考点C上，按 ↑ 键进入输入框，在【dl】中输入"-2"，按 Enter 键，鼠标左键点击在空白处生成联系点E。

选择【定距点】工具，以点D作为参考点，在点D左右各绘制一点，分别为点F与点G，点D与点F距离为"1.25cm"，点D与点G距离为"1.25cm"。

选择【直线】工具分别连接点E与点F，点E与点G，完成后腰省的绘制，如图2-80所示。

（3）绘制前腰省。通过计算，前腰省为"5cm"。

选择【定距点】工具，以点A为参考点，沿线段AB绘制点C，点A与点C距离为"4cm"。点C为"BP"点。

选择【定距点】工具，以点B作为参考点，在点B右边沿线段BD绘制一点E，点B与点E的距离为"1.5cm"；在点B左边沿线段BF绘制一点G，点B与点G的距离为"3.5cm"。

选择【直线】工具分别连接点C与点E、点C与点G，完成前腰省的绘制，如图2-81所示。

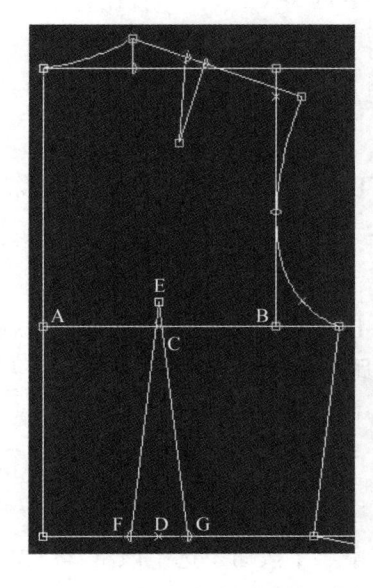

图2-80 绘制后腰省　　　　图2-81 绘制前腰省

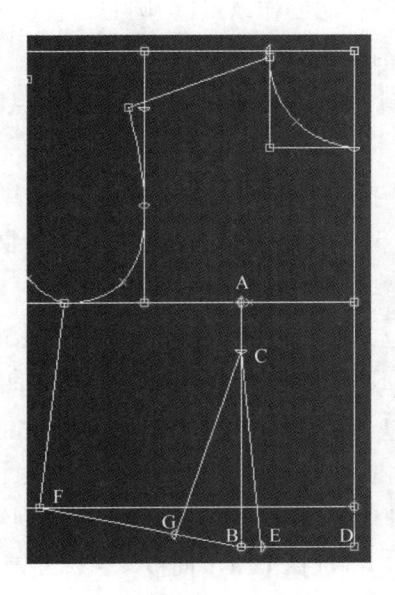

6. 绘制袖子原型

（1）按F8键进入【F8】面板，选择【测量长度】工具，测量出后袖窿弧线长度（后AH）为"20.87cm"，前袖窿弧线长度（前AH）为"20.16cm"，总AH为"后AH+前AH"，即"41.03cm"。

点击【工作页】→【新工作页】或按N键建立新工作页，按8键，工作页并列排放在工作区中，按Home键显示整张工作页。

按F1键选择【F1】面板，鼠标左键点击【直线】按钮，选中该工具。按住Ctrl键绘制一条水平直线AB（长度至少40cm），按住Ctrl键绘制一条垂直直线CD（长度至少55cm），两条直线垂直相交，水平直线是袖肥线，垂直直线是袖中线，如图2-82所示。

按F1键选择【相交点】工具，点击在两线相交处，加上了圆形的相交点E。

（2）按F1键选择【定距点】工具，鼠标左键点击点E，沿线段EC拉出刻度，同时弹出对话框。按↓键，在弹出的对话框中输入【距离】为"总AH/4+2.5"，即"-12.76cm"，按Enter键确认，在空白处点击左键，线段EC上出现了三角符号"▷"的定距点F，线段EF为袖山高，长度为"12.76cm"，如图2-82所示。

按F1键选择【定距点】工具，鼠标左键点击点F，沿线段FD拉出刻度，同时弹出对话框。按↓键，在弹出的对话框中输入【距离】为"55cm"，按Enter键确认，在空白处点击左键，线段FD上出现了三角符号"▷"的定距点G，线段FG为袖长，长度为"55cm"。

按F2键进入【F2】面板，选择【圆形】工具，鼠标左键点击F点为圆心，拉出圆形，弹出【直径】输入框，按↓键进入输入框输入数据为"前AH×2"，即"40.32"，按Enter键完成圆形的制作。圆形与线段BE相交于点H。

同样的方法制作以点F为圆心，直径为"（后AH+1）×2"，即直径为"43.74"的圆形。圆形与线段AE相交于I点。

选择【直线】工具分别连接点F与点H，点F与点I，完成袖山斜线的绘制，如图2-82所示。

（3）按F3键进入【F3】面板选择【删除】工具，或按Del键选择【删除】工具，按住Shift键，鼠标左键点击圆形，删除圆形。如果不按住Shift键删除线段时，点是不能被同时删除，会在工作页上留下一些点。

按F2键选择【F2】面板，选择【两点旋转】工具，鼠标左键点击参考点点F与点H，线段FH变为水平线，现用工作页中的所有图形跟随旋转，如图2-83所示。

按F1键选择【F1】面板，鼠标左键点击【内部分段】按钮，选中该工具。鼠标左键先后点击在点F、点H上，弹出【段数】输入框，输入需要的段数"4"，按Enter键确定，线段FH被平均分为4段，等分点分别为点J、点K、点L，如图2-83所示。

按F1键选择【F1】面板，鼠标左键点击【联系点】按钮，选中该工具。鼠标左键点击在参考点J上，释放鼠标左键，向上拉出与袖山斜线垂直的蓝色线段，同时弹出联系点

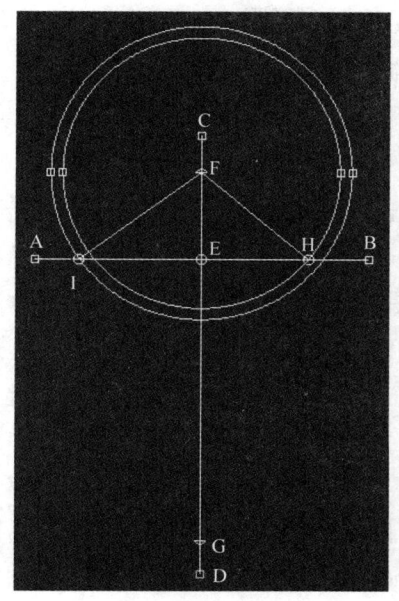

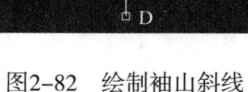

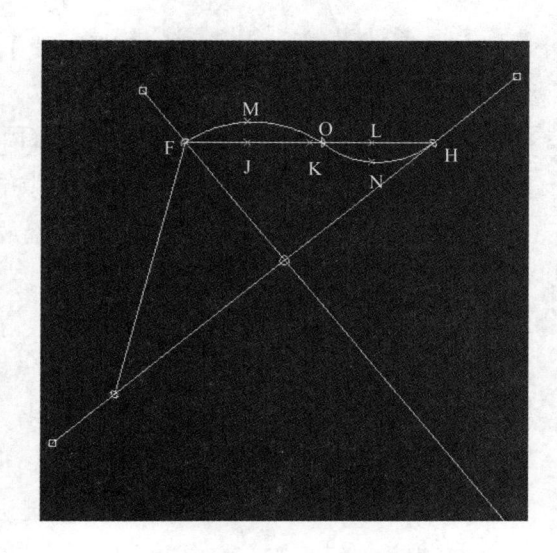

图2-82 绘制袖山斜线　　　　　图2-83 绘制前袖曲线

对话框，按⇧键进入输入框，在【dl】中输入"1.8"，按Enter键，鼠标左键点击在空白处生成联系点M。

　　选择【联系点】工具，鼠标左键点击在参考点L上，向下拉出与袖山斜线垂直的蓝色线段，按⇧键进入输入框，在【dl】中输入"1.5"，按Enter键，鼠标左键点击在空白处生成联系点N。

　　选择【定距点】工具，以点K作为参考点，在点K右边沿线段KH绘制一点O，点K与点O的距离为"1cm"。

　　按F2键选择【F2】面板，选择【差量圆弧】工具，鼠标左键点击在点F上，拉出白色的线段，弹出【差量】对话框。鼠标移动到点O上，按Q键、W键微量调整差量，调整弧线经过联系点M。

　　鼠标左键点击点O，拉出白色的线段，弹出【差量】对话框。鼠标移动到点H上，按Q键、W键微量调整差量，调整弧线经过联系点N，再次点击鼠标左键完成前袖山弧线的绘制，如图2-83所示。

　　（4）按F8键进入【F8】面板，选择【测量长度】工具，测量出线段FJ长度为"5.04cm"。按空格键可以切换选择不同的测量线段。

　　按F2键选择【F2】面板，选择【两点旋转】工具，鼠标左键点击参考点点F与点I，线段FI变为水平轴线，现用工作页中的所有图形跟随旋转，如图2-84所示。

　　选择【定距点】工具，以点F作为参考点，在点F沿线段FI绘制一点P，点F与点P的距离为"5.04cm"。

　　选择【定距点】工具，以点I作为参考点，在点I沿线段IF绘制一点Q，点I与点Q距离为"5.04cm"。

按F1键选择【F1】面板，选择【内部分段】工具。将线段IQ两等分，等分点为点R。

按F1键选择【F1】面板，鼠标左键点击【联系点】按钮，选中该工具。鼠标左键点击在参考点P上，释放鼠标左键，向上拉出与袖山斜线垂直的蓝色线段，同时弹出联系点对话框，按↑键进入输入框，在【dl】中输入"1.8"，按Enter键，鼠标左键点击在空白处生成联系点S。

选择【联系点】工具，鼠标左键点击在参考点R上，向下拉出与袖山斜线垂直的蓝色线段，按↑键进入输入框，在【dl】中输入"0.5"，

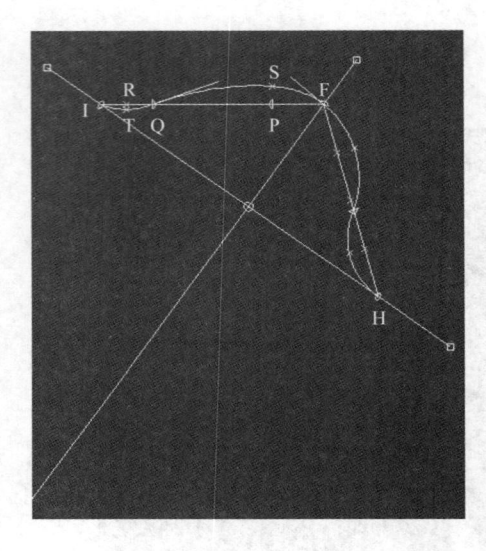

图2-84 绘制后袖曲线

按Enter键，鼠标左键点击在空白处生成联系点T。

按F1键选择【切线弧线】工具，鼠标左键点击点F，拉出白色线段，再点击点Q，联结点F与点Q，鼠标右键结束，暂时点F到点Q是直线。

点击下拉菜单【显示】→【弧切线】打钩"√"，或用快捷键H，使【弧切线】打钩"√"，在暂时是直线的FQ上微微露出了白色的手柄。

按F3键选择【移动点】工具，左键点击手柄，松开左键，移动鼠标，手柄会跟随鼠标移动，弧线也相应发生变化，调整弧线经过联系点S，左键结束移动。反复调整，直到得到满意的后袖山弧线为止，如图2-84所示。

选择【差量圆弧】，鼠标左键点击点Q，拉出白色的线段，弹出【差量】对话框。鼠标移动到点I上，按Q键、W键微量调整差量，调整弧线经过点T，再次点击鼠标左键完成后袖山弧线的绘制，如图2-84所示。

（5）按F2键选择【F2】面板，选择【两点旋转】工具，鼠标左键点击参考点点H与点I，线段HI变为水平轴线，现用工作页中的所有图形跟随旋转，如图2-85所示。

按F1键选择【F1】面板，选择【复制】工具，鼠标左键点击线段AB，向下拖动鼠标，当复制线段经过点G时点击鼠标左键，得到线段UV，如图2-85所示。

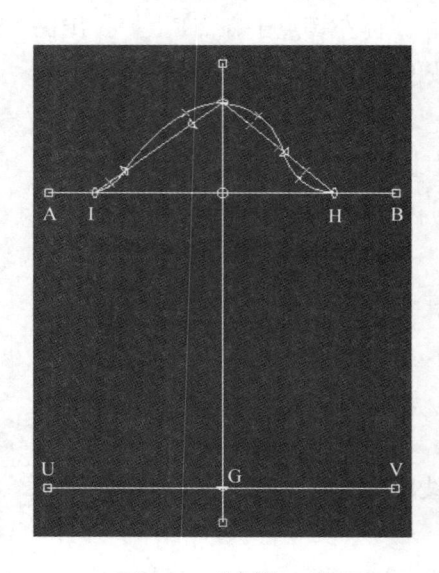

图2-85 绘制袖口线

按F1键选择【两点对齐】工具，鼠标左键点击点I，拉出垂直白色线段与水平箭头，鼠标左键点击在点U上，点I与点U在Y轴方向上对齐。鼠标左键点击点H，

拉出垂直白色线段与水平箭头，鼠标左键点击在点V上，点H与点V在Y轴方向上对齐，如图2-86所示。

选择【直线】工具分别连接点I与点U，点H与点V，如图2-86所示。

按F1键选择【F1】面板，选择【内部分段】工具。将线段UG两等分，等分点为点M。将线段VG两等分，等分点为点N。

按F1键选择【加点】工具，鼠标左键点击在参考点U上，沿线段UI方向加一点W，点U与点W的距离为"1cm"。鼠标左键点击在参考点V上，沿线段VH方向加一点X，点V与点X的距离为"1cm"。

选择【联系点】工具，鼠标左键点击参考点N，向上拉出与袖口线垂直的蓝色线段，按↑键进入输入框，在【dl】中输入"1.5"，按Enter键，鼠标左键点击在空白处生成联系点Y，如图2-86所示。

按F1键选择【切线弧线】工具，鼠标左键点击点W，拉出白色线段，再点击点Y，联结点W与点Y，鼠标右键结束，暂时点W到点Y是直线。采用同样的方法连接点Y与点X。

点击下拉菜单【显示】→【弧切线】打钩"√"，或用快捷键H，使【弧切线】打钩"√"，在暂时是直线的WY、YX上微微露出了白色的手柄。

按F3键选择【移动点】工具，左键点击手柄，松开左键，移动鼠标，手柄会跟随鼠标移动，弧线也相应发生变化，调整弧线经过点M，点击左键结束移动。反复调整，直到得到满意的袖口弧线为止，如图2-87所示。

7. 套取原型实样

按F4键进入【F4】面板，点击【实样】按钮。鼠标左键点击需要制成实样的区域，

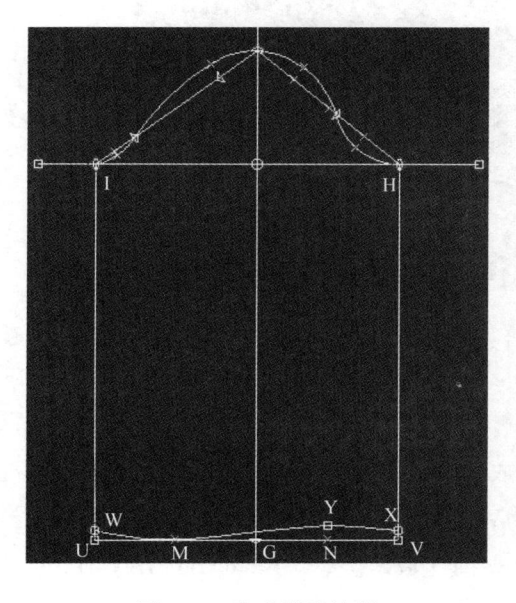

图2-86　完成袖片绘制　　　　　　　　图2-87　袖口弧线绘制

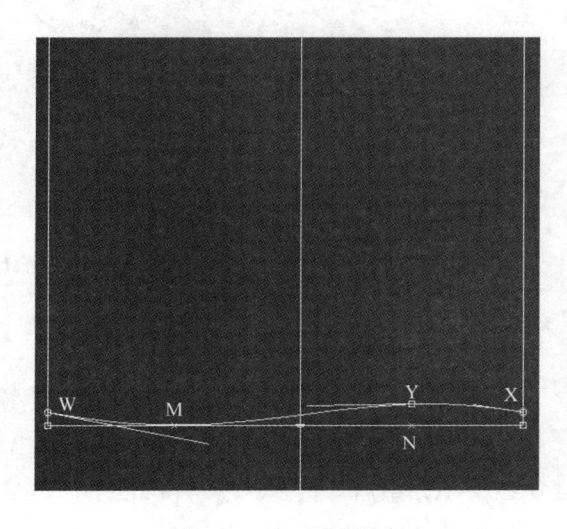

被点中的区域变为发亮的浅蓝色，如图2-88所示。选择完成后按右键结束纸样套取。套取后衣片原型实样、前衣片原型实样、袖子原型实样如图2-89所示。

8. 建立成衣档案

（1）不建立【成衣档案】，款式系列中的裁片是以单个的形式导出或输入。如果裁片非常多，可以选择性地对一些裁片进行导出或输入，这时需要建立【成衣档案】。

（2）按 F8 键点击【成衣档案】按钮，按 ↓ 进入【成衣名称】输入框，起名为"prototype pattern"，按 Enter 键弹出【成衣档案】对话框。点击【关闭】按钮关闭对话框，这时在工作区出现【成衣档案】图标，如图2-90所示。

（3）在【F8】面板选择【建立裁片项目】工具，鼠标左键点击"前片""后片""袖片"三个裁片。

（4）再次点击【成衣档案】按钮，直接点击在【成衣档案】图标上，弹出该成衣档案的对话框，如图2-91所示，"前片""后片""袖片"三个裁片已经进入【成衣档案】。

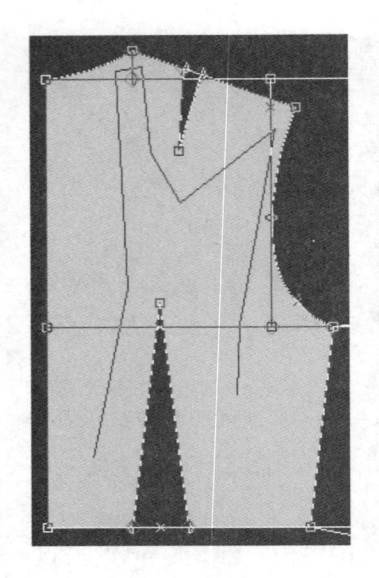

图2-88　套取实样

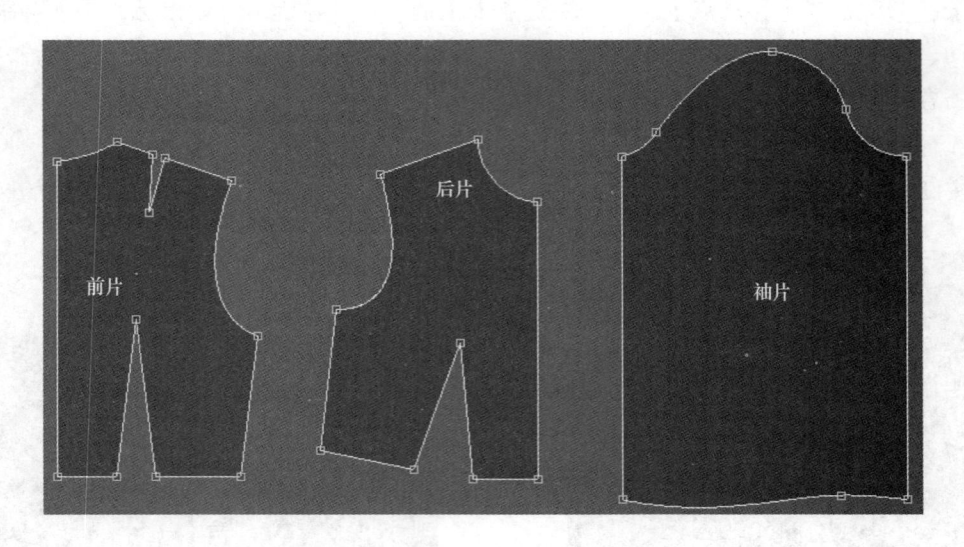

图2-89　套取前片、后片、袖片实样

9. 输出裁片和成衣

鼠标左键点击下拉菜单【档案】→【输出成衣】，系统会将建立【成衣档案】的裁片和成衣输出，输出裁片为IBA文件，输出成衣为VET文件。在这里分别输出"prototype.IBA"（原型后片裁片）、"prototype2.IBA"（原型前片裁片）、"prototype3.IBA"（原型袖片裁片）、"prototype.VET"（包含原型后片、前片和袖片的成衣）。

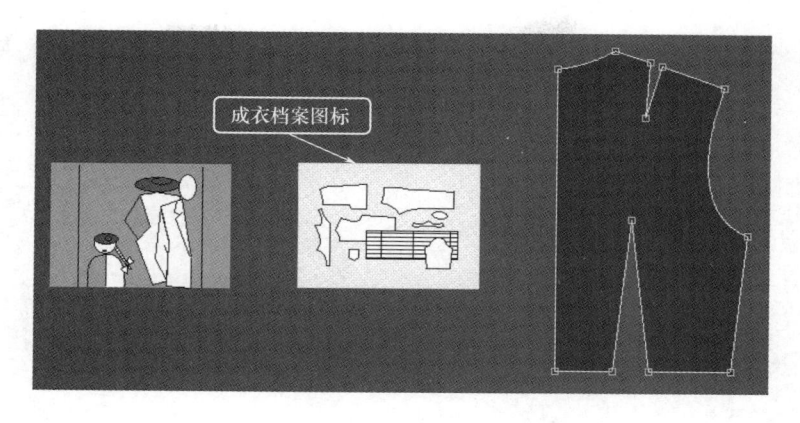

图2-90 出现成衣档案图标

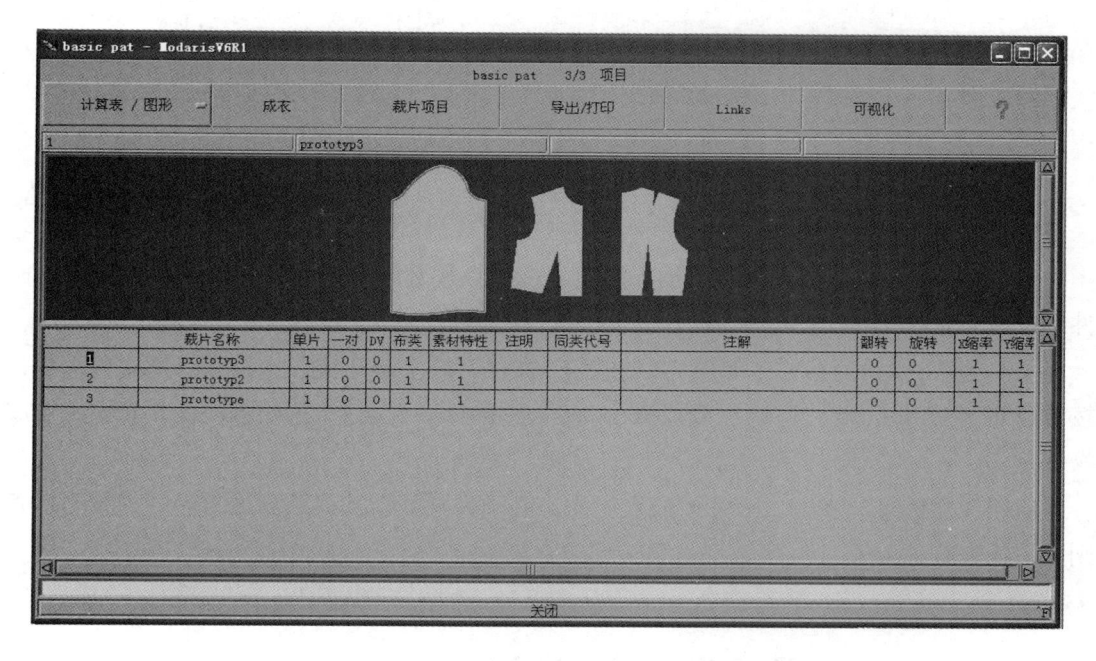

图2-91 裁片已经进入【成衣档案】

输出的路径在【档案】→【访问路径】对话框中的【成衣储存资料库】输入框中设定。

10. 输入裁片和成衣

想要输入IBA裁片文件或VET成衣文件，鼠标左键点击下拉菜单【档案】→【输入裁片成衣】，弹出【输入裁片成衣】对话框，如图2-92所示。

裁片或成衣输入步骤如下。

（1）点击【清除列表】按钮，清除不需输入的裁片或成衣。确保【IBA】、【VET】、【主目录】按钮凹下，凹下为激活状态，凸起为关闭状态。

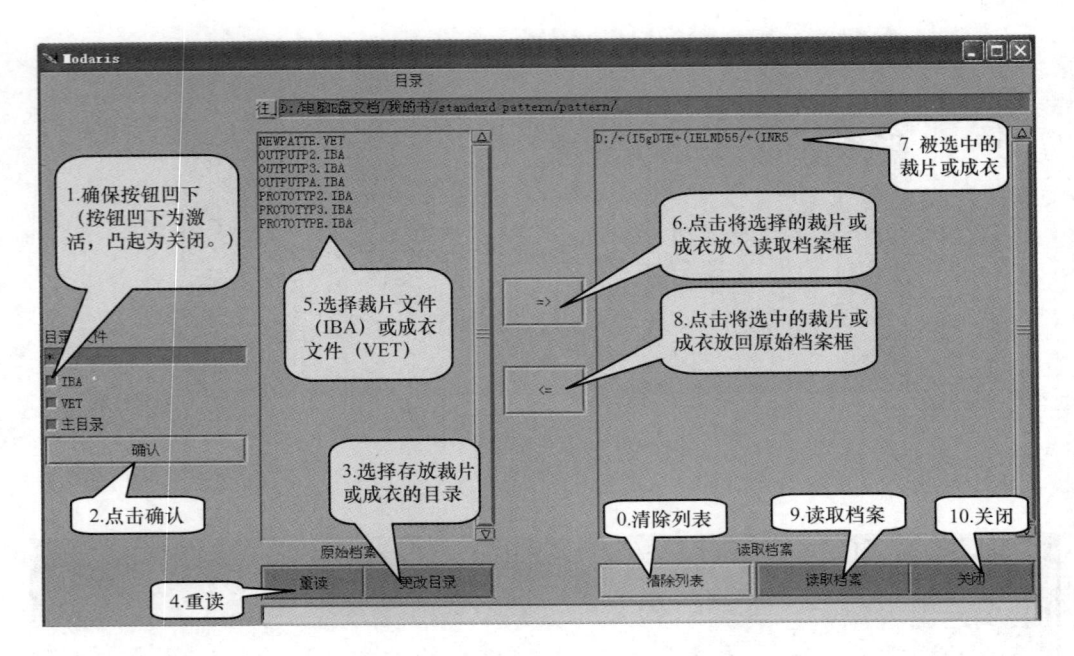

图2-92 【输入裁片成衣】对话框

（2）鼠标左键点击【更改目录】按钮，选择存放裁片或成衣的目录，打开文件，文件出现在原始档案栏中。

（3）点击原始档案栏中的IBA文件或VET文件，按【=>】键，文件进入读取档案栏，按【读取档案】按钮，将裁片或成衣文件读进Modaris系统中，点击【关闭】按钮完成操作。

值得注意的是：在输入裁片或成衣之前，必须先建立新款式系列或打开款式系列，否则无法输入裁片成衣。

第三节 图形修改与裁片创建

Modaris的【F3】工具箱面板的主要功能是对绘制完成的图形进行点修改与线修改；【F4】工具箱面板的主要功能是进行样板的放缝和裁片的创建。

一、【F3】工具箱面板

鼠标左键单击【工具箱选择栏】上的【F3】或者按键盘上的快捷键 F3 ，或者直接点击【工具箱显示区】中的图标，进入【F3】工具箱面板。

【F3】面板包括点修改面板、线修改面板与钉面板，如图2-93所示。

（一）线修改工具

1. ![图标]【删除】

【删除】工具的主要功能是删除工作页内被选中的部分，包括删除点、线、剪口等，快捷键为 Del 。

（1）按 F3 键选择【F3】面板，鼠标左键点击【删除】按钮，选中该工具。

（2）鼠标左键直接点击在需要删除的点、线、剪口等图形对象上；或按住鼠标右键，拉出白色矩形框，框选需要删除的图形，左键点击在图形任意部位上，删除该图形，但会留下一些剩余点。如果想完全删除该图形及剩余点，可以按住 Shift 键，再执行上述操作，如图2-94～图2-96所示。

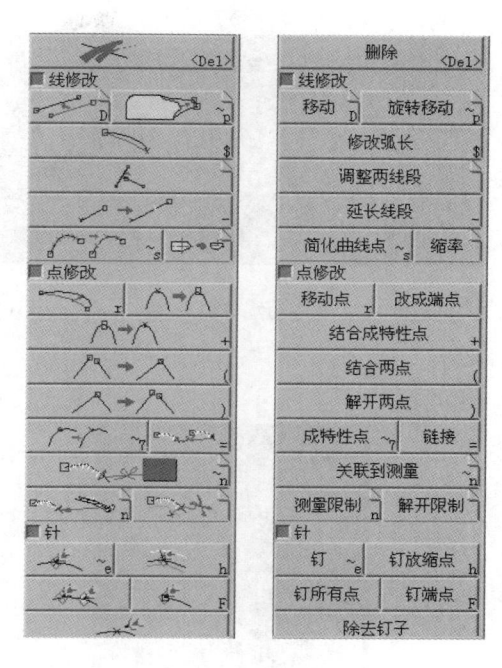

图2-93 【F3】工具箱面板

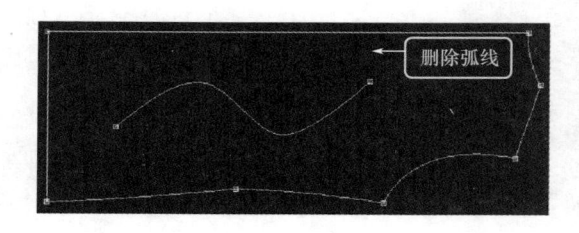

图2-94 点击删除弧线

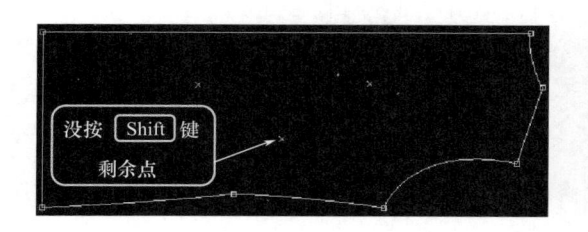

图2-95 没按 Shift 键，有剩余点

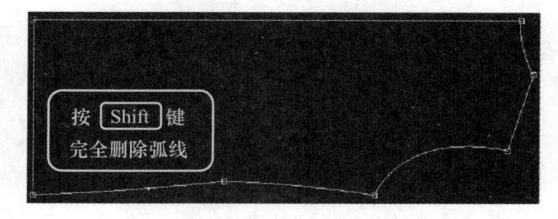

图2-96 按 Shift 键，完全删除弧线

2. ![图标]【移动】

【移动】工具的主要功能是移动工作页内任何点或线，通常配合【钉】工具使用。若要移动【曲线点】，可先点击【状态栏】中的【曲线点】按钮，显示红色的曲线点，再用【移动】工具移动。若要比较修改前后的区别，可以点击【状态栏】中的【影子】按钮，

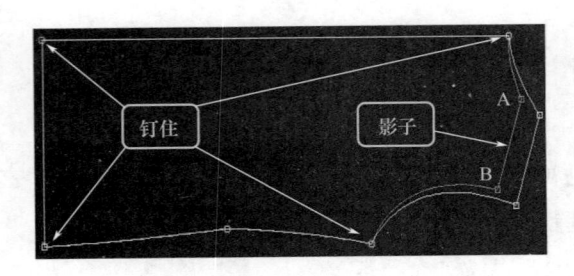

图2-97　移动线段

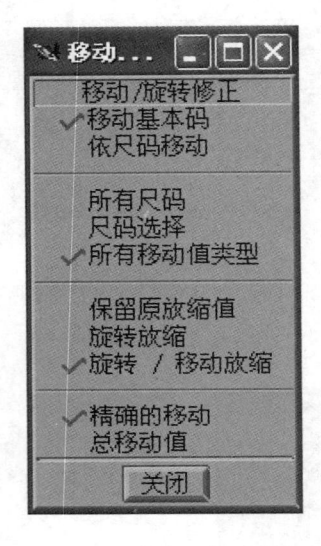

图2-98　【移动】对话框

开启影子功能。快捷键为 D 。

（1）按 F3 键选择【F3】面板，鼠标左键点击【钉】按钮，选中该工具。钉住除肩线外所有点，如图2-97所示。被钉住的端点保持不动，会被红色的菱形包裹，如 ✧ 。

（2）按 F3 键选择【F3】面板，鼠标左键点击【移动】按钮，选中该工具。同时点击【状态栏】中的【影子】按钮，开启影子功能。

（3）鼠标左键点击肩线AB，移动鼠标，肩线AB跟随鼠标移动，其他被钉住的点保持不动，同时弹出对话框，确定位置后点击鼠标左键结束移动操作。或按 ↓ 键进入输入框，输入数据后按 Enter 键确认，鼠标左键点击在空白处结束移动操作，如图2-97所示。

（4）配合 X 键可以在移动过程中上下翻转图形；按 Y 键左右翻转图形；按 Q 键逆时针旋转图形，每按一次旋转1°；按 W 键顺时针旋转图形，每按一次旋转1°；按 A 键逆时针旋转图形，每按一次旋转10°；按 S 键顺时针旋转图形，每按一次旋转10°。

（5）点击【移动】工具按钮右上角的小三角，弹出对话框如图2-98所示。

3. 　【旋转移动】

【旋转移动】工具的主要功能是以一点为轴心作旋转移动，可整片或部分作旋转移动。若要旋转移动【曲线点】，可先点击【状态栏】中的【曲线点】按钮，显示红色的曲线点再用【旋转移动】工具移动。若要比较修改前后的区别，可以点击【状态栏】中的【影子】按钮，开启影子功能。快捷键为 Alt + P 。

（1）按 F3 键选择【钉】工具，钉住除肩线外所有点。按 F3 键选择【F3】面板，鼠标左键点击【旋转移动】按钮，选中该工具。同时点击【状态栏】中的【影子】按钮，开启影子功能。

（2）鼠标左键点击参考点A，移动鼠标拉出带箭头的白色线段，鼠标左键点击点B，移动鼠标，未被钉住的部分以点A为圆心，顺时针或逆时针旋转，同时弹出对话框，确定位置后点击鼠标左键结束旋转操作。或按 ↓ 键进入输入框，输入数据后按 Enter 键确认，结束旋转操作，如图2-99所示。按空格键可以更改旋转的部分。

（3）点击【旋转移动】工具按钮右上角的小三角，弹出对话框如图2-100所示。

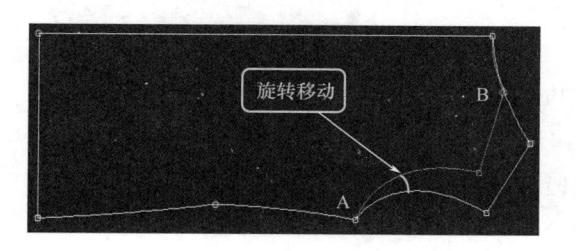

图2-99　旋转移动

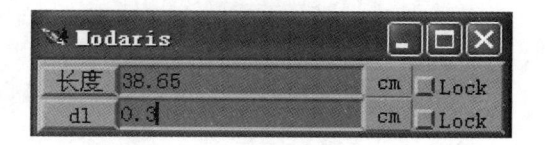

图2-100　【修改长度】输入框

4. 　　　　　【修改弧长】

【修改弧长】工具的主要功能是修改弧线的长度，修改后两个参考点位置保持不变，弧线的长度发生变化。快捷键为$。

（1）按F3键选择【F3】面板，鼠标左键点击【修改弧长】按钮，选中该工具。

（2）鼠标左键点击在参考点A上，再点击在参考点B上，弹出对话框，如图2-100所示。

按↓键进入【长度】输入框，可直接更改长度。如原长度为"36.5cm"，想改为"37cm"，可直接在【长度】输入"37"，按Enter键更改弧线长度。

【dl】表示在原长度的基础上增加或减少的长度，"+"为增加，"-"为减少。如长度为"36.5cm"，想改为"37cm"，在【dl】中输入"0.5"，按Enter键更改弧线长度。

（3）在参考点B上按住鼠标不松手，可按空格键更改选择方向，如图2-101、图2-102所示。

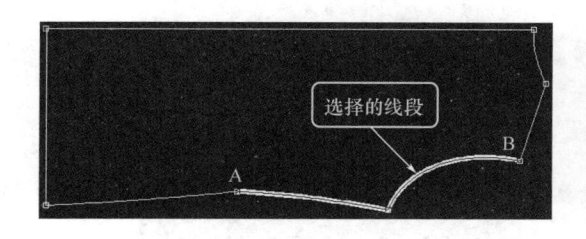

图2-101　选择线段

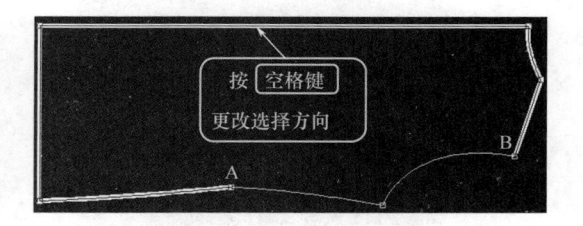

图2-102　按空格键更改选择方向

5. 　　　　　【调整两线段】

【调整两线段】工具的主要功能是以参考线段的位置来延长或缩短线段。

（1）按F3键选择【F3】面板，鼠标左键点击【调整两线段】按钮，选中该工具。

（2）缩短线段。鼠标左键点击在需要保留的线段AC上，再点击在参考线MN上，线段AB缩短成线段AC，如图2-103、图2-104所示。

（3）延长线段。鼠标左键先点击在线段AC上，再点击在参考线PQ上，线段AC延长成线段CD，但可以看到保留特性点A。如图2-105所示。

（4）如果想延长线段但不保留特性点，可以点击【调整两线段】工具按钮右上角的小三角，在弹出对话框的"删除最后的点"打钩"√"，这时延长线段但不保留特性点。

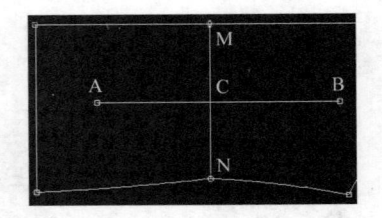

图2-103　原图

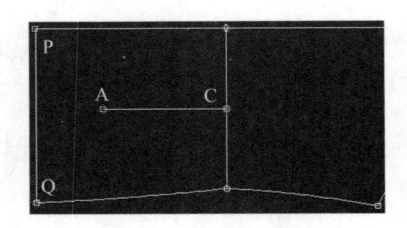

图2-104　缩短线段

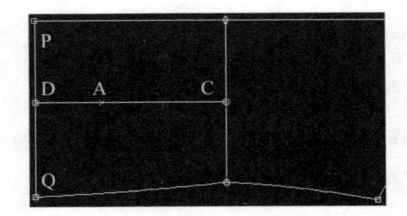

图2-105　延长线段

6. 【延长线段】

【延长线段】工具的主要功能是延长或缩短选择的线段。快捷键为 — 。

（1）按 F3 键选择【F3】面板，鼠标左键点击【延长线段】按钮，选中该工具。

（2）鼠标左键点击在线段AB上，拉出延长线，延长线可能向A端或B端延长，按 空格键 改变方向。确认好延长的方向，直接点击鼠标左键确认或按 ↓ 键，在弹出的【dl】对话框中输入需要延长的长度，按 Enter 键确认，在空白处点击左键，线段AB向外延长所需的长度，如图2-106、图2-107所示。

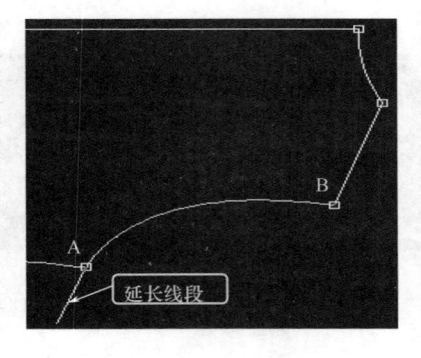

图2-106　延长线段

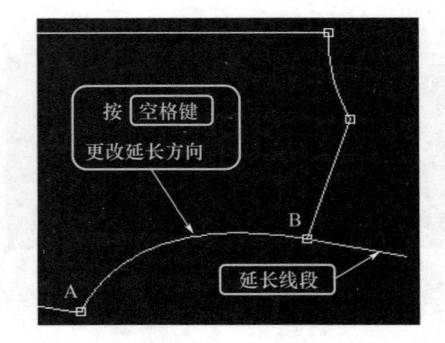

图2-107　按 空格键 更改延长线段方向

7. 【简化曲线点】

【简化曲线点】工具的主要功能是删除多余的曲线点。快捷键为 Alt + s 。

（1）点击【状态栏】中的【曲线点】按钮，显示弧线上红色的曲线点，如图2-108所示，弧线上的曲线点过多，不容易调整弧线。

（2）按 F3 键选择【F3】面板，鼠标左键点击【简化曲线点】按钮，选中该工具。

（3）鼠标左键点击弧线，弹出【宽容量】对话框，按↓键进入输入框，输入数据后按 Enter 键，多余的曲线点被删除，如图2-109、图2-110所示。

但简化曲线点后曲线会发生轻微变形，要谨慎使用。

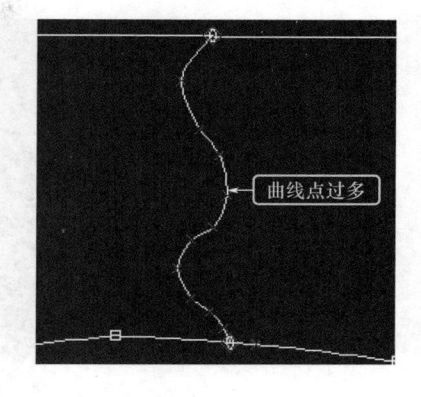

图2-108　曲线点过多

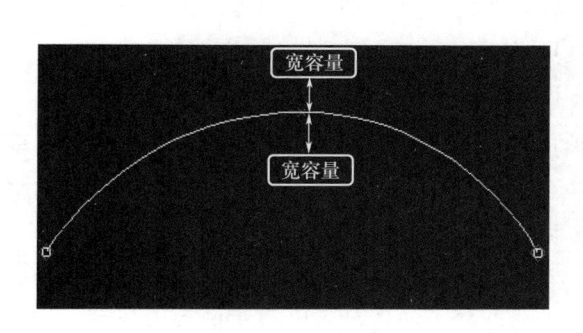

图2-109　宽容量

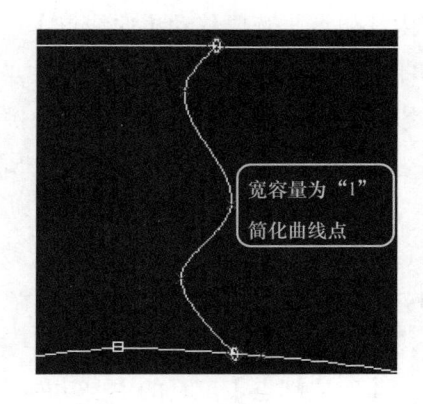

图2-110　简化曲线点

8. 　【缩率】

【缩率】工具的主要功能是以比率缩放裁片。

（1）按 F3 键选择【F3】面板，鼠标左键点击【缩率】按钮，选中该工具。

（2）鼠标左键点击裁片，弹出【缩率】对话框。点击单位按钮弹出单位选择菜单，包括【%比例】、【分数比例】、【实际比例】选项，如图2-111所示，鼠标左键点击这些比例选项，选中比例形式。

（3）如选中【%比例】，按↓键在【x】输入框中输入"110"（说明放大10%），在【y】输入框中输入"110"，按 Enter 键确认，裁片放大10%，如图2-112所示。

如选中【分数比例】，裁片放大10%，可以表示为"1+1/10"；如选中

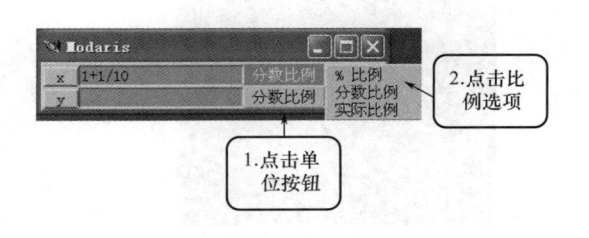

图2-111　【缩率】对话框

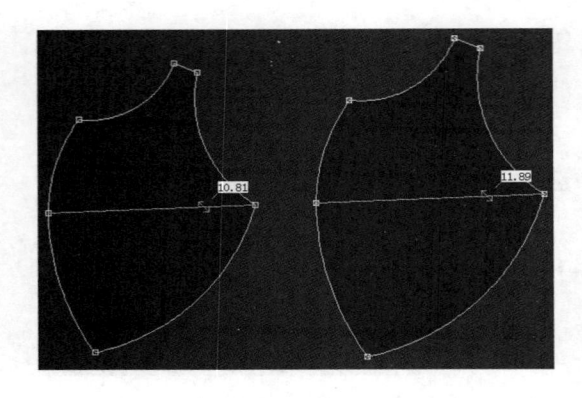

图2-112 裁片放大10%

【实际比例】，裁片放大10%，可以表示为"1.100"。

（4）弹出【缩率】对话框后如果不想输入数据，按 Esc 键退出对话框。

（5）点击【缩率】工具按钮右上角的小三角，弹出对话框，点击"所有尺码缩率"打钩"√"，可以赋予所有的尺码缩率。

（二）点修改工具

1. 【移动点】

【移动点】工具的主要功能是移动工作页内任何点。若要移动【曲线点】，可先点击【状态栏】中的【曲线点】按钮，显示红色的曲线点再用【移动点】工具移动。若要比较修改前后的区别，可以点击【状态栏】中的【影子】按钮，开启影子功能。快捷键为 r 。如图2-113所示。

（1）按 F3 键选择【F3】面板，选择【移动点】工具。

（2）鼠标左键点击点A，移动鼠标确认位置后再次点击鼠标左键完成点移动。或按 ↓ 键进入弹出的对话框，输入数据后按 Enter 键，鼠标左键点击空白处完成点的移动。配合 Q 、 W 、 A 、 S 键调整点移动的角度。

2. 【改成端点】

【改成端点】工具的主要功能是将特性点或曲线点改成端点。只可以逐点修改，若要改变【曲线点】，需要点击【状态栏】中的【曲线点】按钮，显示红色的曲线点。

按 F3 键选择【F3】面板，鼠标左键点击【改成端点】按钮，选中该工具。鼠标左键直接点击特性点或曲线点，即可改为端点，如图2-114所示。

3. 【结合成特性点】

【结合成特性点】工具的主要功能是将端点改成特性点。只可以逐点修改，快捷键为 + 。

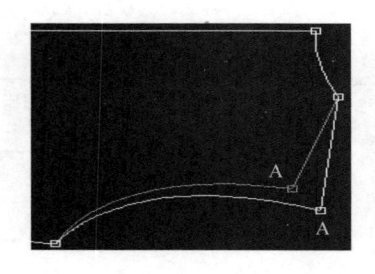

图2-113 移动点

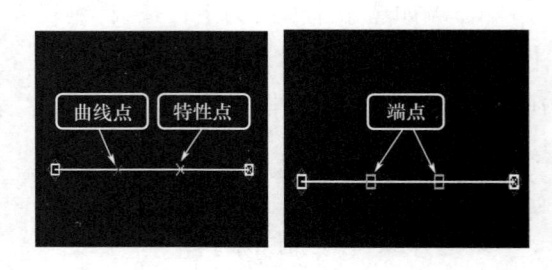

图2-114 改特性点为端点

按F3键选择【F3】面板，选择【结合成特性点】工具，鼠标左键点击端点，将端点改成特性点。

4. ▲→▲【结合两点】

【结合两点】工具的主要功能是将端点重叠并结合成为一个端点。快捷键为（。

按F3键选择【F3】面板，选择【结合两点】工具。鼠标左键点击点A，再点击点B（原端点形状为◆），两点结合为点C（结合后端点形状为□），如图2-115所示。

5. ▲→▲【解开两点】

【解开两点】工具的主要功能是将端点解开为两个独立的端点。快捷键为）。

按F3键选择【F3】面板，选择【解开两点】工具，鼠标左键点击端点A（原端点形状为□），移动鼠标后再次点击鼠标左键，解开两点为点B与点C（解开后端点形状为◆）。解开后两端点还重叠在一起，用【移动点】工具可以分开两点。如图2-116所示。

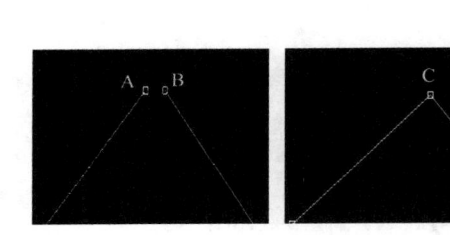

图2-115 结合两点　　　　图2-116 解开两点

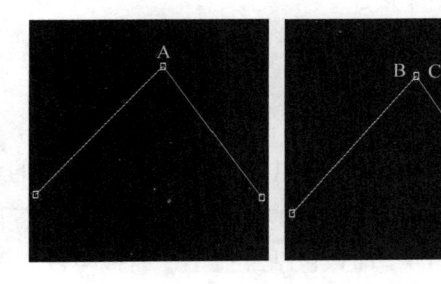

6. ⌒⌒【成特性点】

【成特性点】工具的主要功能是将滑点、定距点及相交点改变成特性点。只能逐点修改，快捷键为Alt+7。

按F3键选择【F3】面板，选择【成特性点】工具，鼠标左键直接点击参考点即可。

7. ▬【链接】、▬▬【关联到测量】、▬▬【测量限制】、▬▬【解开限制】

【F3】面板的【链接】、【关联到测量】、【测量限制】、【解开限制】工具具有高阶裁片关联功能，将在"第四章 高阶裁片关联"中具体介绍。

（三）钉工具

1. ▬【钉】

【钉】工具的主要功能是钉住一点或一组点或除去钉。此功能主要是配合【移动】及【旋转移动】等工具使用。快捷键为Alt+e。

按F3键选择【F3】面板，选择【钉】工具。鼠标左键直接点击"钉住"，再次点击"除去钉"。正常的端点为"□"，钉住的端点为"◇"。

2. 【钉放缩点】

【钉放缩点】工具的主要功能是钉住工作页内蓝色的放缩点。按F3键进入【F3】面板鼠标，左键点击该工具，或按h键，工作页内所有蓝色的放缩点被钉住。

3. 【钉所有点】

【钉所有点】工具的主要功能是钉住工作页内所有点（曲线点除外）。按F3键进入【F3】面板，鼠标左键点击该工具，工作页内所有点被钉住。

4. 【钉端点】

【钉端点】工具的主要功能是钉住工作页内所有端点。按F3键进入【F3】面板，鼠标左键点击该工具，或按F键，工作页内所有端点被钉住。

5. 【除去钉子】

【除去钉子】工具的主要功能是除去工作页内所有钉子。按F3键进入【F3】面板，鼠标左键点击该工具，或按e键，工作页内所有钉子被除去。

二、【F4】工具箱面板

鼠标左键单击【工具箱选择栏】上的【F4】或者按键盘上的快捷键F4键，或者直接点击【工具箱显示区】中的图标，进入【F4】工具箱面板。

【F4】面板包括工业生产面板与裁片面板，分别如图2-117、图2-118所示。

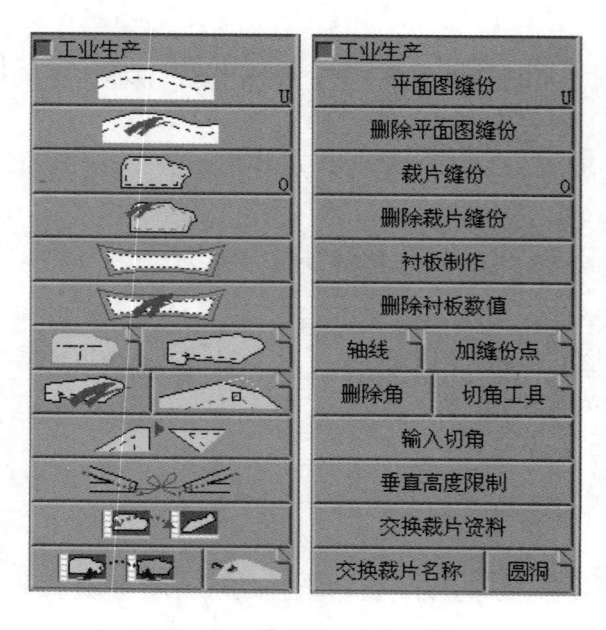

图2-117 【工业生产】面板

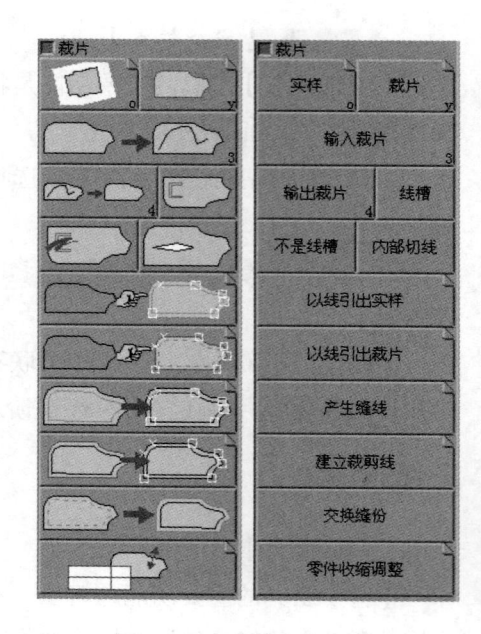

图2-118 【裁片】面板

（一）工业生产工具

1. ▰▰▰【平面图缝份】

【平面图缝份】工具的主要功能是设定结构图或裁片的缝份。可右键框选多条线段，同时添加缝份，缝份只可由【删除平面图缝份】删除，快捷键为 U 。

（1）按 F4 键选择【F4】面板，鼠标左键点击【平面图缝份】按钮，选中该工具。

（2）给结构图或裁片添加缝份。鼠标左键点击需要添加缝份的线段，拖动鼠标，拉出与线段平行，并向外/向内移动的两条白色线段，同时弹出对话框。按 ↓ 键进入输入框，输入数据后按 Enter 键生成缝份。

（3）给裁片添加缝份会立刻生成并显示缝份，但给结构图添加缝份不会在结构图中显示缝份，只有将结构图套样后，会在生成新的实样中显示缝份。另外，在弹出的对话框【开始】（表示在开始点添加缝份的长度）、【结束】（表示在结束点添加缝份的长度）中输入长度，是遵循顺时针原则。如图2-119所示，点A表示开始点，点B表示结束点，沿图形顺时针方向进行。

（4）如果给一条线段多次放缝，以最后一次为准。所以，添加缝份时，先右键框选全部线段均放，再放不同的部分，如图2-120所示。

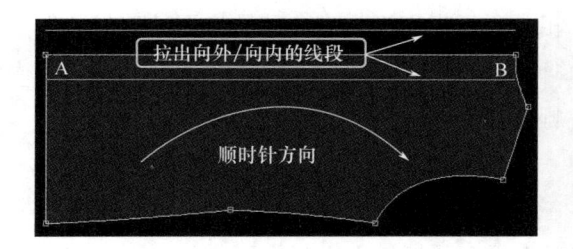

图2-119　给裁片添加缝份

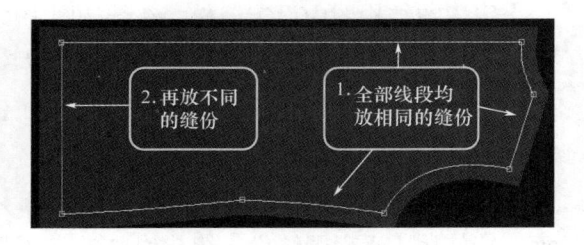

图2-120　放缝步骤

2. ▰▰▰【删除平面图缝份】

【删除平面图缝份】工具的主要功能是删除结构图或裁片的缝份。只可以删除【平面图缝份】工具生成的缝份，可框选多条线段同时删除。

按 F4 键选择【F4】面板，鼠标左键点击【删除平面图缝份】按钮，选中该工具。鼠标左键直接点击在有缝份的线段上，或鼠标右键框选多条线段，再鼠标左键点击在任意一条线段上，删除缝份，如图2-121、图2-122所示。

3. ▰▰▰【裁片缝份】

【裁片缝份】工具的主要功能是设定裁片的缝份，与【平面图缝份】不同，该工具对结构图不起作用。可右键框选多条线段同时添加缝份，同一时间只能处理一个裁片，缝份只能由【删除裁片缝份】删除，快捷键为 O 。

图2-121　鼠标右键框选整个裁片　　　　　　　　图2-122　删除缝份

（1）按 F4 键选择【F4】面板，鼠标左键点击【裁片缝份】按钮，选中该工具。

（2）鼠标左键点击需要添加缝份的线段，拖动鼠标，弹出对话框。按↓键进入输入框，在【开始】、【结束】输入框中输入数据后按 Enter 键生成缝份。

（3）【平面图缝份】与【裁片缝份】工具功能类似，但也有一些区别。

【平面图缝份】可以在结构图或裁片上添加缝份，而【裁片缝份】只能在裁片上添加缝份。

在放缝时，【平面图缝份】可以拖出向外/向内的白色止口，而【裁片缝份】止口不显示。

在勾选【实样】工具右上角小三角的"相关联方式引出实样"选项后，用【平面图缝份】可以在结构图中设定缝份，在结构图中以相关联引出实样，当改变结构图的缝份数据时，实样的缝份数据也会相应改变。而【裁片缝份】无此功能。

利用【平面图缝份】添加的缝份只能用【删除平面图缝份】删除；利用【裁片缝份】添加的缝份只能用【删除裁片缝份】删除。

如果使用了【F4】面板中的【加缝份点】工具，只能用【裁片缝份】给裁片加缝份，而不能使用【平面图缝份】给裁片加缝份，这时【平面图缝份】不起作用。

4. 【删除裁片缝份】

【删除裁片缝份】工具的主要功能是删除裁片的缝份，只可以删除【裁片缝份】工具生成的缝份，可框选多条线段同时删除，同一时间只可以删除一个裁片。

按 F4 键选择【F4】面板，鼠标左键点击【删除裁片缝份】按钮，选中该工具。鼠标左键直接点击在有缝份的线段上，或鼠标右键框选多条线段，再鼠标左键点击在任意一条线段上，删除缝份。

5. 【衬板制作】

【衬板制作】工具的主要功能是制作衬板，如领朴、袖口朴等。可建立在加了或者没加缝份的裁片上，同一时间只可以处理一个裁片，建立衬板后，裁剪线可在实样的内/外出现。

（1）按 F4 键选择【F4】面板，鼠标左键点击【衬板制作】按钮，选中该工具。

（2）鼠标左键直接点击在线段上，或鼠标右键框选多条线段，拖动鼠标，弹出对话框。按⬇键进入输入框，在【开始】、【结束】输入框中输入数据，输入正数，衬板缩小，裁剪线在实样之内，如图2-123、图2-124所示；输入负数，衬板扩大，裁剪线在实样之外，如图2-125、图2-126所示，按Enter键生成衬板。

（3）光标停留在实样线条上，在【点、线状态栏】上会出现如：线 10　~0.80 cm 的信息，"~0.80cm"表示衬板较实样缩小了"0.8cm"；线 10　~-0.80 cm 的"~-0.80cm"表示衬板较实样放大了"0.8cm"。

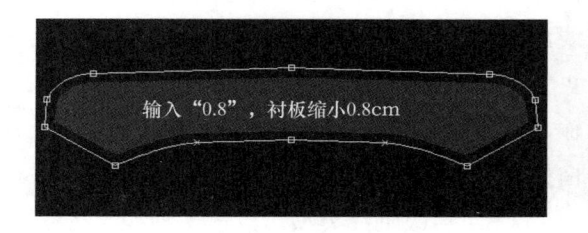

图2-123　衬板缩小"0.8"　　　　　　　　图2-124　衬板缩小结果

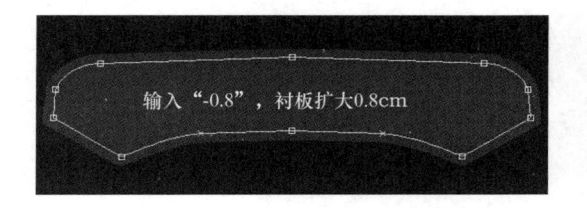

图2-125　衬板扩大"0.8"　　　　　　　　图2-126　衬板扩大结果

6. 【删除衬板数值】

【删除衬板数值】工具的主要功能是删除已经建立的衬板。可框选多条线段同时删除，同一时间只可以删除一个裁片。

按F4键选择【F4】面板，鼠标左键点击【删除衬板数值】按钮，选中该工具。鼠标左键直接点击在已经建立衬板的线段上，或鼠标右键框选多条线段，再鼠标左键点击任意一条线段，删除衬板。

7. 【轴线】

【轴线】工具的主要功能是在工作页上建立轴线或更改轴线类型。

（1）选择轴线。按F4键选择【F4】面板，鼠标左键点击【轴线】按钮右上角的小三角，弹出【轴线】对话框，如图2-127、图2-128所示，鼠标左键点击需要的轴线，如【布纹线"DF"】打钩"√"，选中该轴线。

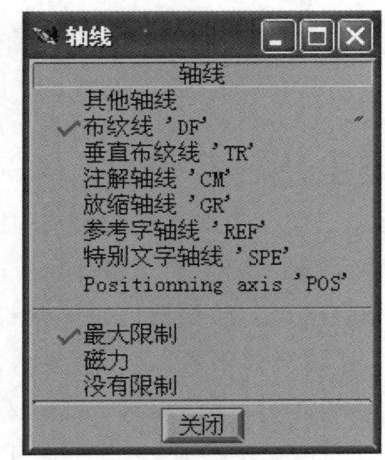

图2-127　【轴线】对话框

或鼠标左键按住【状态栏】的【其他轴线】按钮不松手，弹出【轴线】选项框，按住鼠标左键上下移动选择【布纹线"DF"】，松开左键，【状态栏】中显示【布纹线"DF"】，选中该轴线。

（2）建立轴线。选中【轴线】工具，鼠标左键点击在工作页任何位置上，拉出白色线尾，弹出对话框。鼠标左键再次点击工作页完成轴线的建立；或按 ↓ 键进入输入框，输入数据后按 Enter 键，鼠标左键点击在空白处完成轴线的建立。

（3）更改轴线类型。点击【轴线】按钮右上角的小三角选择好需要更改的轴线打钩"√"，鼠标左键直接点击在旧轴线上，完成轴线类型的更改。

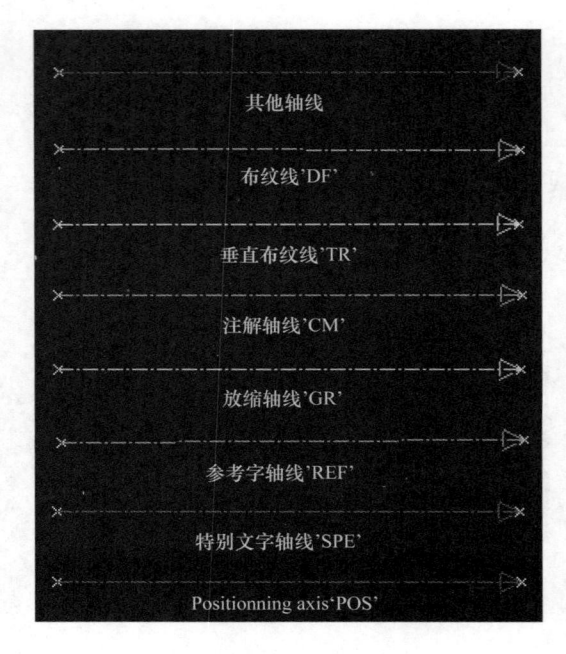

图2-128 轴线种类

（4）按住 Ctrl 键不松手，可以在垂直、水平或45°、135°、225°、315°方向上绘制轴线。

（5）【参考字轴线"REF"】添加文字。由于每个工作页都有资料框，有详细的资料说明，通常情况下很少在裁片上添加文字。但有些特殊时候需要在裁片上添加文字，可以使用【参考字轴线"REF"】。

首先要确定存取路径。鼠标左键点击下拉菜单【档案】→【访问路径】，在【参考字资料库】设置路径，如在此设置路径为"D:/Modaris"，电脑D盘中的Modaris文件夹为存放代号的文件夹。记住该路径，点击【确定】退出【访问路径】对话框。

点击【轴线】按钮右上角的小三角，选择【参考字轴线"REF"】打钩"√"，在裁片上用【轴线】工具绘制出3条参考字轴线。

点击下拉菜单【编辑】→【参考字名称】，鼠标左键点击参考字轴线，弹出【参考字档案名称】对话框，命名为"1"或按 Tab 键选择名称。同样方式将其他两条参考字轴线命名为"2""3"。"1""2""3"会变为存放在D盘Modaris文件夹中文本文件的名称，可以在D:/Modaris文件夹中找到这3个文本文件。

点击下拉菜单【编辑】→【编辑】打钩"√"，鼠标左键点击参考字轴线，出现输入框，输入文档或修改文档。鼠标左键点击在空白处确认。

这时参考字轴线没有显示文字，点击【状态栏】→【裁剪部分】，显示文字，如图2-129所示。参考字轴线可存取文字记录。

（6）【特别文字轴线"SPE"】添加文字。建立【特别文字轴线"SPE"】后，点击下拉菜单【编辑】→【编辑】打钩"√"，鼠标左键点击特别文字轴线，在输入框中输入或修改文字资料。鼠标左键点击在空白处确认操作完成。

这时特别文字轴线没有显示文字，点击【状态栏】→【裁剪部分】，显示文字。【特别文字轴线"SPE"】不可以存取文字记录。

（7）【注解轴线"CM"】。对于一些很小的裁片，输入很多裁片信息后，文字会伸出该裁片，这些文字在裁剪时会被裁剪掉。注解轴线可以将这些信息打印在该轴线的区域内，不会伸出该轴线范围，如图2-130所示，文字只会打印在【注解轴线】AB内。

【注解轴线】的显示信息并不是在Modaris中设置，而是在Justprint或Vigiprint中设置的。

打开Justprint，点击下拉菜单【工具】→【活动管理】，打开【活动管理】窗口，选择打印机，点击【打开...】打开活动窗口，

图2-129　显示文字

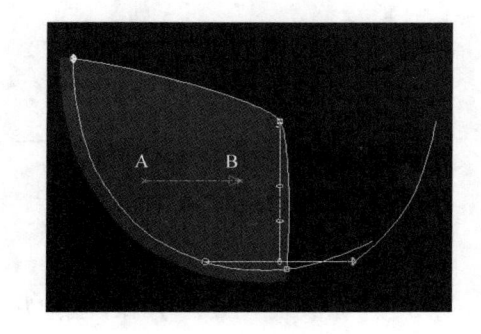

图2-130　注解轴线

如图2-131所示，选择【文本】，点击【标签】打钩"√"，点击【标签】右边的【编辑...】，进入编辑框，如图2-132所示，点击编辑窗口右方的"信息名称"，进入【添加栏】，点击【添加】按钮，"信息名称"进入工作窗口，如图2-132所示。

添加完成"信息名称"，点击【文件】→【另存为...】，储存文件后缀为"*.lab2"，如"shirt.lab2"，关闭编辑窗口。

回到【打开活动】窗口，点击【标签】右边的【...】选择器，进入标签窗口，选择刚储存的"shirt.lab2"文件，打开该文件，点击【保存】，保存该活动，点击【关闭】，退出所有窗口。

图2-131　打开活动窗口

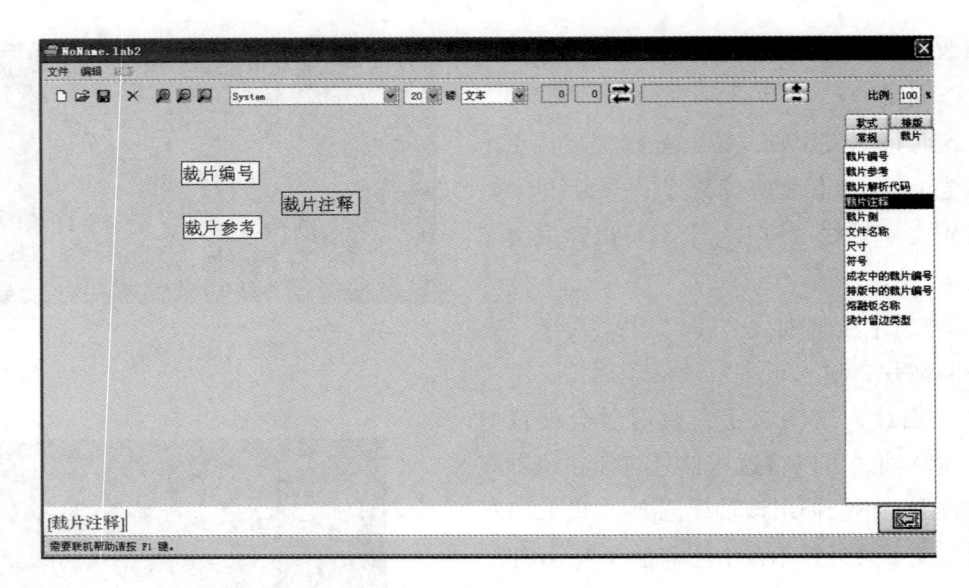

图2-132 进入编辑框

（8）【布纹线"DF"】用于创建裁片布纹线；【垂直布纹线"TR"】用于创建垂直的布纹线；【放缩轴线"GR"】用于定义首选的放缩轴线；【Positionning axis "POS"】为Modaris的3D新功能作准备，常规情况下很少使用；当上述轴线都不够用时，可以使用【其他轴线】。

在【状态栏】→【裁剪部分】情景下，只能显示【布纹线】与【垂直布纹线】，其他轴线会被隐藏。

在一个裁片中，可以建立多条【参考字轴线】、【特别文字轴线】、【其他轴线】、【Positionning axis "POS"】，但只可以建立一条【布纹线】、【垂直布纹线】、【注释轴线】或【放缩轴线】。因此，如果在某个裁片上创建了多条【布纹线】、【垂直布纹线】、【注释轴线】或【放缩轴线】，先创建的会自动变为【其他轴线】，只保留最新创建的这一条轴线。

（9）点击【轴线】按钮右上角的小三角，弹出【轴线】对话框，出现3种轴线端点与线段相交时的选项：

选择【最大限制】打钩"√"：轴线点会以【滑点】的形式链接到对象上。默认情况下，此选项处于选中状态。

选择【磁力】打钩"√"：轴线点以【特性点】的形式链接到对象，但可以用【移动点】工具将其移开。

选择【没有限制】打钩"√"：轴线点和对象相互独立，它们不咬合，如图2-133所示。

删除轴线。按 F3 键进入【F3】面板，选择【删除】工具，鼠标左键直接点击在轴线上，删除该轴线。

8. ![图标]【加缝份点】

【加缝份点】工具的主要功能是在外线上加缝份切角。通常用在服装的开衩居多。主要是配合【裁片缝份】使用。

（1）如果需要使用【加缝份点】工具，首先只能用【裁片缝份】工具给裁片加缝份，而不能使用【平面图缝份】工具给裁片加缝份，这时【平面图缝份】工具不起作用。

（2）如果图2-134中A点为方形的端点，只需点击【裁片缝份】，鼠标左键点击在线段AB上，弹出对话框，在对话框"开始"中输入"3cm"，在"结束"中输入"3cm"，按 Enter 键确定，线段AB就放了3cm的缝份。

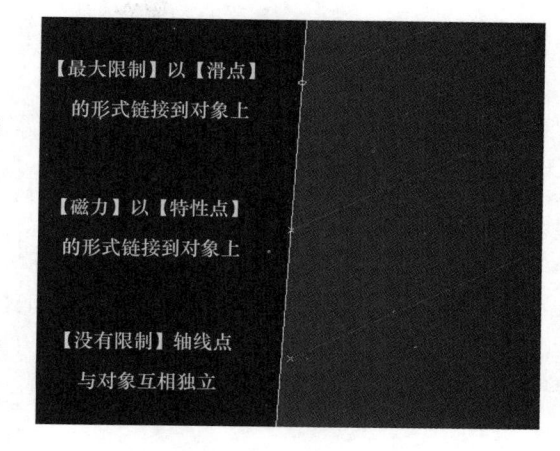

图2-133　轴线端点与线段相交3种情况

（3）但如果点A为特性点，在特殊情况下不能把它变为端点时（有时变为端点会影响纸样的放码），需要按 F4 键点击【加缝份点】按钮，鼠标左键点击在特性点A上（这时特性点毫无变化），再点击【裁片缝份】工具，鼠标左键点击在线段AB上，弹出对话框，在对话框"开始"中输入"3cm"，在"结束"中输入"3cm"，按 Enter 键确定，线段AB就放了3cm的缝份，完成如图2-135所示。

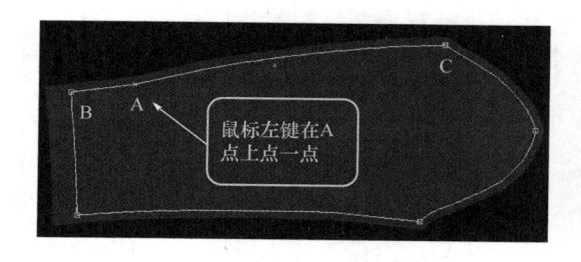

图2-134　鼠标左键在A点上点一点

图2-135　线段AB放缝

如果A点为特性点，而又不在点A上使用【加缝份点】工具，是不能单独给线段AB加缝份的，而是只能给BC整个线段加缝份。

（4）点击【加缝份点】按钮右上角的小三角，弹出【切角工具】对话框，如图2-136所示，具体功能的使用详情见【切角工具】。

9. ![图标]【删除角】

【删除角】工具的主要功能是删除【加缝份点】工具生成的缝份切角。主要是配合【加缝份点】使用。

按 F4 键进入【F4】面板，选择【删除角】工具，鼠标左键直接点击在用【加缝份点】工具生成的缝份切角上，删除缝份切角。

10. 【切角工具】

【切角工具】的主要功能是设定或改变裁片缝份切角的类别。每次只可处理一个缝份切角。

（1）选择切角工具。按 F4 键进入【F4】面板，鼠标左键点击【切角工具】按钮右上角的小三角，弹出【切角工具】对话框，共有13个切角工具，如图2-136所示，具体图示见表2-8。鼠标左键点击需要的切角工具，如【前段垂直】打钩"√"，选中该切角工具。

或鼠标左键按住【状态栏】的【切角工具】按钮不松手，弹出【切角工具】选项框，按住鼠标左键上下移动选择【前段垂直】打钩"√"，松开左键，【状态栏】中显示【前段垂直】，选中该切角工具。

（2）设定切角工具。选中【切角工具】，鼠标左键点击在需要改变切角的缝份的点上，改变切角，如图2-137所示。

（3）创建切角工具。如果Modaris提供的13种切角还是不能满足用户需求，可以自行创建切角工具。点击下拉菜单【切角工具】→【创建角工具】，弹出【切角】对话框，按 Tab 键弹出可以创建切角的选项框，如图2-138所示。

（4）创建切角的范围只能限制在【切角选项框】中的选项内。从图2-138可知，可以改变【梯级】、【下一对称轴】、【后段垂直】、【下一个变化直角】、【Bevel（即前后缝份）】、【后段缝份】、【斜接】、【裂缝切角】等8种切角的参数，创造出新的切角。

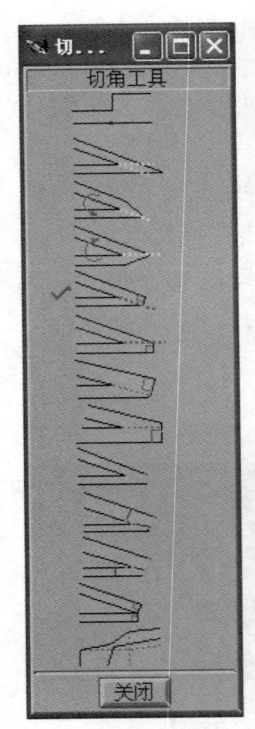

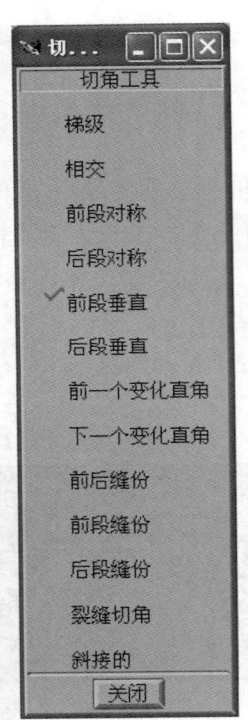

图2-136 切角工具

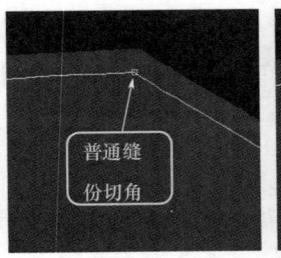

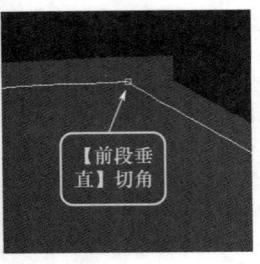

图2-137 改变切角

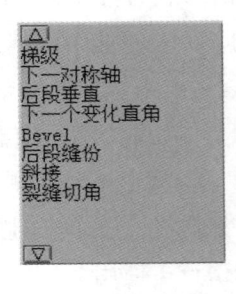

图2-138 创建切角选项框

表2-8 切角工具

名称	切角	示意图	实例
梯级			
相交			
前段对称			
后段对称			
前段垂直			

续表

名称	切角	示意图	实例
后段垂直			
前一个变化直角			
下一个变化直角			
前后缝份		V1　V2　　V1　V2	
前段缝份		V1　　　　V1	

续表

名称	切角	示意图	实例
后段缝份			
裂缝切角			
斜接的			

（5）创建【梯级】新切角。点击下拉菜单【切角工具】→【创建角工具】，弹出【切角】对话框，按 Tab 键弹出可以创建切角的选项框，鼠标左键单击选项框中的【梯级】，按 Enter 键弹出梯级参数对话框，按 ↓ 键输入【切角1】、【切角2】数据，如【切角1】为"0.5"，【切角2】为"1"，按 Enter 键创建出新的梯级切角。

如果不想输入数据，可按 Esc 键退出输入框。

点击下拉菜单【切角工具】→【梯级】，可以看到【梯级】下生成了【梯级 0.50 1.00】和【梯级 1.00 0.50】两个新的梯级切角工具，如图2-139所示。

选择【梯级 0.50 1.00】打钩"√"，鼠标左键点击在需要改变切角的点上，改变其缝份切角，如图2-140所示。

11. 【输入切角】

【输入切角】的主要功能是复制一个或连续几个裁片缝份的切角。

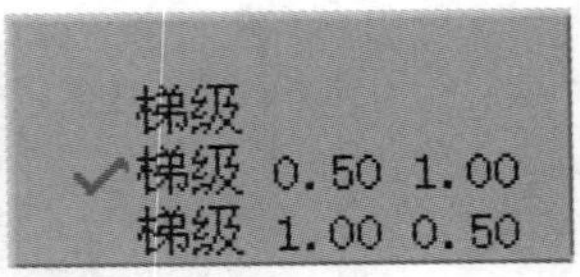

图2-139　新创建的【梯级】切角 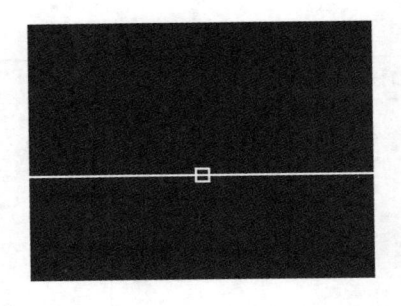　　　　图2-140　用新创建的切角改变缝份切角

（1）按 F4 键进入【F4】面板，选择【输入切角】工具。鼠标左键点击在参考点A上，拉出白色线段，鼠标左键点击在复制点B上，点A的切角复制到B点上。

（2）或鼠标左键点击在参考点M上，拉出白色线段，鼠标左键按在参考点N上不松手，线段变为白色的粗线，按 空格键 可以改变白色粗线的方向，如图2-141所示，确认后释放鼠标。

鼠标左键先后按在另一裁片的复制点P、点Q上，完成切角的复制，如图2-142所示。

一定要注意的是，参考线段的端点数要和复制线段的端点数相同，否则不能执行复制操作。

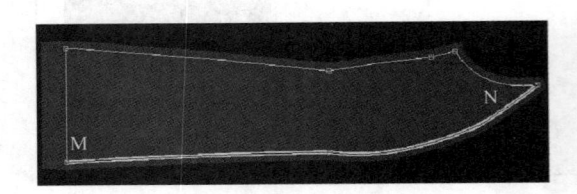

图2-141　按 空格键 更改白色粗线的方向 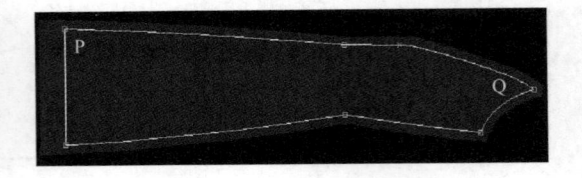　　　　图2-142　复制切角

12.  【垂直高度限制】

【垂直高度限制】的主要功能是将一个垂直切角高度值复制给另一个正交角，使两者的高度相同。因为组合在一起的裁片缝线上的角高度通常会不同，可使用该功能来解决高度差的问题。

此功能只能应用于垂直类型的角。约束角称为"从角"，而参考角称为"主角"。因此，对主角的修改将带入从角中。一个主角可以具有多个从角。

在关联的角上移动光标时，从角的边缘会显示黄色，而主角的边缘会显示红色。如果某个角既是主角又是从角，那么其边缘显示白色。对于从角，在信息栏中，角类型后跟主角所在裁片的名称。

按 F4 键进入【F4】面板，选择【垂直高度限制】工具。鼠标左键点击在"从角"

点A上，拉出白色线段，鼠标左键点击在"主角"B点上，"从角"的高度变为与"主角"高度一致，如图2-143、图2-144所示。

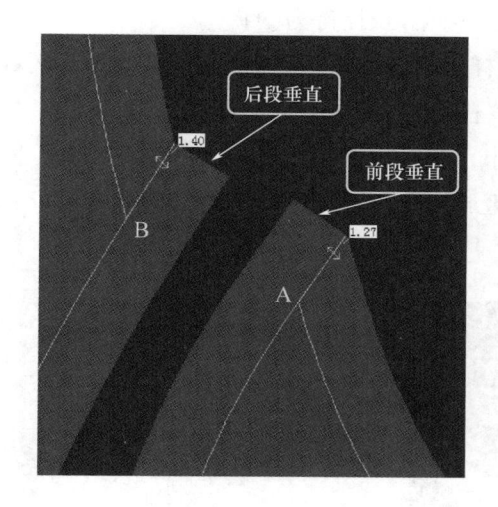

图2-143　角高度不等

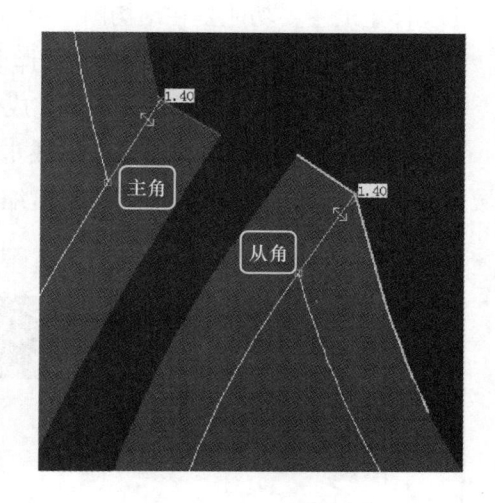

图2-144　角高度相等

13. 【交换裁片资料】

【交换裁片资料】的主要功能是交换两个裁片的所有信息，如名称、同类代码、参考字等。

按 Ctrl + u 键显示资料框。

按 F4 键进入【F4】面板，选择【交换裁片资料】工具。鼠标左键点击在第一个工作页上，再点击在第二个工作页上，第一个工作页与第二个工作页的所有资料全部调换。

14. 【交换裁片名称】

【交换裁片名称】的主要功能是交换两个裁片的名称。按 Ctrl + u 键显示资料框。

按 F4 键进入【F4】面板，选择【交换裁片名称】工具。鼠标左键点击在第一个工作页上，再点击在第二个工作页上，第一个工作页与第二个工作页的裁片名称被调换。

15. 【圆洞】

【圆洞】的主要功能是在裁片上建立悬挂孔。

（1）按 F4 键进入【F4】面板，选择【圆洞】工具。鼠标左键点击在裁片需要打悬挂孔的位置上，出现 形状的悬挂孔。

（2）点击【圆洞】工具右上角的小三角，弹出对话框，可以在对话框中设置圆洞的大小，如图2-145所示。

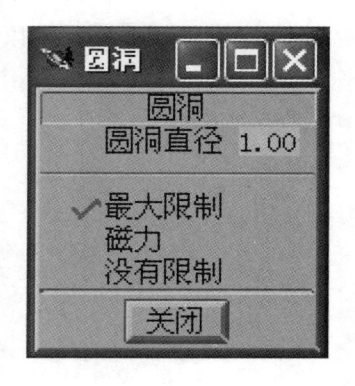

图2-145　【圆洞】对话框

（二）裁片工具

1. 📋【实样】

【实样】的主要功能是在结构图中引出裁片实样。快捷键为 O 。

（1）按 F4 键进入【F4】面板，选择【实样】工具，左键点击需要制成实样的区域，被点中的区域变为发亮的浅蓝色，选择完成后按右键结束纸样套取，如图2-146所示。

（2）在套取实样时，有很多小区域非常小，难以套取，需要按 Shift + > 键，将该区域放大以方便套取，或按 Shift + < 键缩小区域。

图2-146 套取实样

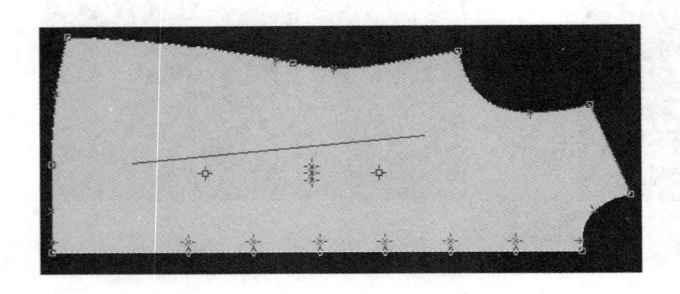

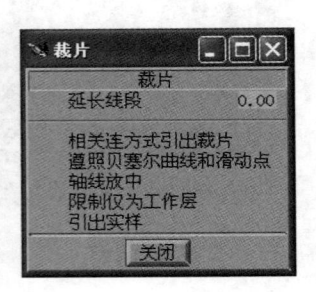

图2-147 裁片对话框

（3）但放大后在工作区中只能显示部分的基础线，其他的区域不可视，无法用【实样】工具套取。

这时需要移动鼠标，如果想套取左边的区域，把鼠标不断向左移动，同时连续点击键盘上的 · 键（每按一下 · 键，画面向左边移动一些），就可以把左边的基础线套取实样了。用同样的方法向上、下、左、右移动，把整个纸样套取出来。

（4）如果在套取实样过程中套错了区域，想要返回上一步，可以点击鼠标 中间键 或 滚轮 ，或同时点击 左键 + 右键 ，点击一次退回一步。或按 Esc 键完全退出套样。

（5）如果引出实样的同时，想保留内部线段，在引出实样前，鼠标右键选择要引出的点或线，按 Shift 键可以多选。再用【实样】工具套样，点或线也同时引出。

（6）点击【实样】按钮右上角的小三角，弹出【裁片】对话框，如图2-147所示。

【延长线段】：表示允许引出裁片轮廓曲线的不闭合值。如果【延长线段】的值为"0.00"，实样必须从闭合的轮廓中引出。如果想从未完全闭合的轮廓曲线中引出实样，那么可以利用此选项来延长线段，通常【延长线段】值越大，允许不闭合程度越大。如图2-148所示，【延长线段】值为"1.00"，尽管轮廓曲线不闭合，还是能套出实样。

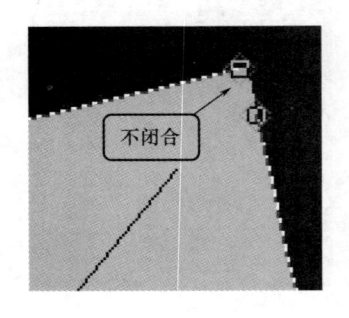

图2-148 轮廓曲线不闭合

【相关联方式引出裁片】：如果使用 MD-Expert专家系统，可以在弹出裁片对话框中看到【相关联方式引出裁片】选项，这是高阶裁片关联功能，将在"第四章 高阶裁片关联"中具体介绍。

【遵照贝塞尔曲线和滑动点】：选择此选项打钩"√"，实样会以贝塞尔曲线方式引出，点击【状态栏】>【曲线点】，会发现引出的实样曲线点非常多，如图2-149中B图形所示。

【轴线放中】：如果结构图中有布纹线，选择【轴线放中】打钩"√"，引出实样时轴线会自动居中，如图2-150中C图形所示。

【限制仅为工作层】：将引出实样仅限于当前工作层中的曲线。其他工作层显示的任何曲线都不会包括在引出的裁片中。

【引出实样】：引出实样。

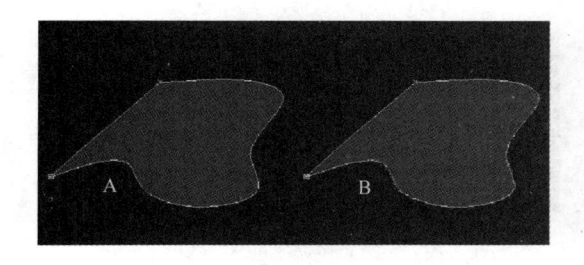

图2-149　勾选【遵照贝塞尔曲线和滑动点】引出实样

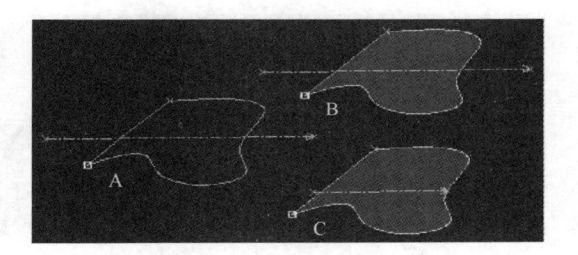

图2-150　勾选【轴线放中】引出实样

2. 　【裁片】

【裁片】的主要功能是引出带缝份的毛板。快捷键为 Y 。

（1）按 F4 键选择【平面图缝份】，给需要套样的结构图添加缝份。如果不添加缝份，【实样】与【裁片】套出的样片是一样的。

（2）按 F4 键进入【F4】面板，选择【裁片】工具，左键点击需要制成裁片的区域，被点中的区域变为发亮的浅绿色，选择完成后按右键结束纸样套取。

（3）用【实样】套取轮廓曲线，轮廓曲线区域为净样；用【裁片】套取轮廓曲线，轮廓曲线区域为毛样，如图2-151所示。

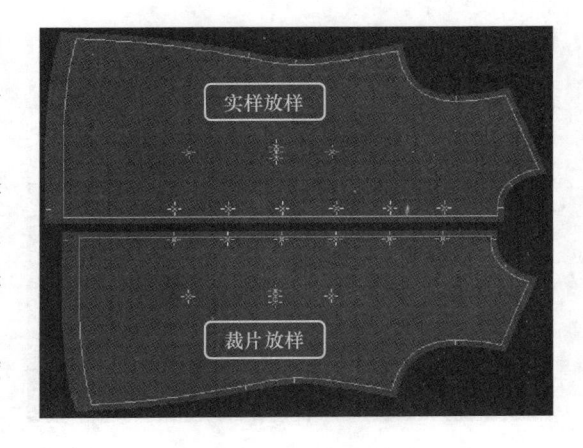

图2-151　【实样】与【裁片】工具放样对比

示。其他操作方法与【实样】相同。

3. 【输入裁片】

【输入裁片】的主要功能是将平面图的点或线送到裁片上。与【状态栏】的【平面图】共同使用，一般应用在相关联的裁片上，快捷键为③。

确认裁片为相关联裁片，点击菜单【状态栏】→【平面图】，显示平面图。

按F4键选择【输入裁片】，鼠标左键点击需要输入到裁片的线条，如图2-152～图2-154所示，点击"裤中线"与"膝围线"，关闭【平面图】，"裤中线"与"膝围线"输入到裁片上。

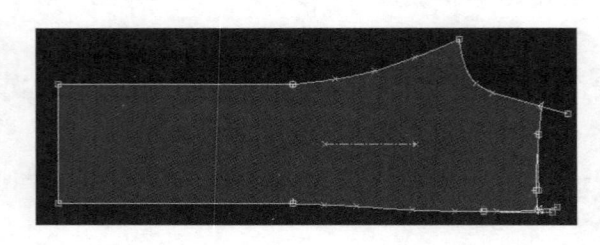

图2-152 相关联裁片

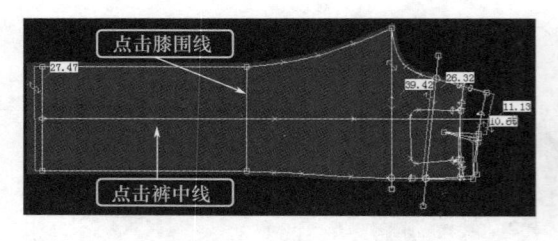

图2-153 显示【平面图】

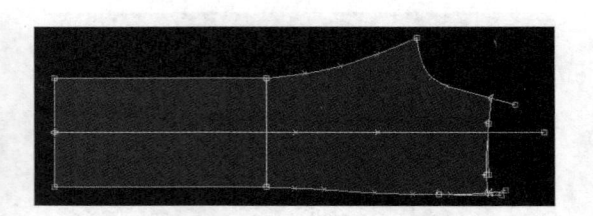

图2-154 输入"裤中线""膝围线"

4. 【输出裁片】

【输出裁片】的主要功能是将裁片上的点或线送回到平面图。与【状态栏】的【平面图】共同使用，一般应用在相关联的裁片上，快捷键为④。

确认裁片为相关联裁片，按F4键选择【输出裁片】，鼠标左键点击需要输出到平面图的线条即可。

5. 【线槽】

【线槽】的主要功能是将线段变成线槽模式。通常制作口袋或其他服装部件时需要定位，这时会在需要定位的地方制作线槽，线槽一般比普通线条宽，可以做成虚线形，用切割机切出一行小孔，透过小孔可以用划粉或其他工具在面料上拓出痕迹，方便定位。

按F4键选择【线槽】工具，鼠标左键点击在需要制作线槽的线段即可，线段变成蓝色，如图2-155所示。

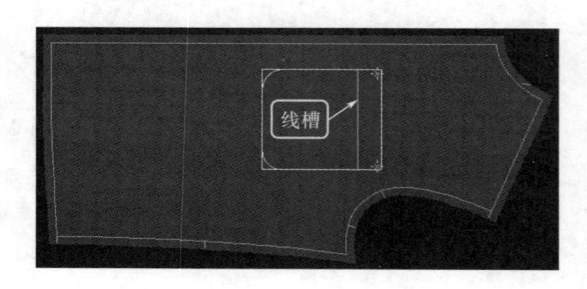

图2-155 线槽

在Modaris只是标记线槽的位置，具体的输出需要在Vigiprint或justprint中设置。

6. ▭【不是线槽】

【不是线槽】的主要功能是将线槽变回线段形态。

按F4键选择【不是线槽】，鼠标左键点击在线槽上即可，线槽变回线段形态。

7. ▭【内部切线】

【内部切线】的主要功能是将线段转换成切线形态。

（1）按F4键选择【内部切线】，鼠标左键点击在起始点A上，拉出白色线尾，点击在点B上，线段变粗，点击鼠标右键结束操作，画面没有发生变化。点击菜单【状态栏】→【裁剪部分】，可以看到线段AB变为黄色的切线。切割机切割裁片时会把线段AB切开，如图2-156所示。

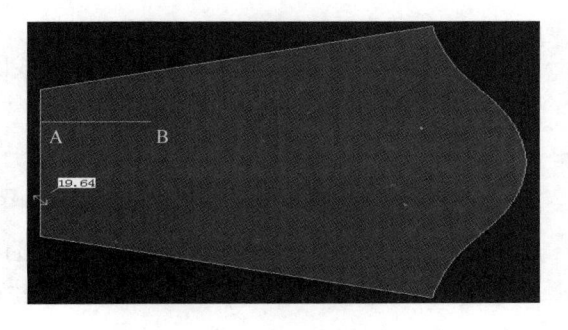

图2-156　将线段变为内部切线

（2）将切线变回线段。点击【状态栏】→【裁剪部分】，显示裁剪部分；按F3键选择【删除】工具，鼠标左键按住线段AB不松手，按空格键一下，释放鼠标，黄色切线变为白色线段，如图2-157所示。

8. ▭【以线引出实样】

【以线引出实样】的主要功能是以边界线的形式引出实样，在操作过程中，要依次序及方向点击线段点。

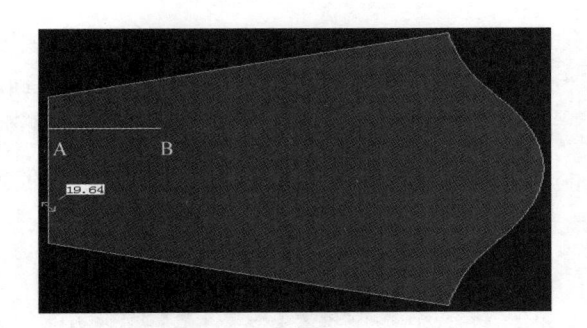

图2-157　将内部切线变为线段

（1）按F4键进入【F4】面板，选择【以线引出实样】工具，左键依次序及方向点击需要制成实样的区域的线段点，被选中的线段变粗及变为灰白色，以图2-158为例，先后点击点A、点B、点C、点D、点E、点F、点A，形成一个闭合的线段区域后，按右键结束实样套取。

（2）在套取实样时，可以配合Shift+>键，将该区域放大，或按Shift+<键缩小区域。点击键盘上的·键将视图移动到鼠标位置。如果在套取实样过程中套错了区域，想要后退一步或几步，可以点击鼠标中间键或滚轮，或同时点击左键+右键，点击一次退回一步。或按Esc键完全退出套样。

（3）如果引出实样的同时，想保留内部线段，在引出实样前，鼠标右键选择要引出的点或线，按Shift键可以多选。再用【以线引出实样】工具套样，点或线也同时引出。

（4）点击【实样】按钮右上角的小三角，弹出【裁片】对话框，设置方法同【实

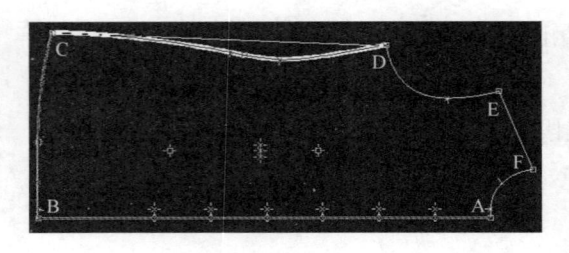

图2-158 套样选择顺序

样】工具。

9. 【以线引出裁片】

【以线引出裁片】的主要功能是以边界线的形式引出毛样板,在操作过程中,要依次序及方向点击线段点。使用方法与【以线引出实样】相同,只是用【以线引出实样】套取轮廓曲线,轮廓曲线区域为净样;用【以线引出裁片】套取轮廓曲线,轮廓曲线区域为毛样。

10. 【产生缝线】

【产生缝线】的主要功能是以内部线段的方式显示缝纫线迹。【产生缝线】工具是与【裁片】、【以线引出裁片】工具联合使用的。用【裁片】、【以线引出裁片】工具生成的加了缝份的裁片毛样板是不显示缝纫线迹的,可以用【产生缝线】工具显示。

按 F4 键进入【F4】面板,选择【产生缝线】工具,鼠标左键点击相关的线段即可;或鼠标右键框选整个裁片,再鼠标左键点击在任意线段上即可,如图2-159所示。

11. 【建立裁剪线】

【建立裁剪线】的主要功能是以内部线段的方式显示裁片的毛缝边。【建立裁剪线】工具是与【实样】、【以线引出实样】工具联合使用的。

按 F4 键进入【F4】面板,选择【建立裁剪线】工具,鼠标左键点击相关的线段即可;或鼠标右键框选整个裁片,再鼠标左键点击在任意线段上即可,如图2-160所示。

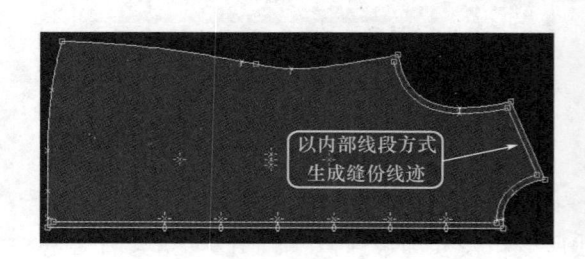

图2-159 生成缝份线迹

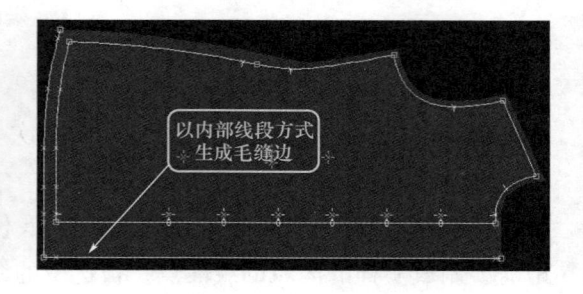

图2-160 建立裁剪线

12. 【交换缝份】

【交换缝份】的主要功能是将裁片的缝份内外交换。缝份交换后,净样板尺英寸会发生变化。

按 F4 键进入【F4】面板,选择【交换缝份】工具,鼠标左键点击裁片,交换整个裁片的缝份;或单击线段,逐条线段交换,如图2-161所示。

13. 【零件收缩调整】

【零件收缩调整】的主要功能是对裁片进行缩水处理。可以将裁片缩水处理应用到所

(a)   (b)

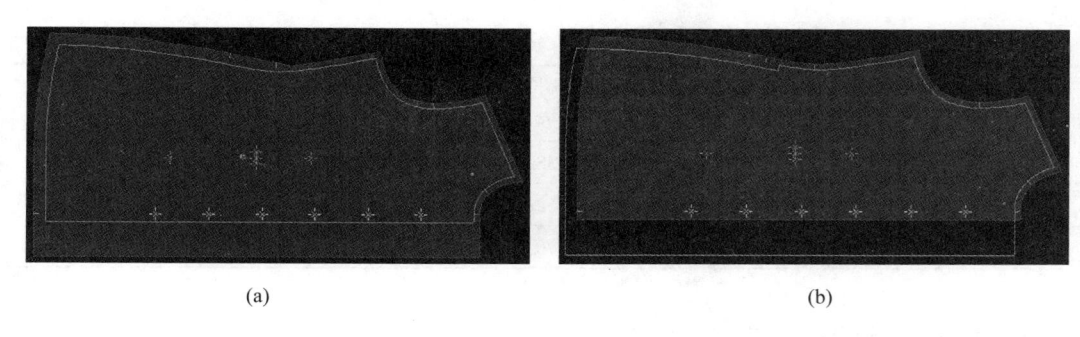

图2-161　交换缝份

选的多个工作页上。

（1）按 F4 键进入【F4】面板，鼠标左键点击【零件收缩调整】工具右上角的小三角，弹出【裁片缩率调整】对话框，如图2-162所示。鼠标左键点击【X缩率】，弹出【缩率】输入框，按↓键输入数值，按 Enter 键确认缩率，如图2-163所示。

（2）按 Ctrl + u 键显示资料框，鼠标左键直接点击在需要改变缩率的工作页上，资料框中【X缩率】、【Y缩率】也跟随改变。

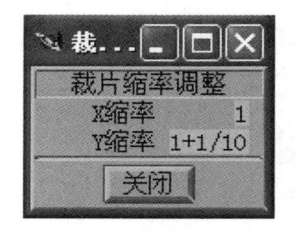

图2-162　【裁片缩率调整】对话框　　　　　　图2-163　【缩率】输入框

三、【F3】、【F4】面板制图实例

【F3】、【F4】面板包含了图形修改工具与工业制板工具，如何运用这些工具来进行纸样设计与制作呢？下面利用曾经介绍过的【F1】、【F2】、【F3】、【F4】面板工具与前面制作过的文化式女装纸样原型裁片，以宽松式女衬衫为例，对Modaris工具箱工具作进一步的讲解。

（一）宽松式女衬衫

1. 宽松式女衬衫成品规格

宽松式女衬衫放松量较大，款式特征来源于男衬衫，前后均设计了育克分割线，后背育克处还设置了两个暗褶，不设省道。号型选取160/84A（M码），具体成品规格见表2-9。

表2-9　宽松式女衬衫成品规格　　　　　　　　　　单位：cm

规格＼部位	胸围（B）	背长（L）	肩宽（SH）	袖长（SL）
净体尺寸	84	38	38	
加放尺寸	24	32	4	
成品尺寸	108	70	42	56

2. 宽松式女衬衫款式图

宽松式女衬衫款式图如图2-164所示。

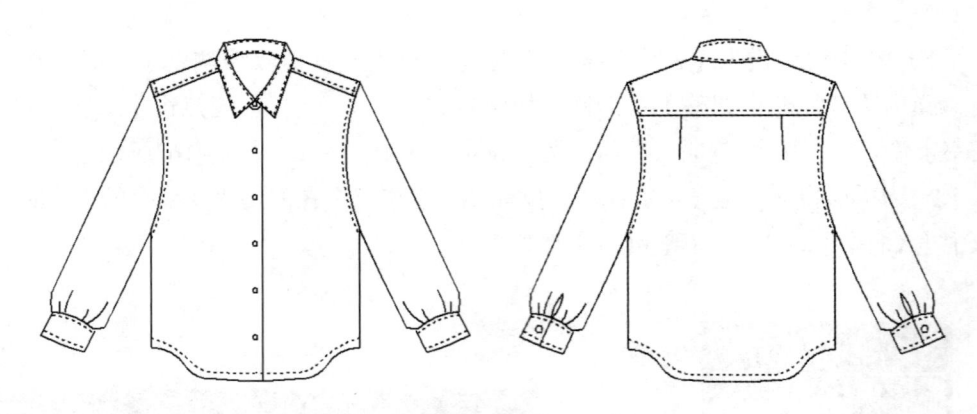

图2-164　宽松式女衬衫款式图

（二）在Modaris中绘制女衬衫纸样

1. 建立新款式系列

（1）双击桌面上的图标，打开Modaris纸样设计系统。点击下拉菜单【档案】→【新款式系列】，在弹出的【新的款式名称】输入框中输入"lady shirt"，按 Enter 键确定，生成款式系列图标。

（2）点击下拉菜单【参数】→【长度单位】，将长度单位设置为"cm"；点击下拉菜单【参数】→【角度单位】，将角度单位设置为"度"。

2. 输入文化式女装上衣原型裁片

（1）要想把裁片输入到Modaris系统中，首先要确保裁片是建立了【成衣档案】，并且以裁片IBA文件或成衣VET文件输出。在"第二章 第二节的【F1】、【F2】面板制图实例"中，详细讲解了输出和输入裁片与成衣的具体步骤，现在把当时输出的文化式女装上衣"prototype.IBA"（后片原型裁片）文件和"prototype2.IBA"（前片原型裁片）文件输入到Modaris系统工作区中。

（2）输入原型裁片文件。点击下拉菜单【档案】→【输入裁片成衣】，弹出对话框，点击【清除列表】按钮，清除不需输入的裁片或成衣。确保【IBA】、【VET】、【主目录】按钮凹下，凹下为激活状态，凸起为关闭状态。

（3）鼠标左键点击【更改目录】按钮，选择存放裁片或成衣的目录，打开文件，点击【重读】按钮，文件出现在原始档案栏中。

（4）点击原始档案栏中的"prototype.IBA"（后片原型裁片）文件和"prototype2.IBA"（前片原型裁片）文件，按【 => 】键，文件进入读取档案栏，按【读取档案】按钮，将后片原型裁片和前片原型裁片读进Modaris系统中，点击【关闭】按钮完成操作。

（5）按 Ctrl + U 键或点击下拉菜单【显示】→【资料框】，所有工作页下方出现了黄色资料框；为了方便工作，按 F10 键，系统会自动给款式系列生成一个尺码框，按 8 键，工作页如图2-165所示。

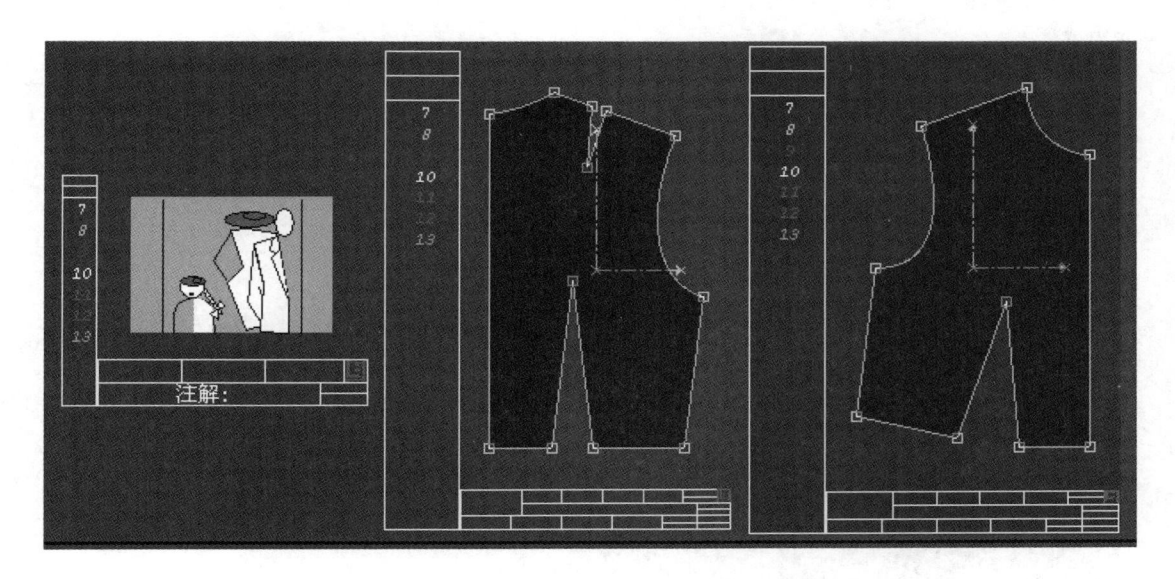

图2-165　输入原型裁片

3. 绘制女衬衫后片

（1）鼠标右键点击后片裁片工作页，按 Home 键将工作页居中并放大至满工作区。点击下拉菜单【编辑】→【编辑】打钩"√"，在资料框【名称】内单击鼠标左键，输入"back panel"，按 Enter 键确认输入。

（2）延长后中衣长。按 F3 键进入【F3】面板，选择【延长线段】工具，点击后中线段AB，向下拉出延长线段，按 ↓ 键在【dl】输入框中输入"32"，按 Enter 键，鼠标左键点击在空白处，后中线段AB延长到C，BC为"32cm"。按 Home 键显示整张工作页，如图2-166所示。

（3）延长胸围线。按 F1 键进入【F1】面板，选择【直线】工具，鼠标左键点击在D点上，向右拉出直线，按 ↓ 键进入输入框，在【dx】中输入"4"，在【dy】中输入

"0"，按 Enter 键确认，得到水平线DE。

选择【直线】工具，按住 Shift 键，点击点E，向下拉出垂直线，在快与点C成水平的位置点击鼠标左键，完成垂直线段EF的绘制。

按 F1 键进入【F1】面板，选择【两点对齐】工具，点击点C，再点击点F，使点F与点C在水平方向对齐。

按 F1 键进入【F1】面板，选择【直线】工具，连接线段CF，如图2-166所示。

（4）绘制后领口弧线与后肩线。按 Enter 键选择【放大镜】，按住鼠标左键框选后领口部分，放大后领口。

按 F3 键进入【F3】面板，选择【延长线段】工具，点击后中线段AB向上延长线段至点G，线段AG为"0.3cm"，如图2-147所示。

按 F2 键进入【F2】面板，选择【两点旋转】工具，点击点H与点I，使肩线HI呈水平状态。

按 F1 键进入【F1】面板，选择【加相关内点】工具，点击点H，拉出带箭头的蓝色线段，按 ↓ 键进入输入框，在【dx】中输入"0.5"，在【dy】中输入"0.3"，按 Enter 键生成相关内点J。

按 F3 键进入【F3】面板，选择【延长线段】工具，点击后袖窿弧线向上延长线段至点K，线段IK为"1.5cm"，如图2-167所示。

按 Home 键显示整张工作页，按 F2 键进入【F2】面板，选择【两点旋转】工具，点击点C与点F，使下摆线CF呈水平状态。

按 F2 键进入【F2】面板，选择【差量圆弧】工具，点击点G，拉出白色线段，光标

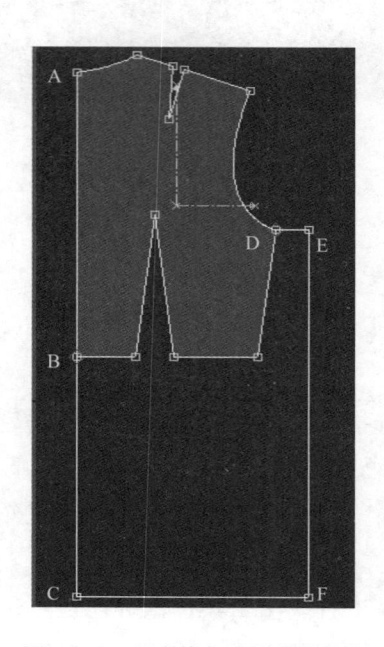

图2-166 后中线与胸围线的绘制

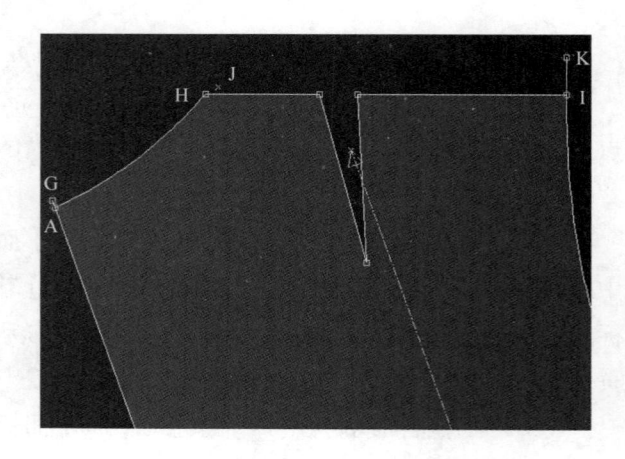

图2-167 后领窝弧线与肩线参考点的绘制

移动至点J上，按 Q 键 或 W 键调整弧线，确认弧线后鼠标左键点击在J点上，完成领口弧线的绘制。按 F1 键进入【F1】面板，选择【直线】工具，连接J点与K点，如图2-168所示。

（5）绘制后袖窿弧线与侧缝线。按 F1 键进入【F1】面板，选择【加点】工具，以E点为参考点，在线段EF上加一点L，L点距离E点"4cm"。以F点为参考点，在线段CF上加一点M，M点距离F点"1.5cm"，如图2-169所示。

按 F1 键进入【F1】面板，选择【切线弧线】工具，鼠标左键点击K点，拉出白色线段，再点击L点，连接点K与点L。

点击下拉菜单【显示】→【弧切线】打钩"√"，或用快捷键大写 H ，使【弧切线】打钩"√"，在暂时是直线的KL上微微露出了白色的手柄。

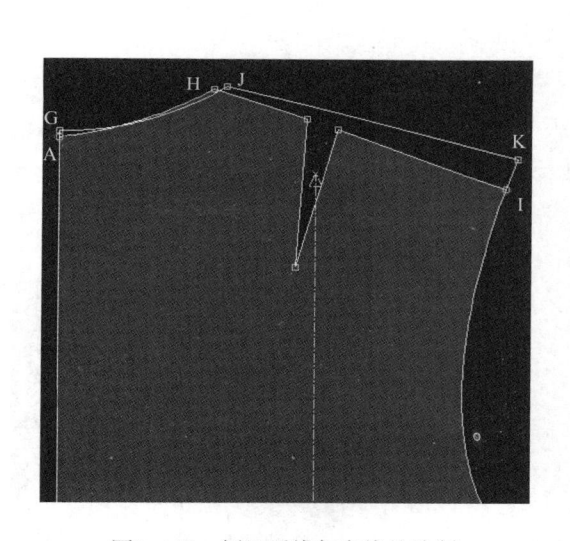

图2-168 领口弧线与肩线的绘制 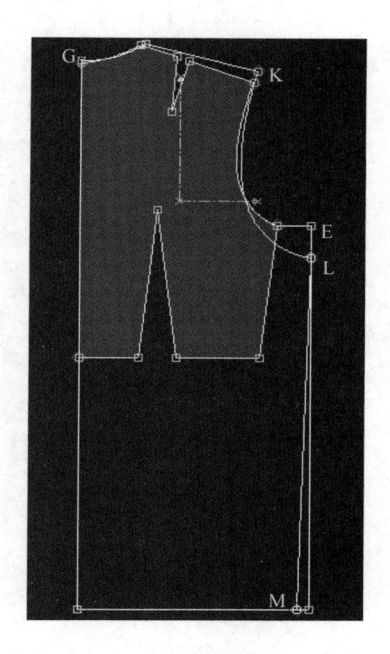　　图2-169 后袖窿弧线与侧缝线的绘制

按 F3 键进入【F3】面板，选择【移动点】工具，调整两边手柄，直到得到满意的后袖窿弧线为止。按 F1 键选择【直线】工具，连接L点与M点，如图2-169所示。

（6）绘制底边弧线。按 F1 键进入【F1】面板，选择【加点】工具，以点M为参考点，在线段ML上加一点N，点N距离点M"6cm"。以C点为参考点，在线段CM上加一点O，点O距离C点"13cm"。按 F1 键进入【F1】面板，选择【直线】工具，连接点N与点O。

按 F1 键进入【F1】面板，选择【内部分段】工具，将线段NO等分为"3"段，等分点分别为点P和点Q。将线段CO等分为"2"段，等分点为点R。按 F1 键进入【F1】

面板，选择【联系点】工具，以点Q为参考点，向上作点Q的联系点S，点Q与点S的距离为"0.5cm"，如图2-170所示。

按F2键进入【F2】面板，选择【差量圆弧】工具，鼠标左键点击在N点上，拉出白色的线段，弹出【差量】对话框。鼠标移动到P点上，按Q键、W键微量调整差量，调整弧线经过联系点S。

鼠标左键点击在点P上，拉出白色的线段，弹出【差量】对话框。鼠标移动到点R上，按Q键、W键微量调整差量，再次点击鼠标左键完成后片底边弧线的绘制，如图2-170所示。

（7）绘制育克分割线与暗褶。按F1键进入【F1】面板，选择【加点】工具，以点G为参考点，在线段GC上加一特性点T，点G距离点T"8cm"。按F3键进入【F3】面板，选择【改成端点】工具，鼠标左键点击在特性点T上，点T变为端点（因为以特性点为参考点使用【直线】的垂直功能，会发生移位现象，即绘制的直线虽然和参考线段垂直，但不经过参考点）。

按F1键进入【F1】面板，选择【直线】工具，按住Shift键，鼠标左键点击在端点T上，移动鼠标到新绘制的后袖窿弧线上，点击鼠标左键完成育克分割线的绘制，直线与新绘制后袖窿弧线交点为U，如图2-171所示。

按F3键进入【F3】面板，选择【延长线段】工具，点击育克分割线TU，向左拉出延长线段，按↓键在【dl】输入框中输入"3"，按Enter键，鼠标左键点击在空白处，

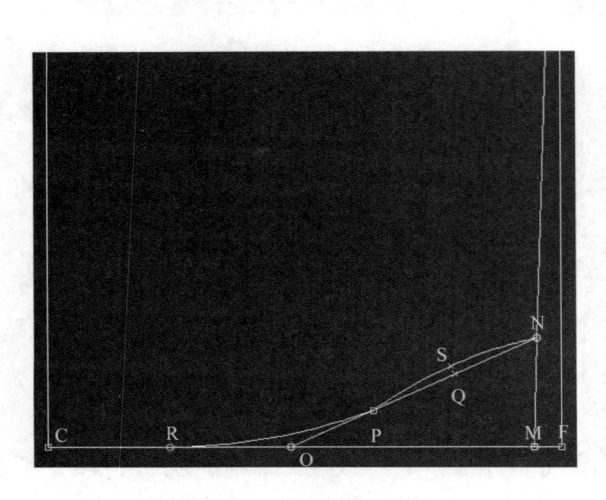

图2-170　底边弧线的绘制

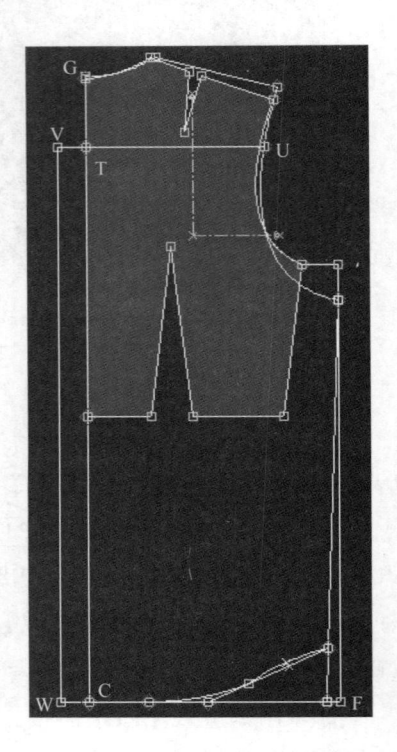

图2-171　育克分割线与暗褶的绘制

线段TU延长到V，TV为"3cm"，同样向左延长线段FC到W，CW为"3cm"。

按 F1 键进入【F1】面板，选择【直线】工具，连接V点与W点。完成女衬衫后衣片的绘制，如图2-171所示。

4. 绘制女衬衫前片

（1）点击下拉菜单【编辑】→【编辑】打钩"√"，在前片资料框【名称】内单击鼠标左键，输入"front panel"，按 Enter 键确认输入。

延长前中衣长与胸围线。按 F3 键进入【F3】面板，选择【延长线段】工具，点击前中线段AB向下拉出延长线段至点C，BC为"31cm"。按 Home 键显示整张工作页。按 F1 键进入【F1】面板，选择【直线】工具，鼠标左键点击在D点上，向左拉出直线，按 ↓ 键进入输入框，在【dx】中输入"-3"，在【dy】中输入"0"，按 Enter 键确认，得到水平线DE，如图2-172所示。

按 F3 键进入【F3】面板，选择【调整两线段】工具，点击线段DE，再点击线段AB，线段DE延长至线段AB，与AB相交于点F。

按 F1 键进入【F1】面板，选择【平行线】工具，鼠标左键点击线段EF，向下拉出平行线CG与点C相交。按 F1 键进入【F1】面板，选择【直线】工具，连接点E与点G，如图2-172所示。

（2）绘制前领口弧线与前肩线。按 Enter 键选择【放大镜】，按住鼠标左键框选前领窝部分，放大前领窝。

按 F1 键选择【定距点】工具，鼠标左键点击点A，沿前中线拉出刻度，同时弹出对话框。

如果没有出现刻度，可以按键盘上的 空格键 ，改变选择的方向，直到显示刻度为止。

按 ↓ 键，在弹出的对话框中输入距离为"1"，按 Enter 键确认，在空白处点击左键，前中线上出现了三角符号"▷"的定距点H，线段AH的长度为"1cm"，如图2-173所示。

同样方法用【定距点】工具在前肩线上作侧颈点I的定距点J，IJ的长度为"0.5cm"。

按 F2 键进入【F2】面板，选择【差量圆弧】工具，鼠标左键点击在J点上，拉出白色的线段，弹出【差量】对话框。鼠标移动到H点上，按 Q 键、W 键微量调整差量，调整弧线如图2-173所示。

按 F3 键进入【F3】面板，选择【延长线段】工具，点击前袖窿弧线向上延长线段至点L，线段KL为"1cm"。

按 F1 键进入【F1】面板，选择【直线】工具，连接点J与点L。

按 F8 键进入【F8】面板，选择【测量长度】工具，测量后肩线长度为"13.78cm"，测量前肩线JL为"11.68cm"。为了使前后肩线长度相等，需要延长前肩线JL"13.78-11.68=2.10cm"。按 F3 键进入【F3】面板，选择【延长线段】工具，点击线段JL，向点L方向延长长度"2.10cm"，得到点M，如图2-173所示。

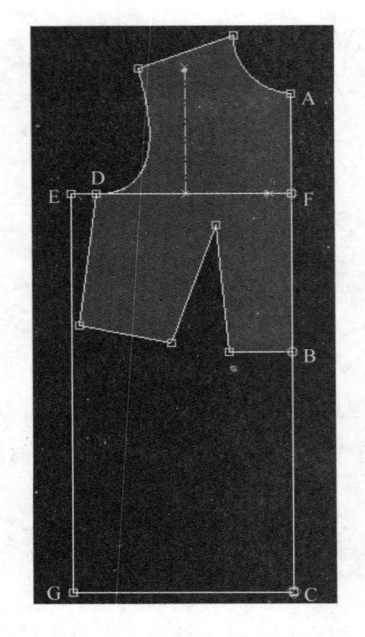

图2-172 前中线与胸围线的绘制 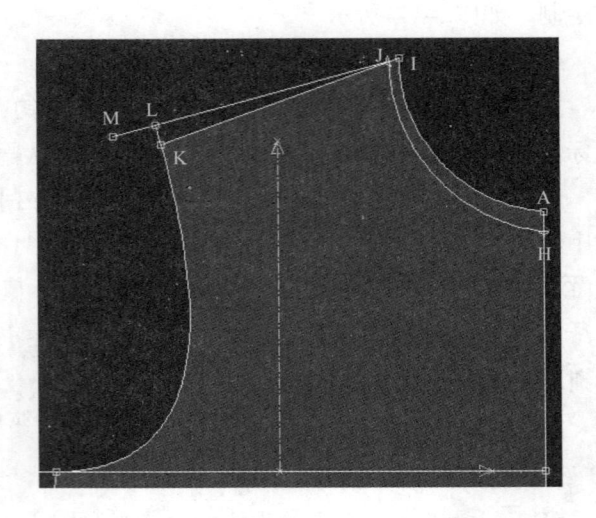　　　　图2-173 前领口弧线与前肩线的绘制

（3）绘制前袖窿弧线与侧缝线。按F1键进入【F1】面板，选择【加点】工具，以点E为参考点，在线段EG上加一点N，点N距离E点"5.5cm"。以点G为参考点，在线段CG上加一点O，点O距离点G"1.5cm"。

按F1键进入【F1】面板，选择【切线弧线】工具，鼠标左键点击M点，拉出白色线段，再点击N点，连接点M与点N，如图2-174所示。

点击下拉菜单【显示】→【弧切线】打钩"√"，按F3键进入【F3】面板，选择【移动点】工具，调整两边手柄，直到得到满意的前袖窿弧线为止。按F1键选择【直线】工具，连接点N与点O，如图2-174所示。

（4）绘制底边弧线。按F8键进入【F8】面板，选择【测量长度】工具，测量后侧缝线长度为"39.02cm"。

按F1键进入【F1】面板，选择【加点】工具，以点N为参考点，在线段NO上加一点P，点P距离N点"39.02cm"。

选择【加点】工具，以点C为参考点，在线段CG上加一点Q，点Q距离C点"13cm"。按F1键进入【F1】面板，选择【直线】工具，连接P点与Q点，如图2-175所示。

按F1键进入【F1】面板，选择【内部分段】工具，将线段PQ等分为"3"段，等分点分别为点R与点S。将线段CQ等分为"2"段，等分点为点T。按F1键进入【F1】面板，选择【联系点】工具，以R点为参考点，向上作点R的联系点U，点R与点U的距离为"0.5cm"。

按F2键进入【F2】面板，选择【差量圆弧】工具，鼠标左键点击在点P上，拉出白

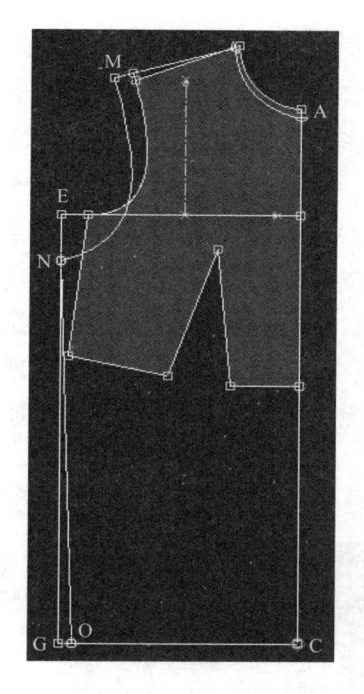

图2-174　前袖隆弧线与侧缝线的绘制 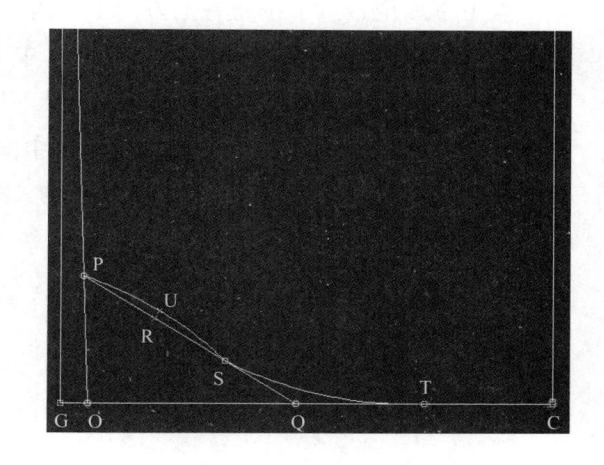　　　　图2-175　前片底边弧线的绘制

色的线段，弹出【差量】对话框。鼠标移动到S点上，按 Q 键、W 键微量调整差量，调整弧线经过联系点U。

鼠标左键点击在点S上，拉出白色的线段，弹出【差量】对话框。鼠标移动到点T上，按 Q 键、W 键微量调整差量，再次点击鼠标左键完成前片下摆弧线的绘制，如图2-175所示。

（5）绘制前门襟。按 F1 键进入【F1】面板，选择【平行线】工具，鼠标左键点击线段AC，向右拉出平行线，按 ↓ 键在【距离】输入框内输入"1.5"，在距离线段AC "1.5cm"的右边生成平行线段VW。向左拉出平行线，在【距离】输入框内输入"-1.5"，在距离线段AC "1.5cm"的左边生成平行线段XY。

按 F3 键进入【F3】面板，选择【调整两线段】工具，点击线段XY，再点击新绘制的前领窝弧线HJ，线段XY与线段HJ相交于点X，如图2-176所示。

按 F3 键进入【F3】面板，选择【延长线段】工具，点击新绘制的前领窝弧线JH，延长线段至线段VW，相交点为点Z，如图2-176所示。

按 F1 键进入【F1】面板，选择【直线】工具，连接点C与点W，如图2-177所示。

（6）绘制前育克分割线与纽扣点位。按 F1 键选择【定距点】工具，以点M为参考点，沿前袖隆弧线MN作定距点P，点P距离点M "2.5cm"。以J点为参考点，沿前领窝弧线JH作定距点Q，点Q距离J点"2.5cm"。

按 F1 键进入【F1】面板，选择【直线】工具，连接点P与点Q。

按 F1 键选择【定距点】工具，以点H为参考点，沿前中线HC作定距点R，点R距离点H"6cm"。以点C为参考点，沿前中线CH作定距点S，S点距离C点"16cm"。

按 F1 键进入【F1】面板，选择【内部分段】工具，将线段RS等分为"4"段，等分点分别为点T、点U、点V。

点击【加记号点】按钮右上方的小三角，弹出【加记号点】对话框，点击【记号工具"35"】打钩"√"；或按住【状态栏】中【无记号】按钮不放手，弹出【记号工具】选项框，按住鼠标左键上下移动选择【记号工具"35"】，松开左键，【状态栏】中显示【记号工具"35"】。按 F2 键进入【F2】面板，选择【加记号点】工具，鼠标左键单击纽扣点位R、S、T、U、V，纽扣点位变为"✲"花形，完成女衬衫前衣片的绘制，如图2-177所示。

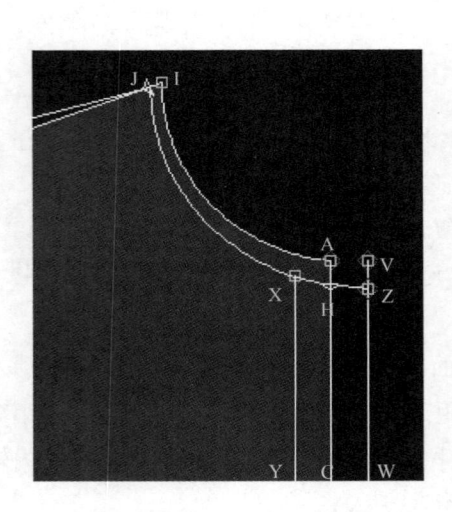

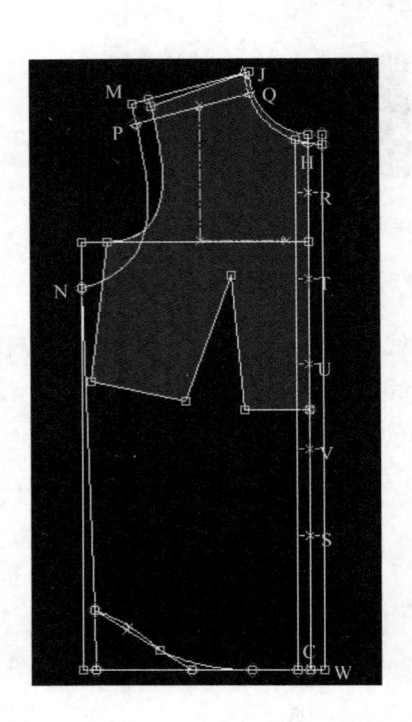

图2-176 前门襟的绘制　　　　图2-177 前育克分割线与纽扣的绘制

5. 套取女衬衫前、后衣片实样

（1）套取后片实样。按 F4 键进入【F4】面板，选择【实样】工具，左键点击后衣片需要制成实样的区域，被点中的区域变为发亮的浅蓝色，选择完成后按右键结束纸样套取，如图2-178、图2-179所示。

按 F5 键进入【F5】面板，选择【两点对称】工具，鼠标左键点击在图2-179的A点与B点上，生成裁片如图2-180所示。

（2）套取后片育克实样。按 F1 键进入【F1】面板，选择【对称轴线】工具，鼠标

图2-178 后片实样的套取　　图2-179 后片实样　　图2-180 生成后衣片裁片

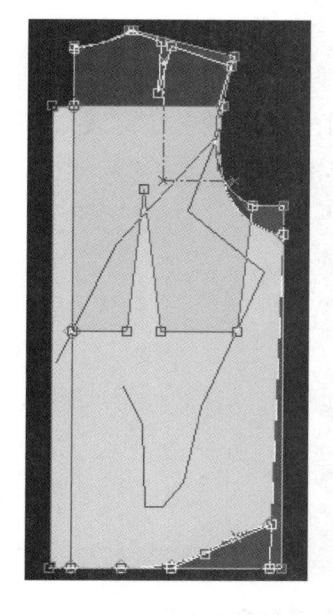

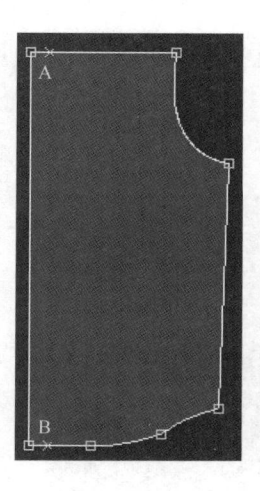

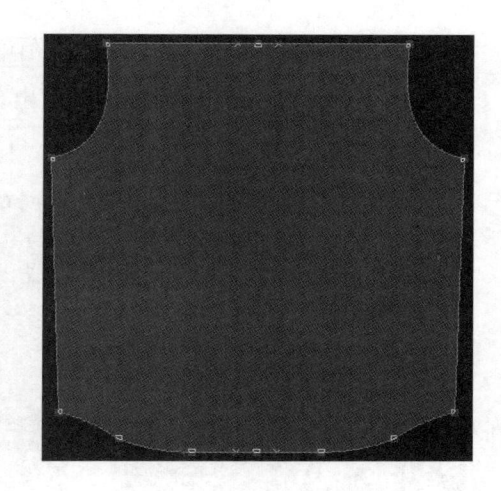

左键点击点C与点D，生成蓝色对称轴线。选择【对称】工具，分别点击新后领窝弧线、新后肩线、新后袖窿弧线、育克分割线，生成其对称线，如图2-181所示。

按 F4 键进入【F4】面板，选择【实样】工具，左键点击后片育克需要制成实样的区域，被点中的区域变为发亮的浅蓝色，选择完成后按右键结束纸样套取，如图2-182所示。

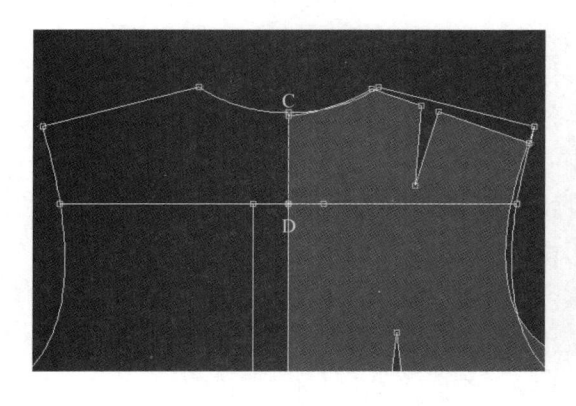

图2-181 作后片育克对称图形　　图2-182 生成后片育克实样

（3）套取前片实样与前片育克实样。按 F4 键进入【F4】面板，选择【以线引出实样】工具，左键依次点击图2-183的点A、点B、点C……点H、点A，点击完成后按右键结束纸样套取，生成实样如图2-184所示。同样的方法点击点A、点B……点D、点A，右键结束纸样套取，生成前片育克实样如图2-185所示。

在套取实样时，可以配合 Shift + > 键，将该区域放大，或按 Shift + < 键缩小区域。点击键盘上的 · 键将视图移动到鼠标位置。如果在套取实样过程中套错了区域，想要后退一步或几步，可以点击鼠标 中间键 或 滚轮，或同时点击 左键 + 右键，点击一次退回一步。或按 Esc 键完全退出套样。

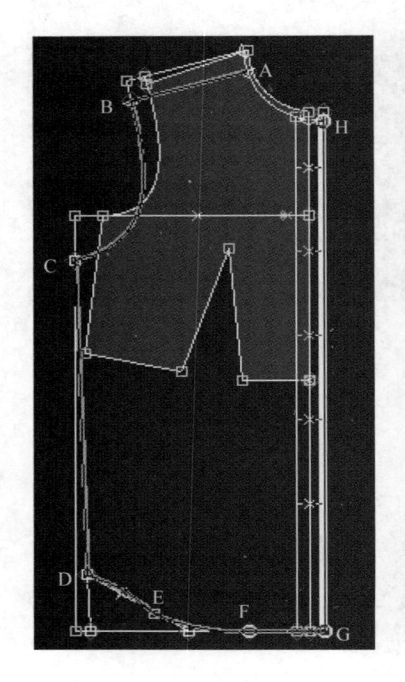

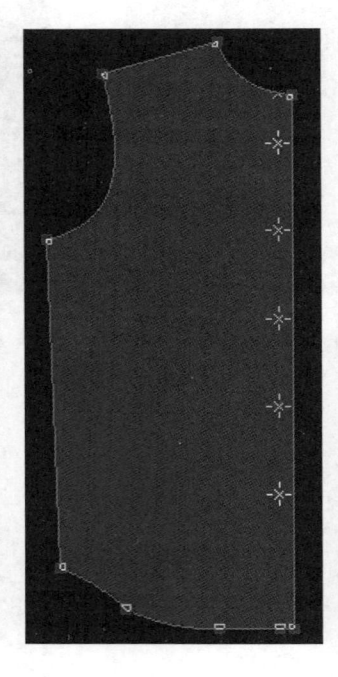

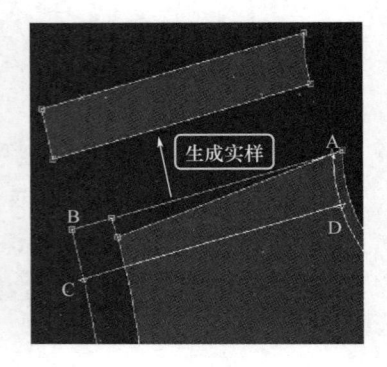

图2-183 套取前片实样　　图2-184 生成前片实样　　图2-185 生成前育克实样

（4）联结前、后育克裁片。按 F5 键进入【F5】面板，点击【联结裁片】，鼠标左键单击图2-186中点A，再点击点B，拖出裁片的白色轮廓线，按 X 键，轮廓线以X轴对称翻转，左键点击相应的点C与点D，生成新的合并裁片工作页。继续点击点A，再点击点B，按 X 键，轮廓线以X轴对称翻转，按 Y 键，轮廓线以Y轴对称翻转，左键点击相应的点E与点F，联结裁片如图2-187所示。

6. 绘制缝份

（1）女衬衫后片的放缝。按 F4 键进入【F4】面板，点击【平面图缝份】，鼠标右键框选整个后片裁片（选中的点会变成红色，选中的线段会变成绿色），左键按住裁片某条线段向外拖动鼠标，同时弹出对话框，按 ↓ 键进入对话框，在对话框"开始"中输入"1cm"，在"结束"中输入"1cm"，按 Enter 键确定，整个后片裁片都放了"1cm"的缝份。

后片裁片的下摆应该放"3cm"的缝份，在工作页中点击鼠标右键结束"裁片全选"

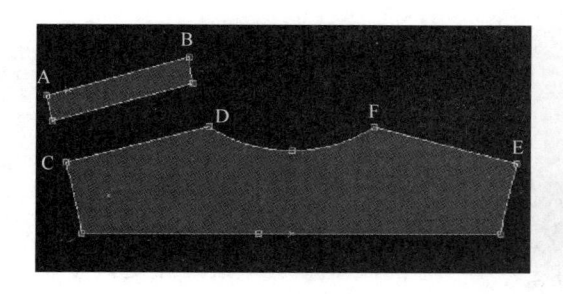

图2-186 联结前、后育克裁片　　　　图2-187 联结裁片结果

的状态（线与点都变回白色）；选择【平面图缝份】工具，鼠标左键点击在下摆线上，向外拖动鼠标，同时弹出对话框，按↓键进入对话框，在对话框"开始"中输入"3cm"，在"结束"中输入"3cm"，按 Enter 键确定，下摆线放了"3cm"的缝份。

点击【状态栏】中的【裁剪部分】按钮，工作页隐藏了所有的辅助点和辅助线，只显示黄色的"缝纫线"和红色的"外线"，如图2-188所示。再点击【裁剪部分】关闭该功能。

使用同样的方法给育克裁片各边添加"1cm"的缝份，完成如图2-188所示。

（2）按 F4 键进入【F4】面板，点击【裁片缝份】，鼠标右键框选整个前片裁片，左键单击裁片某条线段，同时弹出对话框。在对话框"开始"中输入"1cm"，在"结束"中输入"1cm"，按 Enter 键确定，整个前片裁片都放了"1cm"的缝份。

前片裁片底边处应该放"3cm"的缝份，在工作页空白处点击鼠标右键结束"裁片全选"的状态。选择【裁片缝份】工具，鼠标左键点击在底边线上，弹出对话框，按↓键进入对话框，在对话框"开始"中输入"3cm"，在"结束"中输入"3cm"，按 Enter 键确定，底边线放"3cm"的缝份。

（3）点击【状态栏】中的【裁剪部分】按钮，工作页隐藏了所有的辅助点和辅助线，只显示黄色的"缝纫线"和红色的"外线"，如图2-189所示。再点击【裁剪部分】，关闭该功能。

7. 改变样片切角

（1）后片裁片修改缝份角。按 F4 键进入【F4】面板，点击【切角工具】按钮右上角的小三角，弹出【切角工具】选项框。在【前段垂直】上打钩"√"，点击后片左边袖窿角点，在【后段垂直】上打钩"√"，点击后片右边袖窿角点，完成该裁片缝份角的处理。

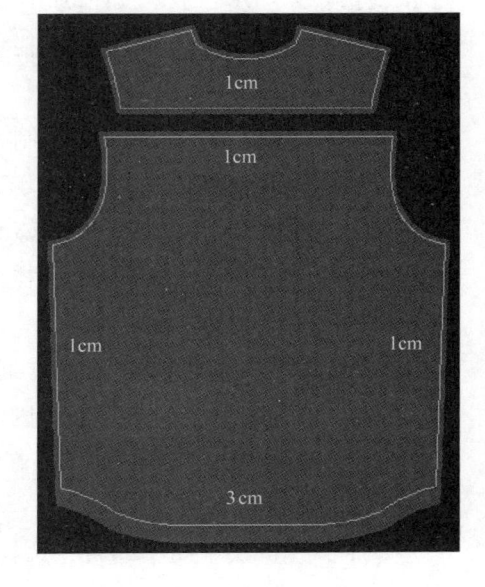

图2-188 后片裁片与育克裁片的放缝

图2-189　前片裁片的放缝　　图2-190　【前段垂直】切角

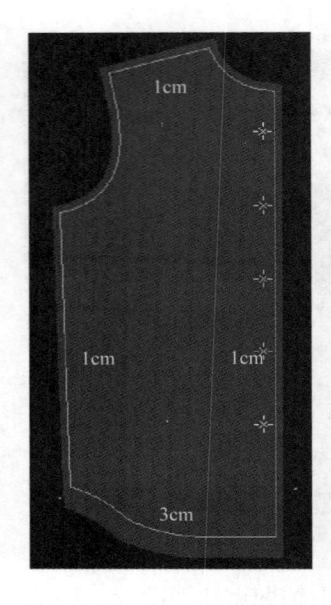

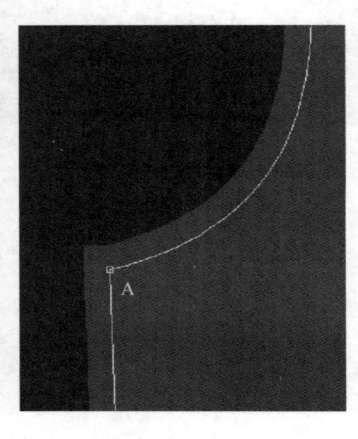

（2）前片裁片修改缝份角。点击【切角工具】，鼠标左键按住【状态栏】的【梯级】按钮不松手，弹出【切角工具】选项框，按住鼠标左键上下移动选择【前段垂直】，松开左键，【状态栏】中显示【前段垂直】，点击前片袖窿角点A，完成该裁片缝份角的处理，如图2-190所示。

8. 加剪口与绘制布纹线

（1）加剪口。按 F2 键进入【F2】面板，点击【剪口】工具，鼠标左键点击在需要加剪口的线上生成剪口，如图2-191、图2-192所示。

需要改变剪口的形状，可以点击【剪口】按钮右上方的小三角，或点击【状态栏】中【剪口工具】按钮，弹出【剪口形状】对话框如图2-193所示，选择剪口形状。

（2）绘制布纹线。按 F4 键选择【F4】面板，鼠标左键点击【轴线】按钮右上角的小三角，弹出【轴线种类】对话框，鼠标左键点击需要的轴线，如【布纹线"DF"】打钩"√"，选中该轴线。或鼠标左键按住状态栏的【其他轴线】按钮不松手，弹出【轴线】选项框，按住鼠标左键上下移动选择【布纹线"DF"】，松开左键，【状态栏】中显示【布纹线"DF"】，按住 Ctrl 键，在裁片上点击左键，拉出垂直布纹线，再点击左键绘制出垂直布纹线。点击【状态栏】中的【裁剪部分】按钮，显示如图2-191、图2-192所示。

到此，女衬衫前、后片全部绘制完成。

9. 绘制女衬衫领片

（1）测量前、后领窝长度。按 F8 键进入【F8】面板，选择【测量长度】工具，测量前领窝长度为"12.22cm"，记作"●"，后领窝长度为"8.10cm"，记作"▲"，总领窝长度为"20.32cm"。

（2）领座的绘制。点击下拉菜单【工作页】→【新工作页】，生成新工作页。按 Home 键放大工作页至满工作区。按 Ctrl + u 键显示【资料框】。点击下拉菜单【编辑】→【编辑】打钩"√"，在资料框【名称】内单击鼠标左键，输入"collar"，按 Enter 键确认输入。

按 F1 键进入【F1】面板，选择【直线】工具，按住 Ctrl 键作水平直线，按 ↑ 键进入输入框，在【dl】输入框中输入总领窝长度"●+▲"，即"20.32cm"，按 Enter 键

图2-191 后片裁片与育克裁片加剪口及布纹线

图2-192 前片裁片加剪口与布纹线

确认，鼠标左键点击在工作页空白处，建立水平线段AB，如图2-194所示。

选择【直线】工具，按住Shift键，鼠标左键点击点A，向上拉出线段AB的垂直线AC，AC长度为"15cm"。鼠标左键点击B点，向上拉出线段AB的垂直线BD，BD长度为"1.5cm"。

按F1键进入【F1】面板，选择【内部分段】工具，将线段AB分为"3"段，等分点为点E、点F。选择【直线】工具，连接点D与点F。

按F1键进入【F1】面板，选择【切线弧线】工具，鼠标左键点击点A，拉出白色线段，再点击点D，连接点A与点D，按鼠标右键结束。

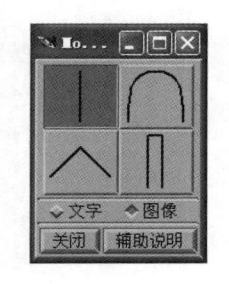

图2-193 【剪口形状】对话框

点击下拉菜单【显示】→【弧切线】打钩"√"，或用快捷键H，使【弧切线】打钩"√"，在暂时是直线的AD上微微露出了白色的手柄。

按F3键进入【F3】面板，选择【移动点】工具，调整两边手柄，直到得到满意的弧线为止，调整完成后如图2-194所示。

按F3键进入【F3】面板，选择【延长线段】工具，延长弧线AD至点G，DG为"1.5cm"。

按F1键进入【F1】面板，选择【加点】工具，以点A为参考点，在线段AC上加一点H，点H距离A点"3.3cm"。

按F1键进入【F1】面板，选择【联系点】工具，点击点D，向上拉出垂直于线段FD的联系点I，按↓键进入输入框，在【dl】输入框中输入"2.5cm"，按Enter键确认，鼠标左键点击在工作页空白处，生成联系点I。

按 F1 键进入【F1】面板，选择【切线弧线】工具，鼠标左键点击H点，拉出白色线段，再点击点I，连接点H与点I。按 F3 键进入【F3】面板，选择【移动点】工具调整弧线如图2-194所示。

按 F2 键进入【F2】面板，选择【差量圆弧】工具，鼠标左键点击在I点上，拉出白色的线段，弹出【差量】对话框。鼠标移动到G点上，按 Q 键、W 键微量调整差量，调整得到弧线如图2-194所示。

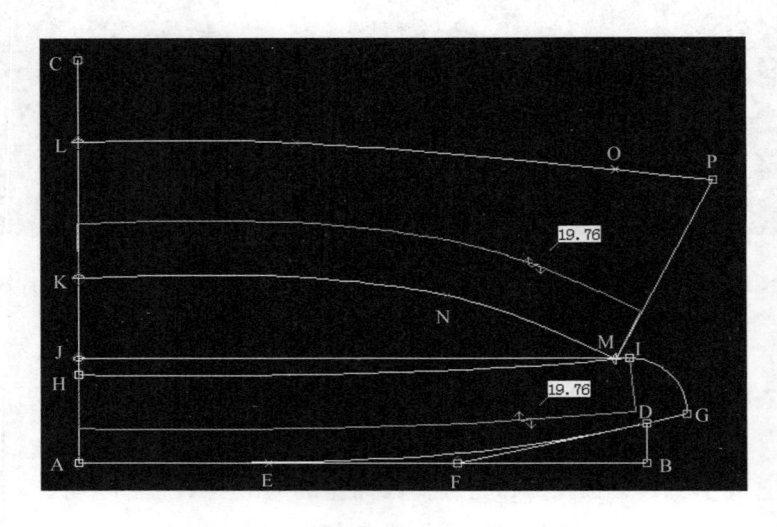

图2-194 女衬衫领片的绘制

（3）领面的绘制。按 F1 键进入【F1】面板，选择【直线】工具，按住 Ctrl 键，鼠标左键点击I点，向左拉出水平线到线段AC，鼠标左键点击在线段AC上，生成线段IJ，与线段AC相交于点J，如图2-194所示。

按 F1 键选择【定距点】工具，鼠标左键点击点J，向上拉出刻度，如果刻度不出现，按 空格键 切换方向。按 ↓ 键，在弹出的对话框中输入距离为"3"，按 Enter 键确认，在空白处点击左键，线段JC上出现了三角符号"▷"的定距点K，线段JK的长度为"3cm"。

选择【定距点】工具，以K点为参考点，沿线段KC向上作一定距点L，线段KL长度为"5cm"。

选择【定距点】工具，以I点为参考点，沿弧线IH作一定距点M，点M距离点I"0.5cm"。

按 F8 键进入【F8】面板，选择【测量长度】工具，测量弧线HI长度为"19.76cm"，记作"■"。

按 F1 键进入【F1】面板，选择【切线弧线】工具，按住 Shift 键，鼠标左键点击点K，拉出白色线段，在适当的位置再点击鼠标左键作曲线点N（一定要做出中间的曲线点，否则使用不了【修改弧长】工具），最后点击点M，点击鼠标右键结束操作。按 F3 键进入【F3】面板，选择【移动点】工具移动曲线点N，调整弧线。

由于弧线HI与弧线KM是要缝合在一起的，所以必须保证两条弧线长度相等。但由【切线弧线】工具画出的弧线KM未必与弧线HI（19.76cm）相等，需要按 F3 键进入【F3】面板，选择【修改弧长】工具，鼠标左键点击点K，拉出白色线尾，鼠标左键再按住点M，按 空格键 切换选中弧线KM，释放鼠标，弹出对话框，按 ↓ 键在【长度】输入框中输入"19.76"，按 Enter 键确认，弧线KM长度变为"19.76cm"。

值得注意的是，修改弧线前，弧线HI与弧线KM的长度差距要尽量小，否则弧线KM会发生较大的变形。

按 F1 键进入【F1】面板，选择【联系点】工具，点击点M，向上拉出垂直于线段JM的联系点O（按 空格键 切换联系点垂直的线段），按 ↓ 键进入输入框，在【dl】输入框中输入"7cm"，按 Enter 键确认，鼠标左键点击在工作页空白处，生成联系点O。

按 F1 键进入【F1】面板，选择【切线弧线】工具，按住 Shift 键绘制出弧线LO，如图2-194所示。

按 F3 键进入【F3】面板，选择【延长线段】工具，延长弧线LO至点P，OP为"3.5cm"。

选择【直线】工具连接点P与点M，完成女衬衫领片的绘制，如图2-194所示。

10. **套取领片实样、加缝份、剪口、布纹线**

（1）按 F4 键进入【F4】面板，选择【实样】工具，套取领座、领面实样，选择完成后按右键结束纸样套取。

（2）按 F5 键进入【F5】面板，选择【两点对称】工具，鼠标左键点击领座、领面后中对称轴上，生成裁片。

（3）按 F4 键进入【F4】面板，选择【平面图缝份】工具给领座、领面净样各边放缝"1cm"；按 F2 键进入【F2】面板，点击【剪口】工具，选择剪口形状，加剪口；按 F4 键选择【F4】面板，选择【轴线】工具，给实样加【布纹线"DF"】；点击【状态栏】中的【裁剪部分】，显示裁片如图2-195所示。

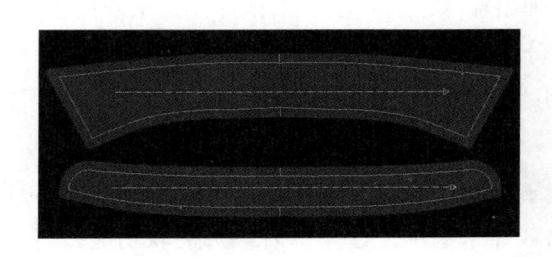

图2-195 女衬衫领片套取实样完成图

第四节 衍生裁片与成衣管理

Modaris的【F5】工具箱面板主要功能是修改裁片、建立褶子及CAM（计算机辅助制造）裁刀动作的设置；【F8】工具箱面板主要功能是测量裁片、联结裁片及对裁片进行成衣档案管理。

一、【F5】工具箱面板

鼠标左键单击【工具箱选择栏】上的【F5】或者按键盘上的快捷键 F5 键，或者直接点击【工具箱显示区】中的图标 ，可以进入【F5】工具箱面板。

【F5】面板包括点衍生裁片面板、褶子面板与CAM面板，如图2-196所示。

（一）衍生裁片工具

1. 【轴线切割】

【轴线切割】工具的主要功能是沿轴线将裁片一分为二，快捷键为 @ 。

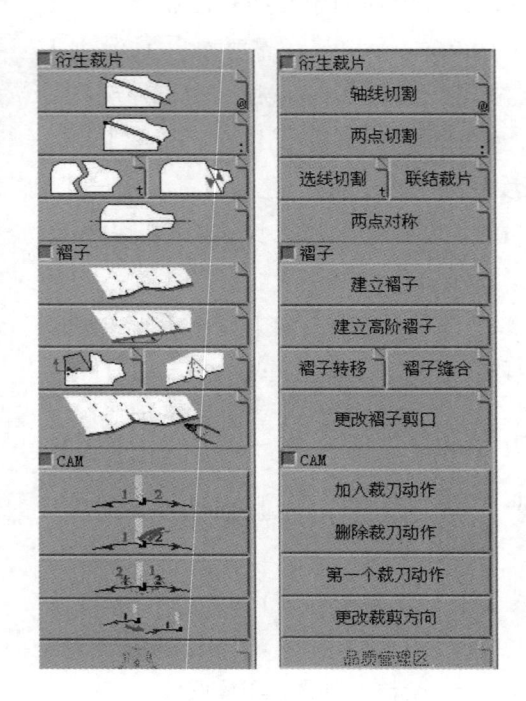

图2-196 【F5】工具箱面板

（1）按 F5 键进入【F5】面板，选择【轴线切割】工具。鼠标左键点击在裁片上，出现白色轴线并弹出输入框，移动鼠标，白色轴线跟随移动，配合 Q 键（每按一次轴线逆时针旋转1°）、 W 键（每按一次轴线顺时针旋转1°）、 A 键（每按一次轴线逆时针旋转10°）、 S 键（每按一次轴线顺时针旋转10°），确定位置后再次点击鼠标左键或按 ↓ 键进入输入框，输入数值，按 Enter 键确认后点击鼠标左键，裁片沿轴线一分为二，原裁片会被保留，如图2-197所示。

（2）如果不想保留原裁片，选择【轴线切割】工具，按住 Shift 键，鼠标左键点击裁片，出现白色轴线并弹出输入框，再次点击鼠标左键出现白色线尾，在裁片上第三次点击鼠标左键，裁片被一分为二，原裁片消失。

（3）点击【轴线切割】按钮右上角的小三角，弹出【衍生裁片】对话框，如图2-198所示。

【相关联方式引出裁片】：如果使用MD-Expert专家系统，可以在弹出裁片对话框中看到【相关联方式引出裁片】选项，这是高阶裁片关联功能，将在"第四章 高阶裁片关联"中具体介绍。

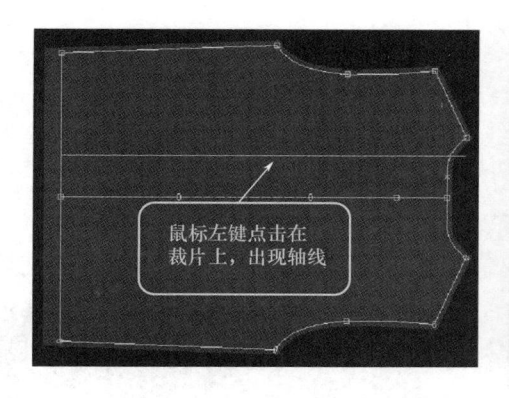

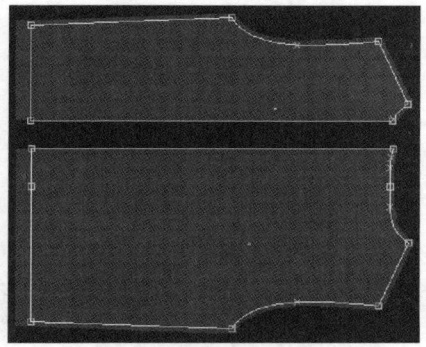

图2-197　沿轴线将裁片一分为二

【遵照贝塞尔曲线和滑动点】：选择此选项打钩"√"，实样会以贝塞尔曲线方式引出，点击【状态栏】→【曲线点】，会发现引出的实样曲线点非常多。

【轴线放中】：如果裁片中有布纹线，选择【轴线放中】打钩"√"，引出实样时轴线会自动居中。

【引出实样】：引出实样。

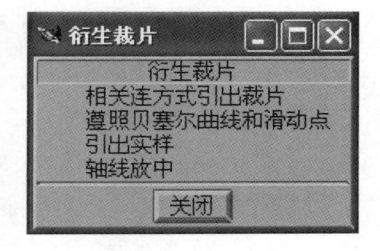

图2-198　【衍生裁片】对话框

2. ▰▰▰　【两点切割】

【两点切割】工具的主要功能是沿着裁片两点之间的轴线将裁片一分为二，快捷键为 : 。

按 F5 键进入【F5】面板，选择【两点切割】工具。鼠标左键点击在第一个参考点A上，再点击在第二个参考点B上，裁片被切割，原裁片被保留。如按 Shift 键会出现白色线尾，在裁片上第三次点击鼠标左键，完成裁片切割，原裁片消失，如图2-199所示。

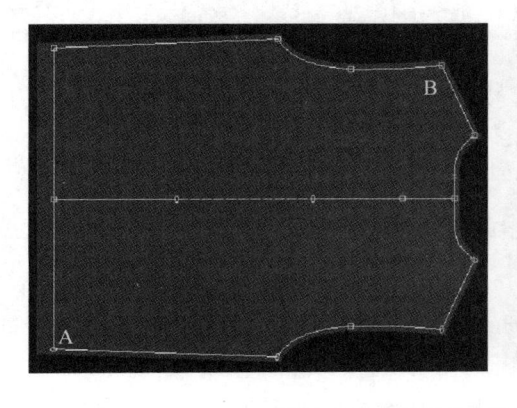

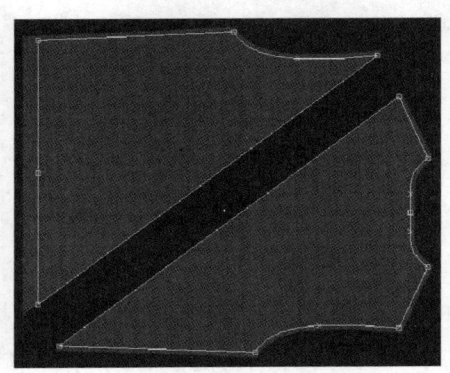

图2-199　以两点为轴线将裁片一分为二

3. ▶ 【选线切割】

【选线切割】工具的主要功能是沿现有的线条将裁片一分为二，快捷键为 t 。

按 F5 键进入【F5】面板，选择【选线切割】工具。鼠标左键点击在参考线上，裁片被切割，原裁片被保留。如按 Shift 键会出现白色线尾，在裁片上再次点击鼠标左键，完成裁片切割，原裁片消失，如图2-200所示。

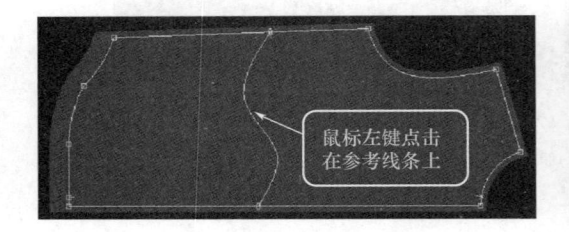

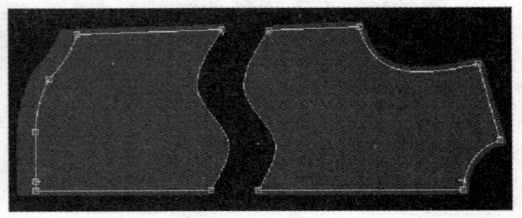

图2-200　沿参考线将裁片一分为二

4. 【联结裁片】

【联结裁片】工具的主要功能是将两片裁片联结为一片裁片。

按 F5 键进入【F5】面板，选择【联结裁片】工具。鼠标左键点击点A，拉出白色线尾，鼠标左键点击点B，拉出白色裁片廓型（按住B点不松手，按 空格键 可更改联结的区域），这时按 X 键，白色裁片廓型以X轴上下翻转；按 Y 键，以Y轴左右翻转。移动白色裁片廓型到另一裁片上，鼠标左键点击另一裁片点C，再点击点D，两片裁片联结成一片裁片，如图2-201所示。

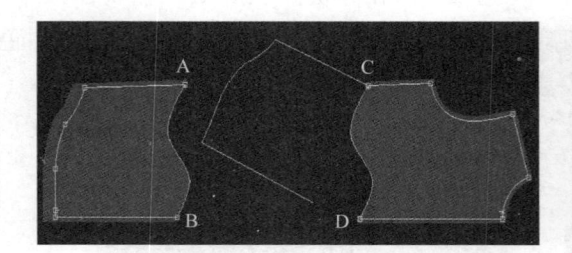

图2-201　联结裁片

5. 【两点对称】

【两点对称】工具的主要功能是生成整个裁片或部分裁片的对称，任何两个现有点或不存在的点都可以形成对称轴，创建对称。

（1）按 F5 键进入【F5】面板，选择【两点对称】工具。鼠标左键点击对称轴线第一点A，拉出白色线尾，鼠标左键点击对称轴线第二点B（或按住点B不松手，按 空格键 可更改对称的区域），生成对称裁片，如图2-202所示。按住 Shift 键执行以

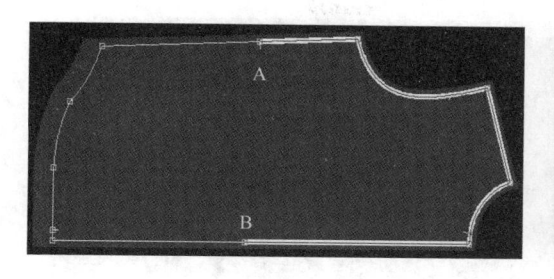

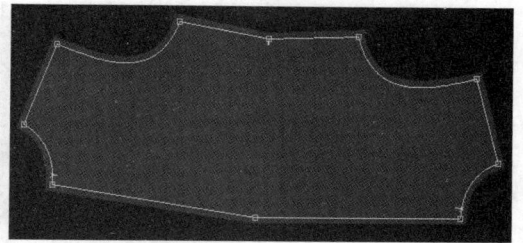

图2-202 两点对称

上操作，原裁片不被保留。

（2）点击【两点对称】按钮右上角的小三角，弹出【衍生裁片】对话框，点击【对称裁片】选项打钩"√"，生成对称裁片。当更改对称源裁片时，对称的裁片会随之改变，如果不勾选该选项，对称的裁片各自独立。【衍生裁片】对话框其他选项的功能设置参考【轴线切割】工具。

（二）褶子工具

1.  【建立褶子】

【建立褶子】工具的主要功能是在裁片上创建褶子，并在新工作页上生成展开褶子的裁片。

按 F5 键进入【F5】面板，选择【建立褶子】工具。鼠标左键点击对折线第一点A，拉出白色线尾；鼠标左键点击对折线第二点B，拉出箭头，并弹出【宽度】输入框。鼠标左键点击褶底线第一点C，再点击褶底线第二点D（或按 ↓ 键进入【宽度】输入框，在【宽度开始】、【宽度结束】中输入数值，鼠标左键点击A点所在的起始线段和B点所在的结束线段），在新工作页上生成展开褶子的裁片，保留原裁片，如图2-203、图2-204所示。按住 Shift 键执行以上操作，原裁片不被保留。

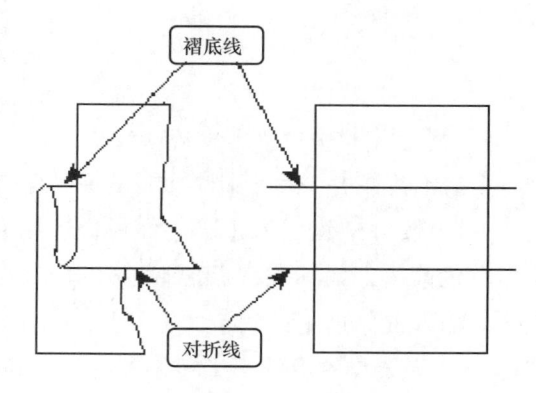

图2-203 褶子示意图

2.  【建立高阶褶子】

【建立高阶褶子】工具的主要功能是在裁片上创建褶子，创建后只显示红色的对折线和绿色的褶底线，只有开启【状态栏】中的【裁剪部分】工具才能看到展开的形态。

按 F5 键进入【F5】面板，选择【建立高阶褶子】工具。鼠标左键点击对折线第一点A，拉出白色线尾，鼠标左键点击对折线第二点B，拉出箭头，并弹出【宽度】输入框。鼠标左键点击褶底线第一点C，再点击褶底线第二点D（或按 ↓ 键进入【宽度】输入

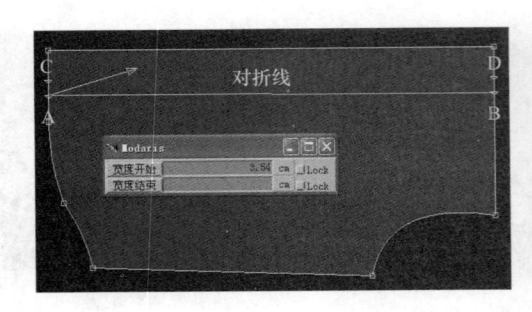

图2-204 建立褶子

框，在【宽度开始】、【宽度结束】中输入数值，鼠标左键点击A点所在的起始线段和B点所在的结束线段），在裁片上只显示红色的对折线和绿色的褶底线，开启【状态栏】中的【裁剪部分】工具，看到裁片展开的形态，如图2-203、图2-205所示。

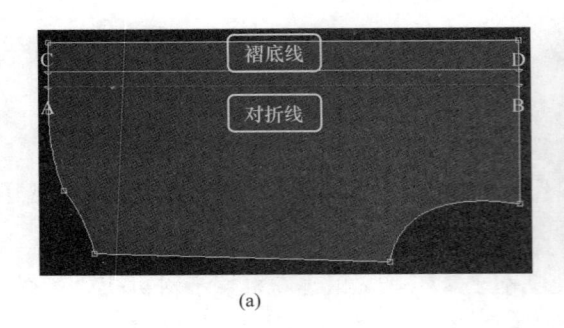

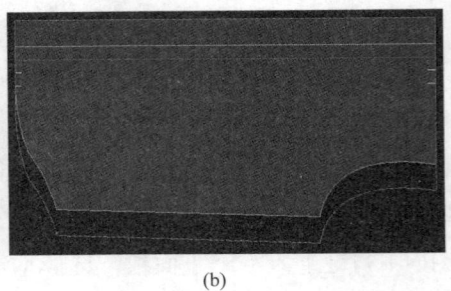

(a)　　　　　　　　　　　　　　(b)

图2-205 高阶褶子

3. 【褶子转移】（省道转移）

【褶子转移】工具的主要功能是将现有的褶子（省道）部分或完全转移到其他地方。

（1）按 F5 键进入【F5】面板，选择【褶子转移】工具。鼠标左键点击省尖点A，拉出白色箭头，鼠标左键点击省道开口点B与点C，再点击要转移的新点D，同时弹出输入框，输入框包括【比例】、【dl】、【旋转】选项。按 ↓ 键在【比例】输入框中输入"1/2"，系统将省道的一半转移到肩部，如图2-206（b）所示；如果在【比例】输入框中输入"1"，省道将全部转移到肩部，如图2-206（c）所示。按住 Shift 键执行以上操作，原裁片不被保留。

（2）褶子转移时弹出的输入框如图2-207所示。

【比例】包括"百分比例""分数比例""实际比例"，是表示新省道开口占原省道的比例数。例如，如果输入"20%"或"1/5"或"0.2"，那么新开口将是原开口的"1/5"。

【dl】表示新省道开口展开的距离（以直线表示）。

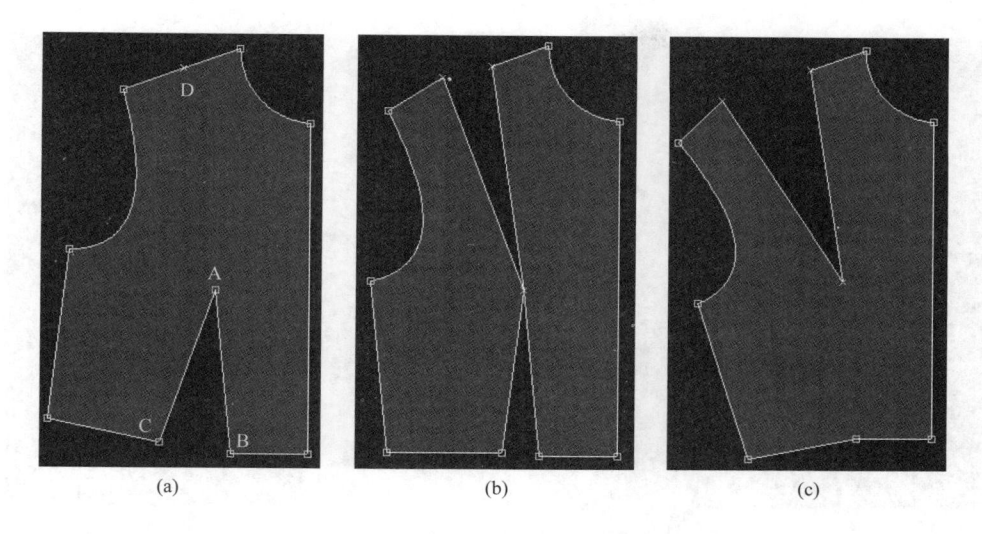

图2-206 褶子的部分转移与全部转移

【旋转】表示新省道开口展开的度数。

值得注意的是，新省道是不得大于原省道的最大尺寸。例如，原省道的开口角度为"15°"，而在【旋转】输入框中输入了"20°"，那么新省道的开口还是展开为"15°"。

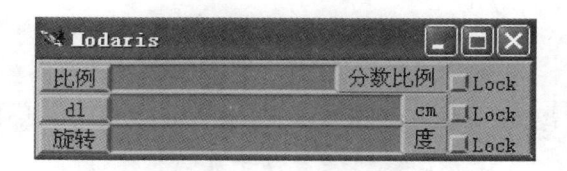

图2-207 弹出的输入框

（3）点击【褶子转移】按钮右上角的小三角，弹出【折叠选项】对话框，点击【保持接缝线】打钩"√"，省道转移完成时会展开新的裁片。如果未选中，那么裁片会在裁剪时展开。

4. 【褶子缝合】

【褶子缝合】工具的主要功能是将展开的褶子（省道）缝合。缝合的省道必须等长。

（1）按 F5 键进入【F5】面板，选择【褶子缝合】工具。鼠标左键点击省尖点A，拉出白色箭头，鼠标左键点击省道开口点B，得到线②。拖动鼠标到省道开口点C，拉出线①、线③、线④，如图2-208（a）所示。鼠标左键点击点C，生成缝合省道的裁片，如图2-208（c）所示。

（2）图2-208中的线①与线③为交互式构造线，起辅助作用。线①与肩线相交于点D，由于点D标记为打剪口（显示为绿色），所以生成的裁片在点D处有剪口；线③与肩线相交于点E，由于点E没有标记要打剪口（显示为白色），所以生成的裁片在点E处没有剪口。线②与肩线相交于点B，点B标记为打剪口（显示为红色），生成的裁片在点B处有剪口；线④与肩线相交于点C，点C没有标记为打剪口（显示为白色），生成的裁片在点C处没有剪口。

(a)　　　　　　　　　(b)　　　　　　　　　(c)

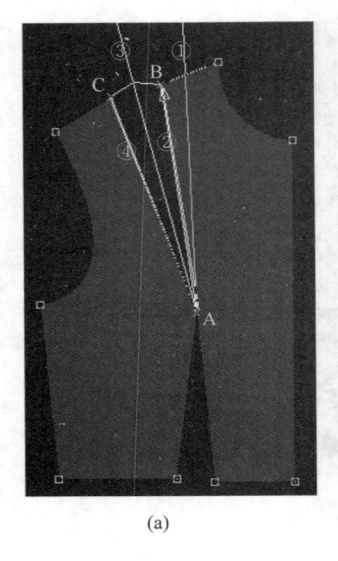

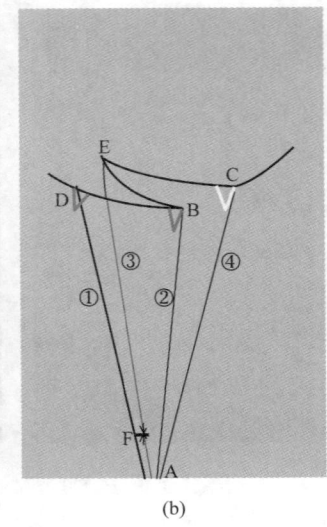

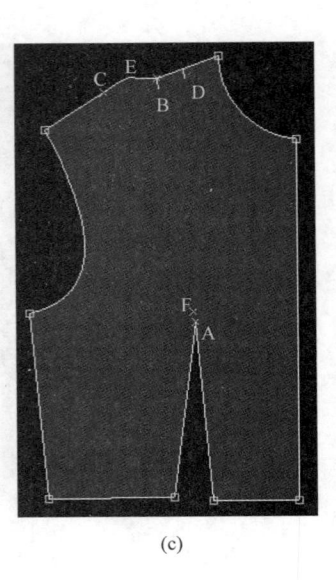

图2-208　褶子缝合

（3）点F为褶子缝合记号，表示省道不会缝合到省尖，而是缝合到距离省尖一定的距离处，此处F点距离省尖点A"1cm"。按住 Shift 键执行以上操作，原裁片不被保留。

5. 【更改褶子剪口】

【更改褶子剪口】工具的主要功能是确认褶子剪口位置、更改剪口形状、更改褶子缝合记号形状及位置等。

（1）按 F5 键进入【F5】面板，点击【更改褶子剪口】按钮右上角的小三角，弹出对话框如图2-210所示。

（2）确认褶子剪口位置。图2-210中的点A、点B、点C……点L皆为褶子加剪口位置，鼠标左键点击一下变为"红色"或者"绿色"，表示该处在裁片上显示剪口，再点击一下变为"白色"，表示该处在裁片上不显示剪口。

（3）更改剪口形状。点击对话框中【剪口工具】按钮，弹出【剪口工具】对话框，在对话框中选择剪口形状，如图2-209（a）所示。

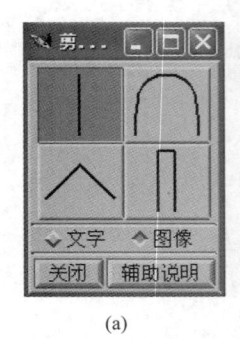

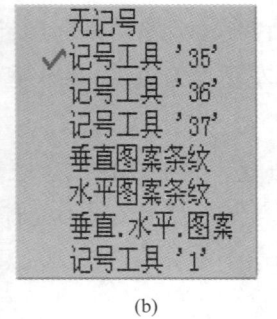

(a)　　　　　　　　(b)

图2-209　【剪口工具】与【记号工具】对话框

（4）更改褶子缝合记号形状。按住【无记号】按钮不松手，移动鼠标上下选择记号工具，如在【记号工具"35"】上释放鼠标，选中该工具，如图2-209（b）所示。

（5）褶子缝合记号位置。点击【褶子缝合记号】按钮，弹出【褶子记号数值】输入框，在输入框中输入数值，按 Enter 键完成设置，表示褶子缝合记号与省道尖点的距离。

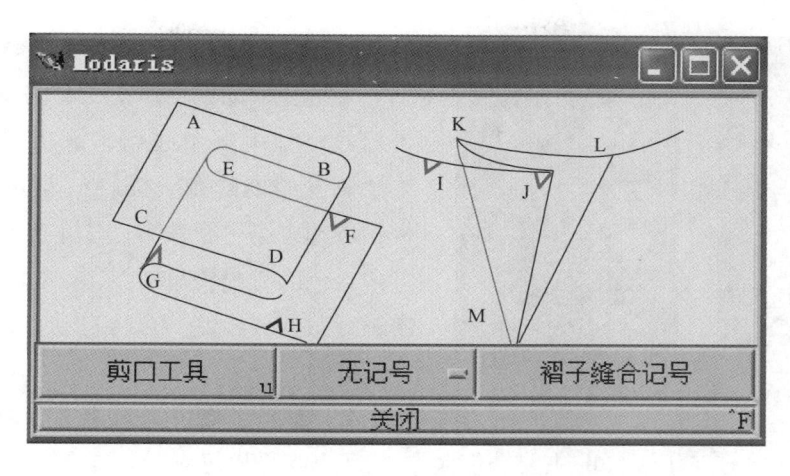

图2-210 【更改褶子剪口】对话框

（三）CAM工具

1. 【加入裁刀动作】

【加入裁刀动作】工具的主要功能是定义裁片上要裁剪或绘制的一个或多个起点。【加入裁刀动作】工具要配合【状态栏】→【裁剪部分】功能使用，起点要在激活【状态栏】中【裁剪部分】功能，即样片显示裁剪部分情况下，才能在裁片上或内部线上定义。

（1）按 F5 键进入【F5】面板，选择【加入裁刀动作】工具。点击【状态栏】→【裁剪部分】按钮，显示裁剪部分。

（2）鼠标左键点击在需要定义裁剪或绘制的起点的内部线或裁剪线上，定义起点后，会在指定的点处出现绿色的"╳"，并在裁剪线上出现两个绿色的">"，">"表明裁剪或绘制的方向，并且在两个符号旁边会各显示一个编号，如1、2、3等，该编号对应于裁剪或绘制的日历编号，如图2-211所示。

（3）点击下拉菜单【显示】→【显示/隐藏裁刀动作】按钮打钩"√"，显示裁刀动作；再次点击按钮，隐藏裁刀动作。

2. 【删除裁刀动作】

【删除裁刀动作】工具的主要功能是删除之前建立的裁刀动作。按 F5 键进入【F5】面板，选择【删除裁刀动作】工具。鼠标左键点击绿色的"╳"裁刀动作符号，删除该裁刀动作。

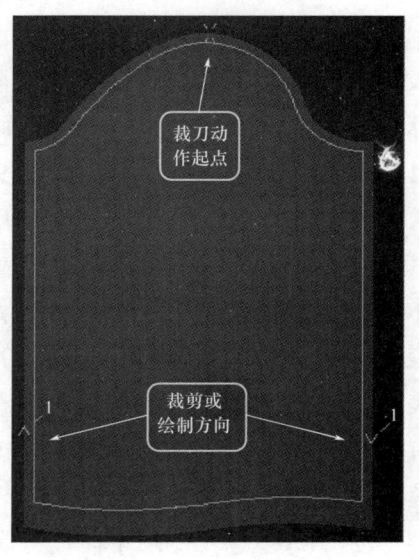

图2-211 加入裁刀动作

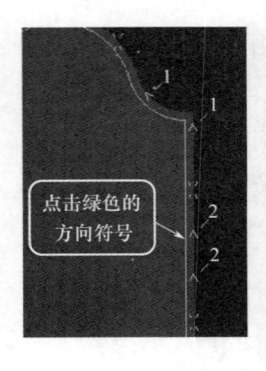

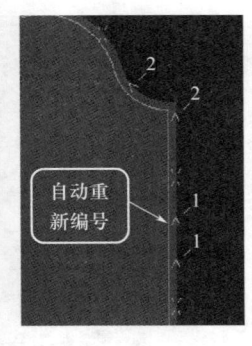

图2-212 第一个裁刀动作

3. 【第一个裁刀动作】

【第一个裁刀动作】工具的主要功能是如果已经创建了多个起点，该功能将定义裁剪或绘制开始处的点。按 F5 键进入【F5】面板，选择【第一个裁刀动作】工具。鼠标左键点击绿色的方向符号">"，起点将采用此方向进行裁剪或绘制，点将自动重新编号，如图2-212所示。

4. 【更改裁剪方向】

【更改裁剪方向】工具的主要功能是更改起始点的裁剪或绘制方向。按 F5 键进入【F5】面板，选择【更改裁剪方向】工具。鼠标左键点击绿色的方向符号">"，方向符号变为反方向"<"。

二、【F8】工具箱面板

鼠标左键单击【工具箱选择栏】上的【F8】或者按键盘上的快捷键 F8 键，或者直接点击【工具箱显示区】中的图标 ，可以进入【F8】工具箱面板。

【F8】面板包括测量面板、动态尺码面板、组合面板与成衣面板，如图2-213所示。

（一）测量工具

1. 【试算表】

【试算表】工具的主要功能是打开一个表，该表显示一个或多个裁片的测量值。【试算表】本身是空表，只有配合测量面板其他工具如【长度】、【角度】、【面积】、【周长】、【缝线长度】等工具一起使用，这些工具测量的数值会在【试算表】中显示。打开【试算表】快捷键为 Alt + t ，清除【试算表】内测量值快捷键为 Alt + v ，关闭【试算表】快捷键为 Ctrl + f 。值得注意的是，只有鼠标光标放在打开的【试算表】内，这些快捷键才能使用。

按 F8 键进入【F8】面板，鼠标左键点击【试算表】按钮，弹出【试算表】对话框。

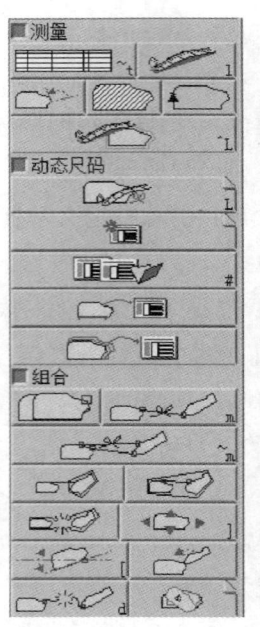

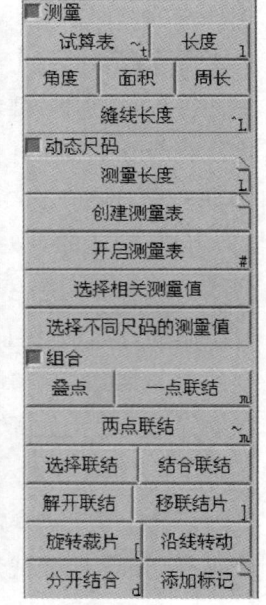

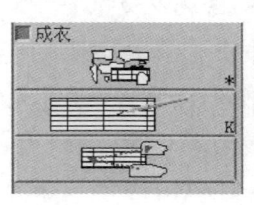

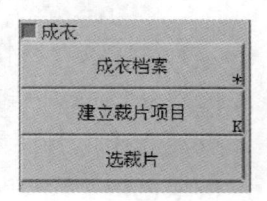

图2-213 【F8】工具箱面板

如果没有使用任何测量工具，弹出的对话框为空表。如图2-214所示为已放码的裁片，并使用了【面积】、【周长】测量工具，测量数值进入了【试算表】。

1 水平	编辑 2		打印/导出文件 3		测量配置 4		? 5
		155	160	165	170	175	
	裁片面积	694.48	740.06	787.52	835.57	885.50	
19	实样面积	694.48	740.06	787.52	835.57	885.50	7
6	裁片周长	134.01	137.99	141.95	145.94	149.92	
	实样周长	134.01	137.99	141.95	145.94	149.92	

图2-214　试算表

①  水平/垂直：测量数值表格以"水平/垂直"方式显示。

②  编辑：修改名称。

　　删除选择：删除已选择的测量数值。

　　累积：计算测量数值总和。

　　空白：清除试算表中所有的测量数值。

③  列印：列印试算表中的测量数值。

　　文字档案：以文字档案格式输出试算表中的测量数值。

　　输出累积档案：以文字档案格式输出测量数值总和。

④ 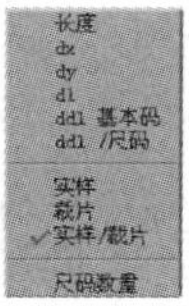 长度：显示两点沿线量度的数值。

　　dx：显示两点水平量度的数值。

　　dy：显示两点垂直量度的数值。

　　dl：显示两点直线距离的数值。

　　ddl基本码：显示各尺码与基本码的放码数值。

　　ddl/尺码：显示各尺码之间的放码数值。

　　实样：以实样为量度准则。

　　裁片：以裁片为量度准则。

　　实样/裁片：同时以实样及裁片为量度准则。

　　尺码数量：设定显示尺码数量。

⑤ 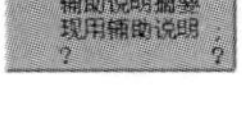 辅助说明目录：显示辅助说明目录。

　　辅助说明摘要：显示辅助说明摘要。

　　现用辅助说明：显示现用功能的辅助说明。

　　？：显示线上辅助说明功能。

⑥  线段名称：可利用【编辑】修改。

⑦ 尺码及量度数值显示栏。

2. 【长度】

【长度】工具的主要功能是量度两点之间的长度。快捷键为①。配合键为F9，呈现网状；F10键，呈现基本码；F11键，分段尺码；F12键，选择所有码；Shift键，连续选择；空格键，更改方向。配合功能为【试算表】。

按F8键进入【F8】面板，选择【长度】工具。鼠标左键先后点击参考点1与参考点2，屏幕无变化。点击【试算表】按钮，打开【试算表】对话框，所测量得到的数值显示在【试算表】对话框内，如图2-215所示，显示的是裁片各尺码两点间"长度""dl""dx""dy"的测量数值。

		155	160	165	170	175
19:22->1	长度	14.57	15.07	15.56	16.06	16.56
	dl	14.57	15.07	15.56	16.06	16.56
	dx	1.25	1.25	1.25	1.25	1.25
	dy	-14.51	-15.01	-15.51	-16.01	-16.51

图2-215 【试算表】中长度的测量记录

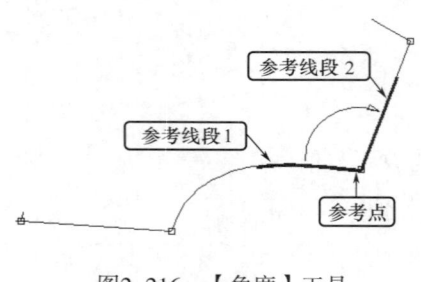

图2-216 【角度】工具

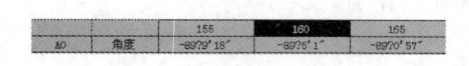

图2-217 【试算表】中角度的测量记录

3. 【角度】

【角度】工具的主要功能是量度角度。配合键为F9键，呈现网状；F10键，呈现基本码；F11键，分段尺码；F12键，选择所有码；Shift键，连续选择。配合功能为【试算表】。

按F8键进入【F8】面板，选择【角度】工具。鼠标左键点击在参考点上，再点击参考线段1，拉出圆弧，点击参考线段2，屏幕无变化。所测量得到的角度呈现于【试算表】对话框内，如图2-216、图2-217所示。

4. 【面积】

【面积】工具的主要功能是量度裁片及实样的面积。配合键为F9键，呈现网状；F10键，呈现基本码；F11键，分段尺码；F12键，选择所有码；Shift键，连续选择。配合功能为【试算表】。

按F8键进入【F8】面板，选择【面积】工具。鼠标左键在裁片上点击一下，屏幕无变化。所测量得到的裁片及实样面积呈现于【试算表】对话框内。

5. ▱【周长】

【周长】工具的主要功能是量度裁片的缝线及裁剪线周边的长度。配合键为 F9 键，呈现网状；F10 键，呈现基本码；F11 键，分段尺码；F12 键，选择所有码；Shift 键，连续选择。配合功能为【试算表】。

按 F8 键进入【F8】面板，选择【周长】工具。鼠标左键在裁片上点击一下，屏幕无变化。所测量得到的裁片及实样周长呈现于【试算表】对话框内。

6.  ▱【缝线长度】

【缝线长度】工具的主要功能是量度两点之间缝线及裁剪线的长度。配合键为 F9 键，呈现网状；F10 键，呈现基本码；F11 键，分段尺码；F12 键，选择所有码；Shift 键，连续选择；空格键，更改方向。快捷键为 Ctrl + L；配合功能为【试算表】。

按 F8 键进入【F8】面板，选择【缝线长度】工具。鼠标左键先后点击在参考点1与参考点2上，屏幕无变化。测量得到的缝线长度呈现于【试算表】对话框内，如图2-218所示。

		155	160	165	170	175
19:14->22	缝线长度	23.95	24.44	24.93	25.42	25.91
	d1 缝线	23.75	24.23	24.72	25.20	25.69
	dx seam缝线	-6.22	-6.22	-6.22	-6.22	-6.22
	dy 缝线	-22.92	-23.42	-23.92	-24.42	-24.92
	裁剪线长度	23.95	24.44	24.93	25.42	25.91
	d1 裁剪线	23.75	24.23	24.72	25.20	25.69
	dx cut裁剪线	-6.22	-6.22	-6.22	-6.22	-6.22
	dy 裁剪线	-22.92	-23.42	-23.92	-24.42	-24.92

图2-218 【试算表】中缝线长度的测量记录

（二）动态尺码工具

1.  ▱【测量长度】

【测量长度】工具的主要功能是测量裁片上两个端点（或两个虚点）之间直线或弧线的距离，快捷键为 L。

（1）按 F8 键选择【F8】面板，选择【测量长度】工具，鼠标左键点击在端点A上，在线段上拉出刻度（按 空格键 可切换选择的线段），鼠标左键点击端点B，弹出【测量名称】输入框，输入名称如 "sideseam length" 或 "1" 等，按 Enter 键确认，在测量的线段上会出现测量值，如图2-219所示。

（2）鼠标左键点击【测量长度】按钮右上角的小三角，弹出【测量长度】对话框，如图2-220所示。如果【添加到测量表】选项打钩 "√"，测量的数值会进入【MCM测量表】，取消选项打钩 "√"，测量数值不会进入测量表。如果【名称测量结果】选项

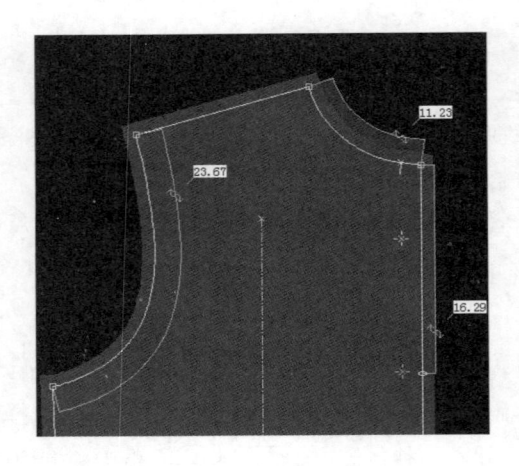

图2-219 测量线段上出现测量值　　　　　图2-220 【测量长度】对话框

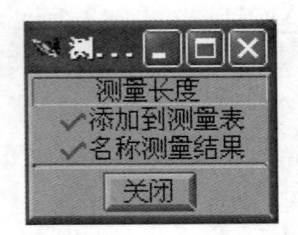

打钩"√"，测量线段长度时将会弹出【测量名称】输入框，输入名称，取消选项打钩"√"，测量线段时将不会弹出【测量名称】输入框。

2. 　　　　【创建测量表】

【创建测量表】工具的主要功能是在【MCM测量表】对话框中为款式系列、成衣或裁片创建测量图表。

（1）按 F8 键选择【F8】面板，点击【开启测量表】按钮，弹出【MCM测量表】对话框，发现【MCM测量表】为空表，没有任何测量内容，如图2-221所示。

（2）点击【创建测量表】按钮，再点击【款式系列】图标或裁片工作页，工作区没有任何变化，但打开【MCM测量表】对话框后，对话框中出现了【MChart】的二级菜单，鼠标左键双击【MChart】二级菜单，出现了【款式系列】的基本内容，但还没有任何测量数据，如图2-222所示。

（3）点击【测量长度】按钮，在裁片袖窿处测量两端点间的距离，【测量名称】为"armhole length"。再次打开【MCM测量表】对话框，发现"armhole length"的测量信息已经进入【MCM测量表】对话框中，如图2-223所示。

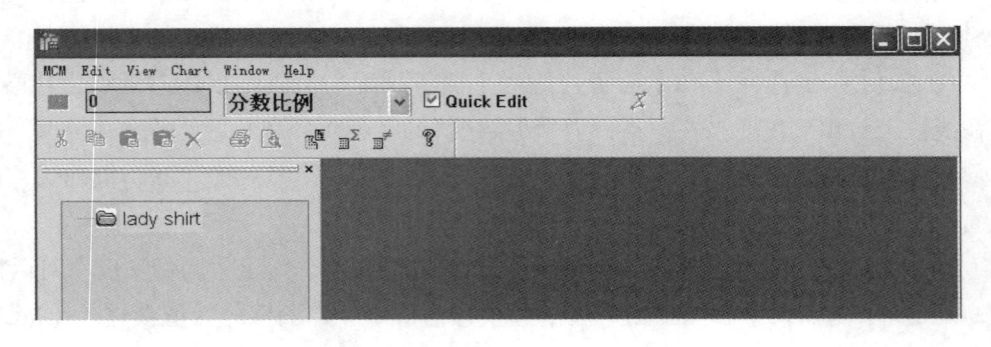

图2-221 【MCM测量表】空表

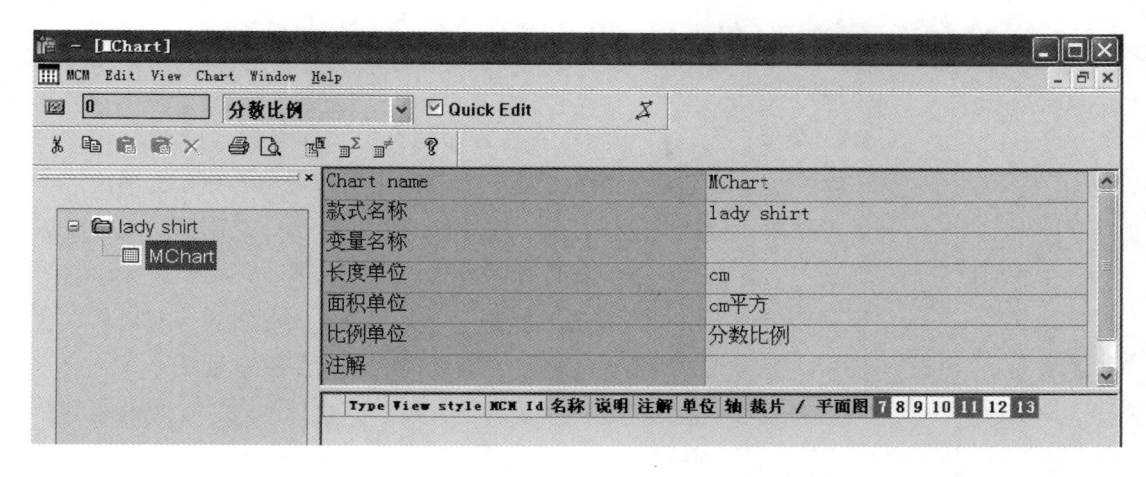

图2-222 【MCM测量表】中出现【款式系列】基本内容

（4）鼠标左键点击【创建测量表】按钮右上角的小三角，弹出【插入尺码】对话框。

如果选择【全部】打钩"√"，所有尺码将会进入【MCM测量表】。
如果选择【中断】打钩"√"，只有选中的尺码进入【MCM测量表】。
如果选择【基本】打钩"√"，只有基本码进入【MCM测量表】。

3. ▨▨▨▨ 【开启测量表】

【开启测量表】工具的主要功能是打开【MCM测量表】对话框。直接点击【开启测量表】按钮或按快捷键 #，打开【MCM测量表】对话框，如图2-223所示。

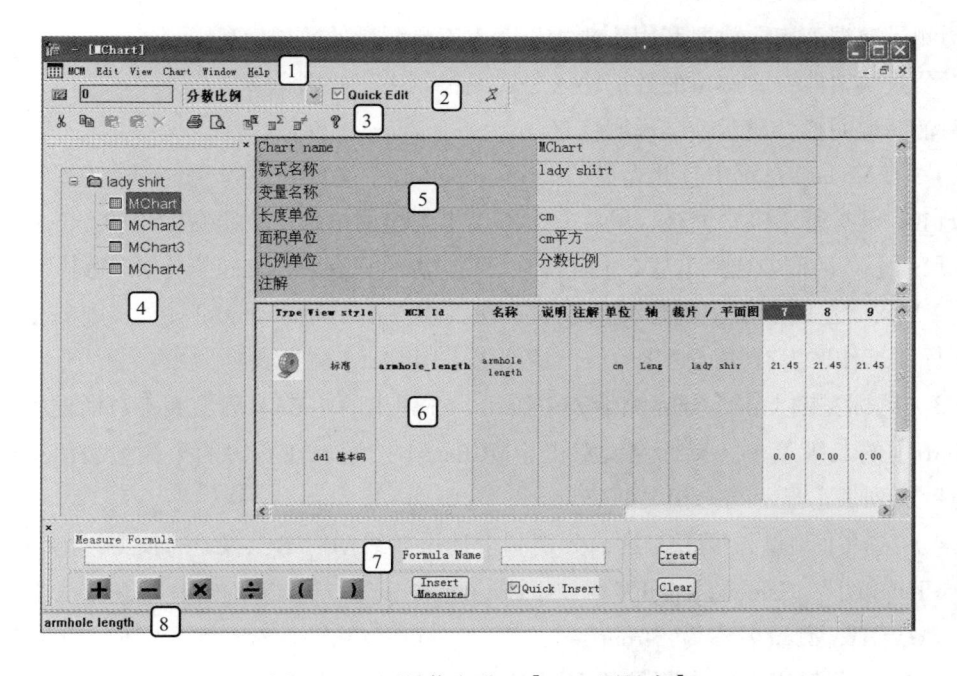

图2-223 测量信息进入【MCM测量表】

①下拉菜单栏：包括MCM菜单、编辑菜单、视图菜单、测量表菜单、窗口菜单、帮助菜单。

MCM菜单：包括打印测量表、打印预览、页面设置、分页模式、打印设置、参数设定、总在最上面、退出等命令选项。

编辑菜单：包括剪切、复制、粘贴、删除、全选、复制测量表、添加常数测量、线性化、公式等命令选项。

视图菜单：可以打开（选项打钩"√"）或关闭测量表导航窗口、公式编辑器、工具栏、辅助说明栏、测量常量栏等。

测量表菜单：包括创建测量表、创建模版、总计两表、比较两表等命令选项。

窗口菜单：包括新窗口、排列图标等命令选项。

帮助菜单：包括帮助目录、关于MCM等命令选项。

②测量常量栏：▨：在【测量数据列表】中创建新测量数据行。

③工具栏：包括剪切、复制、粘贴、删除、打印、打印预览、创建测量表（图标为▨）、总计两表（图标为▨）、比较两表（图标为▨）等菜单栏中常用的工具。

④测量表导航窗口：放置创建的【MChart】测量表。

⑤测量表信息框：显示现用【MChart】测量表的基本信息，包括测量表名称、所属款式名称、变量名称、长度单位、面积单位、比例单位、注解等信息。

⑥测量数据列表：放置利用【测量长度】工具测量的数据信息。

⑦公式编辑器：将测量的数据输入公式编辑器进行四则运算。

⑧辅助说明栏：显示辅助说明信息。

（1）在Modaris系统中打开光盘"standard pattern"文件夹中的"mcm model"文件。

按F8键选择【F8】面板，鼠标左键点击【创建测量表】按钮右上角的小三角，弹出【插入尺码】对话框。选择【基本】打钩"√"，表示只有基本码进入【MCM测量表】。

（2）鼠标左键点击【创建测量表】按钮，再点击"mcm model"文件中的【款式系列】图标，工作区没有任何变化，但已经创建【MChart】测量表。

（3）鼠标左键点击【开启测量表】按钮，在弹出的【MCM测量表】对话框中出现了【MChart】的二级菜单。鼠标左键双击【MChart】按钮，在右边的【测量表信息框】、【测量数据列表】显示与之相关的信息。

（4）选择【测量长度】工具，分别测量袖山弧线AB、BC、CD的长度，测量名称为"sleeve length 1""sleeve length 2""sleeve length 3"。再测量前衣片袖窿弧线EF，后衣片袖窿弧线GH，测量名称为"front length""back length"。所有测量完成的弧线数值都会进入【MCM测量表】的【测量数据列表】中，在屏幕中也会显示弧线的距离数值，如

第二章　力克纸样设计系统（Modaris V6R1）　129

图2-224所示。

（5）如果想在屏幕中显示更具体的信息，可以点击下拉菜单【显示】→【显示相关尺码】打钩"√"，这时屏幕将会显示两点间"X轴方向的距离""Y轴方向的距离""直线距离"与"弧线距离"四个数值，如图2-224所示。

（6）在图2-224中，袖窿弧线距离的四个测量数值将袖窿弧线遮盖住了，需要移动测量数值，可以选择【F3】面板的【移动点】工具，鼠标左键点击测量线，移动光标，测量线跟随移动，再次点击鼠标左键完成操作，如图2-225（a）所示。

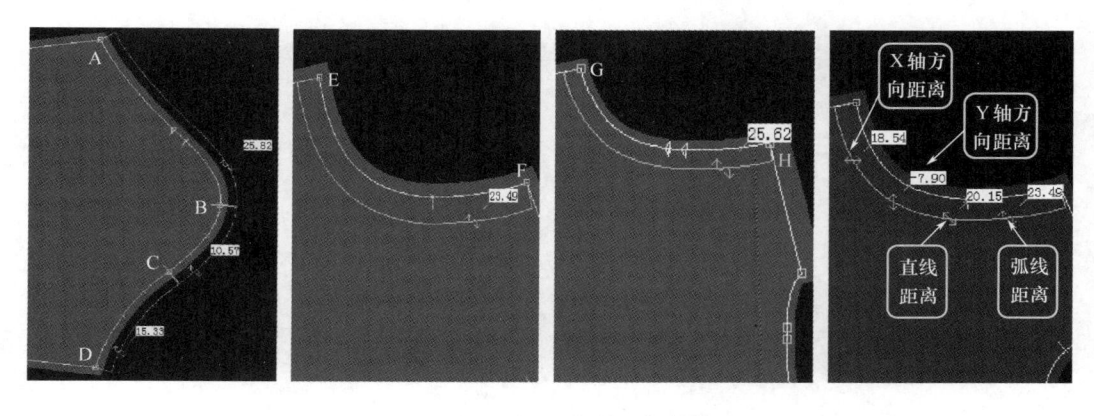

图2-224　测量长度并显示数值

（7）更改测量名称。如果需要更改测量名称，可以点击下拉菜单【编辑】→【编辑】打钩"√"，鼠标左键点击测量线，弹出【测量名称】对话框，如图2-225（b）所示。在【测量名称】输入框中输入新的名称，或在输入框中按 Tab 键，选择新的测量名称，即可更改测量名称。

（8）【MChart】测量表更改名称。鼠标左键点击【开启测量表】按钮进入【MCM测量表】对话框，在【测量表导航窗口】的【MChart】上点击鼠标右键，弹出的快捷菜单包括【重新命名】、【复制】、【删除】等命令，选择【重新命名】，将"MChart"改名为"Check sleeve length"，鼠标点击在空白处结束输入。

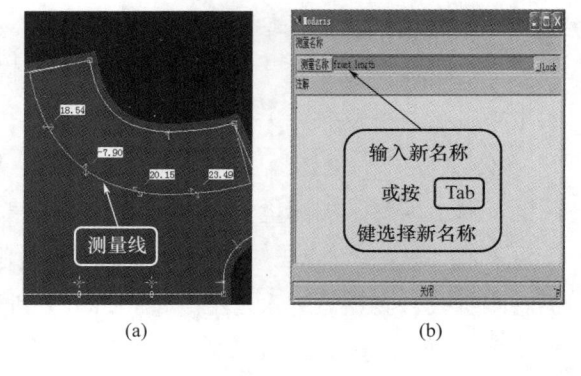

(a)　　　　　(b)

图2-225　移动测量线与更改测量名称

（9）测量值的计算。在【MCM测量表】对话框中，双击【测量数据列表】中的【sleeve length 1】测量数据行，如图2-226所示，或选中【sleeve length 1】测量数据行，点击【公式编辑器】中的【Insert Measure】按钮，"sleeve length 1"进入【公式编辑器】编辑框。点击【加号】■，双击【sleeve length 2】测量数据行，再点击【加号】■，双击【sleeve length 3】测量数据行，在【Formula Name】Formula Name 输入框中输入"Total sleeve length"，按【Create】按钮 Create 生成"Total sleeve length"数据行，如图2-226所示。

按【Clear】Clear 按钮清空【公式编辑器】编辑框，双击"Total sleeve length"数据行，点击【减号】■，双击"front length"数据行，点击【减号】■，双击"back length"数据行，在【Formula Name】Formula Name 输入框中输入"sleeve ease"（即袖窿弧线长差），按【Create】按钮 Create 生成"sleeve ease"数据行，袖窿差为"2.61cm"。

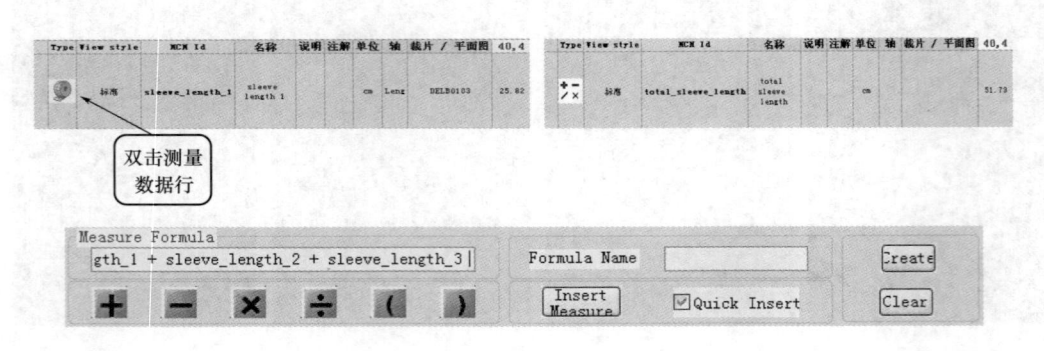

图2-226 测量值计算

4. 【选择相关测量值】

【选择相关测量值】工具的主要功能是将相关测量值添加到指定的【MCM测量表】的【MChart】列表中。

（1）按 F8 键选择【F8】面板，点击【开启测量表】按钮，弹出【MCM测量表】对话框，双击需要添加测量值的【MChart】列表，选中并打开该列表。

（2）鼠标左键点击【选择相关测量值】按钮，再点击工作区中裁片上需要添加测量值的测量线，测量值进入指定的【MChart】列表中。

（3）如果想添加"dx""dy"方向上的数据，可以点击下拉菜单【显示】→【显示相关尺码】打钩"√"，在测量线上显示"dx""dy"方向的测量数据。点击【选择相关测量值】按钮，再点击 图标，"dx"方向测量数据进入指定的【MChart】列表中。

5. 【选择不同尺码的测量值】

【选择不同尺码的测量值】工具的主要功能是将不同尺码的测量值添加到指定【MCM测量表】的【MChart】列表中。当执行该命令时，当前【MChart】列表中的测量值会被新的尺码代替，如果没有选择尺码大小，测量值将会发送到基本码。

（1）点击下拉菜单【显示】→【资料框】打钩"√"，在资料框的大小标题块中选择尺码。

（2）按F8键选择【F8】面板，点击【选择不同尺码的测量值】按钮完成该操作，不同尺码的测量值被添加到指定【MCM测量表】的【MChart】列表中。

（三）组合工具

1. 【叠点】

【叠点】工具的主要功能是使工作页重叠在一起或使裁片的参考点重叠成为一点，同时工作页变为透明。

按F8键进入【F8】面板，选择【叠点】工具。鼠标左键点击在要移动的工作页或裁片参考点上，鼠标左键再次点击在不需要移动的工作页或裁片参考点上，工作页或参考点重叠在一起，同时工作页变为透明，如图2-227所示。按J键或8键工作页重新恢复排列。

图2-227 叠点

2. 【一点联结】

【一点联结】工具的主要功能是以一点联结将裁片联结到另一裁片上。快捷键为m。

按F8键进入【F8】面板，选择【一点联结】工具。鼠标左键点击在参考裁片联结点1上，再点击在联结裁片联结点2上，两裁片联结，如图2-228所示。

已联结的裁片可使用【分开结合】来解除联结关系，或重新开启文档，联结关系会自动取消。

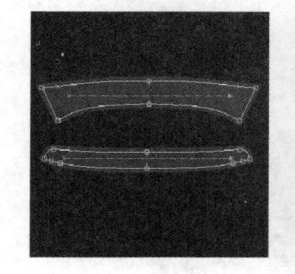

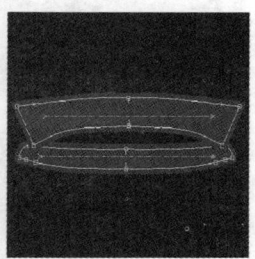

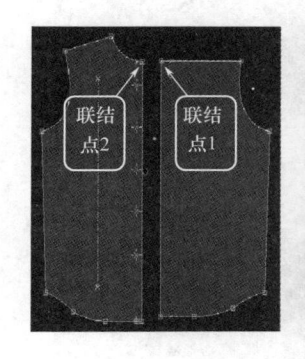

图2-228 一点联结

3. 【两点联结】

【两点联结】工具的主要功能是以两点联结将裁片联结到另一裁片上。快捷键为Alt+m。

按F8键进入【F8】面板，选择【两点联结】工具。鼠标左键点击在参考裁片联结点1和联结点2上，再点击在联结裁片联结点3和联结点4上，两裁片联结，如图2-229所示。

已联结的裁片可使用【分开结合】来解除联结关系，或重新开启文档，联结关系会自动取消。

4. 【选择联结】

【选择联结】工具的主要功能是选择已联结的裁片。按Shift键可选择多个联结

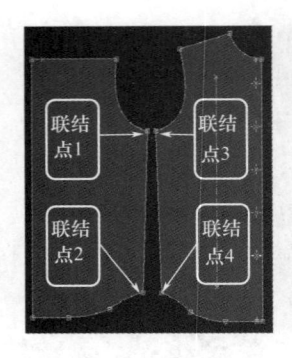

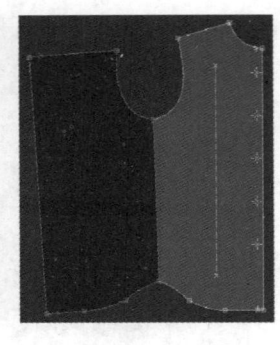

图2-229 两点联结

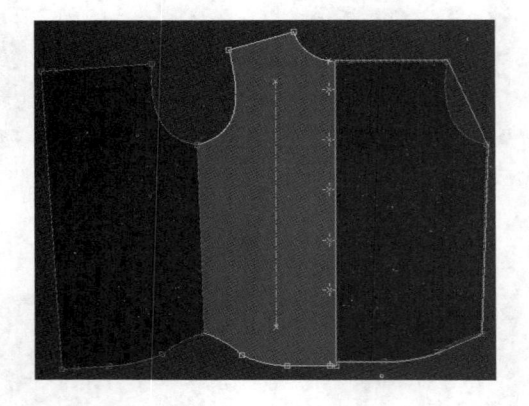

图2-230 选择联结

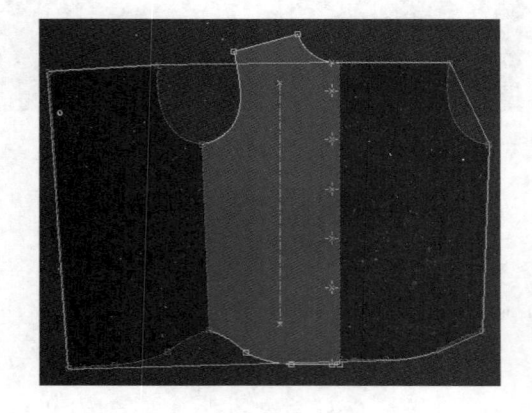

图2-231 结合联结

裁片。

按F8键进入【F8】面板，选择【选择联结】工具。鼠标左键点击在已联结的裁片上，即可选择该联结裁片，如图2-230所示，点击右边的联结裁片，选中该裁片。

已联结的裁片可使用【分开结合】来解除联结关系，或重新开启文档，联结关系会自动取消。

5. 【结合联结】

【结合联结】工具的主要功能是将已选择联结的多个裁片群组，以便可以对同一组中的所有联结裁片同时执行操作，如移动、沿线转动等操作。

按F8键进入【F8】面板，选择【选择联结】工具，按Shift键选择两个或多个联结裁片。鼠标左键点击【结合联结】按钮，多个联结裁片群组，如图2-231所示。

已结合联结（群组）的裁片可点击【解开联结】按钮来解除结合联结（群组），或重新开启文档，联结关系会自动取消。

6. 【解开联结】

【解开联结】工具的主要功能是解开已结合联结（群组）的裁片。与【结合联结】工具配合使用。

7. 【移联结片】

【移联结片】工具的主要功能是移动已联结或结合联结（群组）的裁片。快捷键为J。

（1）按F8键选择【F8】面板，选择【移联结片】工具，点击需要移动的联结裁片或结合联结（群组）裁片。

（2）拖动鼠标，弹出对话框，按↓键进入输入框，输入数据，或按X键上下翻转图形，按Y键左右翻转图形；按Q键逆时针旋转图形，每按一次旋转1°；按W键顺时针旋转图形，每按一次旋转1°；按 A 键逆时针旋转图形，每按一次旋转10°；按 S 键顺时针旋转图形，每按一次旋转10°。再次点击鼠标左键，结束裁片移动。如图2-232所示，使用【移联结片】工具，将已联结的红色裁片从左方移动到右方。

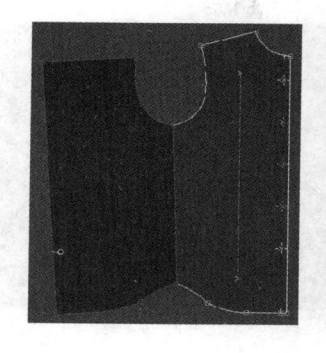

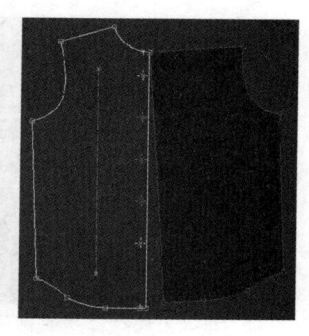

图2-232 移动联结裁片

8. 【旋转裁片】

【旋转裁片】工具的主要功能是旋转已联结的裁片（以联结点为轴心旋转）。快捷键为 I 。

（1）按 F8 键选择【F8】面板，选择【旋转裁片】工具，鼠标左键点击需要旋转的已联结裁片上。

（2）拖动鼠标，弹出对话框，按 ↓ 键进入输入框，输入数据，或按 X 键上下翻转图形，按 Y 键左右翻转图形；按 Q 键逆时针旋转图形，每按一次旋转1°；按 W 键顺

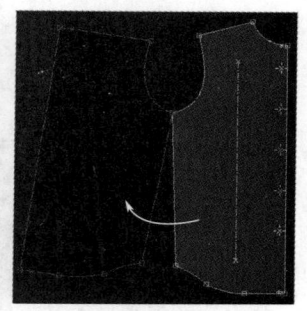

图2-233 旋转联结裁片

时针旋转图形，每按一次旋转1°；按 A 键逆时针旋转图形，每按一次旋转10°；按 S 键顺时针旋转图形，每按一次旋转10°。再次点击鼠标左键，结束裁片旋转。如图2-233所示，使用【旋转裁片】工具，将已联结的红色裁片以联结点为轴心旋转一定角度。

9. 【沿线转动】

【沿线转动】工具的主要功能是将已联结的裁片沿车缝线转动移动。通常与【一点联结】、【两点联结】、【旋转裁片】、【移联结片】、【分开结合】等功能配合使用。

按 F8 键选择【F8】面板，选择【一点联结】工具，联结点A与点B，联结完成后的袖片呈现绿色，如图2-234所示。

选择【沿线转动】工具，鼠标左键点击在联结点B点上，移动鼠标，出现联结袖片的白色边框随着鼠标沿袖窿线BC转动，如图2-234所示，确定位置后点击鼠标右键结束转动。

已联结的裁片可使用【分开结合】来解除联结关系，或重新开启文档，联结关系会自动取消。

10. 【分开结合】

【分开结合】工具的主要功能是分开已联结的裁片，快捷键为 d 。按 F8 键选择【F8】面板，选择【分开结合】工具，鼠标左键直接点击在已联结的裁片上即可分开联结。

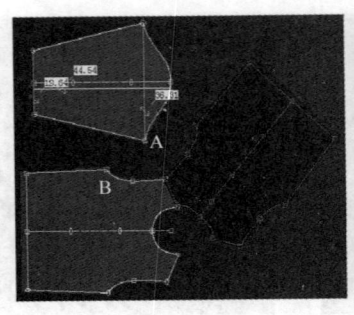

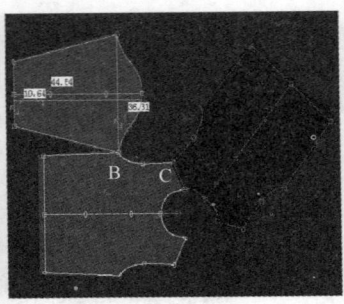

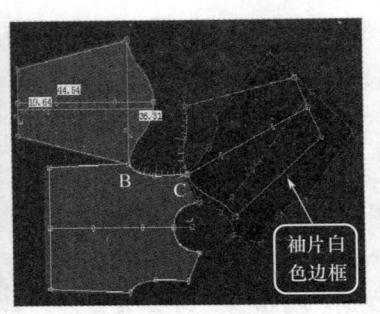

图2-234 沿线转动联结

11. 【添加标记】

【添加标记】工具的主要功能是在已联结的裁片上作标记点，当分开联结后，标记点还保留在各个裁片上，作为定位之用。

按 F8 键选择【F8】面板，选择【添加标记】工具，鼠标左键直接点击在已联结的裁片上。

选择【分开结合】工具，鼠标左键直接点击在已联结的裁片上，分开联结，可以看到添加的标记保留在分开联结的各裁片上，如图2-235所示。

图2-235 添加标记

（四）成衣工具

1. 【成衣档案】

【成衣档案】工具的主要功能是建立新的成衣档案或修改已有的成衣档案。当完成一个款式系列样板与裁片的绘制时，会发现在工作区中存在各种工作页，如结构草图工作页、局部裁片工作页、完成裁片工作页等，哪些裁片工作页是用户需要输出排料或打印的，哪些是作草稿使用，并不需要输出的呢？这时需要建立一个【成衣档案】，将要输出的裁片统一管理。一个款式系列文档中，可以允许建立多个【成衣档案】，以输出不同组合的裁片，快捷键为 *。

（1）建立【成衣档案】。按 F8 键选择【F8】面板，鼠标左键点击【成衣档案】按钮，弹出【成衣名称】输入框，如图2-236所示，输入成衣档案名称，如输入"lady_suits1"（名称由英文、数字或者常用符号组成，不能用中文命名，用中文命名的文件常常会出现些意想不到的问题），按 Enter 键即可进入【成衣档案】对话框。这时【成衣档案】对话框为空表，无任何裁片信息，点击【关闭】按钮，可关闭对话框。在工作区出现了【成衣档案】图标，如图2-237所示。

（2）开启已建立的【成衣档案】。

方法1：鼠标左键点击【成衣档案】按钮，弹出【成衣名称】输入框，按 Tab 键弹出【成衣名称】选择框，如图2-238所示，鼠标左键选择需要开启的成衣档案名称，按 Enter 键打开成衣档案对话框。

方法2：鼠标左键点击【成衣档案】按钮，弹出【成衣名称】输入框，鼠标左键点击需要开启的【成衣档案】图标，打开该成衣档案对话框。

（3）删除已建立的【成衣档案】。点击下拉菜单【工作页】→【删除】打钩"√"，或按快捷键 Z，光标变为 ，鼠标左键点击【成衣档案】图标，删除该图标，即删除该成衣档案。

（4）给【成衣档案】添加裁片。打开【成衣档案】对话框，选择【建立裁片项目】 工具，鼠标左键点击工作区中需要添加裁片的工作页，【图形项目显示栏】中出现了添加的裁片，如图2-240中 10 所示。

图2-236 【成衣名称】输入框

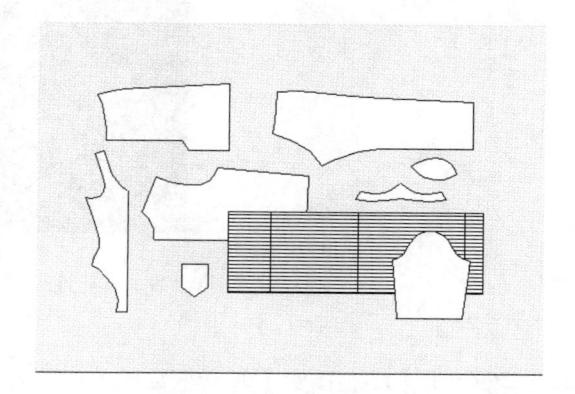

图2-237 【成衣档案】图标

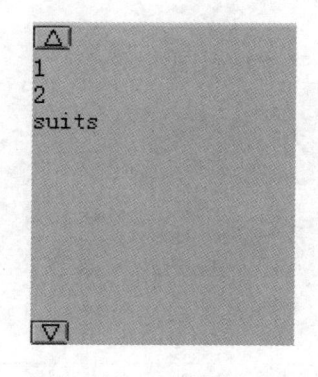

图2-238 【成衣名称】选择框

（5）移动【图形项目显示栏】中的裁片。首先取消【可视化】→【表格/放置模式】打钩"√"。激活下拉菜单【裁片项目】→【移动项目】（End）选项打钩"√"。然后选择需要移动的裁片（鼠标右键点击裁片或选择下拉菜单【裁片项目】→【选择】命令，再鼠标左键点击裁片）。 鼠标左键单击需要选择的裁片（选择在光标下是交互的），将选择的裁片移到所需的位置并单击鼠标左键以固定此位置。

（6）将工作区中所有裁片输入【成衣档案】对话框。鼠标左键点击【成衣档案】按钮，弹出【成衣名称】输入框。在工作区中按快捷键 Ctrl + a 选择所有工作页，鼠标左键点击任何一个工作页，工作区中全部裁片进入【成衣档案】。

（7）想知道已经被选进【成衣档案】的裁片，可以点击下拉菜单【显示】→【单个裁片】打钩"√"，进入【成衣档案】的裁片会保持深蓝，没有进入的裁片会变为浅蓝。如图2-239所示，左边的裁片变为浅蓝，表示没有进入【成衣档案】，右边的裁片显示深蓝，表示已经进入了【成衣档案】。

图2-239　区分进入/没有进入【成衣档案】裁片

（8）【成衣档案】对话框如图2-240所示。

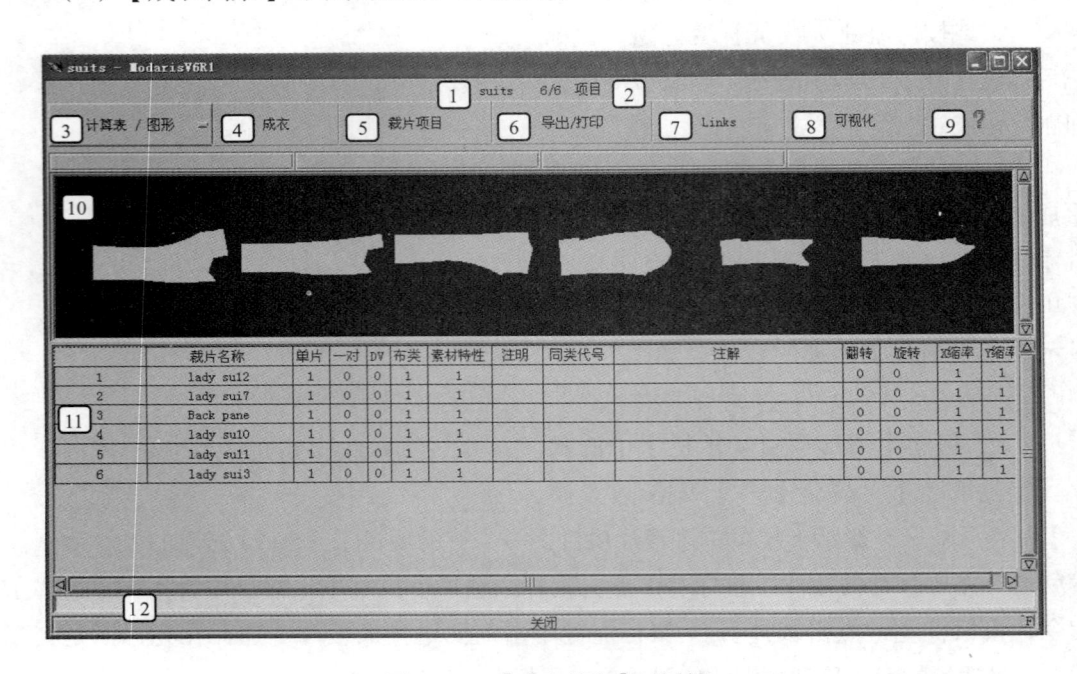

图2-240　【成衣档案】对话框

① suits　　　　　　名称：成衣档案名称。
② 6/6 项目　　　　　项目：裁片总数/成衣项目。
③ ✓计算表／图形　　计算表/图形：此项打钩"√"，成衣档案同时以列表和图形的形式
　　计算表
　　图形　　　　　　　显示。图2-240中的⑩为图形形式显示，⑪为列
　　　　　　　　　　　表形式显示。
　　　　　　　　　　计算表：此项打钩"√"，成衣档案以列表的形式显示。

图形：此项打钩"√"，成衣档案以图形的形式显示。

④ 成衣档案 *：点击此项，弹出【成衣名称】输入框，可以开启其他成衣档案。

复印款式：将现成衣档案复制更名为新的成衣档案。

插入成衣：在现成衣档案的基础上，插入其他成衣档案。

⑤ 复制裁片：鼠标右键点击【图形项目显示栏】中的裁片，选择需要的裁片，或同时按 Shift 键可选择多个裁片，点击此项可复制已选择的裁片。

删除裁片项目：删除已选择的裁片。

种类：项目以相同种类排列。

焦点在桌面：已选择的裁片成为现用工作页，并以全屏的形式显示在整个工作区中。

项目数量：设定在【图形项目显示栏】中每行以多少个裁片显示，如输入"5"，则以每行5个裁片显示。

放大功能：可放大【图形项目显示栏】中的裁片。

选择：点击此项打钩"√"，鼠标左键点击可选裁片，按 Shift 键可选择多个裁片。

插入项目：插入裁片在已选择的项目之后。

移动项目：可在【图形项目显示栏】中移动所选项目（在放置模式中），仅当下拉菜单【可视化】→【表格/放置模式】取消打钩"√"时，此工具才有效。

创建要缝份的裁片：创建要缝份的裁片。

制作要缝制在一起的多个裁片：制作要缝制在一起的多个裁片。

⑥ 文字档案：输出为文字档案。

列印：列印成衣档案。

基本内容：列印成衣档案的基本内容。

简单内容：列印成衣档案的简单内容。

⑦ 【Links】链接菜单是为Diamino排料软件设定的排料图信息，用于定义裁片与其他裁片的相对位置，可以在织物上应用定位约束并为链接选择图形类别。多用于裁片的对条对格。

加联系点：建立裁片之间的联系（多用于裁片的对条对格）。值得注意的是：只能在相同面料的裁片上才能进行链接，在创建链接之前，必须定义链接的定位方式与图形类型。

各种参数的链接标识：

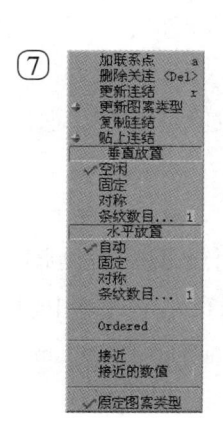

　　　　　　　　　　　自由链接。
　　　　　　　　　　　在垂直织物上定位的链接。
　　　　　　　　　　　在水平织物上定位的链接。
　　　　　　　　　　　根据垂直织物对称定位的链接。
　　　　　　　　　　　根据水平织物对称定位的链接。
　　　　　　　　　　　有序的链接（垂直/水平为自由）。
　　　　　　　　　　　带接近数值的链接（垂直/水平为自由）。

删除关联：删除【加联系点】工具创建的裁片间的联系。

更新联结：更新裁片间的联结。

更新图案类型：依据现用的参数更新图案类型。

复制联结：复制所选的联结。

贴上联结：贴上所复制的联结。

垂直放置空闲：不实施任何定位约束。

固定：垂直定位约束（对竖条）。

对称：对称放置每个裁片的联结点。

条纹数目：可以选择将应用对称定位约束的织物数值，单击此选项，将弹出输入对话框。

水平放置 自动：不实施任何定位约束。

　　　　　固定：水平定位约束（对横条）。

　　　　　对称：对称放置每个裁片的联结点。

　　　　　条纹数目：可以选择将应用对称定位约束的织物数值，单击此选项，将弹出输入对话框。

Ordered：选中此选项，定义链接裁片的标记顺序，第一个单击的裁片（主裁片）将优于第二个裁片放置。如果两个联结裁片中有图形点，顺序选项将不起作用，具有图形点的裁片具有优先性。

接近：选中此选项，会有一个标签与联结相关联。标签使用【接近的数值】工具进行设定，Diamino排料软件将根据此标签的设定进行排料图限制，如：将两个裁片放得很近。

接近的数值：设定【近似值】数值，此值可以是数值，也可以是字母数字，单击此选项，将弹出输入对话框。

原定图案类型：可以将各种图案类型应用到联结中，默认情况下，系统只提供一种图案类别（默认图案类别），但用户可以通过创建"LSCatmot.txt"文本文件来更新图案类别，可以在以下目录中使用文本编辑器来创建该文件："Windows XP：<windisk>\Documents and Settings\<name of the user>\Application Data\completion"；或

"Windows Vista：<windisk>\Users\<name of the user>\AppData\Roaming\Lectra\completion"。

⑧ 选择可视化（Home）：鼠标左键点击此选项打钩"√"时，在【图形项目显示栏】中仅显示所选的裁片项目。要重新显示所有裁片项目，鼠标左键再次点击关闭该选项。

添加到 visu（Prior）：选择此项将在表格中选择的项目添加到【图形项目显示栏】中。

从可视化中抽取（Next）：选择此项将从【图形项目显示栏】中除去在表格中选择的项目。

显示/隐藏关联：显示/隐藏关联。

显示/隐藏内部线条、显示/隐藏点、显示/隐藏剪口、显示/隐藏标记：显示/隐藏内部线条、点、剪口、标记（值得注意的是，必须查看联结才能查看内部线条、点、剪口、标记）。

表格/放置模式：鼠标左键点击该选项可以切换表格模式或放置模式。选中该选项打钩"√"为表格模式，裁片会排列在表格中；取消该选项打钩"√"为放置模式，您可以点击下拉菜单【裁片项目】→【移动项目】（End）工具来移动裁片，这样可以根据组装计划来放置裁片，从而方便地创建联结。保存模型时，将保存放置模式中的裁片布局。

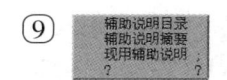

⑨ 辅助说明目录：显示辅助说明目录。

辅助说明摘要：显示辅助说明摘要。

现用辅助说明：显示现用功能的辅助说明。

？：显示线上辅助说明功能。

⑩ 图形项目显示栏。

⑪ 列表资料显示栏。

⑫ 与表的控件相对应的动态帮助栏。

	裁片名称	单片	一对	DV	布类	素材特性	注明	同类代号	注解	翻转	旋转	X缩率	Y缩率
1	A lady sui2	C	D	E	F	G	H	I	J	K	L	M	N
2	lady sui3												
3	lady sui10	1	0	0	1		1			0	0	1	1
4	lady sui11	1	0	0	1		1			0	0	1	1
5	lady sui5	1	0	0	1		1			0	0	1	1
6	lady sui7	1	0	0	1		1			0	0	1	1

Ⓐ 裁片项目代码：表示在成衣档案中建立裁片的先后次序。默认情况下，该代码为数字顺序号，也可以为字母顺序号，最大字符数没有限制。

Ⓑ 裁片名称：输入最大字符数为"9"，字符类型可以为数字或字母。
Ⓒ 单片：排料时需要单片裁片的数量。输入最大字符数为"2"，字符类型为数字，输入"1"或者"完成值"。
Ⓓ 一对：裁片X轴关联双方向成对的数量。输入最大字符数为"2"，字符类型为数字，输入"0"或者"完成值"。
Ⓔ DV：裁片Y轴关联双方向成对的数量。输入最大字符数为"2"，字符类型为数字，输入"0"或者"完成值"。
Ⓕ 布类：布料总类。输入最大字符数为"2"，字符类型为数字或字母。
Ⓖ 素材特征：布料素材总类。输入最大字符数没有限制，字符类型为数字或字母，输入"1"或者"完成值"。
Ⓗ 注明：这是向用户提供的物定编码，表明在组合前不同的裁片必须进行特定的处理。输入最大字符数为"6"，字符类型为数字或字母。
Ⓘ 同类代码：裁片同类代码。输入最大字符数为"9"，字符类型为数字或字母。
Ⓙ 注解：裁片注解。输入最大字符数为"32"，字符类型为数字或字母。
Ⓚ 翻转：水平翻转。输入"0"为原来状态，输入"1"为水平翻转。
Ⓛ 旋转：使裁片旋转0°~360°。
Ⓜ X缩率：裁片X轴方向缩水率。
Ⓝ Y缩率：裁片Y轴方向缩水率。

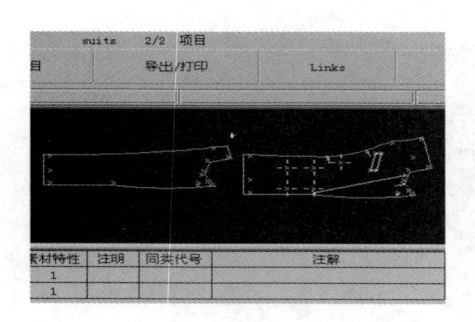

图2-241 在【成衣档案】中加入裁片

2. ▆▆▆【建立裁片项目】

【建立裁片项目】工具的主要功能是把裁片添加到【成衣档案】中，快捷键为Ⓚ。按 F8 键选择【F8】面板，鼠标左键点击【成衣档案】按钮，开启【成衣档案】对话框。选择【建立裁片项目】工具，鼠标左键直接点击在裁片上，此裁片加入到【成衣档案】里，如图2-241所示。

3. ▆▆▆【选裁片】

【选裁片】工具的主要功能是将工作区中的裁片更换到现用【成衣档案】中。

（1）按 F8 键选择【F8】面板，鼠标左键点击【成衣档案】按钮，开启【成衣档案】对话框，在对话框中选中需要更换的裁片。

（2）选择【选裁片】工具，鼠标左键直接点击在工作区的裁片上，在【成衣档案】对话框中，工作区的裁片替换了原来选中的裁片，如图2-242所示，A、B为原来的裁片，C、D为替换的裁片。

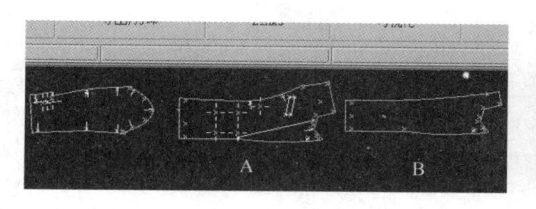

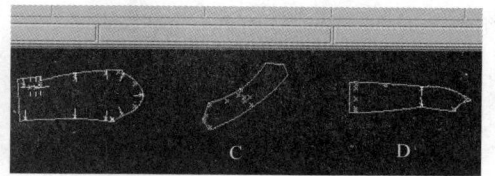

图2-242　替换裁片

三、【F5】、【F8】面板制图实例

【F5】、【F8】面板包含了衍生裁片工具与成衣管理工具，如何运用这些工具来进行纸样的设计与制作呢？下面利用曾经介绍过的【F1】、【F2】、【F3】、【F4】、【F5】、【F8】面板工具，以斜向褶裥裙为例，对Modaris工具箱工具作进一步的讲解。

（一）斜向褶裥裙

1. 斜向褶裥裙的成品规格

这款斜向褶裥裙将省道巧妙地藏于斜向分割线中，使臀围以上部分造型合体。臀围以下部分斜向分割线中隐藏着暗褶，在裙摆处打开，再缉明线强调斜向分割的效果，使整条裙子稳重又不失活泼。

这款裙子号型选取160/68A（M码），具体成品规格见表2-10。

表2-10　斜向褶裥裙成品规格　　　　　　　　　　　　　　单位：cm

部位 规格	裙长 (L)	腰长	腰围 (W)	臀围 (H)	腰头宽
净体尺寸	65	18	68	90	4
加放尺寸	0	0	2	4	0
成品尺寸	65	18	70	94	4

2. 斜向褶裥裙款式图

斜向褶裥裙款式图如图2-243所示。

（二）在Modaris中绘制褶裥裙纸样

1. 建立新款式系列

（1）双击桌面上的图标，打开Modaris纸样设计系统。点击下拉菜单【档案】→【新款式系列】，在弹出的【新的款式名称】输入框中输入"lady skirt"，按 Enter 键确定，生成款式系列

图2-243　斜向褶裥裙款式图

图标。

（2）点击下拉菜单【参数】→【长度单位】，将长度单位设置为"cm"；点击下拉菜单【参数】→【角度单位】，将角度单位设置为"度"。

2. 绘制裙子前后片

（1）点击【工作页】→【新工作页】或按大写的 N 键建立新工作页，按 8 键，工作页并列排放在工作区中；鼠标右键点击该工作页，选中新工作页，按 Home 键显示整张工作页。

（2）绘制矩形。按 F2 键进入【F2】面板，选择【方形】工具，鼠标左键在任意位置按下，拖动鼠标，弹出对话框；按 ↓ 键进入输入框，在【宽度】输入框输入数值"23.5"（H/4+1=23.5），在【高度】输入框输入数值"65"（裙长），按 Enter 键确定，再点击鼠标左键完成矩形的绘制；由于矩形太大，要按 Home 键显示整张工作页，如图2-244所示。

（3）绘制臀围线。按 F1 键选择【平行线】工具，单击矩形线AB，向下移动鼠标，按 ↓ 方向键，进入【距离】输入框，输入距离值"18"，按 Enter 键绘制出臀围线EF。

（4）绘制前片腰围弧线。按 F1 键选择【定距点】工具，鼠标左键点击点A，沿线段AB拉出刻度，同时弹出对话框。

按 ↓ 键，在弹出的对话框中输入距离为"-17.5"，按 Enter 键确认，在空白处点击左键，线段AB上出现了三角符号"▷"的定距点G。

按 F1 键选择【F1】面板，鼠标左键点击【内部分段】按钮，选中该工具。鼠标左键先后点击在G点、B点上，弹出【段数】输入框，输入需要的段数"3"，按 Enter 键确定，线段BG被平均等分为3段，等分点分别为H点、I点，每段距离为"2cm"，如图2-244所示。

按 F1 键选择【F1】面板，选择【加相关内点】工具。鼠标左键点击在参考点I上，释放鼠标左键，从参考点上拉出带箭头的蓝色线段，同时弹出相关内点对话框，按 ↓ 键进入对话框，输入【dx】为"0"，【dy】为"1"，按 Enter 键确定，生成相关内点J。

按 F1 键选择【切线弧线】工具，鼠标左键点击J点，拉出白色线段，再点击A点，连接点J与点A，鼠标右键结束，暂时点J到点A是直线。

点击下拉菜单【显示】→【弧切线】打钩"√"，或用快捷键大写 H，使【弧切线】打钩"√"，在暂时是直线的JA上微微露出了白色的手柄（要仔细观察）。

按 F3 键选择【移动点】工具，左键点击手柄，松开左键，移动鼠标，手柄会跟随鼠标移动，弧线也相应发生变化，调整直到得到满意的弧线为止，此弧线为前片腰围弧线，如图2-244所示。

（5）绘制侧缝弧线。按 F1 键选择【F1】面板，选择【加相关内点】工具。鼠标左键点击在参考点F上，释放鼠标左键，从参考点上拉出带箭头的蓝色线段，同时弹出相关内点对话框，按 ↓ 键进入对话框，输入【dx】为"1"，【dy】为"-10"，按 Enter 键确定，生成相关内点K。

按F3键选择【延长线段】工具，延长线段CD到点L，线段DL为"3cm"。

按F1键选择【切线弧线】工具，调整弧线JF、弧线FKL，如图2-244所示。

（6）绘制底边弧线。按F1键选择【切线弧线】工具，作裙摆起翘弧线CM，与弧线FKL交于点M。

（7）绘制后片腰围弧线。按F1键选择【定距点】工具，沿线段AE作一点N，点A与点N距离为"1cm"。

按F1键选择【切线弧线】工具，调整后片腰围弧线NJ，如图2-244所示。

（8）作裙片的对称线。按F1键选择【对称轴线】工具，点击点A与点C，作出对称轴AC。

按F1键选择【对称】工具，点击裙片各边，作出裙片各边的对称线，如图2-245所示。

（9）绘制斜向分割线。按F1键选择【F1】面板，鼠标左键点击【直线】按钮，连接A点与O点（O点为K点的对称点）。

按F1键选择【平行线】工具，单击矩形线AO，向下移动鼠标，按↓方向键，进入【距离】输入框，输入距离值"14"，按Enter键绘制出平行线PQ。使用【平行线】工具，绘制平行线RS，线段RS距离线段AO"28cm"，再次使用【平行线】工具，绘制平行线TU，线段TU距离线段AO"42cm"。

按F3键选择【F3】面板，鼠标左键点击【调整两线段】按钮，选中该工具。鼠标左键点击线段PQ，再点击弧线AJ，线段PQ延长与弧线AJ交于点V。鼠标左键点击线段QP，再点击侧缝弧线OW，线段QP延长与侧缝弧线OW交于点X，如图2-245所示。

选择【调整两线段】工具，调整线段RS、线段TU，如图2-245所示。

（10）绘制裙子省道。按F1键选择【外部分段】工具，将弧线AJ分为"3"等分，等分点为点Y与点Z。以Y点与Z点为中心，分别绘制"2cm"大小的腰省。

对称裙片2个腰省大小也是"2cm"，绘制方法同上，最后完成结果如图2-244所示。

3. 套取裙子前片实样

（1）按F4键进入【F4】面板，点击【实样】按钮右上角的小三角，在弹出裁片对话框中"相关联方式引出裁片"前打钩"√"，点击【关闭】关闭对话框。

（2）按F4键进入【F4】面板，点击【实样】按钮。鼠标左键分别套取图2-245中①、②、③、④、⑤、⑥、⑦

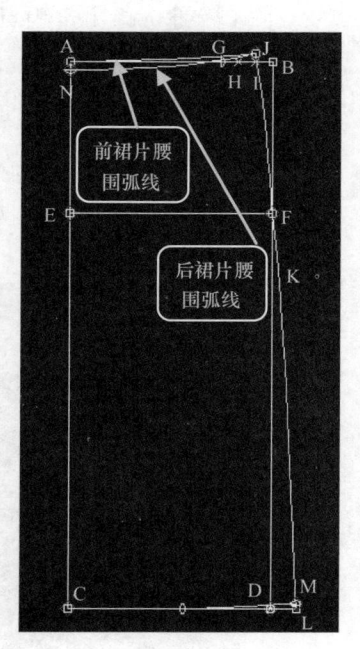

图2-244　绘制裙子前后片各弧线

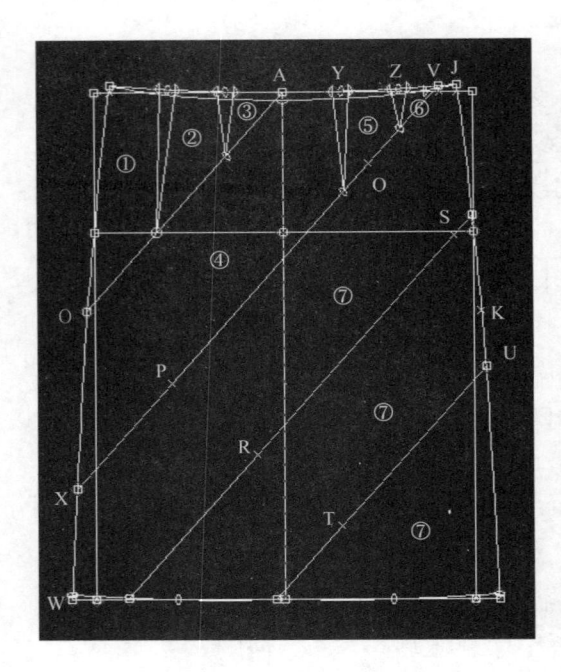

图2-245 绘制裙子前后片斜向分割线和省道

区域，被套取的区域变为发亮的浅蓝色，选择完成后按右键结束纸样套取。套取裙子前片实样如图2-246、图2-248所示。

4. 联结裁片

按 F5 键进入【F5】面板，点击【联结裁片】，左键单击图2-246中点A，再点击点B，拖出裁片的白色轮廓线，按 X 键，轮廓线以X轴对称翻转，按 Y 键，轮廓线以Y轴对称翻转，然后左键点击相应的点C与点D，生成新的合并裁片工作页。再次使用【联结裁片】工具联结线段EF与线段GH，线段IJ与线段KL，线段MN与线段OP，最终得到联结裁片最终结果如图2-247所示。

5. 裁片加上褶裥

如果套取如图2-248所示裁片没有线段AB与线段GH辅助线，确认裁片为相关联裁片，点击【状态栏】→【平面图】，显示平面图。

按 F4 键选择【输入裁片】，鼠标左键点击线段AB与线段GH，关闭【平面图】，线段AB与线段GH输入到裁片。

按 F1 键选择【定距点】工具，沿弧线作距离点A"2cm"的点C和距离点B"2cm"的D点。

按 F5 键进入【F5】面板，选择【建立褶子】工具。鼠标左键点击对折线第一点A，拉出白色线尾，鼠标左键点击对折线第二点B，拉出箭头，并弹出【宽度】输入框。鼠标左键点击褶底线第一点C，再点击褶底线第二点D，在新工作页上生成展开褶子的裁片，

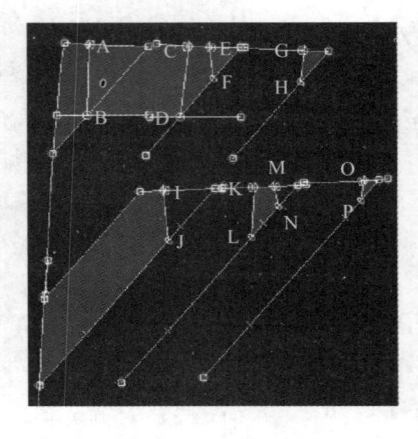

图2-246 套取裙子前片实样

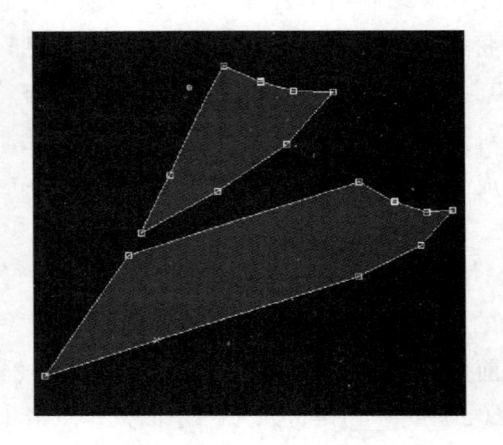

图2-247 联结裙子前片实样

保留原裁片。

按 F1 键选择【定距点】工具，在新裁片上沿弧线作距离A点"2cm"的E点和距离B点"2cm"的F点。

按 F5 键进入【F5】面板，选择【建立褶子】工具。鼠标左键点击对折线第一点A，拉出白色线尾，鼠标左键点击对折线第二点B，拉出箭头，并弹出【宽度】输入框。鼠标左键点击褶底线第一点E，再点击褶底线第二点F，又在新工作页上生成展开褶子的裁片。

用同样的方法在新裁片上作定距点点I、点J、点K、点L，并用【建立褶子】工具以线段GH为对折线，线段IJ与线段KL为褶底线建立褶裥，最后得到裁片结果如图2-249所示。

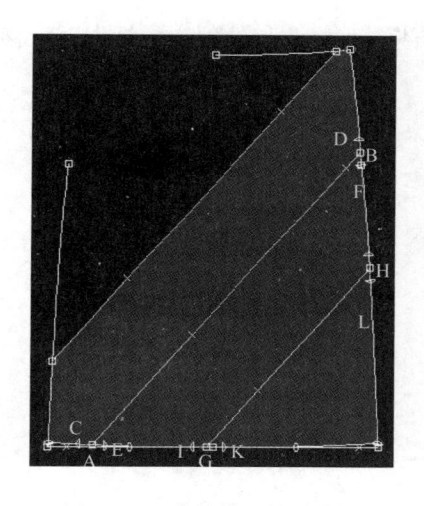

图2-248　套取裙子前片实样 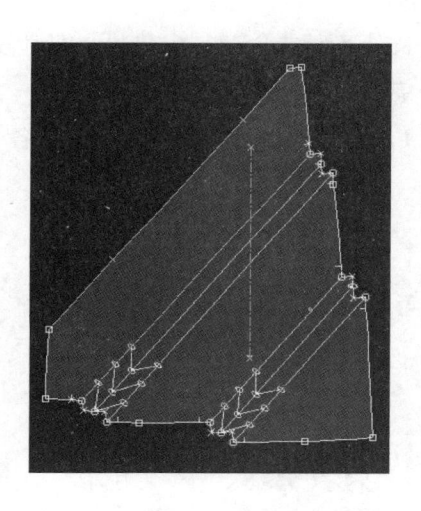　　　图2-249　裙子前片实样加上褶裥

6. 裙子后片实样与腰头实样

裙子后片实样套取、联结裁片、裁片上加上褶裥的方法与前片一样，在此就不再赘述了。

按 F2 键进入【F2】面板，选择【方形】工具，做一个长"73cm"（$W+3cm$搭门），宽"4cm"的矩形，再套取实样即可得到腰头实样。

本章小结

■ 给Modaris文件命名时，文件名一定是由英文、数字或者常用符号组成，不能用中文命名，用中文命名的文件常常会出现些意想不到的问题。

■ Modaris的快捷键非常重要，很多操作都需要快捷键配合来完成，用户需熟记各种快捷键操作方式。

■ Modaris的快捷键有大、小写之分，使用时应注意字母是大写还是小写。用 Caps lock

键转换大小写。

- 在Modaris系统中，设置访问路径尤为重要。通常在正式绘制纸样之前，就应该把访问路径设置好，以方便力克各种资料文件的读取与保存。
- 【F1】面板包括点面板与线条面板，点面板中的点类型非常多，包括端点、特性点、滑点、相交点、定距点、联系点、相关内点等，要区分各种点的特性与用途。
- 【F2】面板包括剪口、方向、工具等面板，重点要掌握剪口、差量圆弧等工具的使用。
- 【F3】面板为图形修改面板，包括对图形点的修改与线的修改。
- 【F4】面板为裁片创建面板，重点为创建裁片、给裁片加上缝份、变换切角和布纹线等工具。
- 【F5】面板为创建衍生裁片，即对裁片作进一步修改与处理，包括省道转移、褶裥的生成、裁片的分割等。
- 【F8】面板为成衣管理，包括对各种对象的测量、成衣档案的创建与成衣的输出等。

思考题与实训练习

1. Modaris系统中【访问路径】命令有什么作用？其命令为什么重要？
2. 如何制作数字尺码表与文字尺码表？
3. 在Modaris系统中，如何进行文件的输入与导出？
4. 定距点与联系点具有什么特点与作用？
5. 如何删除特性点和端点？
6. 内部分段与外部分段工具有什么异同点？
7. 建立褶子与建立高阶褶子有什么异同点？
8. 如何建立成衣档案？
9. 根据图2-250所示，运用Modaris系统，绘制"第二章 第三节 图形修改与裁片创建"中宽松式女衬衫的袖片，并套取袖片实样，完成缝份、剪口、切角、布纹线的设置。

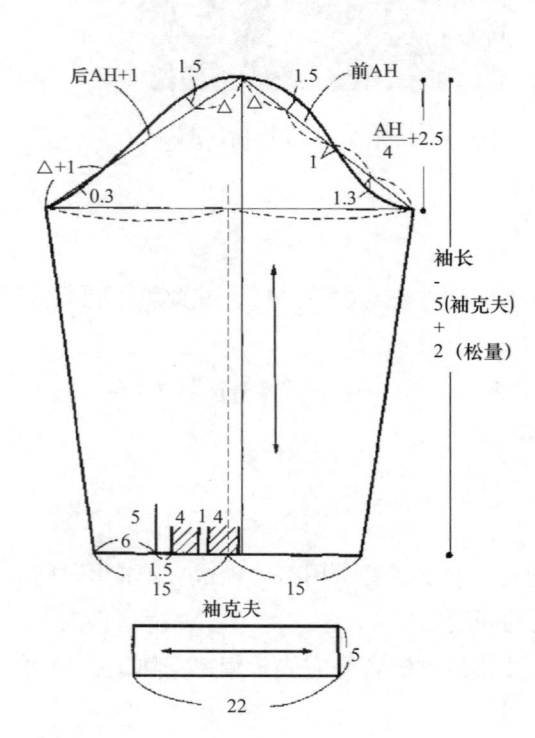

图2-250 宽松式女衬衫袖片

10. 根据图2-251女装裤子款式图所示，运用Modaris系统，绘制其样板，并要完成缝份、剪口、切角、布纹线的设置。其中W（腰围）=70cm，L（裤长）=100cm，D（上裆）=25cm，H（臀围）=96cm，BL（裤口）=44cm，腰头宽=3cm。

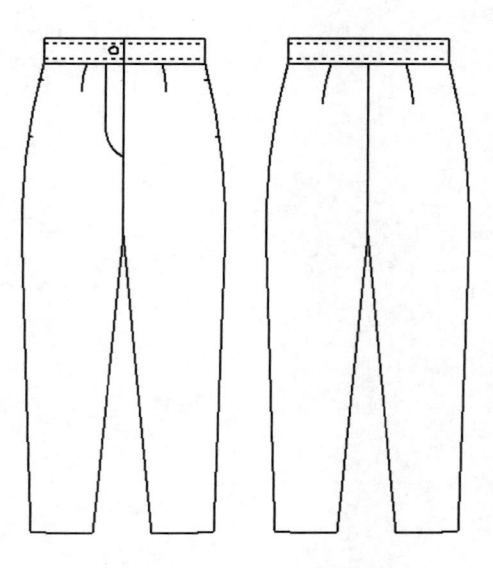

图2-251 女装裤子款式图

应用与技能——

力克纸样放码系统（Modaris V6R1）

> **课题内容：** 1. 放码与尺码系统
> 　　　　　　2. 纸样放码综合应用
> **课题时间：** 8课时
> **教学目的：** 通过本章的学习，熟知各种放码方法与放码技巧，掌握F6、F7工具箱面板工具的使用，熟练运用F6、F7工具箱面板工具进行纸样的放码。
> **教学方法：** 应用PPT课件，上机操作与教师讲授同步进行。
> **教学要求：** 1. 能够熟知各种放码方法与放码技巧。
> 　　　　　　2. 掌握尺码表的制作与尺码表的读入。
> 　　　　　　3. 能够熟练进行文字码表与数字码表的转换。
> 　　　　　　4. 能够熟练操作F6、F7工具箱面板工具。
> 　　　　　　5. 能够熟练运用F6、F7工具箱面板工具进行各种纸样（包括上衣、裙子、裤子、内衣、泳装等纸样）的放码。

第三章　力克纸样放码系统（Modaris V6R1）

第一节　放码与尺码系统

服装工业生产中的系列样板是根据国家、地区或企业的号型标准，通过对基本码裁片放码来获得的。Modaris的【F6】工具箱面板主要功能是对裁片进行放码，具体包括缩放控制、缩放修改、缩放规则三个部分功能；【F7】工具箱面板主要功能是尺码系统与网状修改。

一、【F6】工具箱面板

鼠标左键单击【工具箱选择栏】上的【F6】或者按键盘上的快捷键F6键，或者直接点击【工具箱显示区】中的图标，可以进入【F6】工具箱面板。

【F6】面板包括缩放控制面板、缩放修改面板与缩放规则面板，如图3-1所示。

（一）缩放控制工具

1. 【放缩量】

【放缩量】工具的主要功能是向端点输入放缩量，并检查或修改放缩量。快捷键为Ctrl+G，配合键为F9键，呈现网状；F10键，呈现基本码；F11键，分段选择尺码；F12键，选择所有尺码。F9键+F11键，呈现分段尺码网状；F9键+F12键，呈现所有尺码网状，如图3-3、图3-4所示。

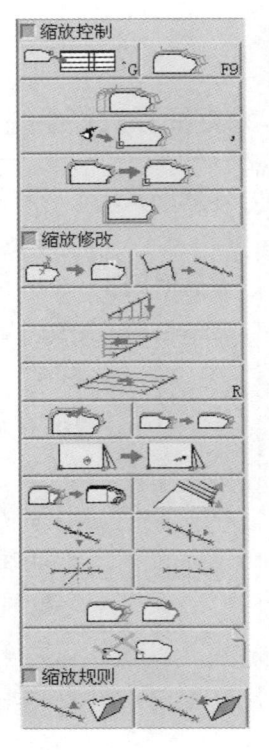

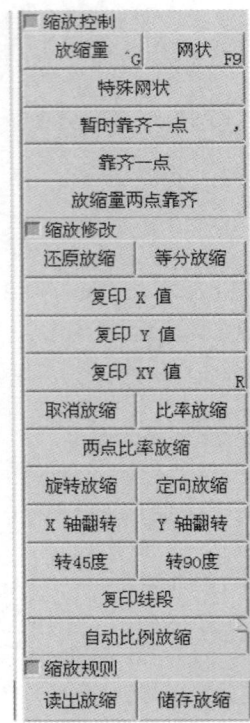

图3-1　【F6】工具箱面板

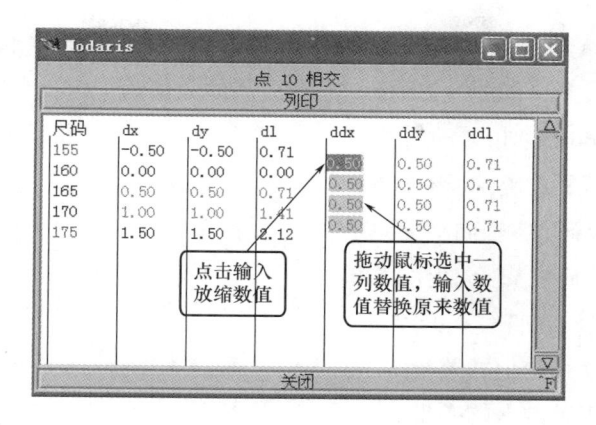

图3-2 放码输入框

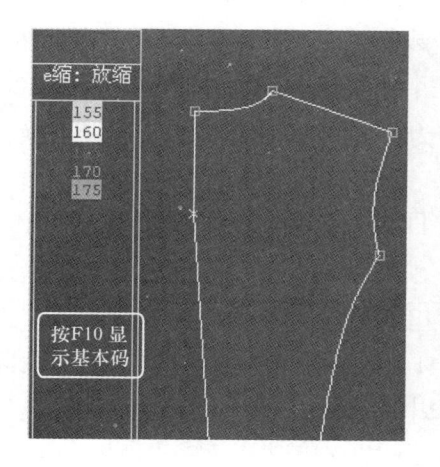

图3-3 利用配合键呈现网状

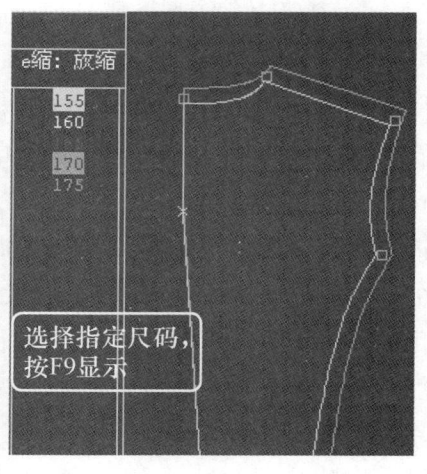

图3-4 利用配合键呈现网状

（1）按 F6 键进入【F6】面板，选择【放缩量】工具。鼠标左键点击在需要放码的端点上，弹出放码输入框，如图3-2所示。没有放码的数值为"0"，在给裁片放码时，一般修改"ddx"列或"ddy"列的数值。

尺码：显示裁片需要放码的所有尺码。

dx：基本码与各尺码在X轴向上的差量。

dy：基本码与各尺码在Y轴向上的差量。

dl：基本码与各尺码在直线上的差量。

ddx：两尺码间在X轴向上的差量。

ddy：两尺码间在Y轴向上的差量。

ddl：两尺码间在直线上的差量。

（2）输入放缩量通常有两种方法：一种为单个放缩数值输入，鼠标左键点击需要输入放缩量的数值上，数值呈现暗黑色，输入新数值更替原来的数值。另一种为多个相同放缩数值输入，按住鼠标左键，拖动鼠标滑过几个数值，这些数值都变为暗灰色，输入一个新数值，如"-1"，然后按 Enter 键，所有变为暗灰色的数值都会被新数值替换。

2. 【网状】

【网状】工具的主要功能是显示所选尺码的网状图，快捷键为 F9 键，也可以配合 F10 键、F11 键、F12 键使用。

（1）按 Ctrl + U 显示资料框，鼠标右键选择尺码表中的尺码，或配合 Shift 键选择多个尺码。

（2）按 F6 键进入【F6】面板，点击【网状】按钮，选中已放码的裁片显示网状，如图3-5所示。如果没有选择尺码，点击【网状】按钮会显示基本码、最小码、最大码、跳码网状。

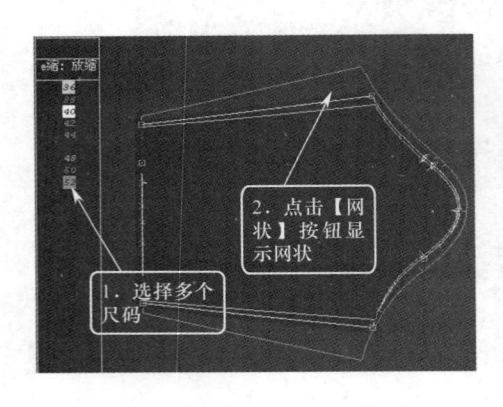

图3-5 已选择的尺码显示网状

3. 【特殊网状】

【特殊网状】工具的使用方式与【网状】工具是一样的，其主要功能是显示"特殊放缩1"和"特殊放缩2"的网状。也可以配合 F9 键、F10 键、F11 键、F12 键使用。

（1）什么是特殊放缩？通常情况下，系列服装只需要"一级放缩"尺码就够了。以牛仔裤为例，只要绘制出基本码（如160为基本码），用点放缩方式放出其他码数（如155、165、170等）即可。但同样码数（如165）的牛仔裤，通常还要求它在165板型的基础上变化裤长，以满足相同腰围但不同腿长的人穿着。这时就要在"一级放缩"尺码的基础上增加"特殊放缩1"二级放缩尺码，以放缩出来165板型作为基本码，再放缩出不同裤长的裁片。

如果一些服装，如衬衫，用点放缩方式以M码为基本码，放出其他各个码数（如XS、S、L、XL等码数）之后，还要在其基础上放缩出不同袖长的裁片，这时就要在"一级放缩"尺码的基础上增加"特殊放缩1"二级放缩尺码；如果还要在相同胸围相同袖长的裁片上放缩出不同"领围"的长度，就要在"特殊放缩1"二级放缩尺码的基础上增加"特殊放缩2"三级放缩尺码，见表3-1。这时有不同尺码组合的衬衫，如S/29/14，S/29/14 1/2，M/29/15等各种组合。

表3-1　衬衫三级放缩尺码　　　　　　　　　　　　　　　　　　　单位：英寸

码数	袖长	领围
XS	28	14
S	29	14 1/2
M	30	15
L	30 1/2	15 1/2
XL	31	16

（2）增加"特殊放缩"。Modaris最多可以进行三级放缩，如果要进行二级以上"特殊放缩"，需要给每级放缩读入尺码表，具体方法为：按Ctrl+u显示资料框，点击下拉菜单【尺码】→【特殊放缩1】打钩"√"，这时尺码表中的尺码由彩色变为白色，说明该尺码表处于"不被激活状态"。按F7键进入【F7】面板，选择【读出尺码表】工具，鼠标左键点击需要添加"特殊放码"的工作页，添加"尺码表"即可，这时在资料框尺码表右边出现了二级尺码表，如图3-6所示，二

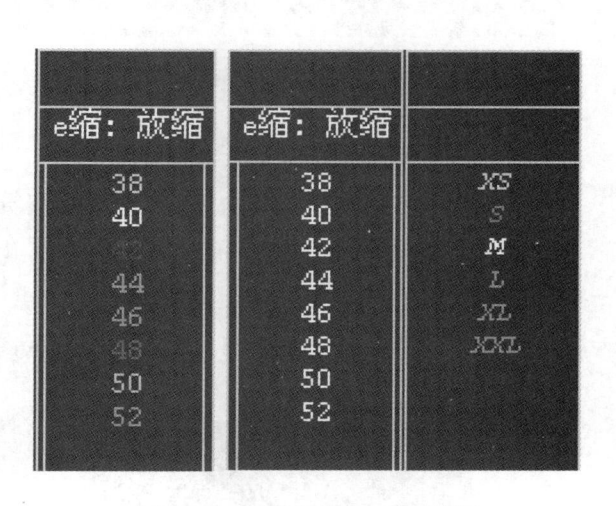

图3-6　一级尺码表与二级尺码表

级尺码表显示为彩色，说明处于"被激活状态"。如果【特殊放码2】打钩"√"，可继续读入三级放缩尺码，步骤与二级放缩尺码的读入相同。

（3）对"特殊放码1"进行放码。增加"特殊放码1"后，点击下拉菜单【尺码】→【特殊放缩1】打钩"√"或按住【状态栏】中【放缩】按钮不松手，上下移动鼠标选择【特殊放缩1】（如果要显示"特殊放缩2"，需要选择【尺码】→【特殊放缩2】打钩"√"）。可以看到二级放缩只显示基本码，并没有放码。这时可以按F6键进入【F6】面板，选择【放缩量】工具，给二级放缩尺码放码。如图3-7所示，给袖口各放"1cm"长度，按F9+F12显示二级放缩尺码网状。

（4）同时显示"一级放缩""二级放缩"尺码。利用【状态栏】中【放缩】按钮可以激活各级放缩，配合 F9 键、F10 键、F11 键、F12 键使用，可以看到各级放缩的网状。但如何同时显示"一级放缩""二级放缩"尺码的组合网状呢？

按 Ctrl + u 显示资料框，鼠标右键选择"一级放缩"尺码表中的一个尺码，或配合 Shift 键选择多个尺码；再配合 Shift 键，右键选择"二级放缩"的一个或多个尺码，选择完成后，按 F6 键进入【F6】面板，点击【特殊网状】按钮，显示"一级放缩""二级放缩"尺码的"特殊网状"，如图3-8所示。

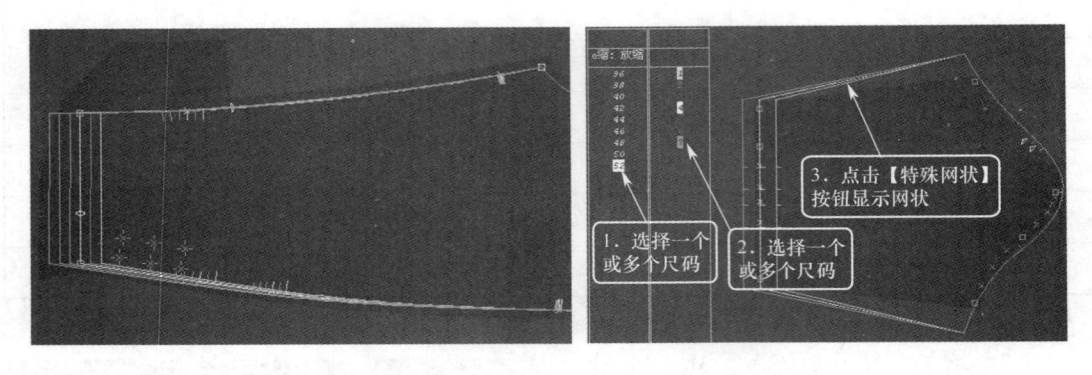

图3-7　二级放缩尺码网状　　　　　图3-8　同时显示各级放缩尺码

4. 【暂时靠齐一点】

【暂时靠齐一点】工具的主要功能是将所有尺码暂时靠齐在指定的位置。

按 F9 键+ F12 键呈现网状，按 F6 键进入【F6】面板，选择【暂时靠齐一点】工具，鼠标左键点击在参考点A上，网状以A点为原点靠齐，如图3-9所示。鼠标左键点击在空白处即可还原网状。如果想以曲线点作为参考点，先要激活【状态栏】的【曲线点】按钮。

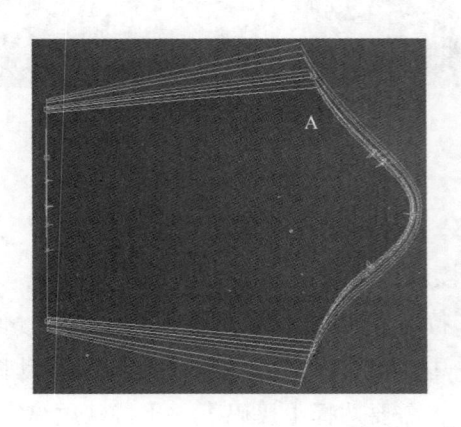

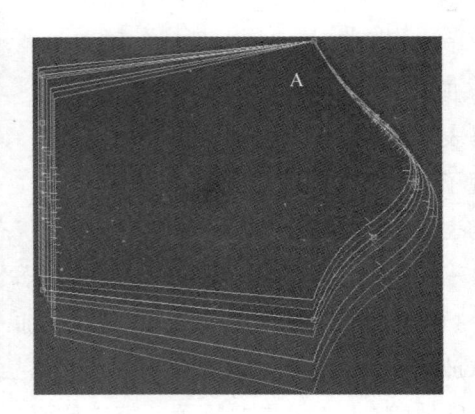

图3-9　暂时靠齐一点

5. 【靠齐一点】

【靠齐一点】工具的主要功能是将所有尺码永久靠齐在指定的位置。其操作和【暂时靠齐一点】工具完全相同，只是前者为永久靠齐，后者为临时靠齐。如果裁片上有布纹线，用【靠齐一点】工具点击布纹线可恢复原来的靠齐，否则将是不可恢复的。

6. ▭ 【放缩量两点靠齐】

【放缩量两点靠齐】工具的主要功能是用于修改放缩网状的水平放置方式，将完成放缩的裁片以指定两点参考点为新水平轴放置裁片并应用于所有尺码。

按 F9+F12 呈现网状，按 F6 键进入【F6】面板，选择【放缩量两点靠齐】工具，鼠标左键点击在参考点A与点B上，网状以AB为水平轴靠齐，如图3-10所示。

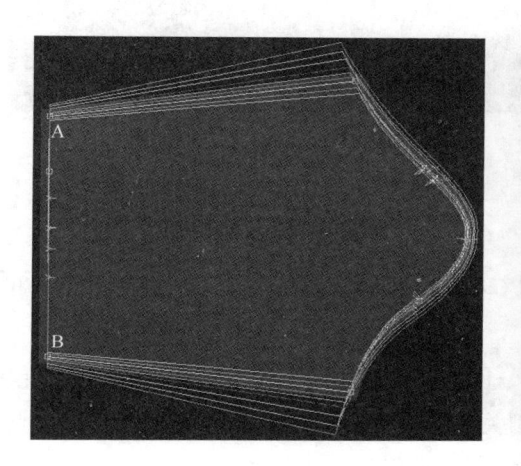

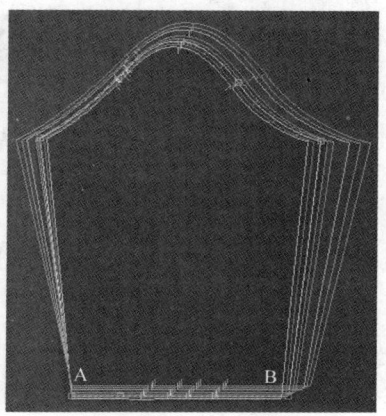

图3-10　放缩量两点靠齐

（二）缩放修改工具

1. ▭ 【还原放缩】

【还原放缩】工具的主要功能是使放缩回到原始值。按 F9+F12 呈现网状，按 F6 键进入【F6】面板，选择【还原放缩】工具，鼠标左键点击要还原回原始值的点，或右键框选需要还原的点，再左键点击，所选的点呈现白色（原始点），放缩网状被删除，回复到原始状态。

【还原放缩】工具与【取消放缩】工具不同，【还原放缩】是回复到原始状态，所以点最后呈现白色（原始点），而【取消放缩】是将放缩值变为"0"，最后点呈现蓝色（放码点），表示该点曾经放过码。

2. ▭ 【等分放缩】

【等分放缩】工具的主要功能是将尺码之间的放缩量作等分处理。

按 Ctrl+u 显示资料框，按 F9+F12 呈现网状，按 F6 键进入【F6】面板，在资料框的尺码表中，配合 Shift 键，右键选择不想改变的尺码，如最小码和最大码。选择【等分放缩】工具，鼠标左键点击在放缩点A上，将放缩量在全部尺码内等分，如图3-11所示。

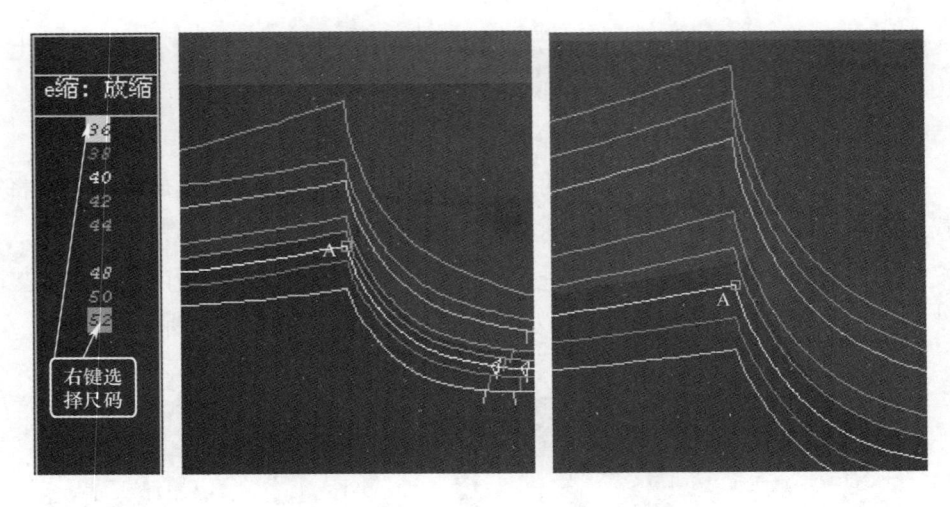

图3-11　等分放缩

3. ![] 【复印X值】

【复印X值】工具的主要功能是复制X轴放缩量到其他一点或一组点。配合 Shift 键可连续选点。

按 F9 + F12 呈现网状，按 F6 键进入【F6】面板，选择【复印X值】工具，鼠标左键点击在参考点A上，鼠标左键再点击在相关放缩点B上，A点X轴放缩量复制给B点。或先按住 Shift 键，右键点击选择一组点，如B、C、D点，选择【复印X值】工具，鼠标左键点击在参考点A上，鼠标左键再点击在相关放缩点B、C、D任意一点上，A点X轴放缩量复制给B、C、D点。

4. ![] 【复印Y值】

【复印Y值】工具的主要功能是复制Y轴放缩量到其他一点或一组点。配合 Shift 键可连续选点。具体操作与【复印X值】工具相同。

5. ![] 【复印XY值】

【复印XY值】工具的主要功能是复制X轴、Y轴放缩量到其他一点或一组点。配合 Shift 键可连续选点。具体操作与【复印X值】工具相同。

6. ![] 【取消放缩】

【取消放缩】工具的主要功能是将放缩点X轴、Y轴的放缩值归零。配合 Shift 键可连续选点。

按 F9 + F12 呈现网状，按 F6 键进入【F6】面板，选择【取消放缩】工具，鼠标左键直接点击在要取消放缩的放缩点上，或先按住 Shift 键，右键点击选择一组点，选择【取消放缩】工具，鼠标左键再点击在相关放缩点任意一点上，放缩值归零。

7. ![] 【比率放缩】

【比率放缩】工具的主要功能是将两点之间的所有点按比率放缩。配合 空格键 可以更改放缩方向。只可应用在线段上。通常情况下，将裁片的控制端点进行尺码放缩，其他点则利用【比率放缩】工具进行顺放。

按 F9 + F12 呈现网状，按 F6 键进入【F6】面板，选择【比率放缩】工具，鼠标左键点击在放缩点A上，鼠标左键再点击在放缩点B上（按住鼠标不放松，利用 空格键 可以更改放缩方向），线段AB里的所有点会依据A、B两个点的放缩值按比率放缩，如图3-12所示。

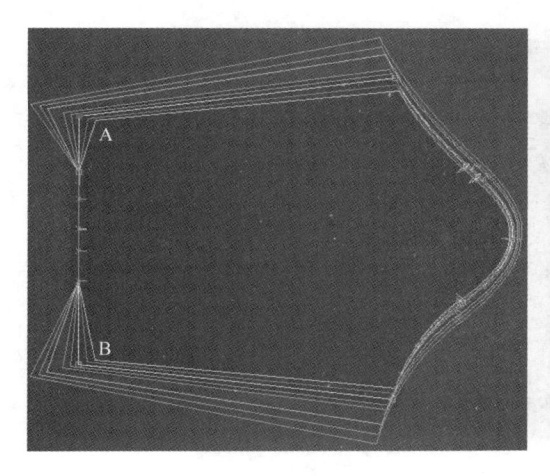

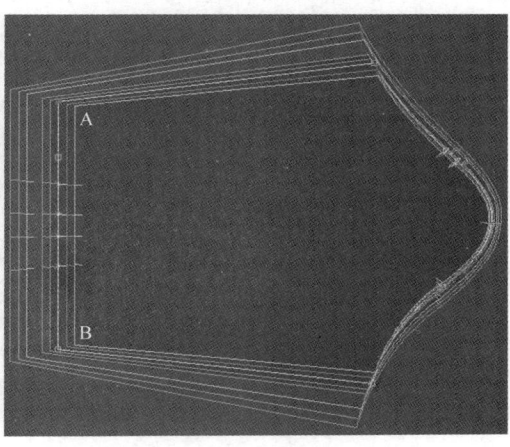

图3-12　比率放缩

8. 【两点比率放缩】

【两点比率放缩】工具的主要功能是将任意一点或一组点（通常为加上记号的相关内点，如纽扣点），依据另外两点作比率放缩。

按 F9 + F12 呈现网状，按 F6 键进入【F6】面板，选择【两点比率放缩】工具，鼠标左键点击在放缩点A和放缩点B上，再点击在有记号的相关内点C上，此时相关内点C依据放缩点A与放缩点B的放缩量按比率放缩，如图3-13所示。

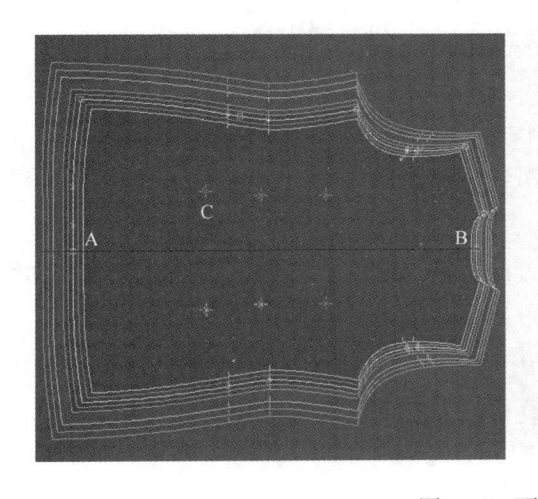

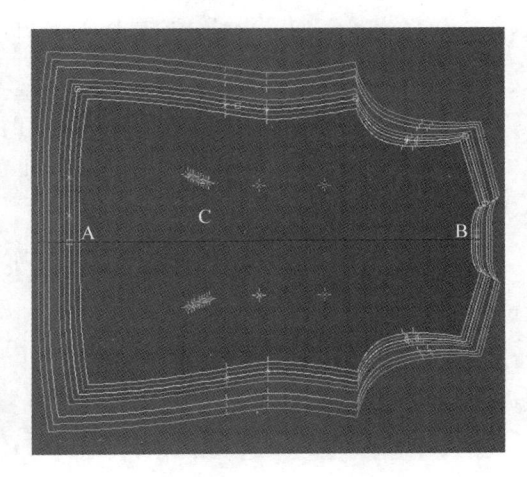

图3-13　两点比率放缩

9. 【旋转放缩】

【旋转放缩】工具的主要功能是依据两放缩点的放缩量，旋转放缩。配合空格键可更换旋转的方向。

按F9+F12呈现网状，按F6键进入【F6】面板，选择【旋转放缩】工具，鼠标左键点击在放缩点A和放缩点B上（可按住鼠标不松手，用空格键更改旋转的方向），裁片依据两放缩点的放缩量旋转放缩，如图3-14所示。

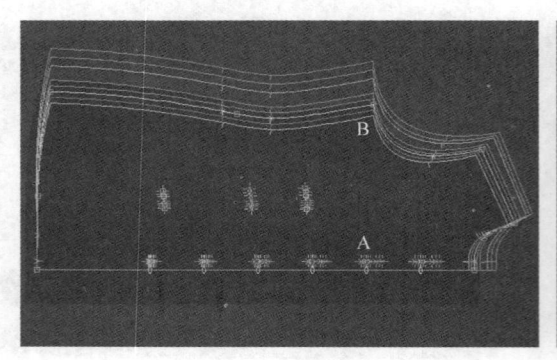

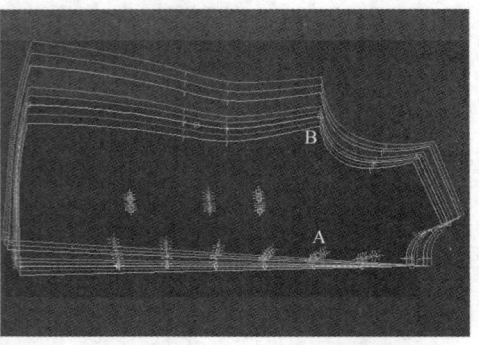

图3-14 旋转放缩

图3-15 【定向放缩】输入框

10. 【定向放缩】

【定向放缩】工具的主要功能是使参考点在特定方向上进行"长度"的放缩和"角度"的旋转。配合空格键可以更改轴线的方向，配合Esc键可以退出此功能。通常使用该工具给裁片肩头位进行定向放缩。

（1）按F6键进入【F6】面板，选择【定向放缩】工具，鼠标左键点击参考点A，出现与肩线平行带箭头的黑色轴线，按空格键可以更改轴线方向，使之与肩线垂直，如图3-16（a）、图3-16（b）所示。鼠标左键再次点击参考点A，弹出输入框如图3-15所示，按↓键进入输入框输入数值。

（2）输入框中【角度】表示尺码放缩时旋转的角度，【7:10】表示"7码"到"10码"的放缩量，【10:11】表示"10码"到"11码"的放缩量，【11:13】表示"11码"到"13码"的放缩量。

输入"+"数，表示放缩方向与轴线箭头方向一致；输入"-"数，表示放缩方向与轴线箭头方向相反。

输入【角度】为"0"，【7:10】、【10:11】、【11:13】为"1"，得到放缩网状如图3-16（c）所示。

输入【角度】为"30"，【7:10】为"1"，【10:11】为"2"，【11:13】为"3"，得到放缩网状如图3-16（d）所示。

参考点A与参考点B各码都放缩"1cm"，无旋转，得到放缩网状如图3-16（e）所示。

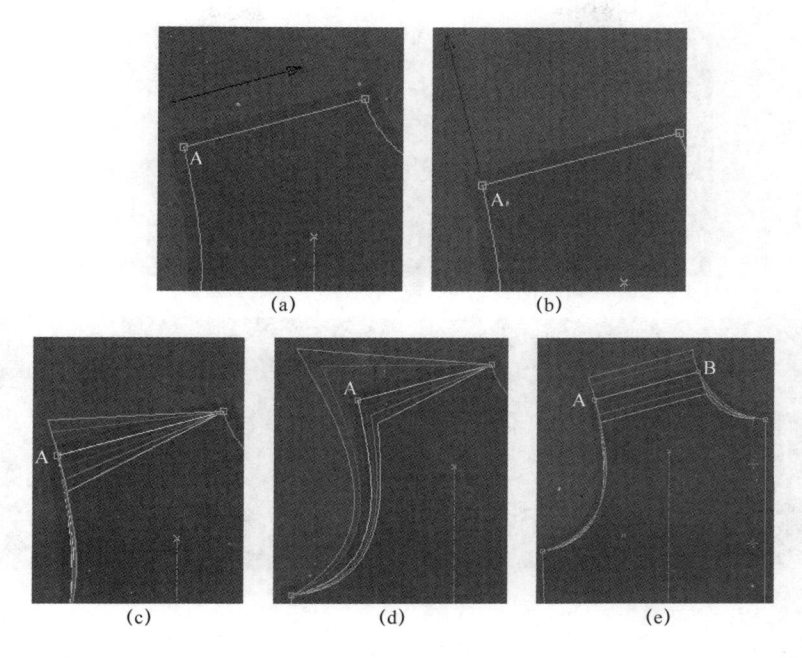

图3-16　定向放缩

11. ▭▭▭【X轴翻转】

【X轴翻转】工具的主要功能是以X轴为对称轴翻转放缩量。按 F9 + F12 呈现网状，按 F6 键进入【F6】面板，选择【X轴翻转】工具，鼠标左键点击需要X轴翻转的放缩点即可。可按住 Shift 键不松手，鼠标右键选择多点一起翻转。

12. ▭▭▭【Y轴翻转】

【Y轴翻转】工具的主要功能是以Y轴为对称轴翻转放缩量。具体操作步骤与【X轴翻转】工具相同。

13. ▭▭▭【转45°】

【转45°】工具的主要功能是以45°旋转放缩量。具体操作步骤与【X轴翻转】工具相同。

14. ▭▭▭【转90°】

【转90°】工具的主要功能是以90°旋转放缩量。具体操作步骤与【X轴翻转】工具相同。

15. ▭▭▭【复印线段】

【复印线段】工具的主要功能是将一段线段的放缩量复制到另一线段上。在复制过程中，两线段放缩的端点数相等。

按 F9 + F12 呈现网状，按 F6 键进入【F6】面板，选择【复印线段】工具，鼠标左键点击在放缩点A与放缩点B上（可按住鼠标不放松，用 空格键 更改选择线段的方向），鼠标左键点击在另一裁片的放缩点C与放缩点D上（可按住鼠标不放松，用 空格键 更改选择线段的方向），线段AB的放缩量复制到线段CD上，如图3-17所示。

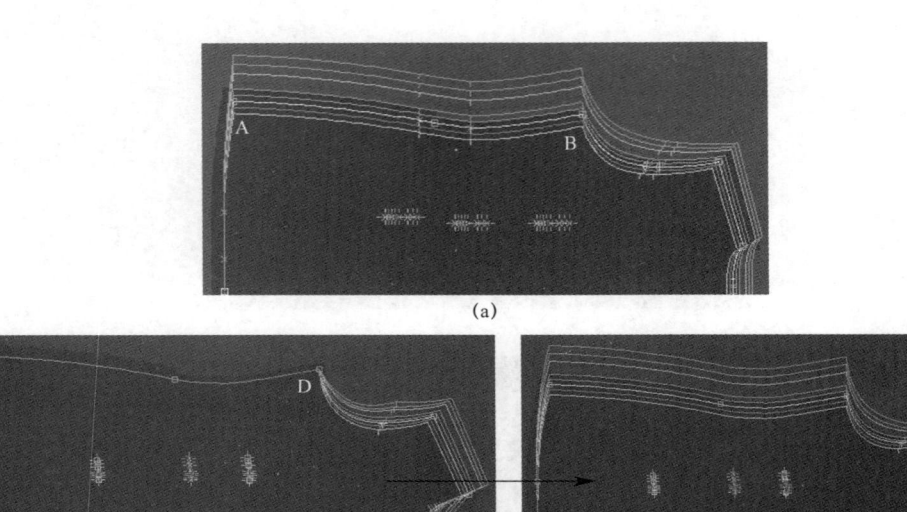

图3-17 复印线段

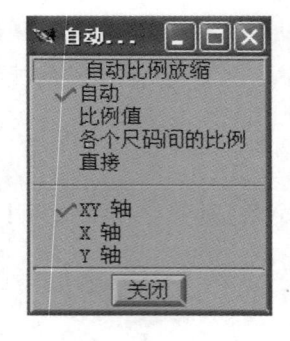

图3-18 【自动比例放缩】对话框

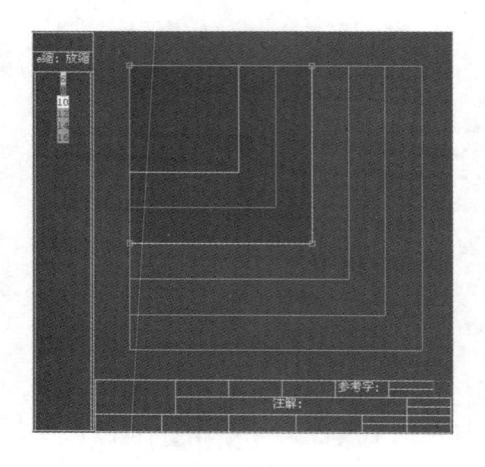

图3-19 自动模式放缩结果

16. 【自动比例放缩】

【自动比例放缩】工具的主要功能是配合不同参数自动按比例放码。

(1)按F6键进入【F6】面板,点击【自动比例放缩】工具右上角的小三角,弹出【自动比例放缩】对话框,如图3-18所示。

【自动比例放缩】包括有【自动】、【比例值】、【各个尺码间的比例】、【直接】四种模式,这四种模式可以同时运用于"X"和"Y"轴,或分别运用于"X"轴或"Y"轴。

(2)选择尺码,以6、8、10(基码)、12、14、16码为例,选择"XY轴"选项打钩"√",将这四种模式分别运用于边长为"20cm"的正方形裁片上。

①自动模式。此模式不会出现输入框,只适合用在数字码表,缩放计算公式为:尺寸X/基码×边长,计算结果见表3-2。

选择【自动比例放缩】工具,点击正方形裁片,按F9+F12显示裁片放缩结果如图3-19所示。

表3-2 自动模式计算结果

尺码6	6/10=0.6	0.6×20=12cm
尺码8	8/10=0.8	0.8×20=16cm
基码10	10/10=1	1×20=20cm
尺码12	12/10=1.2	1.2×20=24cm
尺码14	14/10=1.4	1.4×20=28cm
尺码16	16/10=1.6	1.6×20=32cm

②各个尺码间的比例模式。此模式适用于数字码表或字母数字码表，缩放计算公式为：低于基码的尺寸为：大一个尺码值－大一个尺码值×输入的百分比；高于基码的尺寸为：小一个尺码值+小一个尺码值×输入的百分比。输入百分比如图3-20所示，计算结果见表3-3，裁片放缩结果如图3-21所示。

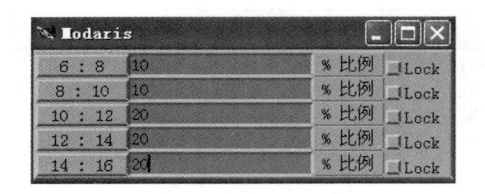

图3-20 输入百分比

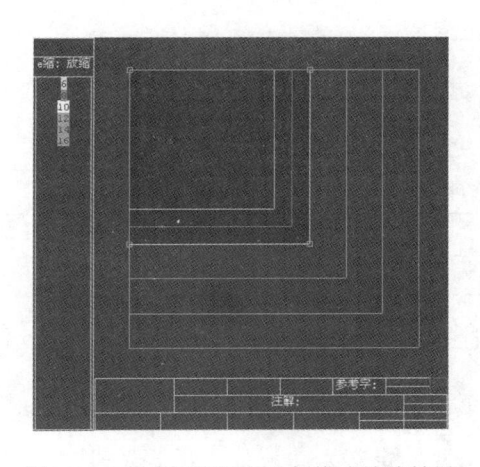

图3-21 各个尺码间的比例模式放缩结果

表3-3 各个尺码间的比例模式计算结果

尺码6	10%	10%×18=1.8	18-1.8=16.2cm
尺码8	10%	10%×20=2	20-2=18cm
基码10			20cm
尺码12	20%	20%×20=4	20+4=24cm
尺码14	20%	20%×24=4.8	24+4.8=28.8cm
尺码16	20%	20%×28.8=5.76	28.8+5.76=34.56cm

③比例值模式。此模式适用于数字码表或字母数字码表，缩放计算公式为：低于基码的尺寸为：大一个尺码值－基码尺码值×输入的百分比；高于基码的尺寸为：小一个尺码值+基码尺码值×输入的百分比。计算结果见表3-4。

表3-4　比例值模式计算结果

尺码6	10%	10%×20=2	18−2=16cm
尺码8	10%	10%×20=2	20−2=18cm
基码10			20cm
尺码12	20%	20%×20=4	20+4=24cm
尺码14	20%	20%×20=4	24+4=28cm
尺码16	20%	20%×20=4	28+4=32cm

④直接模式。此模式适用于数字码表或字母数字码表，缩放计算公式为：基码尺寸值×输入的百分比。输入百分比如图3-22所示，计算结果见表3-5。

图3-22　输入百分比

表3-5　直接模式计算结果

尺码6	80%	80%×20=16	16cm
尺码8	90%	90%×20=18	18cm
基码10			20cm
尺码12	110%	110%×20=22	22cm
尺码14	125%	125%×20=25	25cm
尺码16	140%	140%×20=28	28cm

（三）缩放规则工具

1. 【储存放缩】

【储存放缩】工具的主要功能是把放缩点的放缩量存入规则资料库内，利用【读出放缩】工具可以读出这些储存的放缩量。

（1）点击下拉菜单【档案】→【访问路径】，点击【规则资料库】输入框设定好储存放缩量的路径，这里选择的路径为D:/Modaris/。

（2）按 F9 + F12 呈现网状，点击下拉菜单【编辑】→【编辑】打钩"√"，鼠标左键点击在放码点A上，输入"1"，按 Enter 键结束输入，"1"代表此放缩量。在放码点B上输入"2"，在放码点C上输入"3"，在放码点D上输入"4"，在放码点E上输入"5"，在放码点F上输入"6"，均按 Enter 键结束输入，此时屏幕无变化。

（3）点击下拉菜单【显示】→【点名称】打钩"√"，点名称"1~6"均显示在工作页中，如图3-23所示。

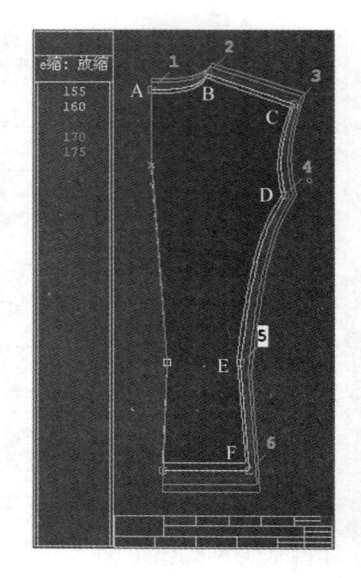

图3-23　显示点名称

（4）按F6键进入【F6】面板，点击【储存放缩】工具，鼠标右键框选点名称"1~6"，鼠标左键点击任意点名称，屏幕无变化，但在D:/Modaris/文件夹中储存了"1~6"点名称文件。

2. ▱ 【读出放缩】

【读出放缩】工具的主要功能是读出存入规则资料库内的放缩量。

（1）点击下拉菜单【显示】→【点名称】打钩"√"，点击下拉菜单【编辑】→【编辑】打钩"√"，在没有放码的裁片上，鼠标左键点击参考点A，输入"1"，按Enter键结束输入，表示参考点A将读出"1"的放缩量。在参考点B输入"2"，在参考点C输入"3"，在参考点D输入"4"，在参考点E输入"5"，在参考点F输入"5"，在参考点G输入"6"，在参考点H输入"6"（一个储存的放缩量可输出给多个参考点），均按Enter键结束输入，如图3-24左图所示。

（2）按F6键进入【F6】面板，点击【读出放缩】工具，鼠标右键框选所有点名称，鼠标左键点击任意点名称，裁片根据每个点读出的放缩量放缩，按F9+F12呈现网状，如图3-24（b）所示。

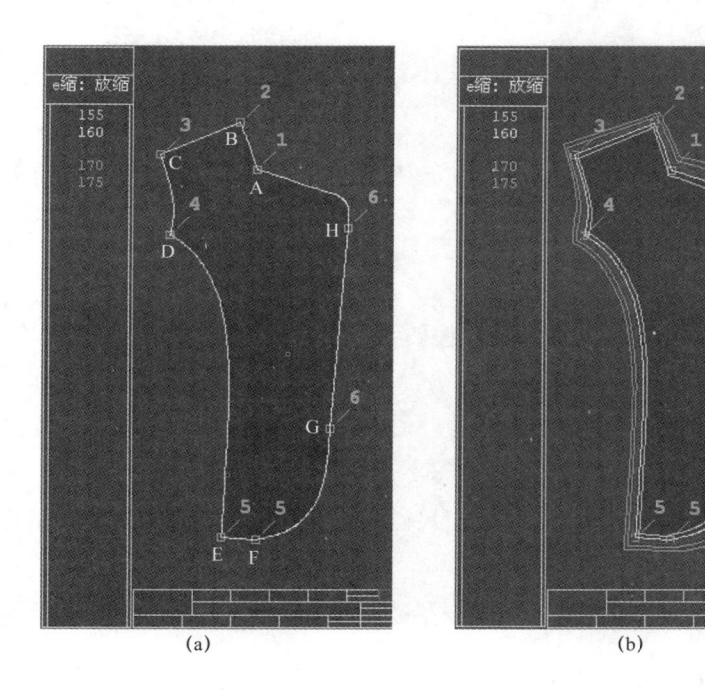

图3-24 读出放缩

二、【F7】工具箱面板

鼠标左键单击【工具箱选择栏】上的【F7】或者按键盘上的快捷键F7键，或者直接点击【工具箱显示区】中的图标 ▱ ，进入【F7】工具箱面板。

【F7】面板包括尺码系统面板与修改网状面板，如图3-25所示。

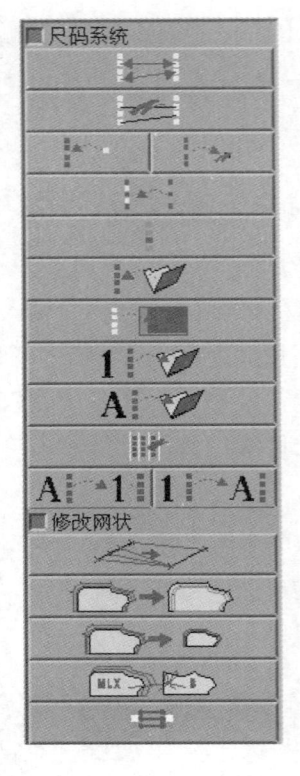

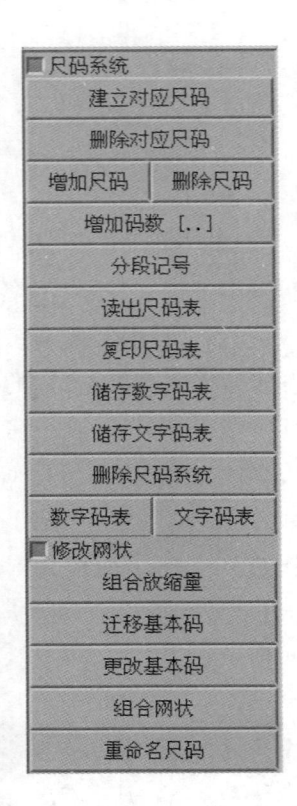

图3-25 【F7】工具箱面板

（一）尺码系统工具

1. ▭▭▭【建立对应尺码】

【建立对应尺码】工具的主要功能是使两组不同的尺码系统可以相互对应。

（1）按 Ctrl + U 显示资料框，按 F7 键进入【F7】面板，选择【读出尺码表】工具，鼠标左键点击资料框的尺码表，读出"42（基码）-40（最小码）-48（最大码）"的尺码表。

（2）点击下拉菜单【尺码】→【对应尺码】打钩"√"，尺码表显示如图3-26（a）所示。

（3）选择【读出尺码表】工具，鼠标左键点击资料框的尺码表，读出"M-S-XL"尺码表。

（4）按 F7 进入【F7】面板，选择【建立对应尺码】工具，鼠标左键点击"40"，再点击"S"，"40"与"S"之间出现红色线段，表示"40"码与"S"码相对应，并且是最小码。

点击"42"，再点击"M"，"42"与"M"之间出现白色线段，表示"42"码与"M"码相对应，并且是基码。

再点击"44"码与"L"码相对应，"46"码、"48"码与"XL"码相对应。显示结果如图3-26（b）所示。

(a)

(b)

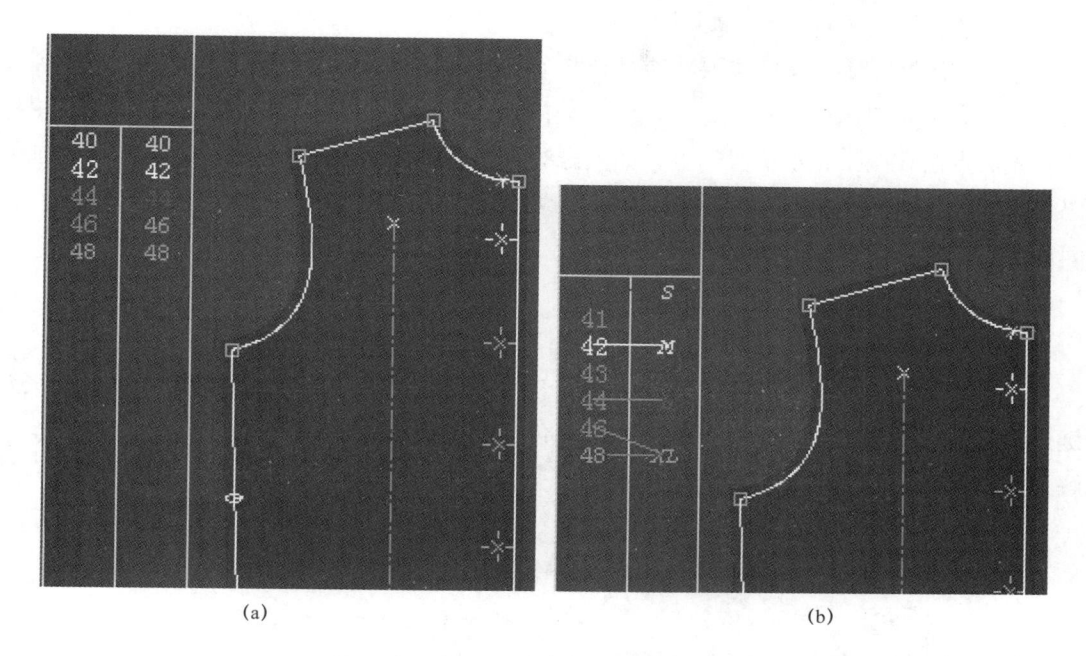

图3-26　建立对应尺码

2. ▱▱▱【删除对应尺码】

【删除对应尺码】工具的主要功能是删除两组相互对应的尺码。

点击下拉菜单【尺码】→【对应尺码】打钩"√"，显示对应尺码。按F7键进入【F7】面板，选择【删除对应尺码】工具，鼠标左键点击在尺码的对应连线上，删除对应尺码。

3. ▱▱▱【增加尺码】

【增加尺码】工具的主要功能是在工作页中增加新尺码。

（1）按 Ctrl + u 显示资料框，按 F7 键进入【F7】面板，选择【增加尺码】工具。

（2）如果是数字码表，鼠标左键点击资料框的尺码表，直接在弹出的【增加的尺码的名称】输入框中输入码数即可，如输入"39"，如图3-27所示。

图3-27　输入增加的尺码名称

（3）如果是文字码表，在弹出的【增加的尺码的名称】输入框中输入"最小码-1"，如"XS-1"，"最大码+1"，如"XXL+1"，或"L+1"等。

4. ▱▱▱【删除尺码】

【删除尺码】工具的主要功能是删除工作页内多余的尺码。除了基本码，其他尺码都可以删除。

按 Ctrl + u 显示资料框，按 F7 键进入【F7】面板，选择【删除尺码】工具，鼠标左键直接点击在要删除的尺码上，该尺码被删除。

5. ▭▭▭ 【增加码数[..]】

【增加码数[..]】工具的主要功能是在两个尺码间插入一个或一个以上的码数。

按 Ctrl+u 显示资料框，按 F7 键进入【F7】面板，选择【增加码数[..]】工具，鼠标左键先后点击在两个相连的尺码上，如点击8码与9码，在弹出的【两尺码之间需要增加的码数】输入框内输入需要增加尺码的数目，如输入"2"，按 Enter 键确认，在8码与9码间增加了"8+1/3"码和"8+2/3"码。

6. ▭▭▭ 【分段记号】

【分段记号】工具的主要功能是设置分段尺码记号，分段记号颜色为红色。

按 Ctrl+u 显示资料框，按 F7 键进入【F7】面板，选择【分段记号】工具，鼠标左键点击在需要分段的尺码上，该尺码变成红色，则设定了分段尺码记号。再点击一次，则解开分段尺码记号。

7. ▭▭▭ 【读出尺码表】

【读出尺码表】工具的主要功能是在工作页里读出所需的尺码表。

（1）按 Ctrl+u 显示资料框，按 F7 键进入【F7】面板，选择【读出尺码表】工具，鼠标左键点击在【款式系列】图标工作页的尺码表上，出现路径对话框，选择路径读取合适的尺码表即可。

（2）在建立新【款式系列】后，便应该马上读出尺码表。如果还没确定尺码表，可以按 F10 键，系统会自动给款式系列生成一个尺码框和"7~13"码的尺码表。

8. ▭▭▭ 【复印尺码表】

【复印尺码表】工具的主要功能是将现用工作页的尺码表复制给其他工作页。

（1）按 Ctrl+u 显示资料框，按 Ctrl+a 选择所有工作页。

（2）按 F7 进入【F7】面板，选择【复印尺码表】工具。鼠标左键点击在参考工作页的尺码表上，再点击在已选工作页的尺码表上，参考工作页的尺码表复制到所有已选工作页上。

如果要转换尺码表，参考工作页应该是【款式系列】图标工作页。裁片的放缩量会随着尺码表的改变而有所调整。

9. ▭▭▭ 【储存数字码表】

【储存数字码表】工具的主要功能是将数字尺码表存入系统资料库。

（1）按 Ctrl+u 显示资料框，按 F7 键进入【F7】面板，选择【储存数字码表】工具。

（2）鼠标左键点击【款式系列】图标工作页的【尺码表名称】位置，如图3-28（a）所

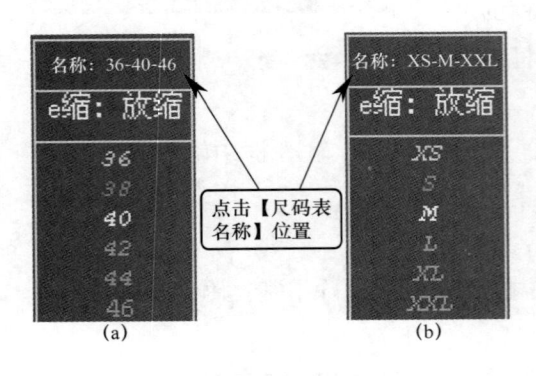

图3-28 储存数字/文字码表

示，弹出储存尺码表对话框，选择路径并输入储存尺码表的名称，完成后缀为".EVN"的数字码表储存。

10. [图标]【储存文字码表】

【储存文字码表】工具的主要功能是将文字尺码表存入系统资料库。

（1）按 Ctrl + u 显示资料框，按 F7 键进入【F7】面板，选择【储存文字码表】工具。

（2）鼠标左键点击【款式系列】图标工作页的【尺码表名称】位置，如图3-28（b）所示，弹出储存尺码表对话框，选择路径并输入储存尺码表的名称，完成后缀为".EVA"文字码表储存。

11. [图标]【删除尺码系统】

【删除尺码系统】工具的主要功能是删除工作页内的【特殊放缩1】或【特殊放缩2】的尺码系统，不能删除基本尺码系统。

按 Ctrl + u 显示资料框，按 F7 键进入【F7】面板，选择【删除尺码系统】工具，鼠标左键点击【特殊放缩1】或【特殊放缩2】尺码表的【尺码表名称】位置，删除该尺码系统，如图3-29所示。

12. [图标]【数字码表】

【数字码表】工具的主要功能是将文字尺码表转换为数字尺码表。但只有"数字形式的文字尺码表"才能转换，"文字形式的文字尺码表"不能转换。如"2-6-12.EVA"数字形式的文字尺码表能转换，"XS-M-XXL.EVA"文字形式的文字尺码表不能转换。

按 Ctrl + u 显示资料框，按 F7 键进入【F7】面板，选择【数字码表】工具。鼠标左键点击在资料框的尺码表内，文字码表转换为数字码表。如图3-30所示，一条黄线表示文字尺码表，两条黄线表示数字尺码表。

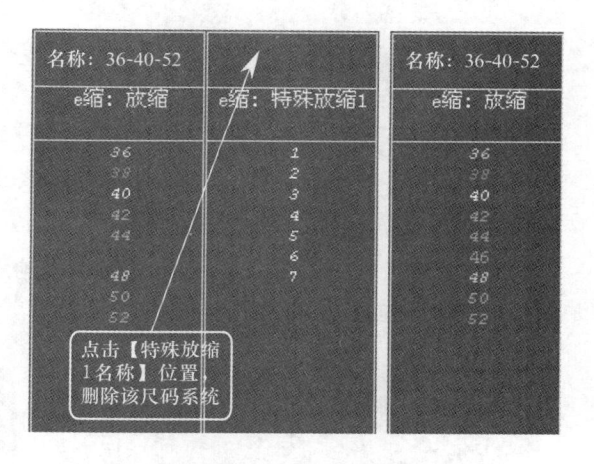

图3-29 删除【特殊放缩】尺码系统

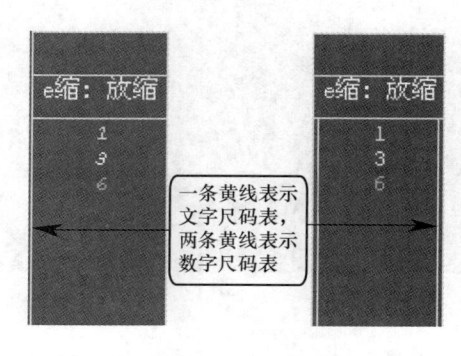

图3-30 文字尺码表转换成数字尺码表

13. [图标]【文字码表】

【文字码表】工具的主要功能是将数字尺码表转换为文字尺码表。

按 Ctrl + u 显示资料框，按 F7 键进入【F7】面板，选择【文字码表】工具。鼠标左键点击在资料框的尺码表内，数字码表转换为文字码表。

（二）修改网状工具

1. ▱ 【组合放缩量】

【组合放缩量】工具的主要功能是将一组或多组尺码的放缩量，组合到某一尺码上。基本码不受影响。

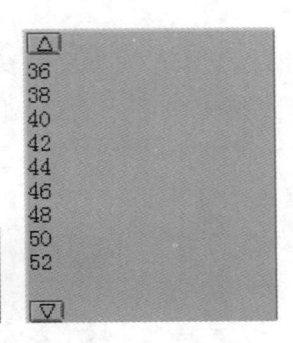

（1）按 F9 + F12 呈现网状，按 F7 键进入【F7】面板，选择【组合放缩量】工具。鼠标左键点击放缩点A，弹出数据输入框。在【组合放缩量】输入框中输入要组合放缩量的目标尺码，或按 Tab 键，在弹出的尺码列表中选择目标尺码，这里选择"40"码，如图3-31所示。

图3-31 【组合放缩量】输入框

（2）在【从】输入框中输入要组合的起始尺码，或按 Tab 键，在弹出的尺码列表中选择起始尺码，这里选择"38"码。

（3）在【至】输入框中输入要组合的终止尺码，或按 Tab 键，在弹出的尺码列表中选择终止尺码，这里选择"42"码。

（4）输入数据后按 Enter 键完成尺码的组合，指定的"38"码与"42"码被组合到指定的"40"码上，如图3-32所示。

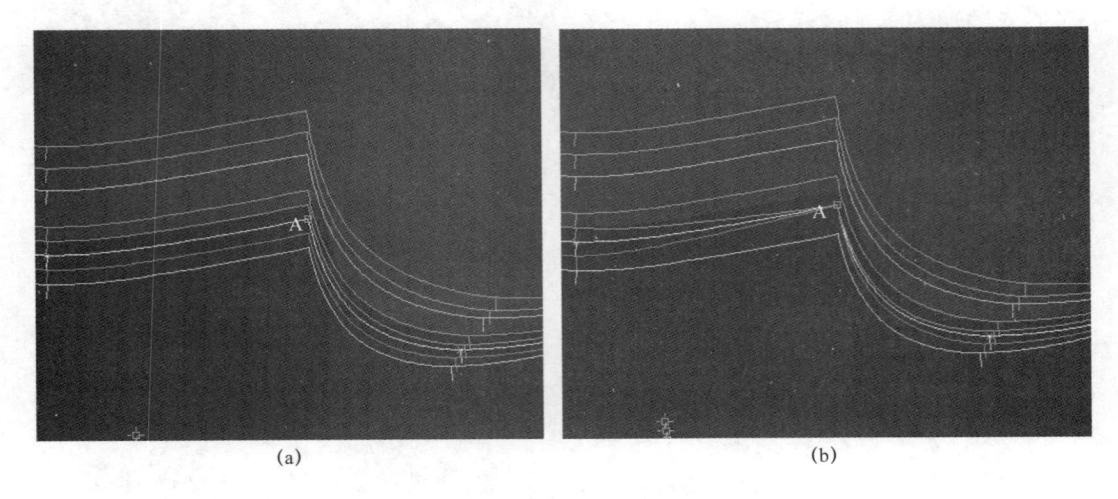

(a) (b)

图3-32 组合放缩

2. ▱→▱ 【迁移基本码】

【迁移基本码】工具的主要功能是把所需的尺码更改为基本码。迁移基本码后，网状尺寸不变，只是基本码迁移了。

按 Ctrl + U 显示资料框，按 F7 键进入【F7】面板，选择【迁移基本码】工具。鼠标左键点击在尺码表需要迁移的尺码代号上,即可完成基本码的迁移。如图3-33所示,基本码从"40"码迁移到"50"码。完成基本码迁移后,网状尺寸没有发生变化。

3. ▭▷▭ 【更改基本码】

【更改基本码】工具的主要功能是把其他码的尺码网状变为基本码尺码网状,基本码代号不变,所有尺码的网状尺寸大小随之发生改变。

按 Ctrl + u 显示资料框,按 F7 键进入【F7】面板,选择【更改基本码】工具。鼠标左键点击在尺码表上,弹出【新基础图】输入框,输入尺码或按 Tab 键选择尺码,如基本码为"40"码,现输入"48"码,按 Enter 键后,"48"码的尺码网状变成了基本码尺码网状,所有其他尺码网状在"48"码网状的基础上依次类推,但基本码还是标记为"40"码。

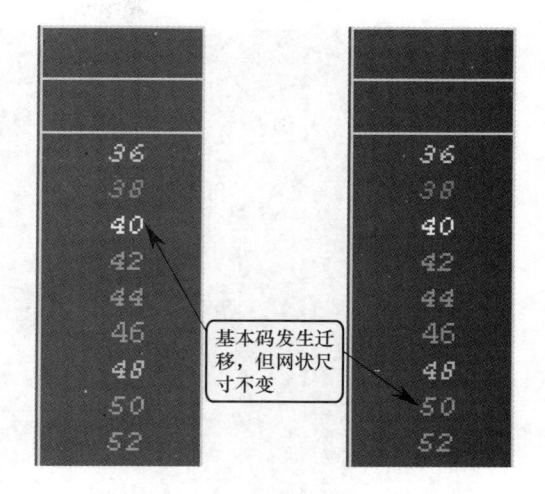

图3-33　迁移基本码

4. ▭▷▭ 【组合网状】

【组合网状】工具的主要功能是利用读图仪将手工放码的纸样,通过读图的方式输入系统后,将各工作页的裁片组合成为一组放码网状。组合裁片的点数必须相同。

以简单的正方形代替利用读图仪读入的纸样裁片为例,介绍【组合网状】工具的操作步骤。

(1)在系统工作区分别建立"8cm×8cm""9cm×9cm""10cm×10cm""11cm×11cm""12cm×12cm"五个正方形工作页。

(2)按 Ctrl + u 显示资料框,读入"XS-S-M-L-XL.EVA"尺码表。点击下拉菜单【显示】→【比率尺】打钩"√",需要在工作页内逐个显示比率尺。

(3)点击下拉菜单【显示】→【比率尺原点】打钩"√",在工作页内单击纸样原点,组合的每一张工作页(包括母板)都要设置原点,并且原点应该设置在同一位置,如图3-34所示,所有原点都设置在左上角。

(4)先将"XL"码(即"12cm×12cm"正方形)组合到母板"M"码(即"10cm×10cm"正方形)上。鼠标右键点击在母板"M"码("10cm×10cm"正方形工作页)的尺码表"XL"上,选中要组合的尺码"XL"。

(5)按 F7 键进入【F7】面板,选择【组合网状】工具。点击图3-35所示"XL"码("12cm×12cm"正方形工作页)的原点A,再点击B点,点击母板"M"码("10cm×10cm"正方形工作页)的原点C,点击D点,弹出对话框直接按 Enter 键,"XL"码的一部分线段组合到母板M码上,但屏幕没有变化,要按 F9 + F12 才能看到网状。

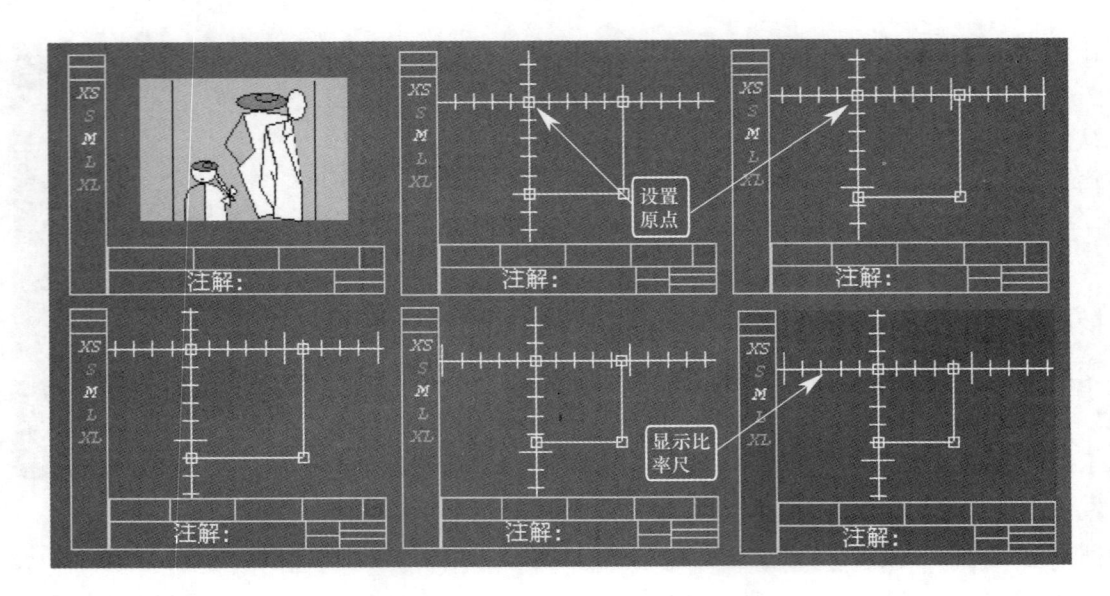

图3-34 设置原点

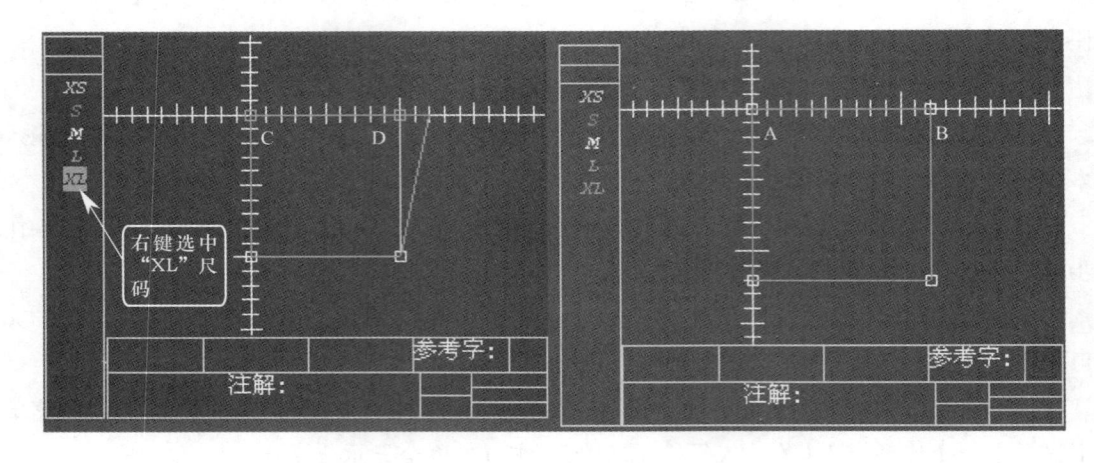

图3-35 组合网格

（6）鼠标右键点击在母板"M"码的尺码表"XL"上，继续选择【组合网状】工具，点击"XL"码的原点A，再点击点B不松手，出现粗白线，按 空格键 切换到没有组合的另一段线段，松开鼠标，点击母板"M"码的原点C，点击点D不松手，出现粗白线，按 空格键 切换到没有组合的另一段线段，松开鼠标，弹出对话框，按 Enter 键，"XL"码剩余的线段组合到"M"码上，按 F9 + F12 查看到网状，如图3-36所示。

（7）重复步骤④~⑥，将其他尺码也组合到母板"M"码上，按 F9 + F12 可以查看网状，如图3-36（b）所示。

5. 【重命名尺码】

【重命名尺码】工具的主要功能是更改尺码名称而不改变其放缩。

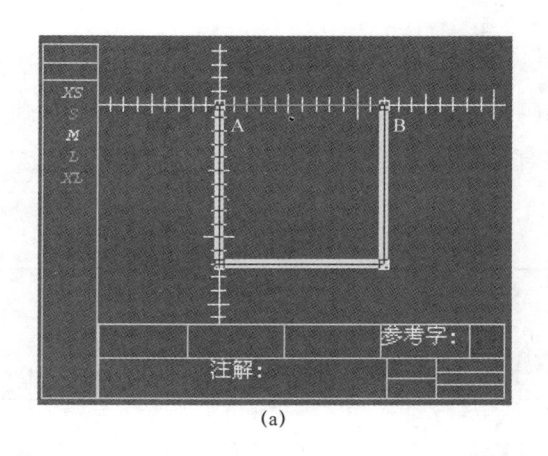

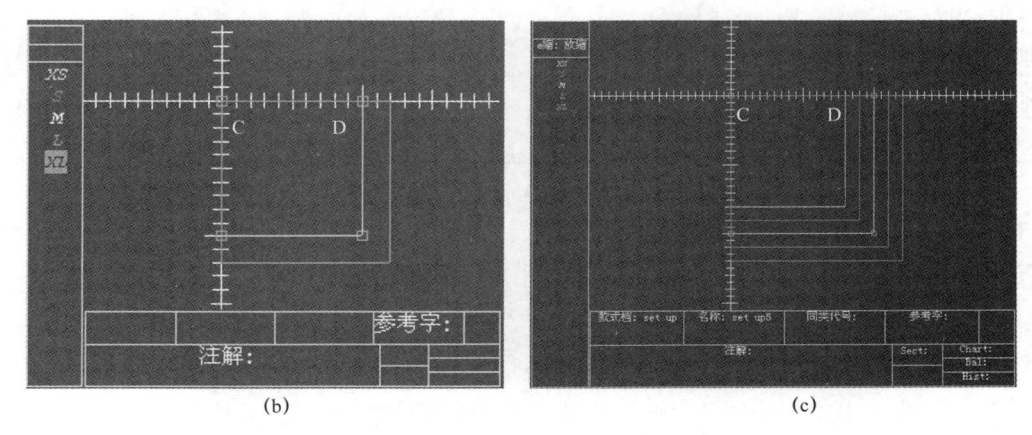

图3-36　组合网格

按 Ctrl + u 显示资料框，按 Ctrl + a 选择整个工作页，按 F7 进入【F7】面板，选择【重命名尺码】工具。鼠标左键点击在参考工作页的尺码表内，再点击在已选工作页的尺码表内，已选工作页的尺码表名称全部更改成参考工作页的尺码表名称。

第二节　纸样放码综合应用

Modaris放码系统采用了国际比较流行的点放码方式，即选择一个中间号型作为基础样板，在此基础上根据工业生产需要，按照一定的档差放出需要的号型样板，一般一次可以得到7种规格，即在基础样板的基础上放大4个码和缩小2个码。

点放码方式还需要确定原点，以原点为坐标的起点，确定X、Y坐标轴，样板上各个关键点根据距离原点坐标的远近、方位，在档差的控制下，按比例缩放，最后得出需要规格的网状图，再根据网状图制作出一系列号型的样板。

现以宽松式女衬衫的放码为例，具体讲述Modaris放码系统的功能与操作技巧。

一、成品规格与档差

选取号型160/84A（M码）为基础码（中间码），在基础码的基础上放大3个码和缩小2个码，具体成品规格与各部位档差见表3-6。

表3-6　宽松式女衬衫成品规格与档差　　　　　　　　　　　　　　单位：cm

部位 规格	150/76A （XS）	155/80A （S）	160/84A （M）	165/88A （L）	170/92A （XL）	175/96A （XXL）	档差
胸围（B）	100	104	108	112	116	120	4
衣长（L）	66	68	70	72	74	76	2
肩宽（SH）	40	41	42	43	44	45	1
袖长（SL）	53	54.5	56	57.5	59	60.5	1.5
袖口（CW）	22	23	24	25	26	27	1
领围（CL）	38.64	39.64	40.64	41.64	42.64	43.64	1

二、在Modaris系统中放码

1. 尺码表的制作

（1）在Windows操作系统中点击屏幕左下角的 按钮，选择【所有程序】中的【附件】→【记事本】按钮，打开记事本，在记事本中输入如表3-7所示的文字码表。

表3-7　文字码表

Alpha
XS
S
*M
L
XL
XXL

完成文字码表的设置，点击下拉菜单【文件】→【另存为...】，保存为文本文档"XS-M-XXL.txt"文件。

（2）其他类型尺码表的制作具体参见"第二章 第一节Modaris V6R1系统概述"。

2. 尺码表的读入

（1）双击桌面上的图标 ，打开Modaris纸样设计系统。点击下拉菜单【档案】→【开启款式系列】，打开本书附带光盘中"Standard Pattern→第三章→lady shirt.mdl"

文件。

（2）点击下拉菜单【显示】→【资料框】打钩"√"或按 Ctrl+U 键，所有工作页都出现了黄色资料框。如果资料框没有尺码框，按 F10 键，系统会自动给款式系列生成一个"7~13"码的尺码框。

（3）按 F7 键进入【F7】工具箱面板，点击【读出尺码表】工具，鼠标左键单击在【款式系列】图标工作页上，弹出【选档案】对话框，选中设置好的"XS-M-XXL.txt"文件，可以看到资料框中读入了新的尺码表。

（4）按 Ctrl+A 键，选取所有工作页，单击【F7】面板上的【复印尺码表】按钮，双击读入尺码表工作页尺码资料框的最上端，可将该尺码表复制给所有的工作页，如图3-37所示。

图3-37　复印尺码表给所有工作页

3. 前片放码

（1）衬衫前片放码方案的制订。将衬衫前片的放码基点设置在前中线与袖窿深线的交点，即图3-38中的点"O"。根据各部位放码的档差，得到衬衫前片的放码方案如图3-38所示。

（2）鼠标右键点击"前片"工作页，按 Home 键显示整张工作页。

按 F7 键进入【F6】面板，选择【放缩量】工具。鼠标左键点击在"A"端点上，弹出放码输入框，按住鼠标左键，拖动鼠标滑过"ddx"列所有数值，这些数值都变为暗灰色，输入

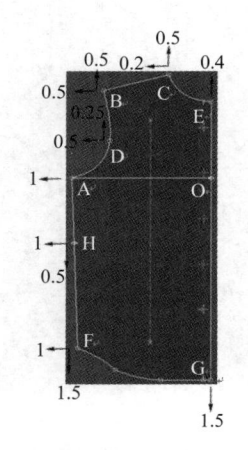

图3-38　衬衫前片放码方案

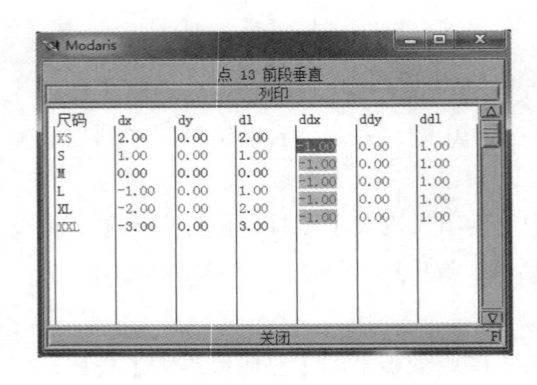

尺码	dx	dy	dl	ddx	ddy	ddl
XS	2.00	0.00	2.00	-1.00	0.00	1.00
S	1.00	0.00	1.00	-1.00	0.00	1.00
M	0.00	0.00	0.00	-1.00	0.00	1.00
L	-1.00	0.00	1.00	-1.00	0.00	1.00
XL	-2.00	0.00	2.00	-1.00	0.00	1.00
XXL	-3.00	0.00	3.00	-1.00	0.00	1.00

图3-39 【放缩量】输入框

"-1"，然后按 Enter 键，所有变为暗灰色的数值都会变为"-1"，如图3-39所示。

（3）通常情况下，工作页中的裁片没有变化，这时可以关闭放码输入框，按 F12 键选择所有码数，按 F9 键显示网格，裁片点"A"网格显示如图3-40（a）所示。黄色网格表示最小码"XS"码，橙色网格表示最大码"XXL"码，白色网格表示基础码"M"码。

（4）肩端点点"B"放码。同放缩点"A"一样，在放码输入框"ddx"列中输入"-0.5"，在"ddy"列中输入"0.5"，按 Enter 键，点"B"显示网格如图3-40（b）所示。

（5）侧颈点点"C"放码。同放缩点"A"一样，在放码输入框"ddx"列中输入"-0.2"，在"ddy"列中输入"0.5"，按 Enter 键完成点"C"放缩。

（6）端点"D"放码。同放缩点"A"一样，在放码输入框"ddx"列中输入"-0.5"，在"ddy"列中输入"0.25"，按 Enter 键完成点"D"放缩。

（7）端点"E"放码。在放码输入框"ddx"列中输入"0"，在"ddy"列中输入"0.4"，按 Enter 键完成点"E"放缩。

但这时可以看到端点"C"到端点"E"的弧线并不圆顺，原因是在这两端点之间还存在其他特性点，将弧线放码"卡"住了，如图3-41所示。

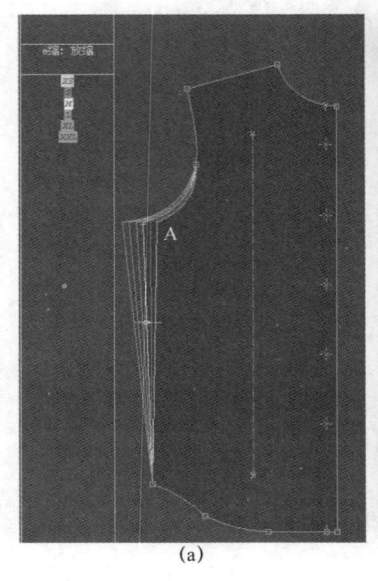

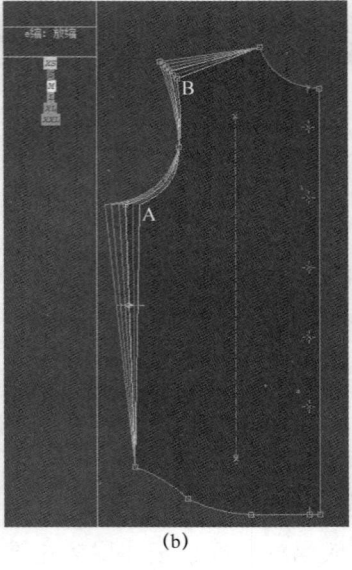

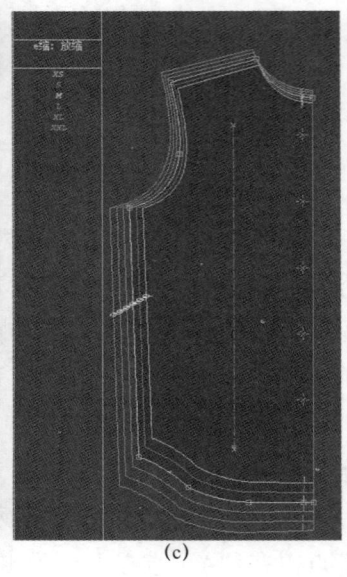

(a)　　　　　　　　(b)　　　　　　　　(c)

图3-40 衬衫前片放码

解决方法是：按 F9 + F12 呈现网状，按 F6 键进入【F6】面板，选择【比率放缩】工具，鼠标左键点击在端点"C"上，拉出白色线段，鼠标左键再点击在端点"E"上，弧线CE里的所有点会依据C、E两个端点的放缩值按比率放缩，将弧线放顺。

（8）端点"F"放码。在放码输入框"ddx"列中输入"-1"，在"ddy"列中输入"-1.5"，按 Enter 键完成"F"点放缩。

（9）端点"G"放码。在放码输入框"ddx"列中输入"0"，在"ddy"列中输入"-1.5"，按 Enter 键完成点"G"放缩。

按 F6 键进入【F6】面板，选择【比率放缩】工具，鼠标左键点击在端点"F"上，拉出白色线段，鼠标左键再点击在端点"G"上，弧线FG里的所有点会依据F、G两个端点的放缩值按比率放缩，将弧线放顺。

（10）端点"H"放码。在放码输入框"ddx"列中输入"-1"，在"ddy"列中输入"-0.5"，按 Enter 键完成"H"点放缩。

最后衬衫前片的放码如图3-40（c）所示。按 F10 键只显示基础码裁片，不显示网格；按 F9 键显示网格；按 F11 键可以分段选择尺码；按 F12 键选择所有尺码。

4. 后片放码

（1）衬衫后片放码方案的制订。将衬衫后片的放码基点设置在后中线与袖窿深线的交点，即图3-42中的点"O"。根据各部位放码的档差，得到衬衫后片的放码方案如图3-42所示。

（2）鼠标右键点击"后片"工作页，按 Home 键显示整张工作页。

按 F6 键进入【F6】面板，选择【放缩量】工具。

（3）端点"I"放码。鼠标左键点击在端点"I"上，弹出放码输入框，在放码输入框"ddx"列中输入"-1"，在"ddy"列中输入"0"，按 Enter 键完成点"I"放缩。

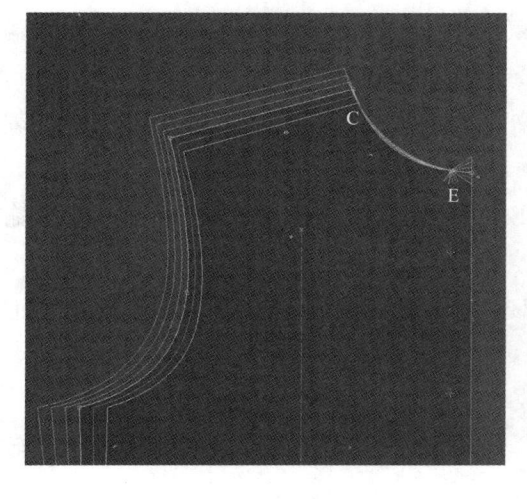

图3-41 "C"端点与"E"端点不圆顺

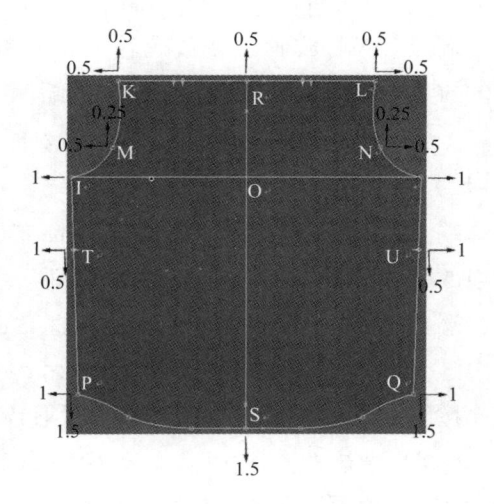

图3-42 衬衫后片放码方案

端点"J"放码。按F6键进入【F6】面板，选择【复印X值】工具，鼠标左键点击在端点"I"上，鼠标左键再点击在端点"J"上，端点"I"的X轴放缩量复制给端点"J"。

这时可以发现，端点"I"与端点"J"虽然放缩量是一样，都为"1"，但两点的放缩方向应该是相反的，这时将端点"I"的放缩量复制给端点"J"，同时也把相反的方向复制给它，需要调整端点"J"的放缩方向。

可以按F6键进入【F6】面板，选择【Y轴翻转】工具，鼠标左键点击在端点"J"上，完成端点"J"放缩方向的调整，如图3-43所示。

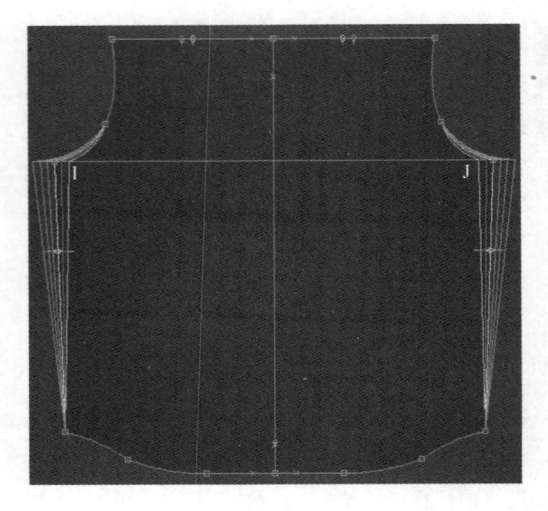

图3-43　Y轴翻转

（4）端点"K"放码。在放码输入框"ddx"列中输入"–0.5"，在"ddy"列中输入"0.5"，按Enter键完成点"K"放缩。

端点"L"放码。在放码输入框"ddx"列中输入"0.5"，在"ddy"列中输入"0.5"，按Enter键完成点"L"放缩。

端点"R"放码。由于线段KL为水平直线，端点"R"采用线段KL顺放即可。

按F6键进入【F6】面板，选择【比率放缩】工具，鼠标左键点击在端点"K"上，拉出白色线段，鼠标左键再点击在端点"L"上，直线KL里的所有点，包括点"R"，会依据K、L两个端点的放缩值按比顺放。

（5）端点"M"放码。在放码输入框"ddx"列中输入"–0.5"，在"ddy"列中输入"0.25"，按Enter键完成点"M"放缩。

端点"N"放码。在放码输入框"ddx"列中输入"0.5"，在"ddy"列中输入"0.25"，按Enter键完成点"N"放缩。

（6）端点"P"放码。在放码输入框"ddx"列中输入"–1"，在"ddy"列中输入"–1.5"，按Enter键完成点"P"放缩。

端点"Q"放码。在放码输入框"ddx"列中输入"1"，在"ddy"列中输入"–1.5"，按Enter键完成点"Q"放缩。

端点"S"放码。在放码输入框"ddx"列中输入"0"，在"ddy"列中输入"–1.5"，按Enter键完成点"S"放缩。

按F6键进入【F6】面板，选择【比率放缩】工具，放顺线段PS与线段QS。

（7）端点"T"放码。在放码输入框"ddx"列中输入"–1"，在"ddy"列中输入"–0.5"，按Enter键完成点"T"放缩。

端点"U"放码。在放码输入框"ddx"列中输入"1"，在"ddy"列中输入

"-0.5"，按Enter键完成点"U"放缩。

最后衬衫后片的放码如图3-44所示。

5. 育克（过肩）放码

（1）衬衫育克放码方案的制订。将衬衫育克的放码基点设置在如图3-45所示的点"O"。根据各部位放码的档差，得到衬衫育克的放码方案，如图3-45所示。

（2）鼠标右键点击"育克"工作页，按Home键显示整张工作页。

端点"A"放码。在放码输入框"ddx"列中输入"-0.5"，在"ddy"列中输入"0"，按Enter键完成点"A"放缩。

端点"B"放码。在放码输入框"ddx"列中输入"0.5"，在"ddy"列中输入"0"，按Enter键完成点"B"放缩。

端点"C"与端点"D"放码。按F6键进入【F6】面板，选择【复印X值】工具，鼠标左键点击在点"A"上，鼠标左键再点击在点"C"上，点"A"X轴放缩量复制给点"C"，完成点"C"放缩。鼠标左键点击在点"B"上，鼠标左键再点击在点"D"上，点"B"X轴放缩量复制给点"D"，完成点"D"放缩。

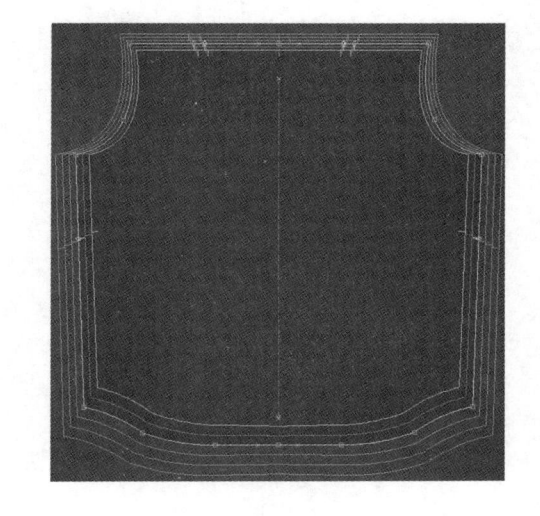

图3-44 后片放码完成图

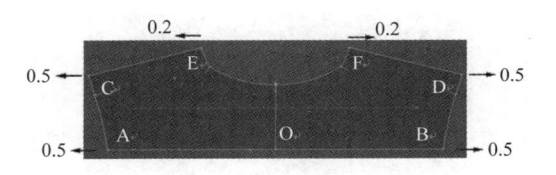

图3-45 衬衫育克放码方案

按F6键进入【F6】面板，选择【比率放缩】工具，鼠标左键点击在点"A"上，鼠标左键再点击在点"C"上，放顺线段AC，用同样的方式放顺线段BD。

端点"E"放码。在放码输入框"ddx"列中输入"-0.2"，在"ddy"列中输入"0"，按Enter键完成点"E"放缩。

端点"F"放码。在放码输入框"ddx"列中输入"0.2"，在"ddy"列中输入"0"，按Enter键完成点"F"放缩。

按F6键进入【F6】面板，选择【比率放缩】工具，分别放顺线段EG和线段FG。

最后衬衫育克的放码如图3-46所示。

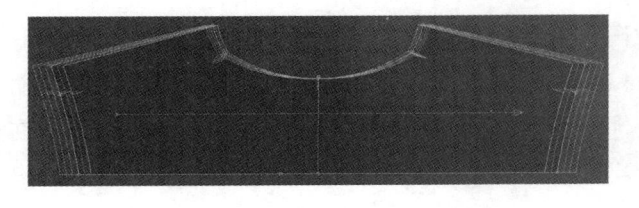

图3-46 育克放码完成图

6. 领子、袖克夫放码

衬衫领子、袖克夫放码方案的制订。衬衫的领座、领面、袖克夫分别放码，放码档差均为"1cm"，具体放码方案如图3-47、图3-48所示，具体放码方法参照衬衫的前后片、衬衫育克的放码，在此就不再赘述。

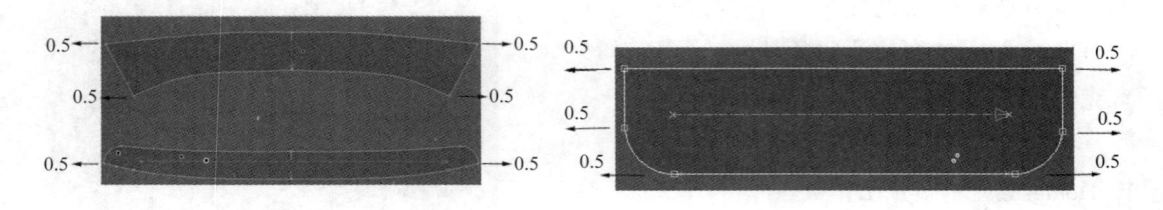

图3-47 衬衫领子放码方案

图3-48 衬衫袖克夫放码方案

7. 袖子放码

（1）衬衫袖子放码方案的制订。将衬衫袖子的放码基点设置在如图3-49所示的点"O"。根据各部位放码的档差，得到衬衫袖子的放码方案如图3-49所示。

（2）鼠标右键点击"袖子"工作页，按 Home 键显示整张工作页。

按 F6 键进入【F6】面板，选择【放缩量】工具。

（3）"A"端点放码。在放码输入框"ddx"列中输入"-0.66"，在"ddy"列中输入"0"，按 Enter 键完成点"A"放缩。

"B"端点放码。按 F6 键进入【F6】面板，选择【复印X值】工具，鼠标左键点击在点"A"上，鼠标左键再点击在点"B"上，

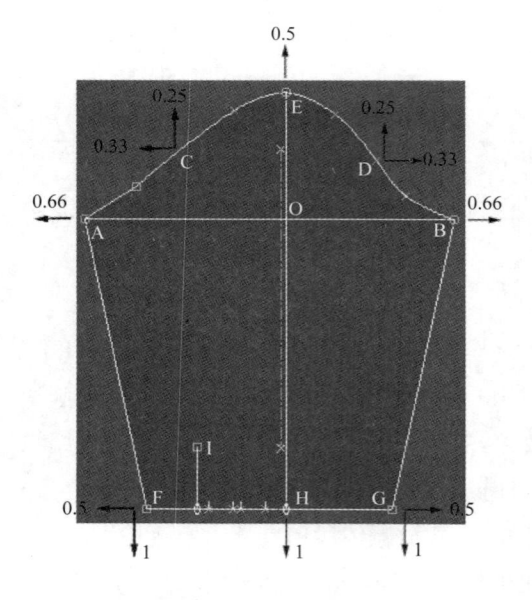

图3-49 衬衫袖子放码方案

点"A"X轴放缩量复制给点"B"。按 F6 键进入【F6】面板，选择【Y轴翻转】工具，鼠标左键点击在点"B"上，完成点"B"放缩。

（4）端点"C"放码。在放码输入框"ddx"列中输入"-0.33"，在"ddy"列中输入"0.25"，按 Enter 键完成点"C"放缩。

端点"D"放码。按 F6 键进入【F6】面板，选择【复印XY值】工具，鼠标左键点击在点"C"上，鼠标左键再点击在点"D"上，点"C"XY轴放缩量复制给点"D"。按 F6 键进入【F6】面板，选择【Y轴翻转】工具，鼠标左键点击在点"D"上，完成点"D"放缩。

（5）端点"E"放码。在放码输入框"ddx"列中输入"0"，在"ddy"列中输入

"0.5"，按 Enter 键完成点"E"放缩。

按 F6 键进入【F6】面板，选择【比率放缩】工具，修顺放码弧线。

（6）"F"端点放码。在放码输入框"ddx"列中输入"–0.5"，在"ddy"列中输入"–1"，按 Enter 键完成点"F"放缩。端点"G"放码。在放码输入框"ddx"列中输入"0.5"，在"ddy"列中输入"–1"，按 Enter 键完成点"G"放缩。"H"端点放码。在放码输入框"ddx"列中输入"0"，在"ddy"列中输入"–1"，按 Enter 键完成点"H"放缩。

按 F6 键进入【F6】面板，选择【比率放缩】工具，修顺放码弧线。

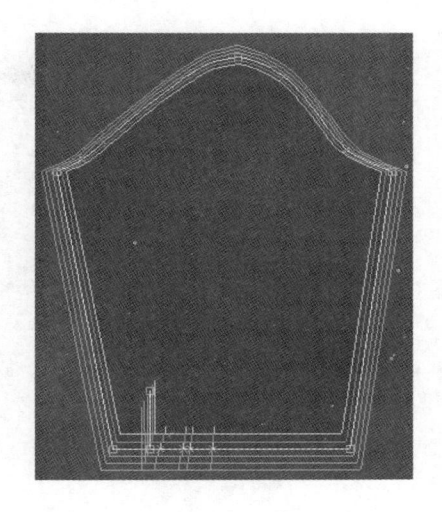

图3–50 衬衫袖子放码完成图

（7）端点"I"放码。按 F6 键进入【F6】面板，选择【两点比率放缩】工具，鼠标左键点击在点F和点G上，再点击在I点上，此时I点依据点F和点G的放缩量按比率放缩。最后完成袖子的放缩图如图3–50所示。

本章小结

■力克尺码表的制作并不是在Modaris系统内完成，而是在菜单【所有程序】→【附件】→【记事本】中完成。

■Modaris系统包括放缩、特殊放缩1、特殊放缩2三种放缩方式，针对不同用户的需求选择不同的放缩方式。

■【F6】工具箱面板包括缩放控制面板、缩放修改面板与缩放规则面板，纸样的放码工具主要集中在此面板中。

■【F7】工具箱面板包括尺码系统面板、修改网状面板，对文字码表、数字码表的导入、复制、储存、添加、删除、转换主要在此面板中进行。

思考题与实训练习

1．如何给款式系列建立数字或文字尺码表，并且读进Modaris中？

2．比率放缩工具有什么作用？

3．特殊放缩1与特殊放缩2有什么作用？怎么运用这两个工具进行裁片放码？

4．运用Modaris的放码系统，给"第二章第四节衍生裁片与成衣管理"中制作的斜向褶裥裙放码。

5．运用Modaris的放码系统，给"第二章 思考与实训练习"中制作的裤子放码。

运用与拓展——

高阶裁片关联（Modaris V6R1）

> **课题内容：** "高阶裁片关联"工具
> "高阶裁片关联"综合应用
>
> **课题时间：** 8课时
>
> **教学目的：** 通过本章的学习，掌握高阶裁片关联工具的使用，熟练运用高阶裁片关联工具进行纸样的设计。
>
> **教学方法：** 应用PPT课件，上机操作与教师讲授同步进行。
>
> **教学要求：** 1．掌握【F1】面板相关联工具的使用。
> 2．掌握【F3】面板相关联工具的使用。
> 3．掌握【F4】面板相关联工具的使用。
> 4．掌握【F5】面板相关联工具的使用。
> 5．能够熟练运用高阶裁片关联工具进行各种纸样（包括上衣、裙子、裤子、内衣、泳装等纸样）的设计。

第四章　高阶裁片关联（Modaris V6R1）

第一节　"高阶裁片关联"工具

在力克的专家系统（系统操作界面左上角有 EXPERT 标志为专家系统）中部分工具具有高阶裁片关联功能，如【F1】面板的【联系点】、【平行线】、【对称】工具，【F3】面板的【链接】、【关联到测量】、【测量限制】、【解开限制】工具，【F4】面板的【实样】、【裁片】、【以线引出实样】、【以线引出裁片】工具，【F5】面板的【轴线切割】、【两点切割】、【选线切割】工具等，这些工具可以建立服装结构图与裁片、裁片与裁片间的关联。建立关联后，修改其中一个结构图或裁片，相关联的裁片会自动作出相应的变化，而不用重新逐个修改，裁片放码也会跟随变化，节约大量制板时间。

一、【F1】面板相关联工具

1. 【联系点】工具

（1）【联系点】工具能跟随相关的定距点或滑点一起移动，并保持相对的位置不改变，通常配合相关联工具使用。

如图4-1所示，开启【状态栏】中的【影子】工具，以P点为参考点，在裤腰头上作一定距点A与定距点D。

以点A为参考点，用【直线】工具作垂直于AP的线段AC。以D点为参考点，用【联系点】工具作点E，用【直线】工具连接DE。

按F3键进入【F3】面板，选择【移动点】工具，移动定距点A到点B，可以看到点C并不跟随移动。移动定距点D到点F，联系点会相应移动到点G，并保持与定距点F的相当位置不改变。

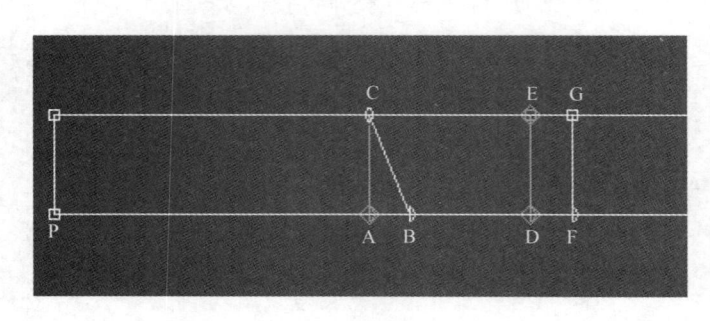

图4-1　联系点

第四章　高阶裁片关联（Modaris V6R1） | 183

（2）制作移动的口袋。按 F1 键选择【直线】工具，按 Ctrl 键绘制垂直直线AB。按 F1 键选择【定距点】工具，以A点为参考点，绘制定距点C，点C距离A点"8cm"，如图4-2所示。

以定距点C为参考点，按 F1 键选择【联系点】工具，作联系点D，点D与点C距离"10cm"。选择【直线】工具，连接点C与点D。

（3）选择【定距点】工具，以点C为参考点，作定距点E，点E距离点C"4cm"；作定距点F，点F距离点C"9cm"。

（4）选择【联系点】工具，以点E为参考点，作联系点G，点G距离E点"14cm"；以点F为参考点，作联系点H，点H距离点F"14cm"。选择【直线】工具，连接点E与点G，点F与点H、点G与点H。

图4-2　制作移动口袋

（5）选择【定距点】工具，以点F为参考点，作定距点I，点I距离点F"2.5cm"；作定距点J，点J距离点F"2.5cm"。以点H为参考点，作定距点K，点K距离点H"2.5cm"；作定距点L，点L距离点H"2.5cm"。

（6）按 F1 键进入【F1】面板，选择【切线弧线】工具，用鼠标左键点击点I，拉出白色线段，再点击点J，连接点I与点J，点击右键结束操作。鼠标左键点击K点，拉出白色线段，再点击点L，连接点K与点L，点击右键结束操作。

点击下拉菜单【显示】→【弧切线】打钩"√"，或用快捷键大写 H ，使【弧切线】打钩"√"，在暂时是直线的IJ与KL上微微露出了白色的手柄。

按 F3 键进入【F3】面板，选择【移动点】工具，调整手柄，直到得到满意的口袋弧线为止，如图4-2所示。

（7）开启【状态栏】中的【影子】工具，按 F3 键进入【F3】面板，选择【移动点】工具，移动定距点C到点M，可以看到口袋所有点跟随移动，如图4-3所示。

2. 【平行线】工具

（1）按 F1 键进入【F1】面板，点击【平行线】工具右上角的小三角，弹出【平行线/对称】对话框，点击【线段相关联】打钩"√"，关闭对话框。

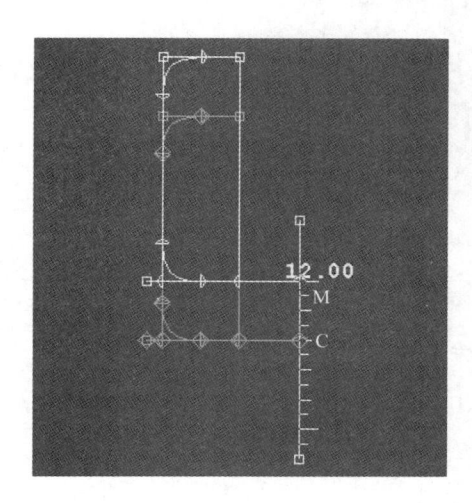

图4-3　整个口袋跟随点C移动

（2）选择【平行线】工具，鼠标左键点击如图

4-4所示的袖窿弧线AB，向左拉出平行线CD，点击鼠标左键或按↓键进入【距离】输入框，输入数值，按Enter键完成平行线的绘制，得到橙色的平行线CD。当光标经过相关联平行线CD时，原弧线AB会变为加粗的红色。

（3）取消【线段相关联】选项，鼠标左键点击弧线AB，向左拉出平行线EF，鼠标左键再次点击结束操作，得到白色的平行线EF。

（4）点击【状态栏】的【影子】按钮，开启【影子】工具，按F3键进入【F3】面板，选择【移动点】工具修改弧线AB，或选择【移动】工具移动弧线AB，有相关联的弧线CD会跟随弧线AB的形态或位置发生变化，而没有相关联的弧线EF没有任何变化，如图4-4所示。

值得注意的是，图4-4的紫色弧线为【影子】弧线，当再次点击【状态栏】的【影子】按钮，关闭【影子】工具，紫色弧线消失。

（5）当希望修改相关联弧线CD，如想使点C距离A点"2cm"，点D距离点B"3cm"，可以按F3键进入【F3】面板，选择【移动点】工具，鼠标左键点击在如图4-5所示的相关联弧线CD上，在弹出的输入框的【开始】中输入"-2cm"，【结束】中输入"-3cm"，按Enter键得到新的弧线CD，点C距离A点"2cm"，点D距离B点"3cm"。

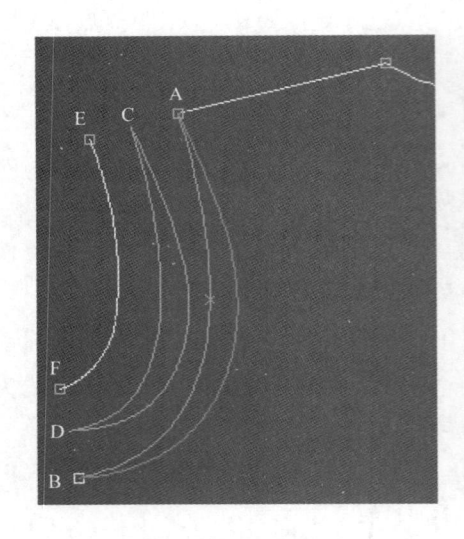

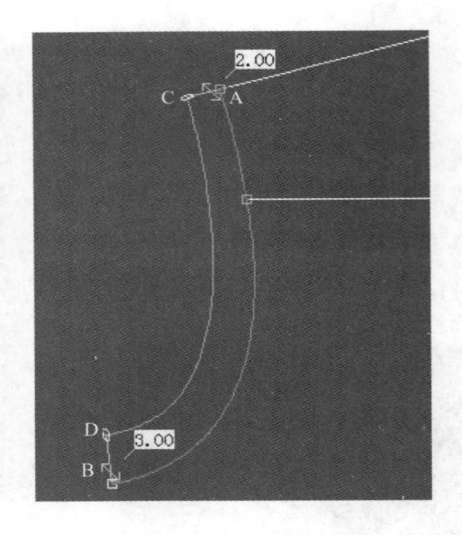

图4-4　相关联平行线　　　　图4-5　修改相关联平行线

3. 【对称】工具

（1）按F1键进入【F1】面板，选择【对称轴线】工具，作对称轴AB。点击【对称】工具右上角的小三角，弹出【平行线/对称】对话框，点击【线段相关联】打钩"√"，关闭对话框。

（2）选择【对称】工具，鼠标左键分别点击"后领窝弧线""后肩线""后袖窿弧线""后侧缝线"，作它们的对称线。

（3）点击【状态栏】的【影子】按钮，开启【影子】工具。按F3键进入【F3】面板，选择【移动点】工具，移动点C到D点，其对称点E也随之移动到点F（没有勾选"线段相关联"选项，点E不会跟随点C变化），如图4-6所示。

二、【F3】面板相关联工具

1. ![图标]【链接】

【链接】工具的主要功能是使得不同的对象（必须是2个或2个以上的对象，对象范围仅限于"定距点"和"相关联平行线"）共享同一个数值。使用

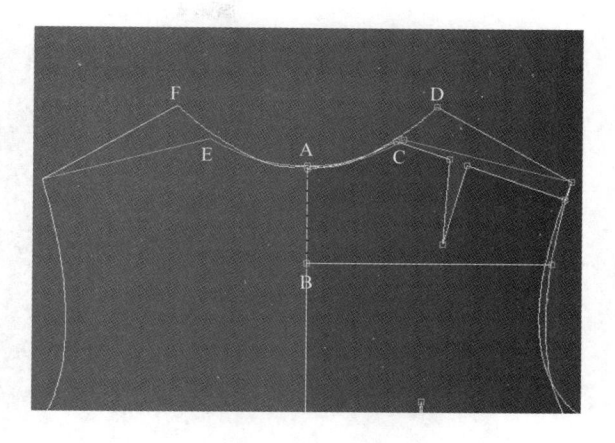

图4-6 相关联对称

此工具，对其中一个对象的任何修改都会带到与其相关联的对象中，快捷键为 =。

（1）建立平行线链接。按 F1 键进入【F1】面板，点击【平行线】工具右上角的小三角，弹出【平行线/对称】对话框，点击【线段相关联】打钩"√"，关闭对话框（必须是相关联的平行线）。

选择【平行线】工具，点击前片裤口AB，拉出相关联平行线CD，CD距离AB"5cm"。点击后片裤口EF，拉出相关联平行线GH，GH距离EF"10cm"，如图4-8（a）所示。

按 F3 键进入【F3】面板，选择【链接】工具，如果想让弧线CD"单边"或"双边"距离相关联弧线AB为"10cm"，鼠标左键按住弧线CD，按 空格键 可以切换为"单边链接"或"双边链接"，如图4-7所示，释放鼠标左键，拉出白色的线尾，鼠标左键点击线段GH，弧线CD"单边"或"双边"变为与弧线AB距离"10cm"，变化如图4-8所示。

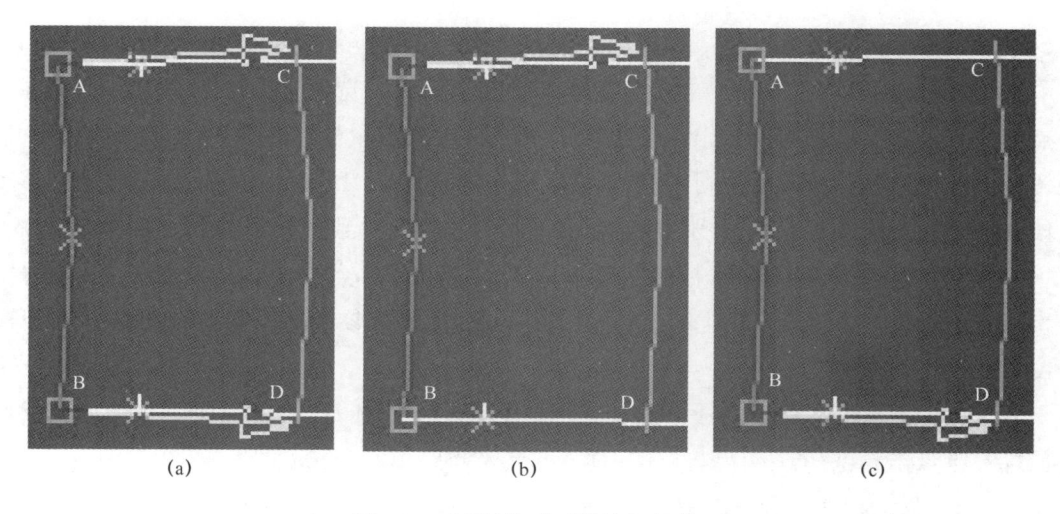

(a)　　　　　　　　(b)　　　　　　　　(c)

图4-7 "双边"或"单边"链接

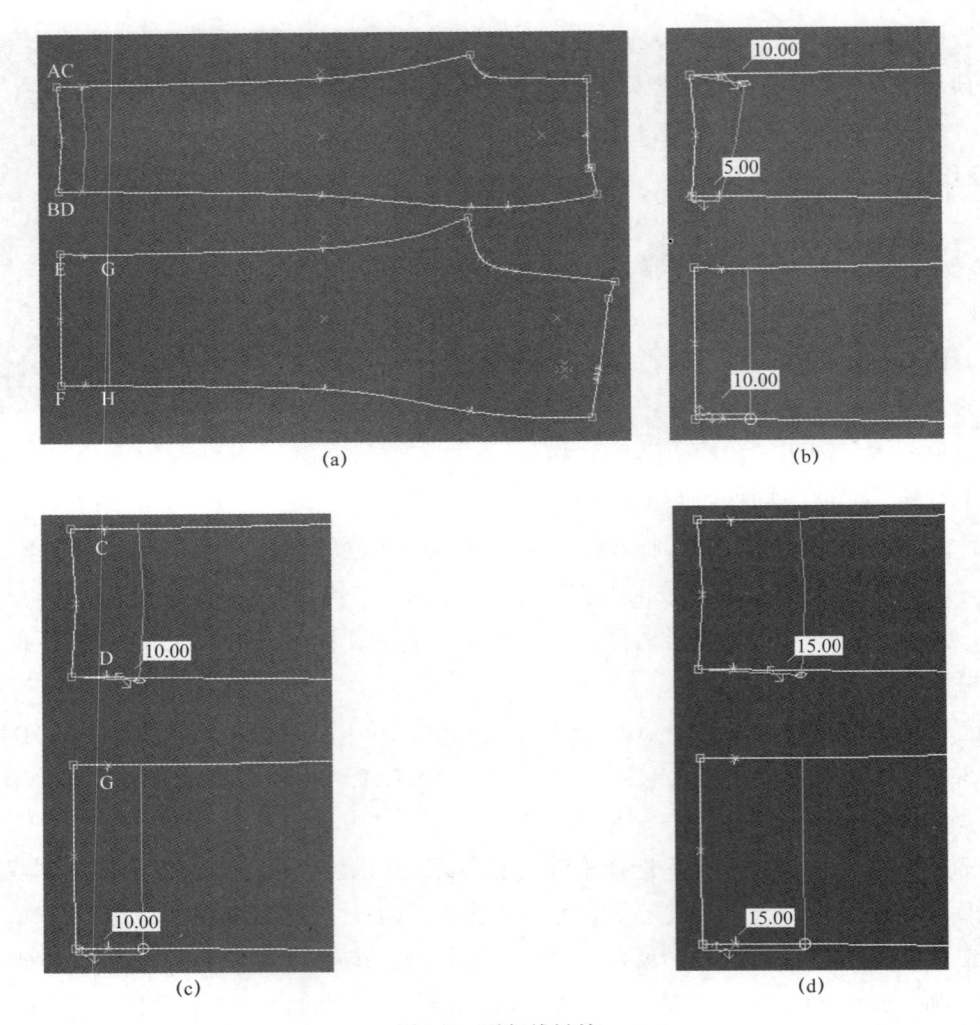

图4-8 平行线链接

（2）移动平行线链接。按F3键进入【F3】面板，选择【移动点】工具，鼠标左键点击弧线CD或线段GH，弹出【值】输入框，再次点击鼠标左键或按↓键进入输入框输入数值（此数值为相关联平行线间的距离），这里输入"15cm"，按Enter键即可移动线段，与之相链接的所有平行线的距离都会变得与这数值一致，如图4-8（b）所示。

（3）建立定距点链接。按F1键进入【F1】面板，点击【定距点】工具，以点A为参考点，绘制一点B，点B距离点A"10cm"；以A点为参考点，绘制一点C，点C距离点A"5cm"。

按F3键进入【F3】面板，选择【链接】工具，鼠标左键点击点C，拉出白色线尾，鼠标左键点击点B，点C变得与点B一样，与参考点距离为"10cm"，如图4-9所示。

（4）移动定距点链接。按F3键进入【F3】面板，选择【移动点】工具，鼠标左键点击点B或点C，移动定距点，另一点跟随移动，两点与参考点的距离保持一致。

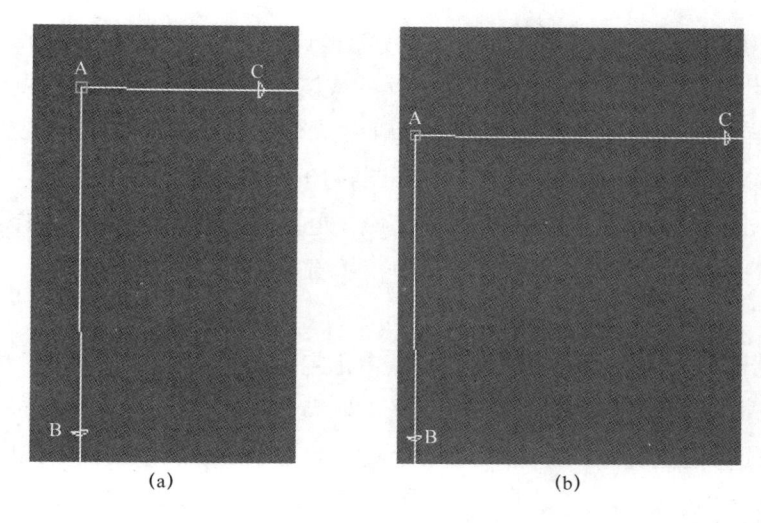

图4-9　定距点链接

2. ![icon]【关联到测量】

【关联到测量】工具的主要功能是将对象（对象范围仅限于"定距点"和"相关联平行线"）限制到常量测量值，可用于从对象值创建相关联的常量测量（使用此功能，会将对象的每项修改都同步到测量中，反之亦然），并用于删除对象的测量关联，快捷键为 Alt + n 。

另外，此命令不得应用于受测量约束的对象，因为它们不能同时受测量约束，又与测量相关联。对象只能关联到单个常量测量。互相关联的对象（使用【链接】工具定义）共享与常量测量的相同关联。

（1）建立定距点A，按 F3 键进入【F3】面板，选择【关联到测量】工具，按住 Ctrl 键，鼠标左键点击定距点A即可，这时点A变换颜色。

按 F8 键进入【F8】面板，鼠标左键点击【开启测量表】按钮，在弹出的【MCM测量表】对话框中出现了【MChart】的二级菜单。鼠标左键双击【MChart】按钮，在右边显示与点A相关的测量常量。改变该测量常量数值，定距点A跟随变换。

（2）或者先按 F8 键进入【F8】面板，鼠标左键点击【开启测量表】按钮，在弹出的【MCM测量表】对话框中先建立长度为"50cm"，名称为"123"的测量常量。

建立定距点B，按 F3 键进入【F3】面板，选择【关联到测量】工具，鼠标左键点击定距点B，弹出【测量名称】对话框，按 Tab 键，弹出测量值选项框，选择"123"，即可建立定距点B与测量常量"123"的关联，改变其中一方，另一方跟随改变。

3. ![icon]【测量限制】

【测量限制】工具的主要功能是将对象（如"定距点"）限制到动态测量值（可以是一个动态测量值或几个动态测量值之和），跟随动态测量值变化而变化，快捷键为 n 。

以裤腰头为例，介绍【测量限制】的具体用法。

（1）按 F8 键选择【F8】面板，选择【测量长度】工具，鼠标左键点击在端点A上，在线段上拉出刻度（按 空格键 可切换选择的线段），鼠标左键点击端点B，弹出【测量名称】输入框，输入名称"1"，按 Enter 键确认，在测量线段AB上出现测量值。用同样的方法测量线段CD，输入名称为"2"，如图4-10（a）所示。

（2）点击下拉菜单【工作页】→【新工作页】，在工作区建立新工作页。

按 F1 键选择【F1】面板，鼠标左键点击【直线】按钮，选中该工具。按住 Ctrl 键，绘制长度为"50cm"的垂直线段EF。

按 F1 键选择【F1】面板，鼠标左键点击【定距点】按钮，选中该工具。鼠标左键点击在E点上，沿EF作定距点G，点G距离点E"20cm"。

（3）按 F1 键选择【F1】面板，鼠标左键点击【联系点】按钮，选中该工具。鼠标左键点击在点E上，作垂直于线段EF，距离点E"3cm"的联系点H。鼠标左键点击在点G上，作垂直于线段EF，距离点G"3cm"的联系点I。

按 F1 键选择【直线】工具，连接点E与点H、点H与点I、点I与点G，绘制出临时裤子腰头，但腰头尺寸与裤子不匹配，如图4-10所示。

（4）按 F3 键进入【F3】面板，选择【测量限制】工具，鼠标左键点击定距点G，拉出带箭头的线段，分别点击在线段AB与线段CD上，可以看到鼠标拉出的线段上显示这两条线段的测量距离，点击鼠标右键，定距点G在线段EF上移动，线段EG（裤腰头）的距离是线段AB与线段CD之和，与裤子尺寸相匹配。

按 F3 键选择【F3】面板，选择【移动点】工具。移动点A，定距点G跟随移动。

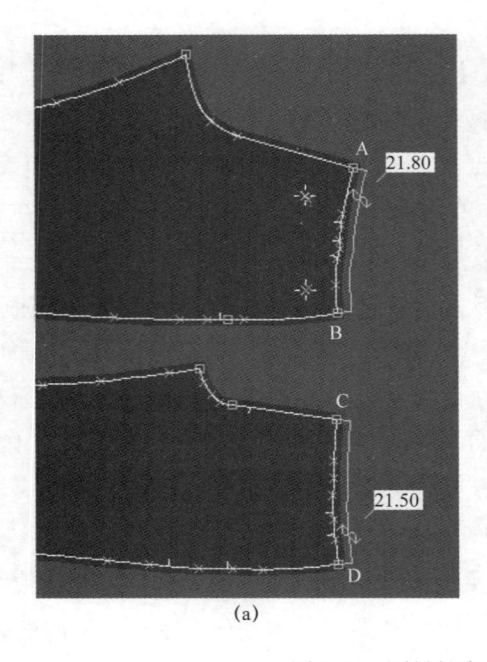

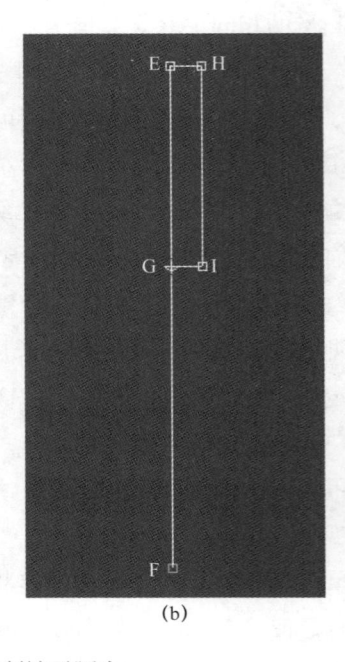

(a)　　　　　　　　　　(b)

图4-10　测量长度与绘制裤子腰头

4. ![图标]【解开限制】

【解开限制】工具的主要功能是取消【测量限制】工具所产生的相关联。

(1)按 F3 键进入【F3】面板，选择【解开限制】工具，鼠标左键点击在图4-10中的定距点G上，点G与线段AB、线段CD相关联状态被解除。

三、【F4】、【F5】面板相关联工具

包括【实样】、【裁片】、【以线引出实样】、【以线引出裁片】、【轴线切割】、【两点切割】、【选线切割】。

这几个【F4】、【F5】面板相关联工具都具有同样的特性，就是点击它们按钮右上角的小三角，弹出的对话框中都会有"相关联方式引出裁片"这个选项，点击该选项打钩"√"，使用这些工具引出的裁片都具有相关联功能，也就是说改变原结构线或裁片，生成相关联的裁片也会跟随变化。

现以【实样】工具为例，介绍此功能的具体用法，其他工具操作类似，在此就不再赘述了。

(1)按 F4 键进入【F4】面板，点击【实样】![按钮]按钮右上角的小三角，弹出裁片对话框如图4-11所示。点击"相关联方式引出裁片"打钩"√"，点击【关闭】按钮，关闭对话框。

(2)按 F4 键进入【F4】面板，选择【实样】工具，鼠标左键点击结构线中需要制成实样的区域，被点中的区域变为发亮的浅蓝色，选择完成后按右键结束纸样套取，这时套取的裁片具有相关联功能。

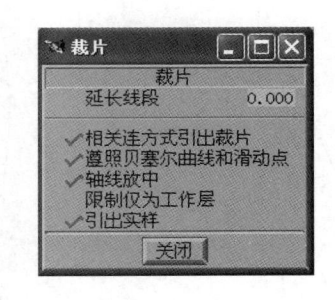

图4-11 点击"相关联方式引出裁片"选项打钩"√"

(3)按 F3 键选择【F3】面板，选择【移动点】工具。改变原结构线的点或线，生成相关联的裁片跟随变化。

第二节 "高阶裁片关联"综合应用

现以双排扣戗驳领女西服为例，使用Modaris V6R1软件的高阶裁片关联功能进行纸样的综合设计，进一步掌握裁片关联的操作方法与技巧。

一、双排扣戗驳领女西服

1. 双排扣戗驳领女西服成品规格

双排扣戗驳领女西服是在平驳头女西服的基础上变化而来，款式较为正式，适合职业女性穿着。本西服号型选取160/84A（M码），具体成品规格见下表。

双排扣戗驳领女西服成品规格　　　　　　　　　　　　　　　单位：cm

部位 规格	胸围 （B）	背长 （L）	肩宽 （S）	袖长 （SL）
净体尺寸	84	38	38	
加放尺寸	20	33.5	5	
成品尺寸	104	71.5	43	56

2. 双排扣戗驳领女西服款式图

双排扣戗驳领女西服款式图如图4-12所示。

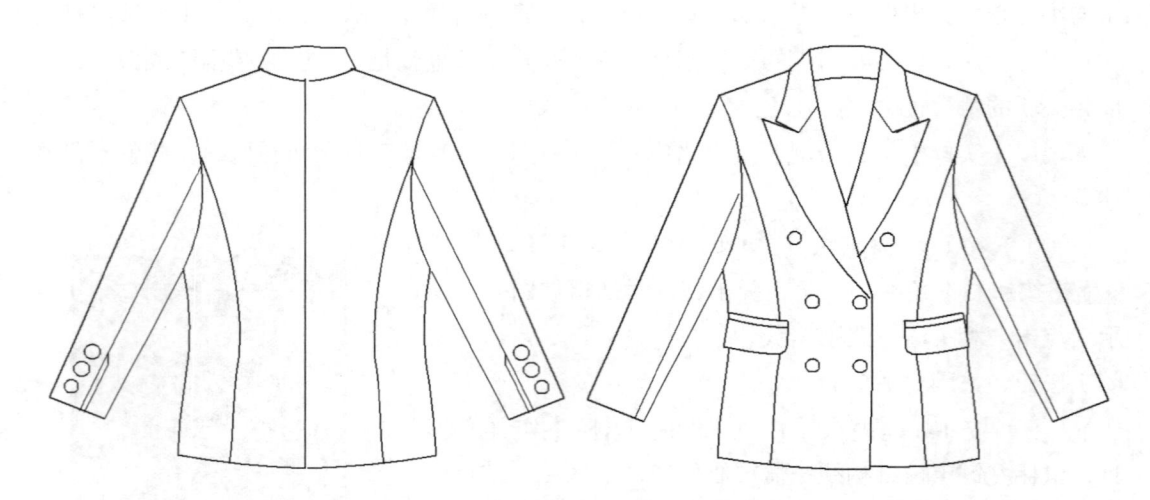

图4-12　双排扣戗驳领女西服款式图

二、在Modaris中绘制女西服纸样

1. 建立新的款式系列

（1）双击桌面上的图标，打开Modaris纸样设计系统。点击下拉菜单【档案】→【新款式系列】，在弹出的对话框中输入"Lady suits"，按Enter键确认，在工作区出现了款式系列图标；按Ctrl+U键或点击下拉菜单【显示】→【资料框】，款式系列图标下方出现了黄色资料框；为了方便工作，按F10键，系统会自动给款式系列生成一个尺码框，按Home键显示整个工作页，如图4-13所示。

（2）款式系列工作页是不能绘制和编辑

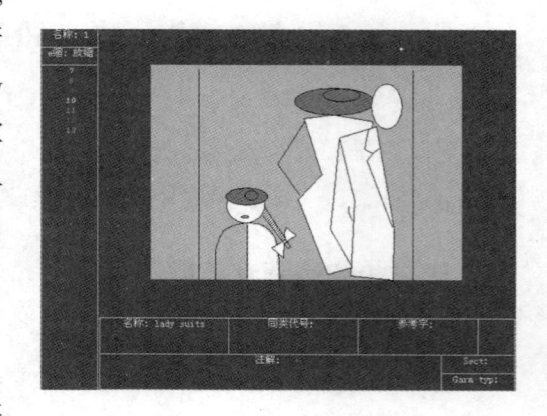

图4-13　款式系列图标工作页

纸样的，需要点击【工作页】→【新工作页】或按大写的 N 键建立新工作页，按 ⑧ 键，工作页会并列排放在工作区中；点击工具区上方的【选择】按钮 ，选中新工作页，按 Home 键显示整个工作页；或直接点击工具区上方的【现用工作页】按钮 ，选中新工作页，也会显示整个工作页。

（3）点击下拉菜单【参数】→【长度单位】，将长度单位设置为"cm"；点击下拉菜单【参数】→【角度单位】，将角度单位设置为"度"。

（4）点击下拉菜单【编辑】→【编辑】打钩"√"，在新工作页资料框【名称】内单击，输入"Back panel"，按 Enter 键确认输入；在资料框【注解】内单击，输入"Back panel"，在空白处右键点击，结束输入。

2. 建立新的工作层

通常情况下，西装系列的基础线、辅助线众多，面料、辅料、衬料等都需要制板，把基础线、辅助线、面料板、里料板、衬料板分别放置在不同的层中，需要时显示或调出使用，不需要时不显示，大大方便了工作，提高了制板效率。

点击下拉菜单【工作层】→【建立】，在弹出的对话框中输入"Back panel"，按 Enter 键确认，在【工作层】的下拉菜单中可以找到新建的工作层"PLANBack_panel"，点击"PLANBack_panel"打钩"√"，左边的小灯泡发亮，变为绿色，表示工作层可视、可操作，如图4-14所示。

3. 绘制后片

（1）在"PLANBack_panel"工作层中绘制辅助线。

① 按 F2 键选择【方形】工具，在工作页"PLANBack_panel"工作层绘制一个长"71.5cm"（衣长）、宽"26cm"（1/4胸围+松量）的矩形。由于矩形太大，要按 Home 键显示整张工作页。

② 按 F1 键选择【平行线】工具，点击矩形线AB，向左移动鼠标，按 ↓ 方向键，进入输入框，输入距离值"2cm"，按 Enter 键绘制出领线。

③ 用【平行线】工具点击线AB，从线AB向左移动"3cm"绘制肩线，从线AB向左移动"24cm"绘制袖窿线，从线AB向左移动"39.5cm"绘制腰围线，如图4-15所示。

图4-14 显示并激活Back panel工作层

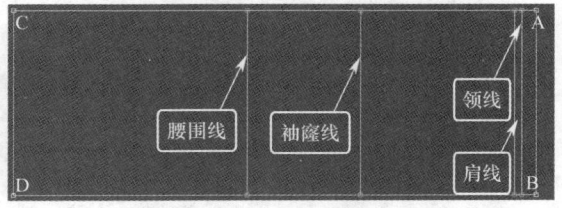

图4-15 绘制辅助线

④用【平行线】工具单击线段AC，从线段AC向下移动"8cm"绘制领横线，从线段AC向下移动"15.5cm"绘制后省道中线，从线段AC向下移动"21.5cm"绘制肩宽线，如图4-16所示。

（2）在"基础线"层绘制辅助点。

①在【工作层】的下拉菜单中点击"基础图"打钩"√"，左边的小灯泡发亮，变为白色，表示工作层可视、可操作。但刚绘制的辅助线消失了，表示"PLANBack_panel"工作层不可视，点击"PLANBack_panel"工作层左边的小灯泡，小灯泡发亮，变为绿色，如图4-17所示。

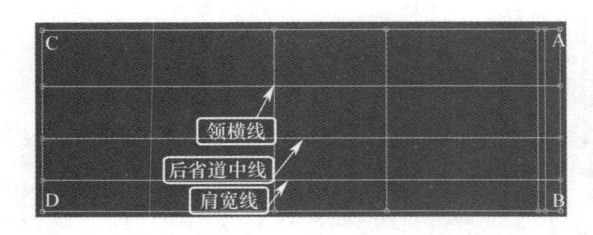

图4-16 绘制辅助线　　　　　图4-17 切换工作层

这时辅助线重新显示，但颜色变灰，说明"基础线"层为可操作层，"PLANBack_panel"工作层仅为可视层。

②在"基础线"层加辅助点。按F1键选择【加点】工具，鼠标左键点击在后中线与下摆线交点C上，拖出一条带箭头的白色线尾，同时弹出对话框，按↑方向键，进入输入框，输入长度值为"1cm"，按Enter键确认，在下摆线上点击左键，绘制出距离参考点C"1cm"的白色特性点E，如图4-18所示。

③同样按F1键选择【加点】工具，以F点为参考点，沿腰围线加1点为点G，点G距离点F"1cm"；以点H为参考点，沿底边线两边各加1点，分别为点I与点J，加点距离点H"1cm"；以点K为参考点，沿腰围线加1点为点L，距离点K"2cm"，如图4-18所示。

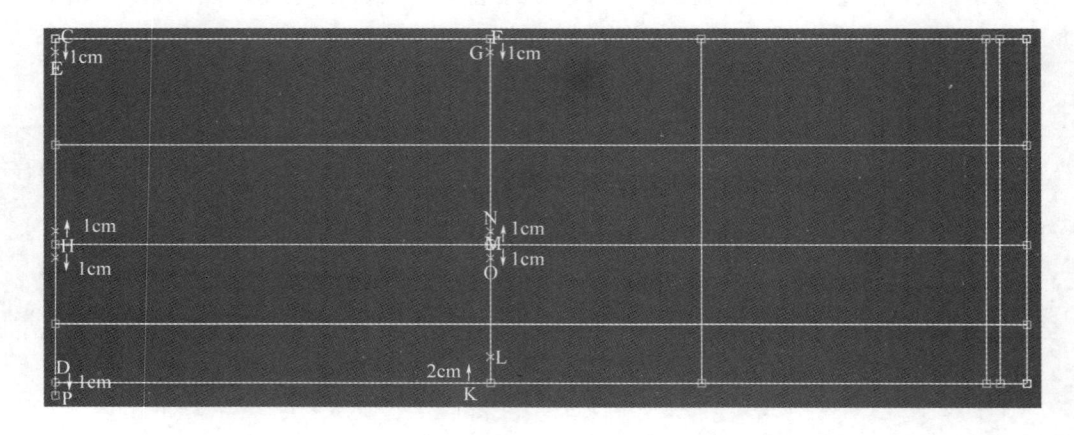

图4-18 在"基础层"上加辅助点

④很多情况下，相交的两条线并无交点，如点M。需要按 F1 键选择【相交点】工具，点击在两线相交处，加上了圆形的相交点。然后以点M为参考点，选择【加点】工具，沿腰围线两边各加1点，分别为点N与点O，加点距离点M"1cm"。

⑤延长线段。在下摆处，需要延长线段CD，按 F3 键选择【延长线段】工具，点击在线段CD上，拉出延长线，延长线可能向C端或D端延长，按 空格键 改变方向。确认好延长的方向，按 ↓ 键，在弹出的对话框中输入延长长度为"1cm"，按 Enter 键确认，在空白处点击左键，线段CD向外延长到点P，距离点D为"1cm"，如图4-18所示。

（3）绘制纸样基础线。

①绘制后中弧线。如图4-19所示，按 F1 键选择【内部分段】工具，点击点A与点B，在弹出的段数编辑框内输入"2"，按 Enter 键确认，将线段AB等分，等分点为C。按 F2 键选择【差量圆弧】，点击点C，拉出直线到点D，不用单击鼠标任何键，按键盘上 Q、W 键，修改弧线弯度，确认弧线弯度后将鼠标左键点击在点D上，完成弧线的制作；按 F1 键选择【直线】工具，连接点D与点E，完成后中弧线的绘制，如图4-19所示。

②绘制后领窝。按 F2 键选择【差量圆弧】，在点A与点F间绘制差量圆弧，按键盘上 Q、W 键调整弧线弯度，满意后左键点击在点F上结束，如图4-19所示。

③绘制肩线。按 F1 键选择【直线】工具，连接点F与点G，完成肩线的绘制。

④绘制后袖窿弧线。按 F1 键选择【切线弧线】工具，连接点G与点H，暂时点G到点H是直线。

点击下拉菜单【显示】→【弧切线】打钩"√"，或用快捷键大写 H，使【弧切线】打钩，在暂时是直线的GH上微微露出了白色的手柄（要仔细观察）。

按 F3 键选择【移动点】工具，左键点击手柄，松开左键，移动鼠标，手柄会跟随鼠标移动，弧线也相应发生变化，调整好弧线，左键结束移动。再调整另一侧手柄，绘制的袖窿弧线如图4-19所示。

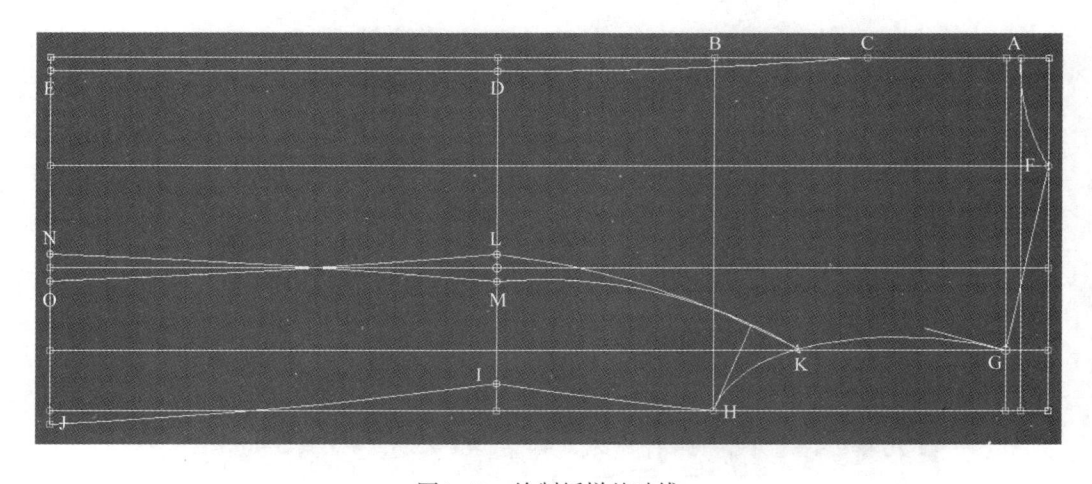

图4-19 绘制纸样基础线

⑤绘制侧缝线。按 F2 键选择【差量圆弧】，在点H与点I间、点I与点J间绘制差量圆弧，按键盘上 Q 、 W 键调整弧线弯度，满意后左键点击在点上结束操作，如图4-19所示。

⑥绘制定距点。按 F1 键选择【定距点】工具，鼠标左键点击点G，沿后袖窿弧线拉出刻度，同时弹出对话框。

如果后袖窿弧线没有出现刻度，可以按键盘上的 空格键 ，改变选择的方向，直到后袖窿弧线显示刻度为止。

按 ↓ 键，在弹出的对话框中输入距离为"15cm"，按 Enter 键确认，在空白处点击左键，后袖窿弧线上出现了三角符号"▷"的定距点K，弧线GK的长度为"15cm"。

⑦绘制省道。按 F2 键选择【差量圆弧】，在点K与点L间、点L与点O间、点K与点M间、点M与点N间绘制差量圆弧，按键盘上 Q 、 W 键调整弧线弯度，满意后左键点击在点上结束操作。整个后片纸样基础线就绘制完成了，如图4-19所示。

（4）套取纸样。

①按 F4 键进入【F4】面板，点击【实样】按钮 实样 右上角的小三角，在弹出裁片对话框中"相关联方式引出裁片"前打钩"√"，点击【关闭】关闭对话框。

②选中【实样】工具，左键点击需要制成纸样的区域，被点中的区域变为发亮的浅蓝色，选择完成后按右键结束纸样套取。套取后中片纸样与后侧片纸样如图4-20～图4-22所示。

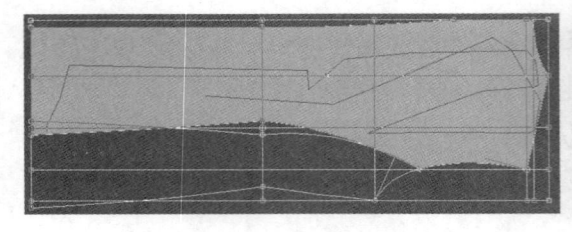

图4-20　后中裁片　　　　　　　　　　图4-21　后侧裁片

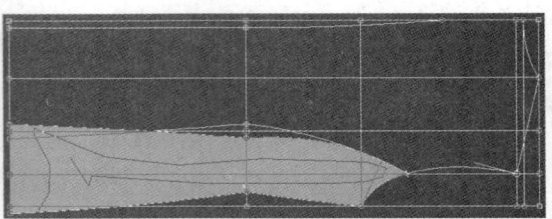

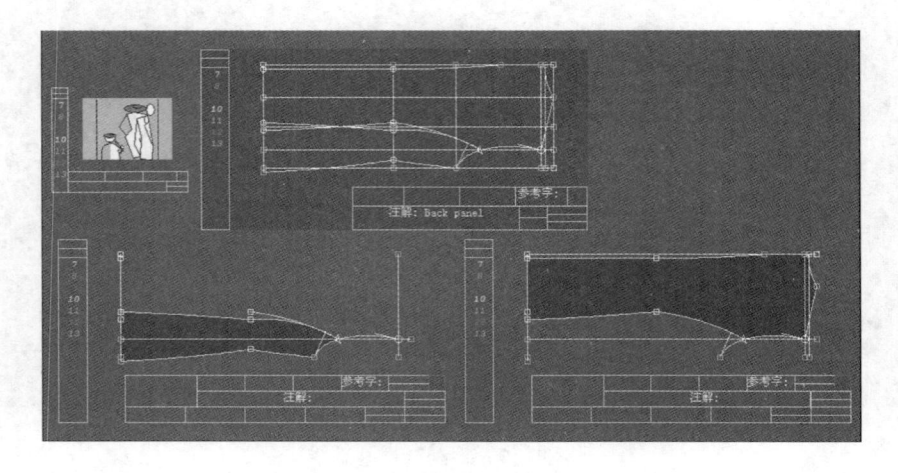

图4-22　完成裁片的套取

按键盘上⑧键，查看所有工作页。

③在套取实样时，有很多小区域非常小，难以套取，需要用到【放大镜】工具，将该区域放大以方便套取。

点击操作界面右下角的【放大镜】按键 🔍 或点击键盘的 (Enter) 键（放大镜的快捷键），鼠标在工作区内变成了放大镜的图形。

按住鼠标左键不放手，在需要放大的区域拉出矩形框，放开左键，矩形框内的区域被放大。如果对放大的区域不满意，点击 (Home) 键显示整张工作页，再点击键盘的 (Enter) 键变为放大镜框选区域，将区域放大，直到满意为止。

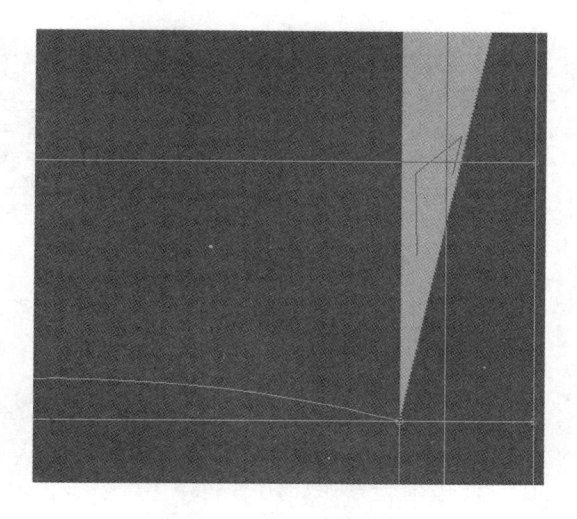

图4-23 放大区域套取裁片

放大需要放大的区域，选中【实样】工具，左键点击需要制成纸样的区域，被点中的区域变为发亮的浅蓝色，如图4-23所示。

但由图可见，放大后在工作区中只能显示部分的基础线，其他的区域不可视，无法用【实样】工具套取。

这时需要移动鼠标，如果想套取左边的区域，把鼠标不断向左移动，同时连续点击键盘上的 ⊙ 键（每按一下 ⊙ 键，画面向左边移动一些），就可以把左边的基础线套取实样了。用同样的方法向上、下、左、右移动，把整个纸样套取出来。

④用"相关联"方式引出裁片和不用"相关联"方式引出裁片有什么区别呢？

区别1：修改原来的基础线，相关联的裁片会跟随改变，没有相关联的裁片不会发生联动。

按 (F3) 键选择【移动点】工具，在"基础线"层修改纸样的底边，相关联的裁片会跟着修改，没有相关联的裁片不会发生变化，如图4-24~图4-26所示。

区别2：如果是相关联的裁片，按键盘上的 (End) 键，右键点击该工作页选中该裁片，点击状态栏中的【平面图】按钮 ▇▇ 平面图 ▇▇ ，工作页在裁片中显现出套样前的全部基础线，由此可以知道该裁片是从基础线什么位置中套出的，如图4-27所示。特别是一些非

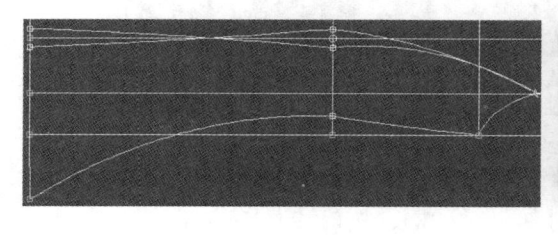

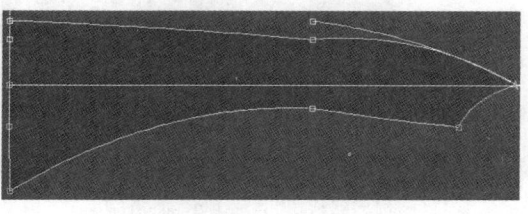

图4-24 改变基础线　　　　　　　　图4-25 相关联裁片跟随变化

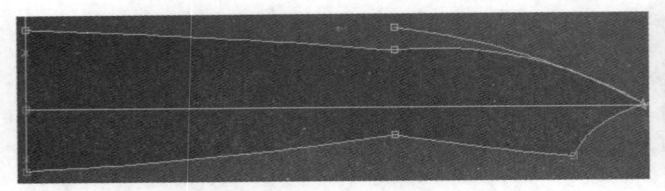

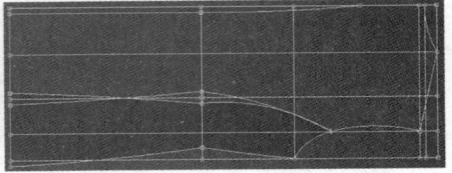

图4-26 不关联裁片不会发生变化　　　　　　图4-27 显示全部基础线

常小的裁片，如口袋等小配件，当数量很多时，这种方式很容易找出裁片在基础线中的位置。不相关联的裁片无此功能。

区别3：点击下拉菜单【工作页】→【选择性呈现】，或点击键盘的⑦键，点击任何一个裁片，如果这个裁片是相关联裁片，工作区将会自动选中并显示所有与之相关联的裁片，这样很容易找到相关的裁片，对它们进行编辑与修改。按⑧键退出选择。不是相关联裁片则不能。

（5）绘制缝份。

①按F4键进入【F4】面板，点击【平面图缝份】，鼠标右键框选整个后中裁片（选中的点会变成红色，选中的线段会变成浅蓝色），左键按住裁片某条线段向外拖动鼠标，同时弹出对话框，按↓键进入对话框，在对话框【开始】中输入"1cm"，在【结束】中输入"1cm"，按Enter键确定，整个后中裁片都放了"1cm"的缝份。

②后中裁片的底边应该放3cm的缝份，在工作页中点击鼠标右键结束"裁片全选"的状态（线与点都变回白色）；选择【平面图缝份】工具，鼠标左键点击在下摆线上，向外拖动鼠标，同时弹出对话框，按↓键进入对话框，在对话框【开始】中输入"3cm"，在【结束】中输入"3cm"，按Enter键确定，底边线放了"3cm"的缝份。

③点击【状态栏】中的【裁剪部分】按钮 ▬▬▬▬裁剪部份▬▬▬▬F9，工作页隐藏所有的辅助点和线，只显示黄色的"缝纫线"和红色的"外线"，如图4-28所示。再点击【裁剪部分】关闭该功能。

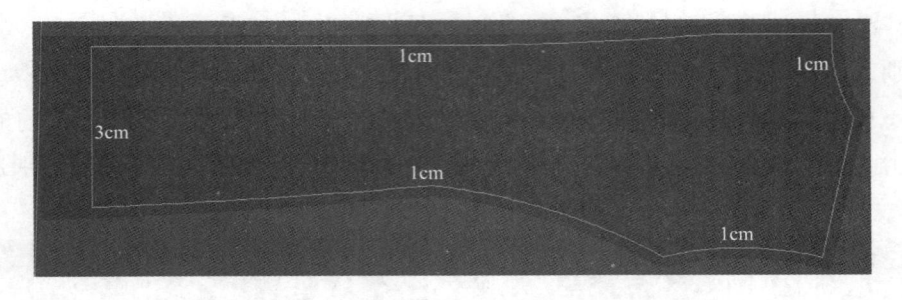

图4-28 绘制后中裁片缝份

④按F4键进入【F4】面板，点击【平面图缝份】，鼠标右键框选整个后侧裁片，左键按住裁片某条线段向外拖动鼠标，同时弹出对话框，按↓键进入对话框，在对话框【开始】中输入"1cm"，在【结束】中输入"1cm"，按Enter键确定，整个后侧裁片

都放了"1cm"的缝份。

⑤后侧裁片的底边应该放"3cm"的缝份,在工作页中点击鼠标右键结束"裁片全选"的状态,选择【平面图缝份】工具,鼠标左键点击在底边线上,向外拖动鼠标,同时弹出对话框,按⬇键进入对话框,在对话框【开始】中输入"3cm",在【结束】中输入"3cm",按 Enter 键确定,底边线放了"3cm"的缝份。点击【状态栏】中的【裁剪部分】按钮,显示裁片要裁剪的部分,如图4-29所示。

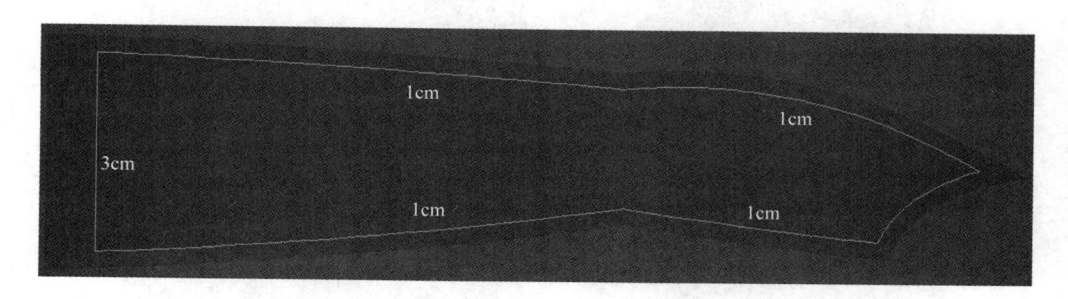

图4-29 绘制后侧裁片缝份

再点击【裁剪部分】关闭该功能。

(6) 改变样片切角。

①后中裁片修改缝份角。按 F4 键进入【F4】面板,点击【切角工具】按钮 切角工具 右上角的小三角,弹出【切角工具】选项框。在【后段对称】上打钩,点击下摆端点A;在【后段垂直】上打钩,点击袖窿角点B,完成该裁片缝份角的处理,如图4-30所示。

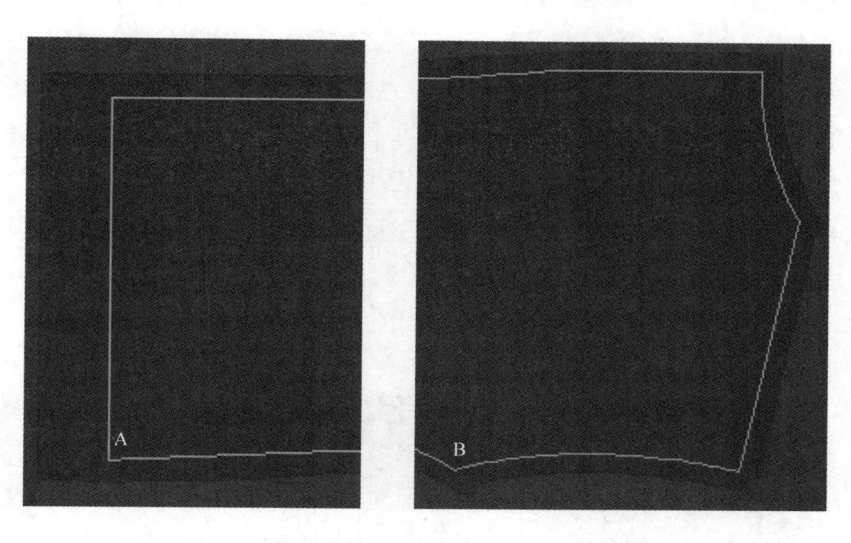

图4-30 后中裁片修改切角

②后侧裁片修改缝份角。点击【切角工具】,鼠标左键按住状态栏的【梯级】按钮 梯级 不松手,弹出【切角工具】选项框,按住鼠标左键上下移动选择【前段对称】,松开左键,【状态栏】中显示【前段对称】,点击左上角点C;选择【后段对

称】，点击左下角点D；选择【后段垂直】，点击袖窿角点E；选择【前后缝份】，点击裁片顶点F，如图4-31所示。

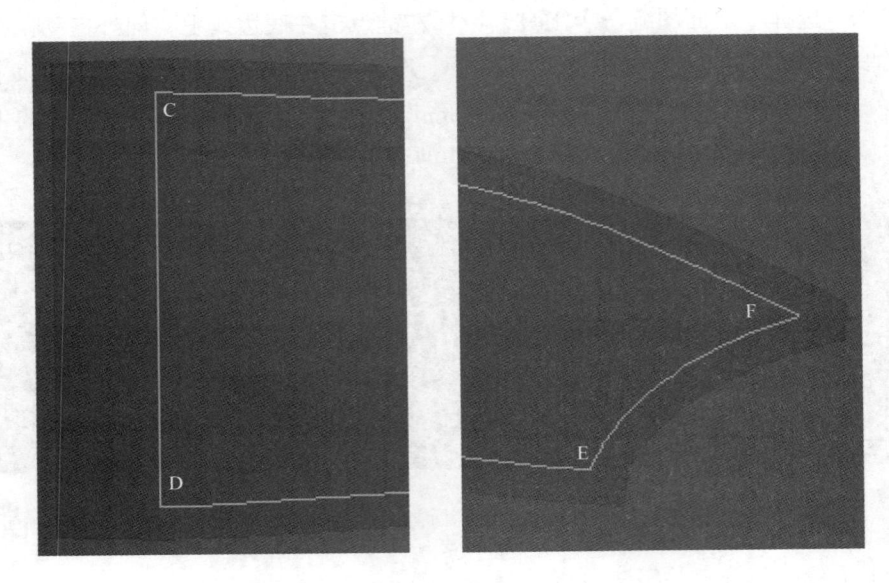

图4-31 后侧裁片修改切角

（7）加剪口与绘制布纹线。

①加剪口。按 F2 键进入【F2】面板，点击【剪口】工具，鼠标左键点击在需要加剪口的线上生成剪口。需要改变剪口的形状，可以点击【剪口】按钮 剪口 右上方的小三角，或点击【状态栏】中【剪口工具】按钮 剪口工具 ，弹出【剪口】形状对话框，选择剪口形状。

②绘制布纹线。鼠标左键按住状态栏的【其他轴线】按钮 其他轴线 不松手，弹出【轴线】选项框，按住鼠标左键上下移动选择【布纹线"DF"】，松开左键，【状态栏】中显示【布纹线"DF"】 布纹线 'DF' ，按住 Ctrl 键，在裁片上点击左键，拉出水平布纹线，再点击左键绘制出水平布纹线。

到此，女西服后片就全部绘制完成了，如图4-32、图4-33所示。

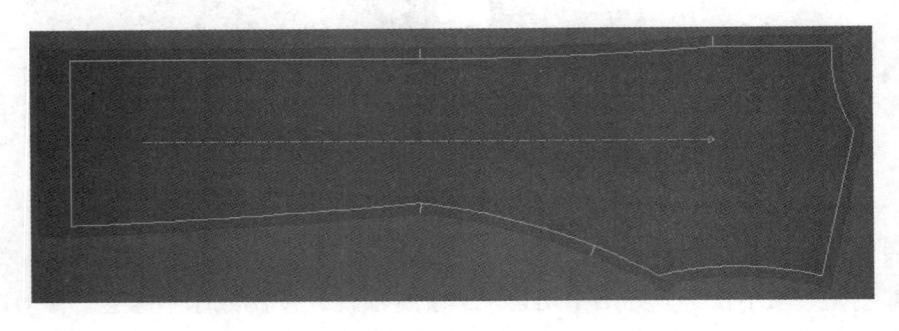

图4-32 后中裁片完成图

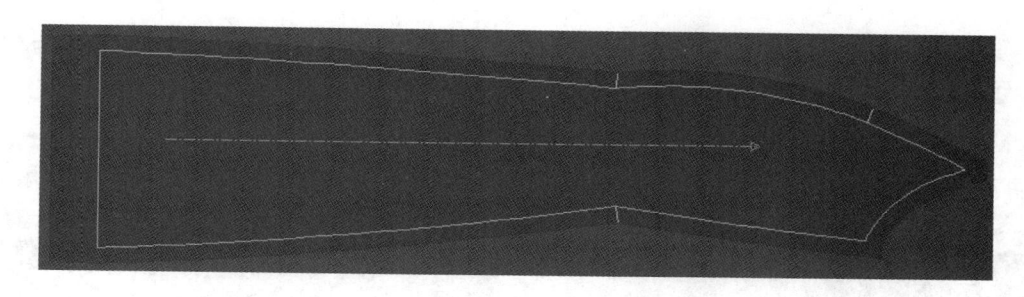

图4-33　后侧裁片完成图

4. 绘制前片

（1）在"PLANFront_panel"工作层中绘制辅助线。

①建立新的工作页。点击键盘大写 Ⓝ 键，或点击【工作页】→【新工作页】，工作区出现了新的工作页。

②点击【工作页】→【编排】 ，将工作页移动到合适的位置。

③点击【工作层】→【建立】，在弹出的【工作层名称】编辑框中输入"Front panel"，按 Enter 确认，在【工作层】下拉菜单底下出现了"PlanFront_panel"工作层。如果弹出【工作层名称】编辑框后想退出不建立工作层，可以按 Esc 键退出。

需要注意的是：人手无法删除工作层，当工作层内容为空的，关闭Modaris再重新打开后，工作层会被系统自动删除；当工作层有内容，但不需要使用时，只要保持工作层不被选中，并且最左边的小灯泡不被激活，工作层是不可视也不可操作的，如图4-34所示的是工作层的三种状态。

④在【工作层】的下拉菜单中可以找到新建的工作层"PLANFront_panel"，点击"PLANFront_panel"打钩"√"，左边的小灯泡发亮，变为蓝色，表示工作层可视、可操作，如图4-35所示。

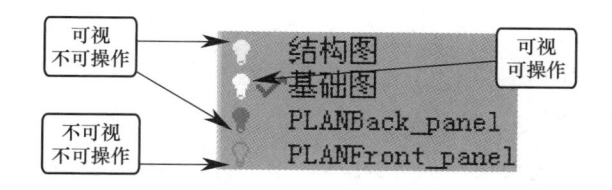

图4-34　工作层的三种状态　　　　图4-35　Front panel 工作层可视、可操作

⑤按 F2 键选择【方形】工具，在"PLANFront_panel"工作层上点击左键，拉出矩形框，按 ↓ 方向键，进入输入框，输入宽度为"73cm"（衣长）、高度为"25cm"（1/4胸围+松量），按 Enter 键结束，点击鼠标左键绘制出矩形。由于矩形太大，要按 Home 键显示整张工作页；或按 ⑧ 键排列整齐所有工作页，再按 Home 键放大显示整张工作页。

⑥按 F1 键选择【平行线】工具，单击矩形线AB，向左移动鼠标，按 ↓ 方向键，进入输入框，输入距离值"3cm"，按 Enter 键绘制出肩线。

⑦用【平行线】工具单击线AB，从线AB向左移动"7cm"绘制领线，从线AB向左移动"24cm"绘制袖窿线，从线AB向左移动"41cm"绘制腰围线。如图4-36所示。

⑧用【平行线】工具单击线BD，从线BD向上移动"7cm"绘制领横线，从线BD向上移动"12cm"绘制前省道中线，从线BD向上移动"21cm"绘制肩宽线，如图4-37所示。

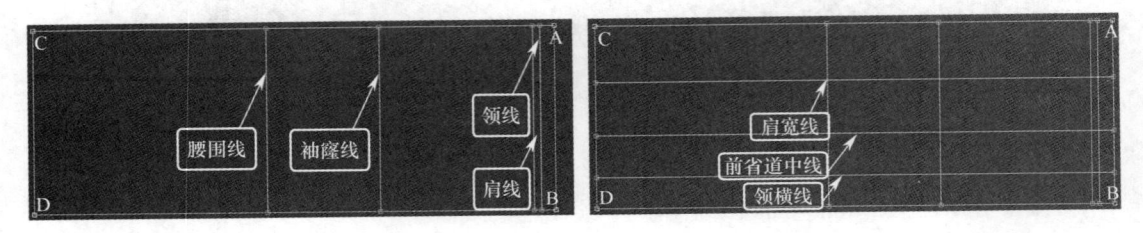

图4-36　绘制辅助线

图4-37　绘制辅助线

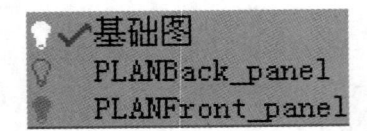

图4-38　切换工作层

（2）在"基础线"层绘制辅助点。

①在【工作层】的下拉菜单中点击"基础图"打钩"√"，左边的小灯泡发亮，变为白色，表示工作层可视、可操作。但刚绘制的辅助线消失了，表示"PLANFront_panel"工作层不可视，点击"PLANFront_panel"工作层左边的小灯泡，小灯泡发亮，变为蓝色，如图4-38所示。

这时辅助线重新显示，但颜色变灰，说明"基础线"层为可操作层，"PLANFront_panel"工作层仅为可视层。

②在"基础线"层加【相交点】。按F1键选择【相交点】工具，点击在两线相交处，加上了圆形的相交点E，如图4-39所示。

③然后以E点为参考点，按F1键选择【加点】工具，沿腰围线两边各加1点，分别为F点与G点，加点距离E点"1cm"；选择【加点】工具，以H点为参考点，沿腰围线加点I，I点距离H点"2cm"，如图4-39所示。

④延长线段。在下摆处，需要延长线段CD，按F3键选择【延长线段】工具，点击在线段CD上，拉出延长线，延长线可能向C端或D端延长，按空格键改变方向。确认好延长的方向，按↓键，在弹出的对话框中输入延长长度为"1cm"，按Enter键确认，在空

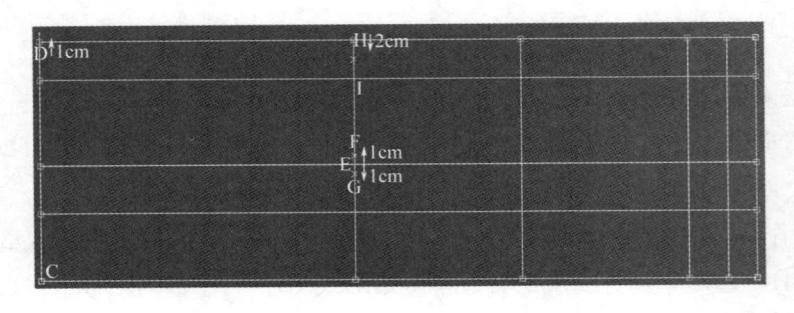

图4-39　在"基础层"上加辅助点

白处点击左键，线段CD向外延长"1cm"到J点，如图4-39所示。

（3）绘制纸样基础线。

①绘制前领窝线。如图4-40所示，按 F2 键选择【差量圆弧】，点击点A，拉出直线到B点，不用单击鼠标任何键，按键盘上 Q 、 W 键，修改弧线弯度，确认弧线弯度后将鼠标左键点击在点B上，完成弧线的制作；按 F1 键选择【直线】工具，连接点B与点C，完成前肩线的绘制，如图4-40所示。

②绘制前袖窿弧线。按 F1 键选择【切线弧线】工具，连接点C与点D，暂时点C到点D是直线。

点击下拉菜单【显示】→【弧切线】打钩"√"，或按快捷键大写 H 键，使【弧切线】打钩"√"，在暂时是直线的CD上微微露出了白色的手柄。

按 F3 键选择【移动点】工具，左键点击手柄，松开左键，移动鼠标，手柄会跟随鼠标移动，弧线也相应发生变化，调整好弧线，左键结束移动。再调整另一边手柄，绘制的袖窿弧线如图4-40所示。

③绘制侧缝线。按 F2 键选择【差量圆弧】，在点D与点E间、点E与点F间绘制差量圆弧，按键盘上 Q 、 W 键调整弧线弯度，满意后左键点击在点上结束操作，如图4-40所示。

④绘制定距点。按 F1 键选择【定距点】工具，鼠标左键点击点C，沿前袖窿弧线拉出刻度，同时弹出对话框。

如果前袖窿弧线没有出现刻度，可以按键盘上的 空格键 ，改变选择的方向，直到后袖窿弧线显示刻度为止。

按 ↓ 键，在弹出的对话框中输入距离为"12cm"，按 Enter 键确认，在空白处点击左键，后袖窿弧线上出现了三角符号"▷"的定距点G，弧线CG的长度为"12cm"。

用同样的方法从D点沿侧缝线作定距点到H，弧线DH的距离为"3cm"；从E点沿侧缝线作定距点到I，弧线EI的距离为"12.5cm"，完成如图4-40所示。

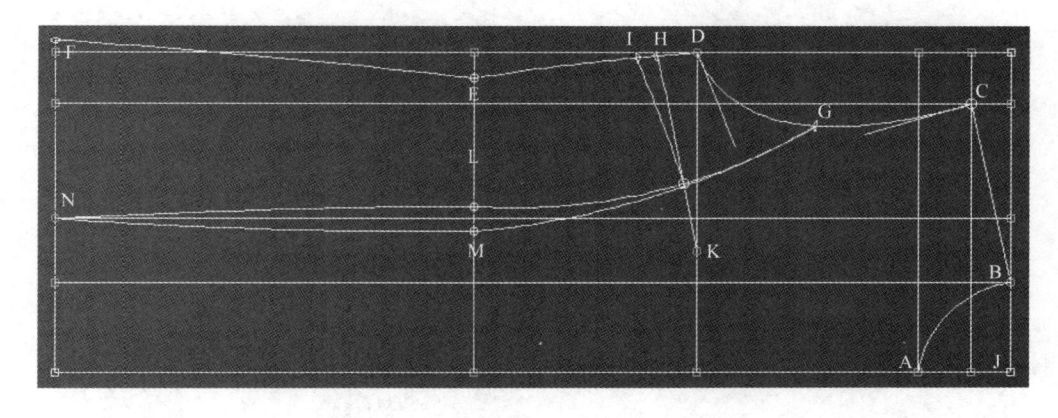

图4-40　绘制纸样基础线

值得注意的是，定距点输入的数值分正数和负数，如果输入正数得到的定距点在反方向上，可以输入负数修正其方向。

⑤加相关内点。按F1键选择【加相关内点】工具，鼠标点击在点J上，移动鼠标拖出一条带箭头的蓝色直线，按↓键，在弹出的对话框中输入dx为"-24cm"，dy为"9.5cm"，按Enter键确认，蓝色的相关内点K加在了纸样上。

⑥绘制腋下省和腰省。按F2键选择【差量圆弧】，在点K与点H间、点K与点I间、点G与点L间、点L与点N间、点G与点M间、点M与点N间绘制差量圆弧，按键盘上Q、W键调整弧线弯度，满意后左键点击在点上结束操作，如图4-40所示。

⑦绘制前纽位线。如图4-41所示，按F2键选择【平行线】，用【平行线】工具单击线AB，从线AB向下移动"-6.5cm"绘制前纽位线CD，用【直线】工具连接AC，如图4-41所示。

⑧绘制纽扣位。按F1键选择【加相关内点】工具，鼠标点击在点E上，移动鼠标拖出一条带箭头的蓝色直线，按↓键，在弹出的对话框中输入dx为"-6cm"，dy为"-4.5cm"，按Enter键确认，蓝色的相关内点F加在了纸样上。

选择【加相关内点】工具，鼠标点击在点F上，在弹出的对话框中输入dx为"-11cm"，dy为"0cm"，加点为G。

选择【加相关内点】工具，鼠标点击在点F上，在弹出的对话框中输入dx为"0cm"，dy为"10.5cm"，加点为H。

选择【加相关内点】工具，鼠标点击在点G上，在弹出的对话框中输入dx为"0cm"，dy为"10.5cm"，加点为I。

选择【加相关内点】工具，鼠标点击在点H上，在弹出的对话框中输入dx为"11cm"，dy为"3cm"加点为J。

选择【加相关内点】工具，鼠标点击在点E上，在弹出的对话框中输入dx为

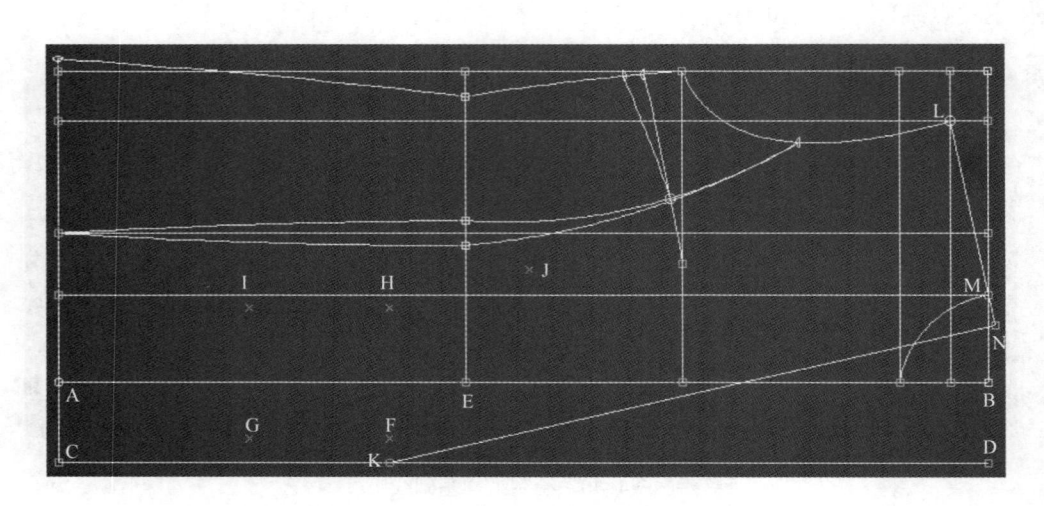

图4-41　绘制纸样基础线

"-6cm", dy为 "-6.5cm", 加点为K, 如图4-41所示。

⑨延长肩线。需要延长肩线LM到点N, 按F3键选择【延长线段】工具, 点击在线段LM上, 拉出延长线, 在弹出的对话框中输入【dl】为 "2.5cm", 按Enter键确认, 鼠标左键点击在空白处, 完成线段LM的延长操作。

⑩绘制翻折线。用【直线】工具连接KN, 线段KN为翻折线, 如图4-41所示。

（4）绘制戗驳领基础线。

①绘制串口线。如图4-42所示, 按F1键选择【定距点】工具, 鼠标左键点击点A（用键盘上的空格键改变选择的线段方向）, 沿前中线向左拉出刻度, 同时弹出对话框, 输入距离为 "-3cm", 按Enter键确认, 鼠标左键点击在空白处, 前中线上出现了三角符号 "▷" 的定距点B, 线段AB的长度为 "3cm"; 用【直线】工具连接BC, 线段BC为串口线, 如图4-42所示。

②延长串口线到前纽位线。按F3键选择【调整两线段】工具, 单击线段BC, 再单击前纽位线MN, 串口线自动延长到线段MN, 交点为D。

③延长串口线CD到点E。按F3键选择【延长线段】工具, 点击在线段CD上, 拉出延长线到点E, DE距离为 "1cm"。

④按F1键选择【加点】工具, 以E点为参考点, 沿串口线加一点F, EF距离为 "5.5cm"。

⑤按F2键选择【差量圆弧】, 在点G与点E间绘制差量圆弧, 按键盘上Q、W键调整弧线弯度, 满意后左键点击在点上结束操作, 如图4-42所示。

绘制好图形后如不满意, 按Ctrl+Z键退回上一步, 每按一次退一步。按Ctrl+W键恢复上一步, 每按一次恢复一步。

⑥延长弧线GE到点H。按F3键选择【延长线段】工具, 点击在弧线GE上, 拉出延

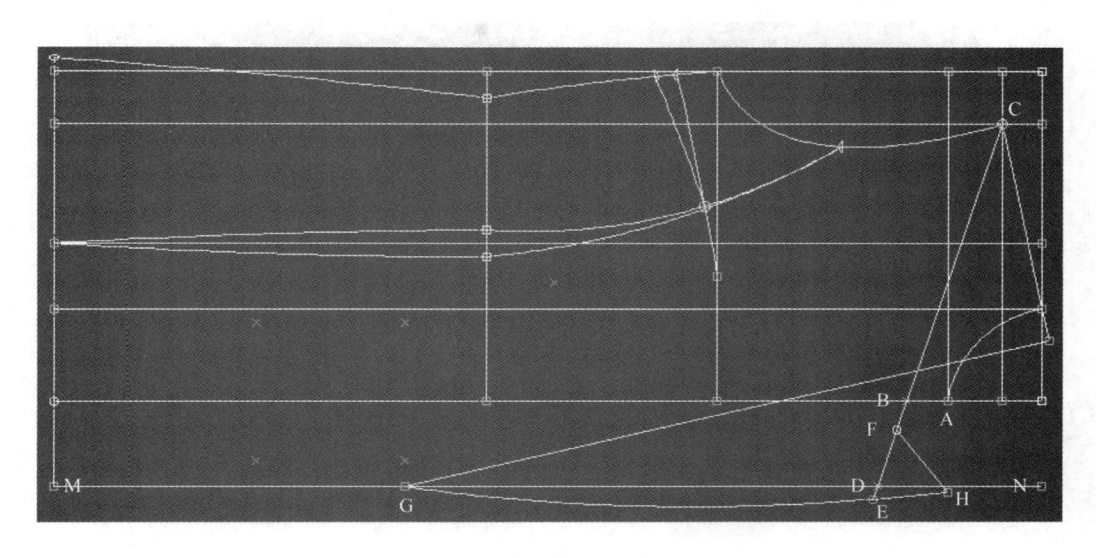

图4-42 绘制纸样基础线

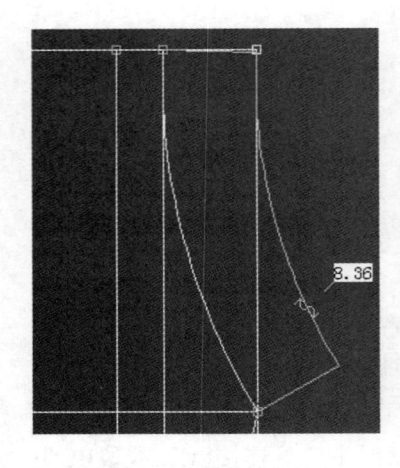

图4-43 测量后领窝长度

长线到点H，EH距离为"5.5cm"。用【直线】工具连接FH，如图4-42所示。

⑦如图4-44所示，用【平行线】工具单击线AB，从线AB向上移动"-2.5cm"绘制平行线CD；按F3键选择【调整两线段】工具，单击线段DG，再单击串口线EF，线段CD自动缩短到线段EF，保留DG段，交点为G。

⑧选择后片工作页，按F8键选择【测量长度】，鼠标左键点击后领窝中点，拉出刻度尺（用键盘上的空格键改变测量线段的方向），点击侧肩点，弹出测量名称编辑框，输入名称为"Back neck length"，按Enter键确认，生成长度值为"8.36cm"，如图4-43所示。

⑨延长线段GD到点H。按F3键选择【延长线段】工具，点击在线段GD上，拉出延长线到点H，DH距离为"8.36cm"。

⑩按F2键选择【圆形】工具，鼠标左键点击在点H上，拉出圆形，同时弹出【直径】编辑框，按↓键，在编辑框中输入"6cm"，按Enter键确认，绘制出直径为"6cm"的圆形；同样选择【圆形】工具，在点D上绘制出直径为"16.72 cm"的圆形。

用【直线】工具连接D点与两圆形的交点I，如图4-44所示。

按F1键选择【联系点】工具，鼠标左键点击在点I上，拉出线段DI的垂直线（用键盘上的空格键选择从哪条线段拉出垂直线），同时弹出编辑框，按↑键，在【dl】编辑框内输入"8cm"，按Enter键确认，鼠标左键点击在空白处，出现了与线段DI垂直的联系点J，IJ的距离为"8cm"。

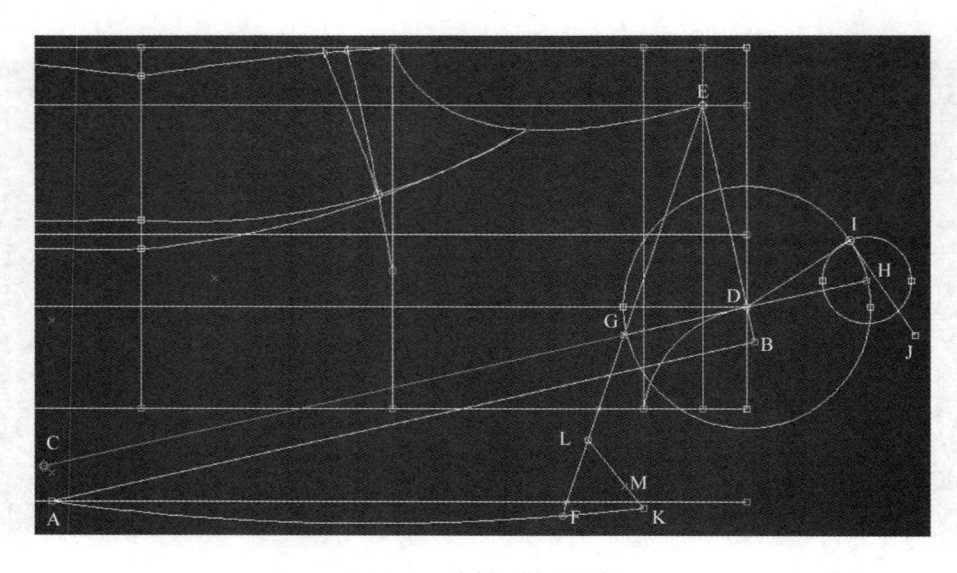

图4-44 绘制纸样基础线

用【直线】工具连接点I与点J；按F1键选择【加点】工具，点击点K，在线段KL上加点M，KM距离为"2cm"。如图4-44所示。

如图4-45所示，按F1键选择【切线弧线】工具，按Shift键，在点A与点B之间、点C与点D之间绘制弧线；按F2键选择【差量圆弧】工具，在点E与点F之间绘制弧线，如图4-45所示。

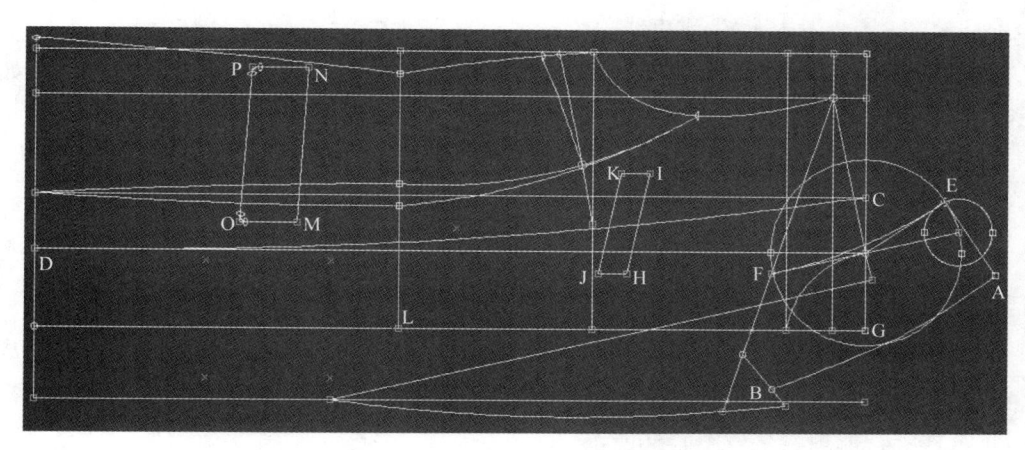

图4-45 绘制纸样基础线

如果需要调整弧线，可以点击【状态栏】的【曲线点】按钮 ![曲线点], 弧线上会出现红色的曲线点，按F3键选择【移动点】工具，点击红色的曲线点，可以把曲线点移动到想要的位置。修改好弧线后，再点击【曲线点】按钮 ![曲线点], 关闭该按钮。

（5）绘制口袋。

①绘制手巾袋。按F1键选择【加相关内点】工具，鼠标点击在点G上，移动鼠标拖出一条带箭头的蓝色直线，按↓键，在弹出的对话框中输入dx为"-21cm"，dy为"5cm"，按Enter键确认，蓝色的相关内点H加在了纸样上。

选择【加相关内点】工具，鼠标点击在点H上，在弹出的对话框中输入dx为"2cm"，dy为"9cm"，加点为I。

按F1键选择【直线】工具，鼠标点击在点H上，在弹出的对话框中输入dx为"-2.5cm"，dy为"0cm"，生成线段HJ。

按F1键选择【直线】工具，鼠标点击在点I上，在弹出的对话框中输入dx为"-2.5cm"，dy为"0cm"，生成线段IK。

按F1键选择【直线】工具，连接点H与点I，点J与点K，完成手巾袋的绘制，如图4-45所示。

②绘制前襟袋。按F1键选择【加相关内点】工具，鼠标点击在点L上，移动鼠标拖出一条带箭头的蓝色直线，按↓键，在弹出的对话框中输入dx为"-9cm"，dy为"9.5cm"，按Enter键确认，蓝色的相关内点M加在了纸样上。

选择【加相关内点】工具，鼠标点击在点M上，在弹出的对话框中输入dx为"1cm"，dy为"14cm"，加点为N。

按F1键选择【直线】工具，鼠标点击在点M上，在弹出的对话框中输入dx为"-5cm"，dy为"0cm"，生成直线MO。

按F1键选择【直线】工具，鼠标点击在点N上，在弹出的对话框中输入dx为"-5cm"，dy为"0cm"，生成直线NP。

按F1键选择【直线】工具，连接点M与点N，点O与点P，完成前襟袋的绘制，如图4-45所示。

按F2键选择【半径圆弧】工具，修改前襟袋袋角，如图4-45所示。

（6）套取纸样。

①按F4键进入【F4】面板，点击【实样】按钮 实样 右上角的小三角，在弹出裁片对话框中"相关联方式引出裁片"前打钩"√"，点击【关闭】关闭对话框。

②选中【实样】工具，左键点击需要制成纸样的区域，被点中的区域变为发亮的浅蓝色，选择完成后按右键结束纸样套取。前襟纸样、前侧片纸样、领底纸样、手巾袋纸样、前襟袋纸样等，如图4-46～图4-50所示。

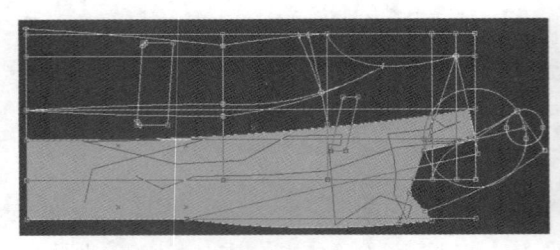

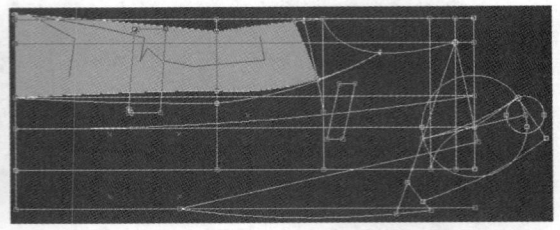

图4-46　前襟实样套取　　　　　图4-47　前侧片实样套取

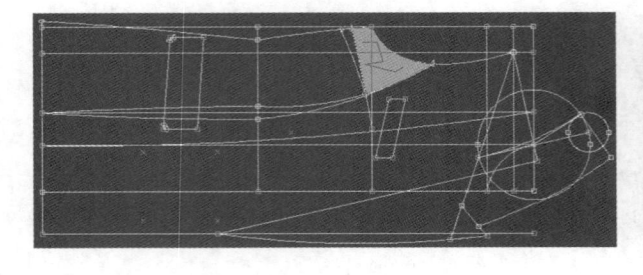

图4-48　前侧片实样套取　　　　　图4-49　领底实样套取

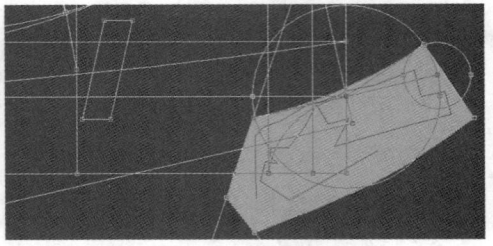

③在套取实样时，有很多小区域非常小，难以套取，特别是前中纸样，小区域非常多，需要用到【放大镜】快捷键，Shift+>表示将区域放大，Shift+<表示将区域缩小，这些快捷键功能可以在套取裁片过程中使用，如图4-51～图4-53所示。

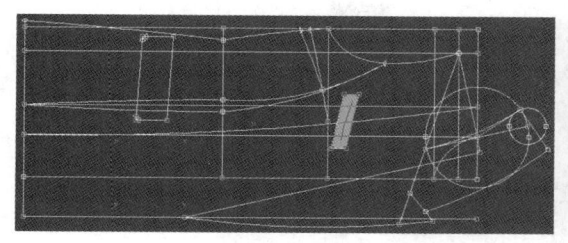

第四章　高阶裁片关联（Modaris V6R1）　| 207

图4-50　手巾袋实样套取

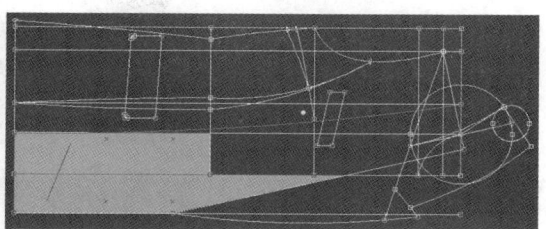

图4-51　按Home键满工作区显示

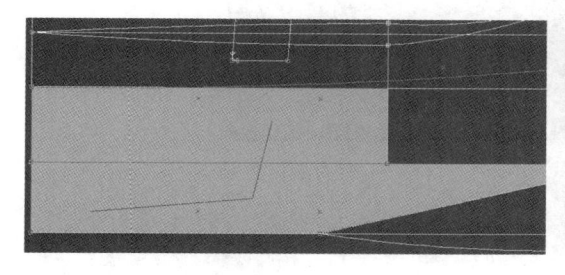

图4-52　按Shift+>放大一次效果

图4-53　按Shift+>放大两次效果

由图4-53可见，放大后在工作区中只能显示部分的基础线，其他的区域不可视，无法用【实样】工具套取。这时需要移动鼠标，如果想套取右边的区域，把鼠标不断向右移动，同时连续点击键盘上的·键（每按一下·键，画面向右边移动一些，该快捷键功能可以在套取裁片过程中使用），就可以把右边的基础线套取实样了。用同样的方法向上、下、左、右移动，把整个纸样套取出来，如图4-54、图4-55所示。

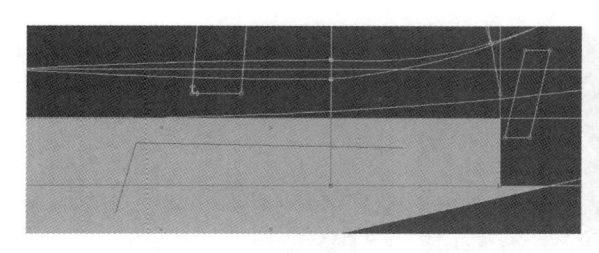

图4-54　按·向右移动一些

图4-55　再按·向右继续移动

如果在套取实样过程中套错了区域，想要返回上一步，可以点击鼠标中间键或滚轮，点击一次退回一步。最后套取实样如图4-56所示。

（7）检验裁片。

①按键盘上8键，查看所有工作页。按End键，右键逐一点击在需要查看的工作

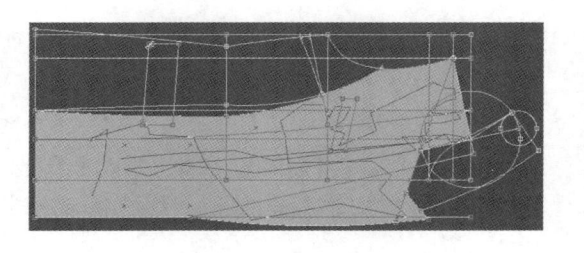

图4-56　前中实样套取

页上，选中该工作页，按Home键使工作页放大至满工作区，点击【状态栏】中【裁剪部分】按钮，可以查看裁片的完成情况。这时深蓝色部分代表着纸样，黄色的外边线代表着还没加缝份，是净样，如图4-57所示。

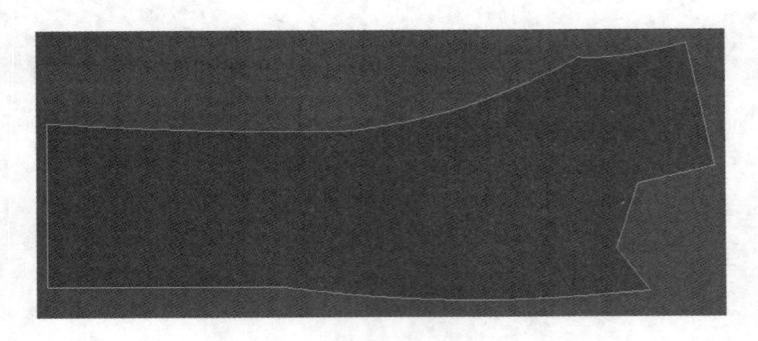

图4-57 前中净样完成图

②通常情况下，一些细小的服装部件在套取实样后，如图4-58所示的手巾袋，想快速显示它在原来基础图中的具体位置，可以点击【状态栏】中的【平面图】按钮 平面图 ，显示出原来的基础线（只有相关联裁片才有此功能），如图4-59所示。

（8）合并前侧缝裁片。基础图中侧缝省是需要合并转移到腰省上的。但在套取实样时，由于侧缝省割裂了侧缝裁片，只能先将割裂的侧缝裁片单独套取出来，再将这两片裁片合并为一片侧缝裁片，如图4-60所示。

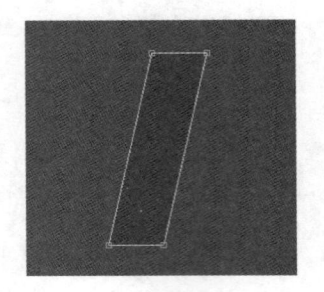

图4-58 手巾袋裁片

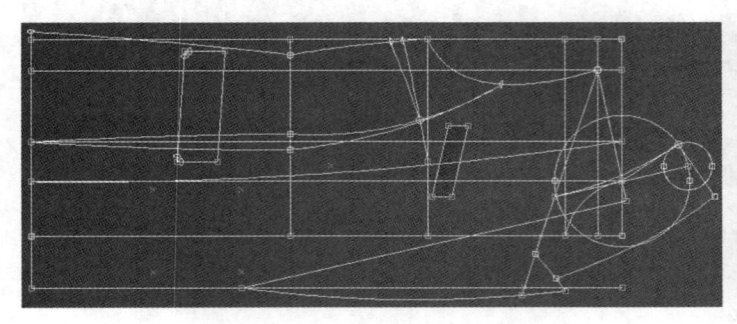

图4-59 显示手巾袋在原基础线位置

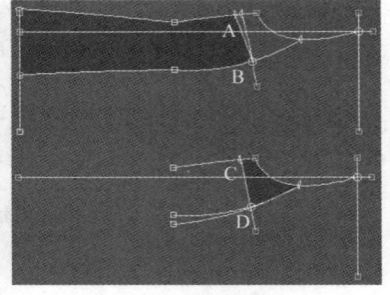

图4-60 割裂的侧缝裁片

按F5键进入【F5】面板，点击【联结裁片】 ，左键单击图4-60中点A，再点击点B，拖出裁片的白色轮廓线，如图4-61所示，按X键，轮廓线以X轴对称翻转，按Y键，轮廓线以Y轴对称翻转，然后左键点击相应的点C与点D，生成新的合并前侧缝裁片工作页。

但通常情况下，合并的裁片在衔接处会出现不平滑的现象，如图4-62所示，按F3键进入【F3】面板，点击【结合成特性点】按钮 ，将E端点变为特性点，点击F3面板上的【删除】按钮 ，删除特性点E，衔接处变成圆顺的曲线，如图4-63所示。

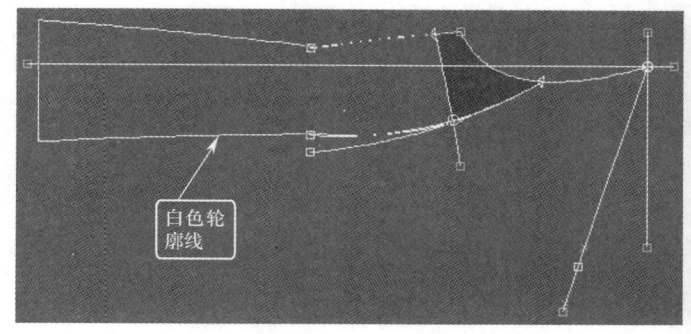

图4-61　拖出白色轮廓线　　　　　　　　图4-62　衔接处不平滑

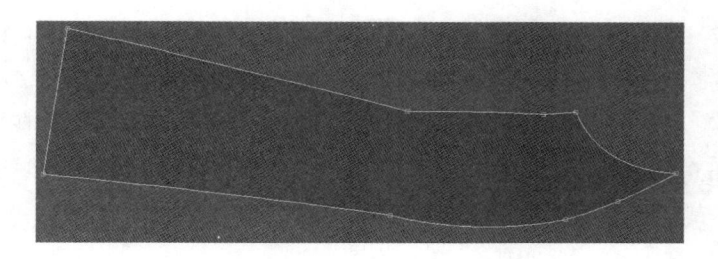

图4-63　衔接处变圆顺

（9）制作领面。按F5键进入【F5】面板，点击【两点对称】按钮 ，左键点击图4-64中的点M，再点击点N，生成新的领面裁片工作页，如图4-65所示。

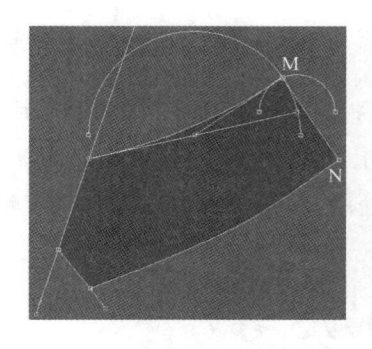

图4-64　制作领面　　　　　　　　图4-65　领面制作完成

（10）绘制缝份。

①按F4键进入【F4】面板，点击【裁片缝份】 ，鼠标右键框选整个前中裁片（选中的点会变成红色，选中的线段会变成浅蓝色），左键点击裁片某条线

段，同时弹出对话框，在对话框【开始】中输入"1cm"，在【结束】中输入"1cm"，按 Enter 键确定，整个前中裁片都放了"1cm"的缝份。

②前中裁片的底边应该放"3cm"的缝份，在工作页空白处点击鼠标右键结束"裁片全选"的状态（线与点都变回白色）；选择【裁片缝份】按钮 ▭ 工具，鼠标左键点击在底边线上，弹出对话框，按 ↓ 键进入对话框，在对话框【开始】中输入"3cm"，在【结束】中输入"3cm"，按 Enter 键确定，底边线放了"3cm"的缝份。

③点击【状态栏】中【裁剪部分】按钮 ▭ 裁剪部份 F9 ，工作页隐藏了所有的辅助点和线，只显示黄色的"缝纫线"和红色的"外线"，如图4-66所示。再点击【裁剪部分】关闭该功能。

④按 F4 键进入【F4】面板，点击【裁片缝份】按钮 ▭ ，鼠标右键框选整个前侧缝裁片，左键点击裁片某条线段，同时弹出对话框，按 ↓ 键进入对话框，在对话框【开始】中输入"1cm"，在【结束】中输入"1cm"，按 Enter 键确定，整个后侧裁片都放了"1cm"的缝份。

⑤前侧缝裁片的底边应该放"3cm"的缝份，在工作页中点击鼠标右键结束"裁片全选"的状态，选择【裁片缝份】按钮 ▭ 工具，鼠标左键点击在底边线上，同时弹出对话框，按 ↓ 键进入对话框，在对话框【开始】中输入"3cm"，在【结束】中输入"3cm"，按 Enter 键确定，底边线放了"3cm"的缝份。点击【状态栏】中的【裁剪部分】按钮，显示裁片要裁剪的部分，如图4-67所示。

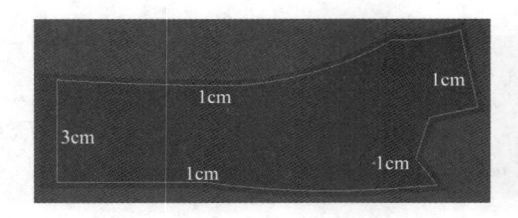

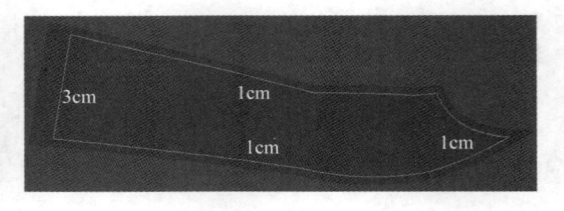

图4-66　前中裁片放缝　　　　　图4-67　前侧缝裁片放缝

⑥如果想删除裁片某条线段的缝份，选择 F4 面板上的【删除裁片缝份】按钮 ▭ ，左键点击在需要删除缝份的线段上，线段的缝份被删除，变为净样。

⑦用同样的方法将前襟、领面、手巾袋、前襟袋裁片放缝份，具体放缝量如图4-68、图4-69所示。

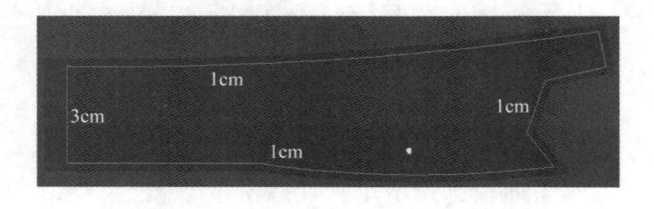

图4-68　前襟放缝

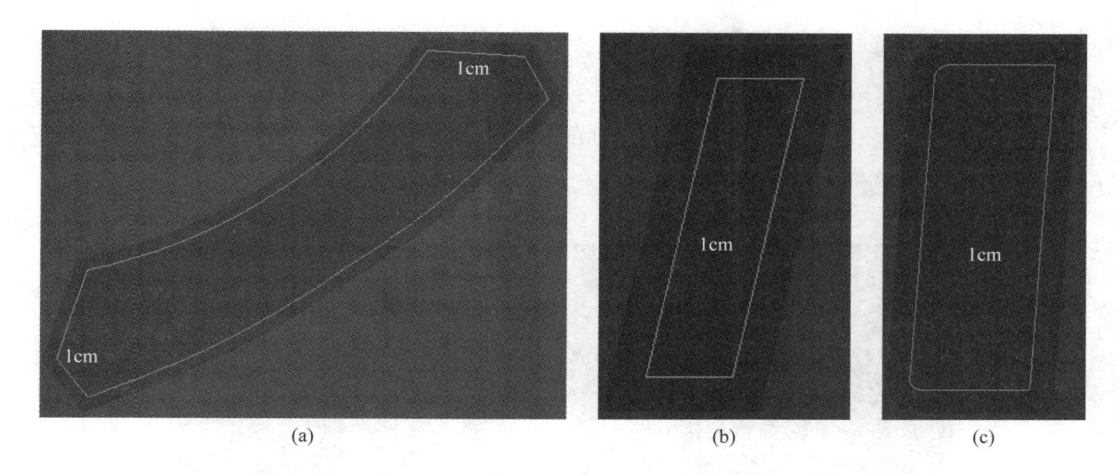

图4-69　领面、手巾袋、前襟袋放缝

（11）改变样片切角。

①前中裁片修改缝份角。按 F4 键进入【F4】面板，点击【切角工具】按钮右上角的小三角，弹出【切角工具】选项框。在【前段对称】上打钩"√"，点击底边线端点A；在【前段垂直】上打钩"√"，点击袖窿角点B，完成该裁片缝份角的处理，如图4-70所示。

②前侧缝裁片修改缝份角。点击【切角工具】，鼠标左键按住状态栏的【梯级】按钮 梯级 不松手，弹出【切角工具】选项框，按住鼠标左键上下移动选择【前段对称】，松开左键，【状态栏】中显示【前段对称】，点击左上角点C；选择【后段对称】，点击左下角点D；选择【前段垂直】，点击袖窿角点E；选择【前后缝份】，点击裁片顶点F，如图4-71所示。

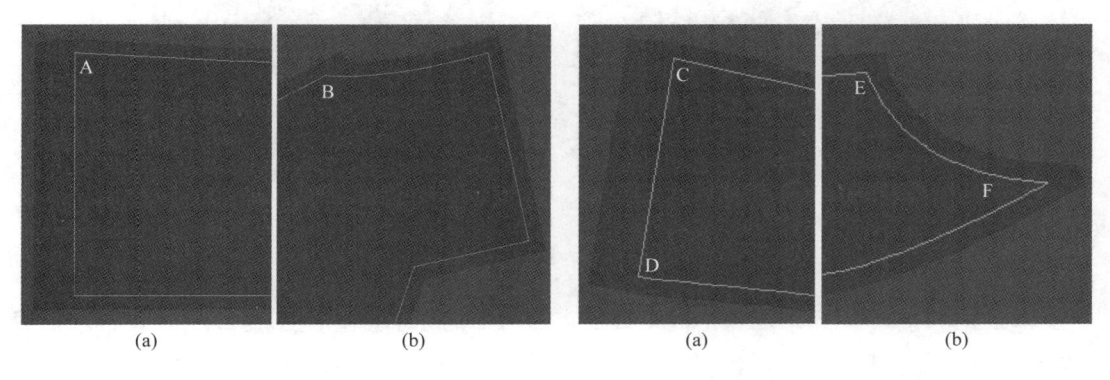

图4-70　改变裁片切角　　　　　　图4-71　改变裁片切角

（12）加剪口。

①加剪口。按 F2 键进入【F2】面板，点击【剪口】工具，鼠标左键点击在需要加剪口的线上生成剪口。

②很多情况下，在裁片上加剪口时，剪口的方向并不是我们想要的，如图4-72（a）

所示，为在点上加剪口时系统自动生成的方向，图4-72（b）为该剪口在显示【裁剪部分】时的位置，可以看到该剪口方向并不是我们想要的。这时可以进入【F2】面板，点击【剪口方向】 工具，左键单击要移动的剪口，拖动鼠标，剪口跟随鼠标移动，确定好位置再一次点击鼠标左键可完成剪口的移动，如图4-73所示。

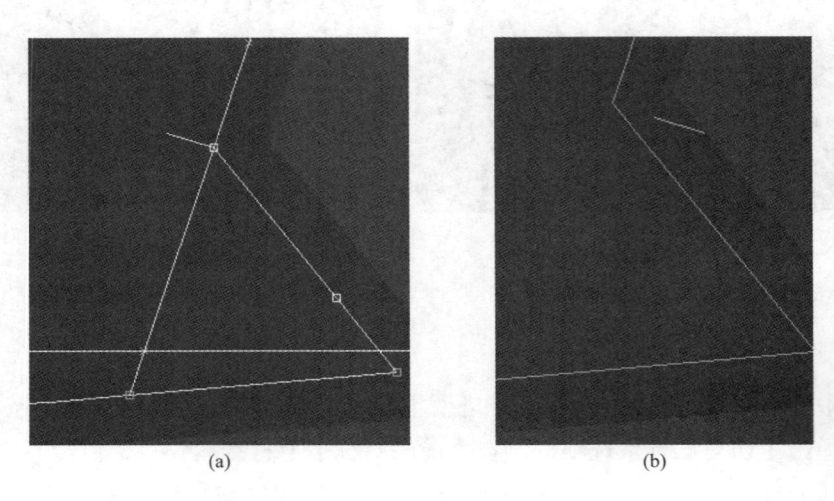

(a)　　　　　　　　　　　　(b)

图4-72　剪口方向不理想

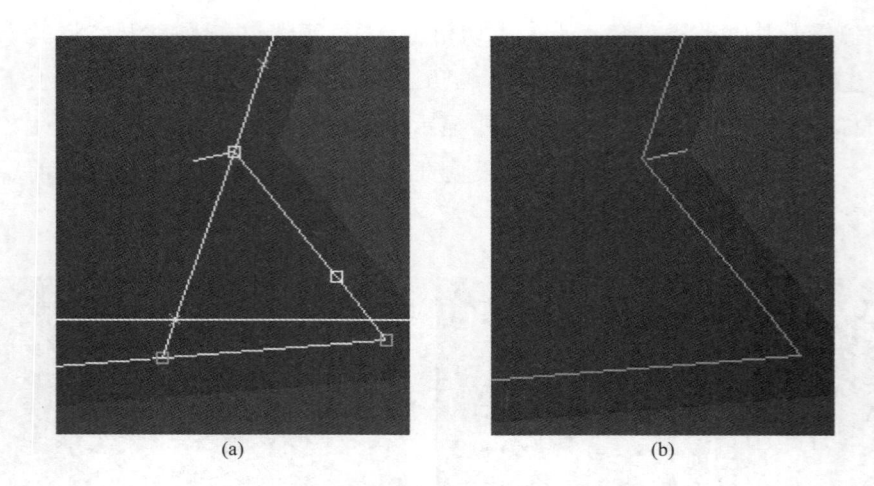

(a)　　　　　　　　　　　　(b)

图4-73　修改后的剪口

③删除剪口。按F3键进入【F3】面板，点击【删除】 工具，鼠标左键点击剪口，删除该剪口。

（13）标记翻折线、纽扣位、袋位。

①按F4键进入【F4】面板，点击【输入裁片】 工具，同时点击【状态栏】中的【平面图】 平面图 按钮，工作页显示了所有的辅助点和线，鼠标左键点击在需要引入裁片的线，如翻折线、手巾袋口线等，点击【状态栏】中的【裁剪部分】按钮，不但显示裁片的裁剪部分，还显示引入裁片的线，如图4-74所示。

②但通常想把点引入裁片，如纽扣位，需要按住【状态栏】中【无记号】按钮 [无记号] 不放手，弹出【记号工具】选项框，按住鼠标左键上下移动选择【记号工具"35"】，松开左键，【状态栏】中显示【记号工具"35"】，按 F2 键进入【F2】面板，选择【加记号点】 [图标] 工具，鼠标左键单击纽扣点位，纽扣点位变为"✻"花形，再按 F4 键进入【F4】面板，点击【输入裁片】 [图标] 工具，左键点击该花形，该花形被引入裁片中，如图4-74所示。

③删除引入裁片的点和线。按 F4 键进入【F4】面板，点击【输出裁片】 [图标] 工具，鼠标左键点击裁片上多余的点和线，这些点和线从裁片中输出。

（14）绘制布纹线。鼠标左键按住状态栏的【其他轴线】按钮 [其他轴线] 不松手，弹出【轴线】选项框，按住鼠标左键上下移动选择【布纹线"DF"】，松开左键，【状态栏】中显示【布纹线"DF"】 [布纹线'DF']，按住 Ctrl 键，在裁片上点击左键，拉出水平布纹线，再点击左键绘制出水平布纹线。

到此，女西服前片就全部绘制完成了，如图4-74、图4-75所示。

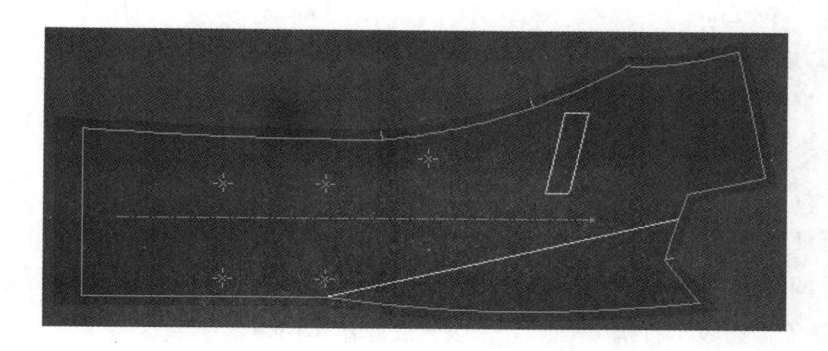

图4-74　将翻折线、纽扣位、袋位引入裁片，完成前中裁片制作

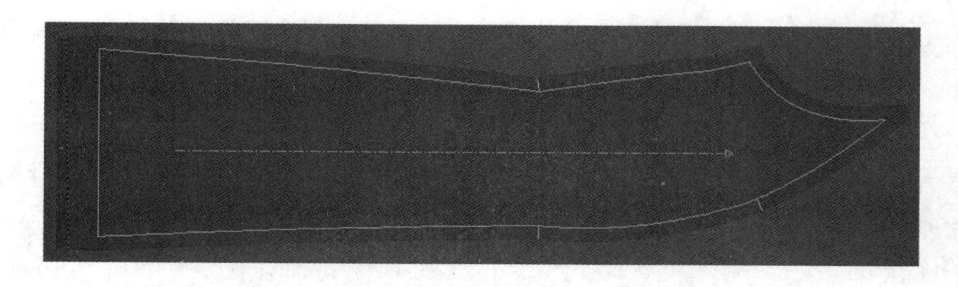

图4-75　前侧缝裁片完成图

5. 绘制西装两片袖

（1）绘制辅助线。

①建立新的工作页。点击键盘大写 N 键，或点击【工作页】→【新工作页】，工作区出现了新的工作页。

②点击【工作页】→【编排】，或按键盘上 End 键，将工作页移动到合适的位置。

③按 F2 键选择【方形】工具，在新工作页中绘制一个宽度为"56cm"（袖长）、高度为"33cm"（袖臂+松量）的矩形。由于矩形太大，要按 Home 键显示整张工作页。

④按 F1 键选择【平行线】工具，单击矩形线AB，向左移动鼠标，按 ↓ 方向键，进入输入框，输入距离值"17cm"，按 Enter 键绘制出袖山线EF。

⑤用【平行线】工具单击线EF，从线EF向左移动"15cm"绘制袖肘线GH，从线段BD向上移动"16.5cm"绘制袖中线，用【直线】工具连接OE、OF，如图4-76所示。

⑥用【内部分段】工具将线OE四等分，将线OF四等分，如图4-76所示。

⑦如图4-77所示，按 F1 键选择【加点】工具，在线段IF上，距离I点"1cm"处加一点J。

按 F1 键选择【直线】工具，按住 Shift 键不放手，鼠标左键点击在K点上，拉出与线段OF垂直的直线，同时弹出对话框，按 ↓ 键光标进入对话框，在【dl】输入框中输入数字"1.8cm"，按 Enter 键确认，得到与OF垂直的线段KL，如图4-77所示。

同样的方法作与OF垂直的线段MN，MN长度为"1.5cm"；作与OE垂直的线段PQ，PQ长度为"1.5 cm"；作与OE垂直的线段RS，RS长度为"0.5cm"。

按 F1 键选择【切线弧线】工具，按住 Shift 键不放手，连接"点O""点L""点J""点N""点F"为圆顺的弧线；按住 Shift 键不放手，连接"点O""点Q""点T""点S""点E"为圆顺的弧线。

如果想调整切线弧线，可以点击下拉菜单【显示】→【弧切线】打钩，或按快捷键大写 H 键，使【弧切线】打钩"√"，切线弧线露出了白色的手柄。

按 F3 键选择【移动点】工具，左键点击手柄，松开左键，移动鼠标，手柄会跟随鼠标移动，弧线也相应发生变化，调整好弧线，左键结束移动。

按 F1 键选择【内部分段】工具将线段EF四等分，选择【平行线】工具，经过平分点U、点V，作与线段AC平行的平行线，如图4-77所示。

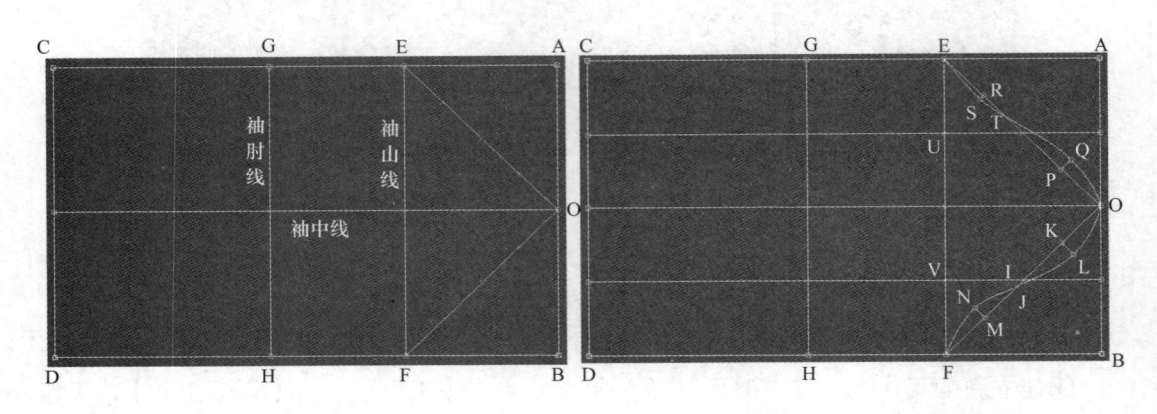

图4-76 绘制辅助线　　　　　　　　　　图4-77 绘制辅助线

⑧如图4-78所示，以点A为参考点，按F1键选择【加点】工具，沿袖山线两边各加1点，为点B、点C，点B、点C分别距离点A"3cm"。

袖肘线与线段AH并无交点，需要按F1键选择【相交点】工具，点击在两线段相交处，加上了圆形的相交点D。选择【加点】工具，以点D为参考点，沿袖肘线加1点，为点E，点E距离点D"1cm"，如图4-78所示。

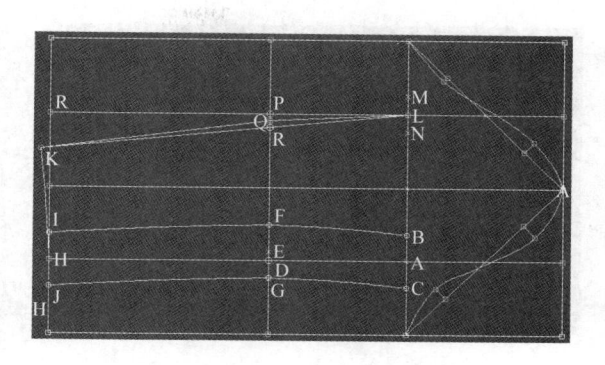

图4-78　绘制辅助线

以点E为参考点，选择【加点】工具，沿袖肘线两边各加1点，为点F、点G，点F、点G分别距离点E"3cm"。

以点H为参考点，选择【加点】工具，沿袖口线两边各加1点，为点I、点J，点I、点J分别距离点H"3cm"。

以点H为参考点，选择【加相关内点】工具，鼠标左键点击H点，移动鼠标拖出蓝色带箭头的线段，同时弹出相关内点对话框，按↓，在"dx"中输入"-1"，"dy"中输入"12.5"，按Enter键得到点K。

以点L为参考点，选择【加点】工具，沿袖山线两边各加1点，为点M、点N，点M、点N分别距离点L"2cm"。

用【直线】工具连接LK，线段LK与袖肘线并无交点，按F1键选择【相交点】工具，点击在两线段相交处，加上了圆形的相交点O。

线段LR与袖肘线并无交点，按F1键选择【相交点】工具，点击在两线段相交处，加上了圆形的相交点P。

按F1键选择【内部分段】工具将线段OP两等分，等分点为点Q。

用【直线】工具连接线段LQ、QK。

按F2键选择【差量圆弧】工具，在点B与点F、点F与点I、点C与点G、点G与点J、点J与点K之间绘制弧线，按键盘上Q、W键调整弧线弯度，完成后如图4-78所示。

⑨如图4-79所示，以点Q为参考点，选择【加点】工具，沿袖肘线两边各加1点，为点S、点T，点S、点T分别距离点Q"1.5cm"。

以点K为参考点，选择【加点】工具，沿线段KQ加1点U，点U距离点K"8cm"，如图4-79所示。

按F2键选择【差量圆弧】工具，在点M与点S、点S与点U、点N与点T、点T与点U之间绘制弧线，按键盘上Q、W键调整弧线弯度。

按F3键选择【延长线段】工具，点击点B拉出延长线与前袖窿弧线相交；点击点C拉出延长线与前袖窿弧线相交；点击点M拉出延长线与后袖窿弧线相交；点击点N拉出延长线与后袖窿弧线相交，完成后如图4-79所示。

按 F1 键选择【对称轴线】工具，鼠标左键点击点A，再点击点V，绘制对称轴线。按 F1 键选择【对称】工具，鼠标左键点击前袖窿弧线，绘制出前袖窿弧线的对称线。

按 F1 键选择【对称轴线】工具，鼠标左键点击点L，再点击点W，绘制对称轴线。按 F1 键选择【对称】工具，鼠标左键点击后袖窿弧线，绘制出后袖窿弧线的对称线，如图4-79所示。

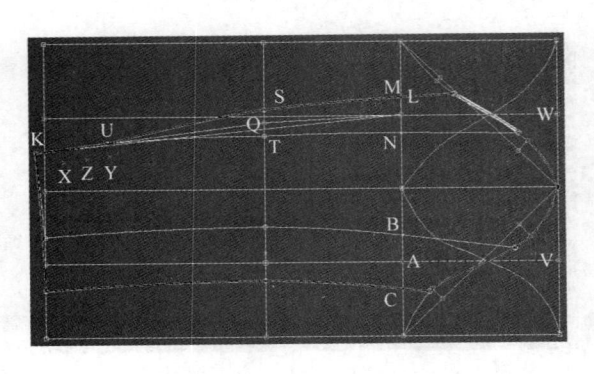

图4-79　绘制辅助线

这时LW对称轴处于激活状态，如果想要修改AV对称轴，需要重新激活AV对称轴。可以按F1键选择【对称】工具，鼠标左键点击AV对称轴，AV对称轴被激活。

按 F2 键选择【两点旋转】工具，鼠标左键点击点K与点U，线段KU成水平状态。

以点K为参考点，选择【加相关内点】工具，鼠标左键点击点K，移动鼠标拖出蓝色带箭头的线段，同时弹出相关内点对话框，按 ↓ 键，在"dx"中输入"3"，"dy"中输入"-1.5"，按 Enter 键得到点X，如图4-79所示。

以点U为参考点，选择【加相关内点】工具，鼠标左键点击点U，移动鼠标拖出蓝色带箭头的线段，同时弹出相关内点对话框，按 ↓ 键，在"dx"中输入"0"，"dy"中输入"-1.5"，按 Enter 键得到点Y。

按 F1 键选择【内部分段】工具将点X、点Y两等分，等分点为点Z。

按 F2 键选择【两点旋转】工具，鼠标左键点击点L与点W，线段LW成水平状态，如图4-79所示。

（2）套取实样。

①按 F4 键进入【F4】面板，点击【以线引出实样】按钮 右上角的小三角，在弹出裁片对话框中"相关联方式引出裁片"前打钩"√"，点击【关闭】关闭对话框。

②选中【以线引出实样】工具，左键点击需要制成纸样的区域的线段点，依次点击图4-80中的点A…点L，最后点击点A，被选中的线段变为灰白色，选择完成后按右键结束纸样套取，如图4-80所示灰色线段为套取大袖需要点击的线段区域，套取大袖实样。同样的方法点击图4-81中的点A…点J，最后点击点A，选择完成后按右键结束纸样套取，如图4-81所示套取小袖的实样。

③值得注意的是，套取纸样时要形成一个闭合的线段区域，按右键才能成功套取纸样。

所有要套取的线段必须是相连的，用【延长线段】工具拉出的延长线与袖窿弧线只是

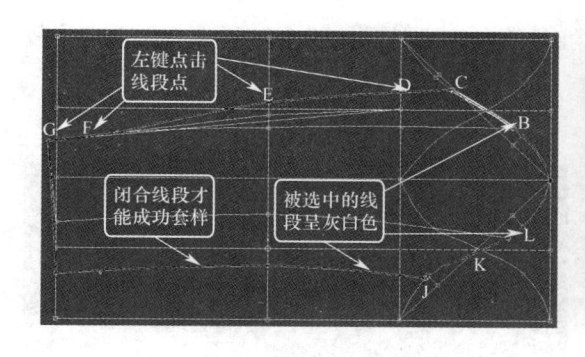

图4-80　套取大袖实样 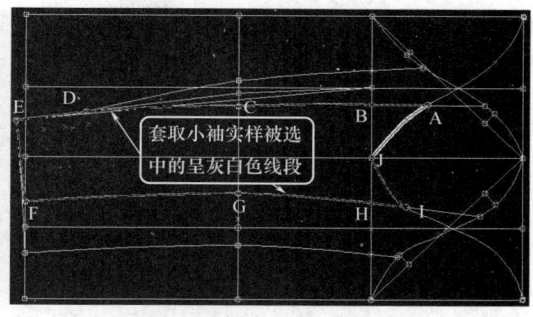　　　　　　　图4-81　套取小袖实样

相交，并没有相连，所以要按F1键选择【相交点】工具，点击在两线段相交处，加上了圆形的相交点，线段才会相连。

如果选错了线段点，想要退回一步或几步，可以单击鼠标中间的滚轮，点击一次退回一步。

（3）绘制大小袖缝份。

①按F4键进入【F4】面板，点击【裁片缝份】　　　　，鼠标右键框选整个大袖裁片（选中的点会变成红色，选中的线段会变成浅蓝色），左键点击裁片某条线段，同时弹出对话框，在对话框【开始】中输入"1cm"，在【结束】中输入"1cm"，按Enter键确定，整个大袖裁片都放了"1cm"的缝份，如图4-82（a）所示。

②大袖裁片的袖口应该放"3cm"的缝份，在工作页空白处点击鼠标右键结束"裁片全选"的状态（线与点都变回白色）；选择【裁片缝份】　　　　工具，鼠标左键点击在袖口线上，弹出对话框，按↓键进入对话框，在对话框【开始】中输入"3cm"，在【结束】中输入"3cm"，按Enter键确定，袖口线放了"3cm"的缝份。

③值得注意的是，给图4-79中线段KU加缝份。如果点U为方形的端点，只需点击【裁片缝份】　　　　，鼠标左键点击在线段KU上，弹出对话框，在对话框【开始】中输入"3cm"，在【结束】中输入"3cm"，按Enter键确定，线段KU放了"3cm"的缝份。

但如果点U为交叉的特性点，在特殊情况下不能把它变为端点时（有时变为端点会影响纸样的放码），需要按F4键点击【加缝份点】按钮　　　　，鼠标左键点击在特性点U上（这时特性点毫无变化），再点击【裁片缝份】　　　　，鼠标左键点击在线段KU上，弹出对话框，在对话框【开始】中输入"3cm"，在【结束】中输入"3cm"，按Enter键确定，线段KU放了"3cm"的缝份，完成如图4-82（a）所示。

如果使用了【加缝份点】　　　　工具，只能用【裁片缝份】　　　　给裁片加缝份，而不能使用【平面图缝份】　　　　工具给裁片加缝份，这时【平面图缝份】工具不起作用。

用同样的方法给小袖加上缝份，如图4-82（b）所示。

点击【状态栏】中的【裁剪部分】按钮　　　裁剪部份　　F9，工作页隐藏了所有的辅助点和线，只显示黄色的"缝纫线"和红色的"外线"，如图4-82所示。再点击【裁剪部分】关闭该功能。

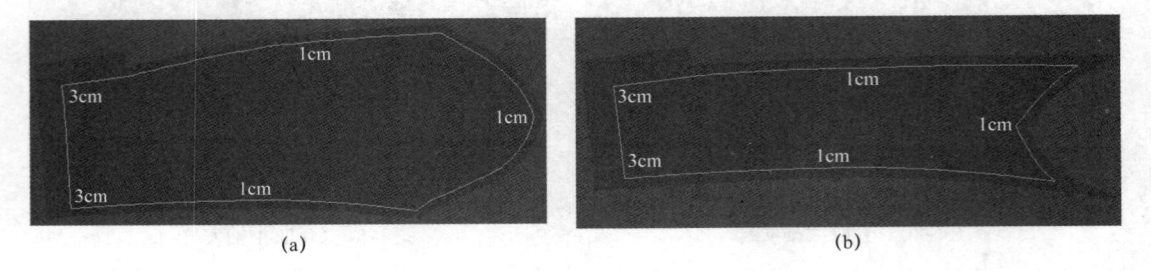

图4-82 绘制大小袖缝份

（4）改变样片切角。

①大袖裁片修改缝份角。按【F4】键进入【F4】面板，点击【切角工具】按钮 切角工具 右上角的小三角，弹出【切角工具】选项框。在【前段垂直】上打钩，点击袖窿角点A；在【后段垂直】上打钩，点击袖窿角点B，完成该裁片缝份角的处理，如图4-83所示。

②小袖裁片修改缝份角。点击【切角工具】，鼠标左键按住状态栏的【梯级】按钮 梯级 不松手，弹出【切角工具】选项框，按住鼠标左键上下移动选择【前段缝份】，松开左键，【状态栏】中显示【前段缝份】，点击袖窿角点C；选择【后段缝份】，点击袖窿角点D，如图4-83所示。

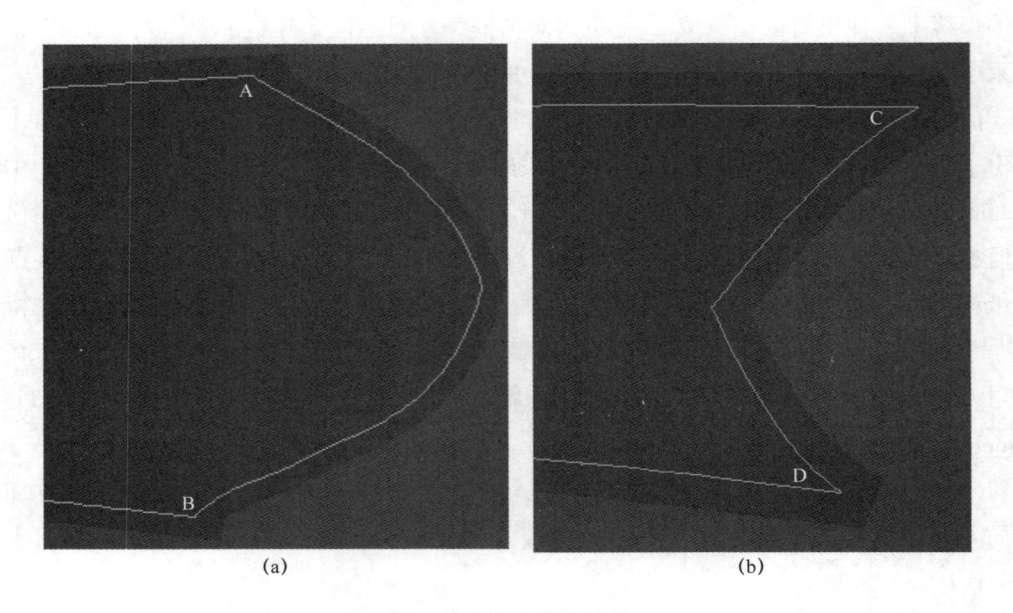

图4-83 修改样片切角

（5）加剪口与绘制布纹线。

①加剪口。按 F2 键进入【F2】面板，点击【剪口】工具，鼠标左键点击在大、小袖需要加剪口的点或线上生成剪口。

②如图4-84所示，在给点K加剪口时，系统会默认把剪口加在点A位置，如果想把剪口加在B位置，应该先选择【剪口】工具，鼠标左键按住在点K上不松手，线段KM消失了，这时松开鼠标系统会在A位置加剪口；如果不松手，按键盘上的 空格 键，切换到线段KN消失了，这时松开鼠标左键，剪口加在B位置上，如图4-84所示。

③可以看到图4-84中点O的剪口打歪了，这时可以按 F2 键进入【F2】面板，选择【等分角度】工具，鼠标左键点击点O上，或选择【垂直剪口】，鼠标左键点击点O上，或选择【剪口方向】工具，左键单击点O的剪口，拖动剪口到合适的位置上，最后完成如图4-84所示。

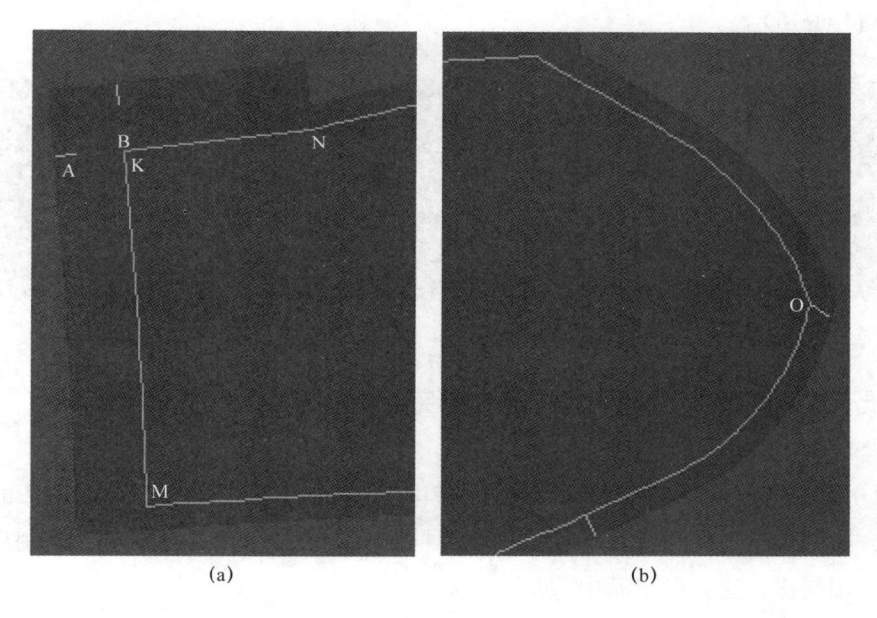

(a)　　　　　　　　　　(b)

图4-84　加剪口

④删除剪口。按 F3 键进入【F3】面板，点击【删除】工具，鼠标左键点击在剪口上，删除该剪口。

⑤绘制布纹线。鼠标左键按住状态栏的【其他轴线】按钮 其他轴线 不松手，弹出【轴线】选项框，按住鼠标左键上下移动选择【布纹线"DF"】，松开左键，【状态栏】中显示【布纹线"DF"】 布纹线'DF' ，按住 Ctrl 键，在大、小袖上点击左键，拉出水平布纹线，再点击左键绘制出水平布纹线。

⑥移动布纹线。如果想平行移动布纹线，可以按 F3 键进入【F3】面板，选择【移动】工具，鼠标左键点击布纹线，移动布纹线到合适的位置，再点击鼠标左键确认即可。

如果想改变布纹线的角度，可以按F3键进入【F3】面板，选择【移动点】工具，鼠标左键单击布纹线的端点，移动鼠标，布纹线端点跟随鼠标移动，在合适的地方点击鼠标左键确认即可。

（6）扣位输入裁片。

①点击【状态栏】中的【平面图】按钮 ▭▭▭ 平面图 ▭▭ P ，工作页显示了所有的辅助点和线。

②把纽扣位输入裁片，需要按住【状态栏】中【无记号】按钮 ▭▭▭ 无记号 ▭▭ 不放手，弹出【记号工具】选项框，按住鼠标左键上下移动选择【记号工具"35"】，松开左键，【状态栏】中显示【记号工具"35"】，按F2键进入【F2】面板，选择【加记号点】工具，鼠标左键单击纽扣点位，纽扣点位变为"❋"花形，再按F4键进入【F4】面板，点击【输入裁片】工具，左键点击该花形，该花形被引入裁片中，如图4-85所示。

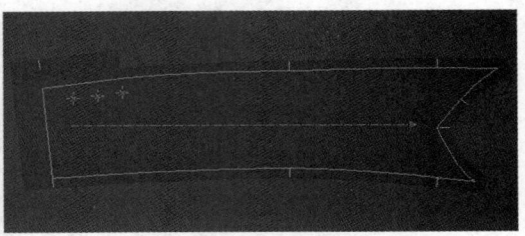

图4-85 扣位输入裁片

到此，女西服大、小袖裁片就全部绘制完成了，如图4-85所示。

6. 绘制垫肩

（1）点击下拉菜单【工作页】→【复印】打钩"√"，鼠标左键点击在前中裁片工作页上，松开左键并移动鼠标，拖出白色线框，在空白处单击鼠标左键，复制出前中裁片工作页。用同样方法复制出后中裁片工作页。

（2）按End键，鼠标右键单击在后中裁片工作页上，选中该工作页，按Home键放大工作页，按F4键进入【F4】面板，选择【删除平面图缝份】按钮，鼠标右键框选整个后中裁片，鼠标左键点击裁片上某条线段，裁片的缝份被删除，变回净样。点击鼠标右键取消框选。

（3）按⑧键显示全部工作页，按End键，鼠标右键单击在前中裁片工作页上，选中该工作页，按Home键放大工作页，按F4键进入【F4】面板，选择【删除裁片缝份】按钮，鼠标右键框选整个前中裁片，鼠标左键点击裁片上某条线段，裁片的缝份被删除，变回净样。点击鼠标右键取消框选。

（4）值得注意的是：后中裁片的缝份是用【平面图缝份】工具生成的，只有用【删除平面图缝份】工具才能删除；前中裁片的缝份是用【裁片缝份】工具生成的，只有用

【删除裁片缝份】工具才能删除。

（5）将"PLANFront_panel"工作层的辅助线导入"基础图"层。在先前制作前中裁片时辅助线是在"PLANFront_panel"工作层中建立的，在"基础图"层并无辅助线。这时如果使用【联结裁片】工具合并前、后中裁片，可以发现生成新的联结裁片是没有任何辅助线的，不便于之后的操作。所以在做裁片联结之前，先把前、后中裁片的辅助线导入到"基础图"层中。

在【工作层】的下拉菜单中点击"基础图"打钩"√"，左边的小灯泡发亮，变为白色，表示工作层可视、可操作。但刚绘制的辅助线消失了，表示"PLANFront_panel"工作层不可视，点击"PLANFront_panel"工作层左边的小灯泡，小灯泡发亮，变为蓝色，如图4-86所示。

图4-86 将辅助线导入"基础图"层

这时辅助线重新显示，但颜色变灰，说明"基础线"层为可操作层，"PLANFront_panel"工作层仅为可视层。

在【工作层】的下拉菜单中点击【插入】打钩"√"，鼠标右键框选整个前中裁片辅助线（选中的点会变成红色，选中的线段会变成浅蓝色），左键单击裁片某条线段，点击鼠标右键结束，这时我们发现已经将辅助线导入到"基础线"层，辅助线的颜色由灰色变为白色。

（6）用同样的方法将"PLANBack_panel"工作层的辅助线导入"基础图"层。

（7）按F5键进入【F5】面板，点击【联结裁片】，左键单击图4-87中后肩点A，再点击后侧肩点B，拖出裁片的白色轮廓线，按X键，轮廓线以X轴对称翻转；按Y键，轮廓线以Y轴对称翻转；然后左键点击相应的前肩点C与前侧肩点D，生成新的合并前、后中裁片工作页，如图4-88所示。

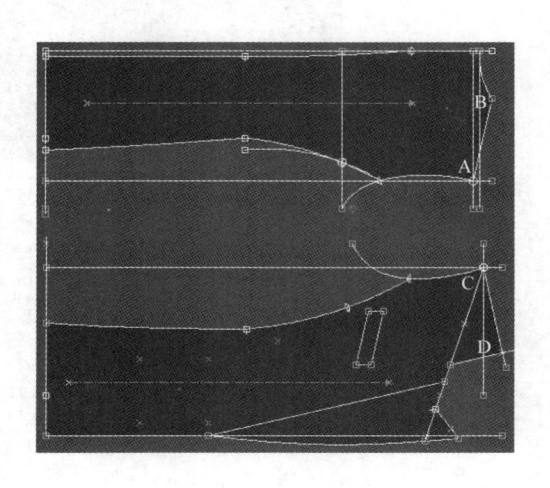

图4-87 联结裁片

（8）按F1键进入【F1】面板，选择【直线】工具，连接图4-88中点E、点F。

按F2键进入【F2】面板，选择【两点旋转】工具，鼠标左键点击点E与点F，裁片旋转后如图4-89所示。

以E点为参考点，按F1键进入【F1】面板，选择【加点】工具，沿线段EG加1点G，点

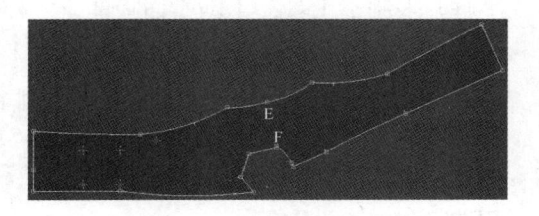

图4-88 完成联结裁片

G距离点E"10cm"。

以点E为参考点，选择【加点】工具，沿线段EH加1点H，点H距离点E"10cm"。

以点E为参考点，选择【加点】工具，沿线段EI加1点I，点I距离点E"11cm"。

按F2键选择【差量圆弧】工具，在点G与点H、点H与点I、点I与点G之间绘制弧线，按键盘上Q、W键调整弧线弯度，完成如图4-89所示。

（9）套取实样。按F4键选中【实样】工具，套取如图4-90所示的实样。在【F4】面板中选择【平面图缝份】工

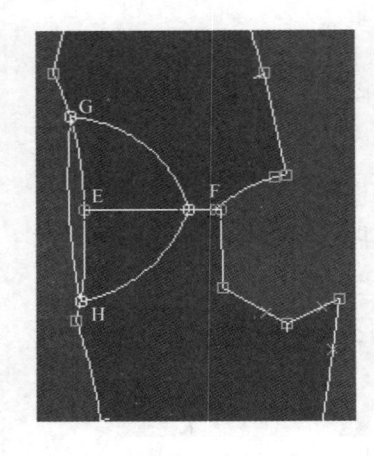

图4-89 绘制垫肩

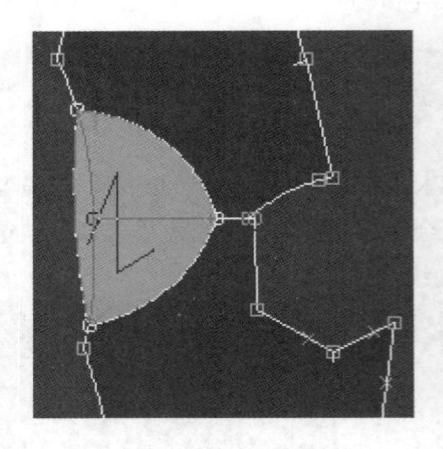

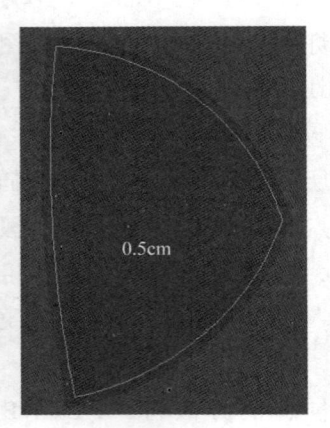

图4-90 套取垫肩裁片

具，给肩垫实样各边放"0.5cm"的缝份，如图4-90所示。

本章小结

■ 力克专家系统中部分工具具有高阶裁片关联功能，如【F1】面板的【联系点】、【平行线】、【对称】工具，【F3】面板的【链接】、【关联到测量】、【测量限制】、【解开限制】工具，【F4】面板的【实样】、【裁片】、【以线引出实样】、【以线引出裁片】工具，【F5】面板的【轴线切割】、【两点切割】、【选线切割】工具等。

■ 运用高阶裁片关联工具，进行双排扣戗驳领女西服纸样的设计。

思考题与实训练习

1. 为什么要使裁片具有相关联功能？具有相关联功能的裁片与不具有相关联功能的

裁片有什么不同之处？

2. 如何使用链接、关联到测量、测量限制这三个工具？

3. 根据图4-91女式西服款式图所示，用Modaris系统高阶裁片功能绘制其样板，要进行缝份、剪口、切角、布纹方向的设置。其中衣长（L）=76cm，胸围（B）=104cm，下摆围=108cm，肩宽（S）=40cm，袖长（SL）=57cm，袖口=27cm，领横=8cm。

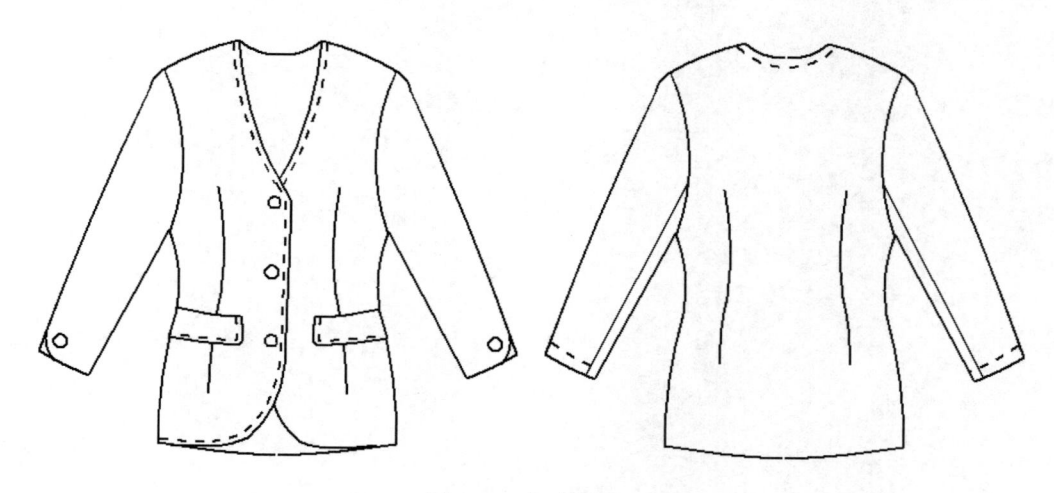

图4-91　女式西服

运用与拓展——

下拉菜单与状态栏（Modaris V6R1）

课题内容： 下拉菜单
　　　　　状态栏

课题时间： 4课时

教学目的： 通过本章的学习，掌握Modaris系统下拉菜单各种命令与状态栏各种工具的使用。

教学方法： 应用PPT课件，上机操作与教师讲授同步进行。

教学要求： 1. 掌握【档案】、【编辑】、【工作页】、【切角工具】、【显示】、【尺码】、【选择】、【巨集】、【工作层】、【参数】、【画面配置】、【工具】、【？】下拉菜单各种命令的使用。
　　　　　　2. 掌握状态栏各种工具的使用。

第五章　下拉菜单与状态栏（Modaris V6R1）

第一节　下拉菜单

Modaris V6R1工作界面中共有14个下拉菜单，包括【力克版权 ■■】、【档案】、【编辑】、【工作页】、【切角工具】、【显示】、【尺码】、【选择】、【巨集】、【工作层】、【参数】、【画面配置】、【工具】、【辅助说明 ?■】等。点击菜单时，会弹出下拉式命令列表，点击命令，可以执行各种操作处理。

在下拉菜单命令左右，常常还会出现如图5-1所示的字母或符号按钮。菜单命令右边的字母表示其"快捷键"，■符号表示"鼠标光标在该命令上向右划动，可以拉出子命令选项框"，■符号表示"鼠标左键点击该符号按钮，可以弹出属性选项框"。

图5-1　下拉菜单命令

一、【档案】菜单

【档案】菜单包括新建/打开/插入/储存款式系列、输入/输出成衣文件、设置访问路径、打印和退出系统等命令，具体如图5-3所示。

1.【新款式系列】

【新款式系列】命令是建立新的款式系列，快捷键为 Ctrl + N 。点击该命令，弹出【新的款式名称】对话框，输入款式名称（注意一定不能为中文名称），按 Enter 键便可建立新的款式系列，这时在工作区会出现"款式系列图标工作页"，如图5-2所示。

2.【开启款式系列】

【开启款式系列】命令是开启资料库中的款式系列档案，快捷键为 Ctrl + O 。

图5-2　款式系列图标工作页

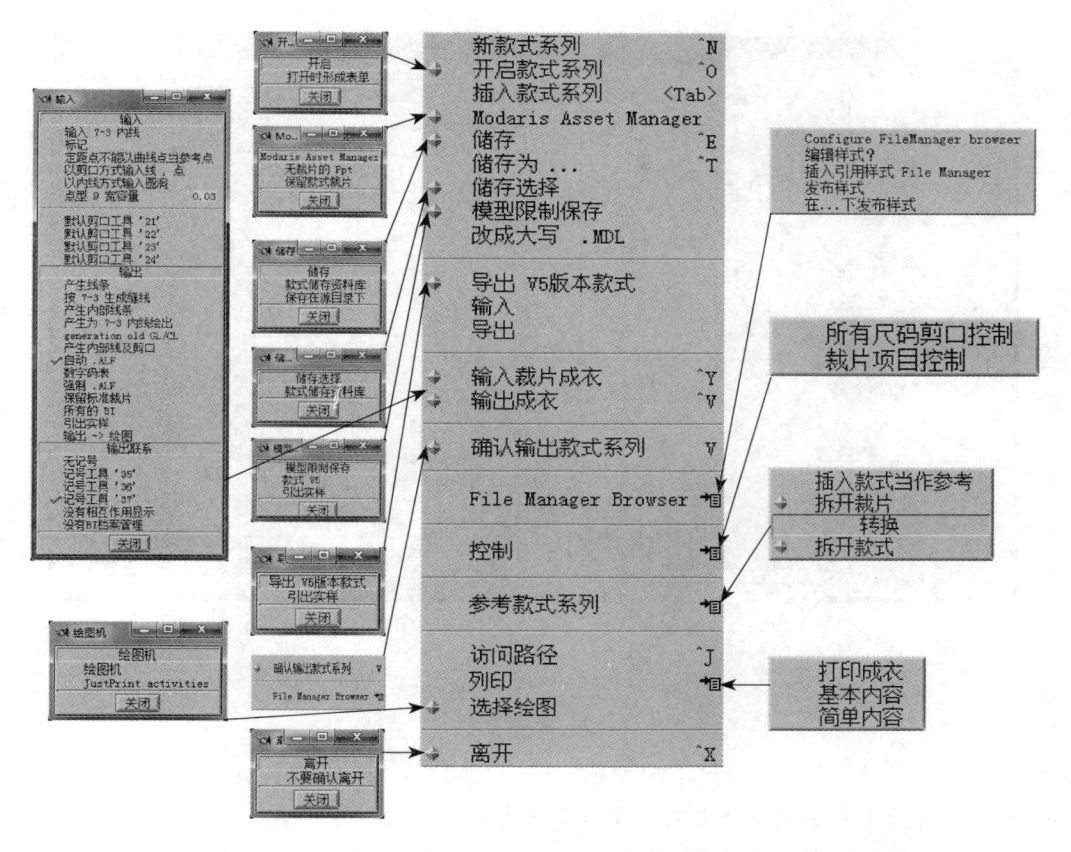

图5-3 【档案】菜单

3. 【插入款式系列】

【插入款式系列】命令是在现打开的款式系列内，插入其他完整的款式系列或款式元素，包括裁片、成衣、平面图、草稿图等。

（1）鼠标左键点击下拉菜单【档案】→【插入款式系列】，弹出【插入款式系列】对话框，如图5-4所示。

（2）插入款式系列步骤如下：

①点击【清除列表】按钮，清除不需输入的款式系列。

②鼠标左键点击【更改目录】按钮，选择存放款式系列的目录，打开文件，文件出现在原始档案栏中。

（3）点击原始档案栏中的"*.mdl"文件，按【=>】键，文件进入读取档案栏，按【读取档案】按钮，将款式系列文件读进Modaris系统工作区中，点击【关闭】按钮完成操作。

4. 【储存】/【储存为...】/【储存选择】/【模型限制保存】

【储存】命令是将款式系列以现用的档案名储存进资料库内。

【储存为...】命令是以新的档案名或新路径储存款式系列。

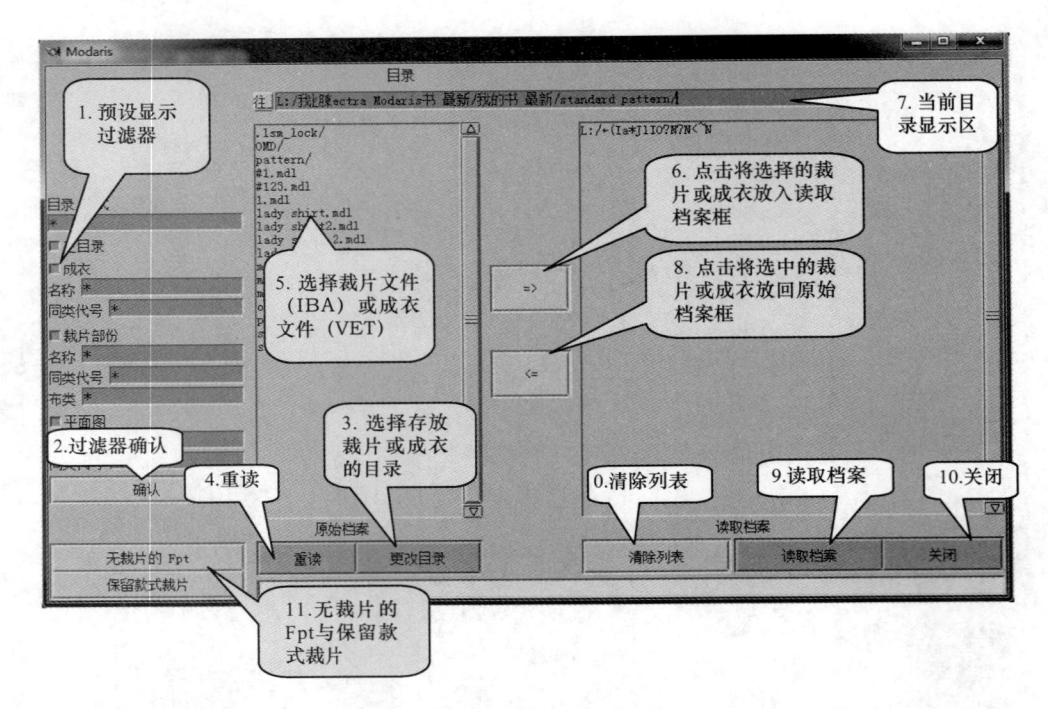

图5-4 【插入款式系列】对话框

【储存选择】命令是将选中的工作页储存为新的款式系列档案。

【模型限制保存】命令是模型限制保存。

5. 【改为大写.MDL】/【导出V5版本款式】

【改为大写.MDL】命令是以大写的形式储存款式系列档案。因为Modaris开始是基于Linux开发的系统，在Linux系统中，文件以大小写储存是两个不同的文件。

【导出V5版本款式】命令是导出V5版本款式。因为在V6版本新添了些新工具，如斜接切角工具，V5版本不能识别，要以V5版本导出才行。

6. 【输入】/【导出】

【输入】命令是输入AAMA、ASTM、DXF-Pattern、Gerber、TIIP等文件进入Modaris系统。

【导出】命令是将文件以AAMA、ASTM、Gerber、Lumiere、TIIP等格式导出系统。

具体参见"第二章 第一节 Modaris V6R1系统概述 文件的导出与输入"。

7. 【输入裁片成衣】

【输入裁片成衣】命令是在现打开的款式内输入裁片或成衣。

想要向Modaris系统内输入IBA裁片文件或VET成衣文件，鼠标左键点击下拉菜单【档案】→【输入裁片成衣】，弹出【输入裁片成衣】对话框，如图5-5所示。

裁片或成衣输入步骤如下：

（1）点击【清除列表】按钮，清除不需输入的裁片或成衣。确保【IBA】、

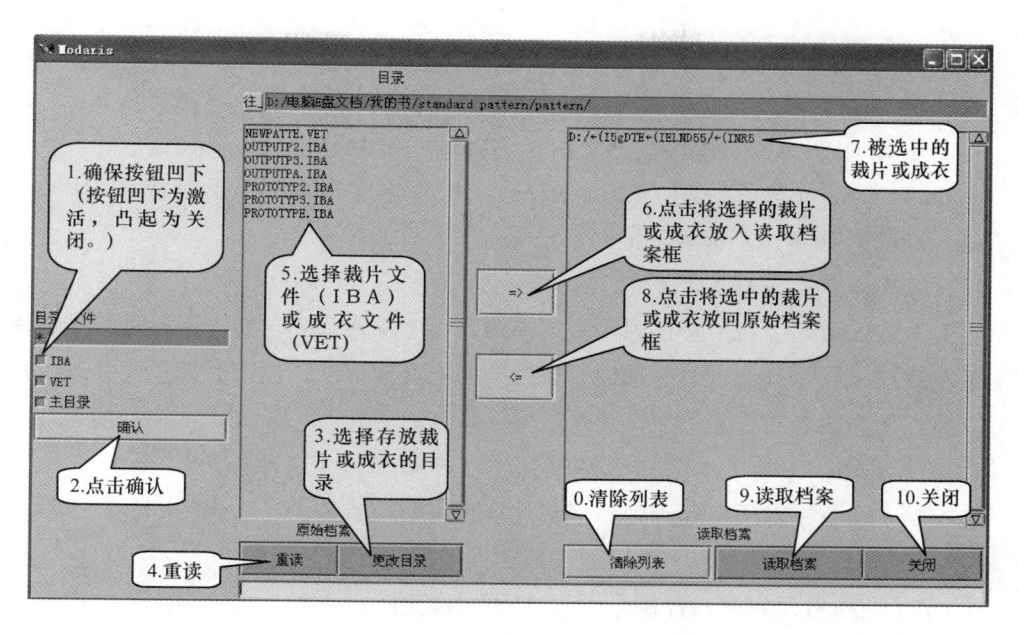

图5-5 【输入裁片成衣】对话框

【VET】、【主目录】按钮凹下，凹下为激活状态，凸起为关闭状态。

（2）鼠标左键点击【更改目录】按钮，选择存放裁片或成衣的目录，打开文件，文件出现在原始档案栏中。

（3）点击原始档案栏中的IBA文件或VET文件，按【=>】键，文件进入读取档案栏，按【读取档案】按钮，将裁片或成衣文件读进Modaris系统中，点击【关闭】按钮完成操作。

值得注意的是：在输入裁片或成衣之前，必须先建立新款式系列或打开款式系列，否则无法输入裁片成衣。

8. 【输出成衣】

【输出成衣】命令是将款式系列中的裁片或成衣以"IBA""VET"为后缀的档案文件输出。

（1）想要输出成衣或裁片，首先要定义导出路径，点击【档案】→【访问路径】，进入对话框，在对话框中的【成衣储存资料库】中定义储存路径。

（2）点击【档案】→【输出成衣】，工作区内的裁片或成衣以"IBA""VET"为后缀的档案文件储存到定义的路径下。

（3）值得注意的是：在输出成衣之前，必须先建立成衣档案，否则无法输出裁片或成衣。

9. 【确认输出款式系列】

【确认输出款式系列】命令是储存档案生成"*.MDL"文件的同时，执行【输出成衣】命令，生成"*.IBA"与"*.VET"文件。因为Diamino系统的排料图有两种格式：PLA

格式与PLX格式,如果使用PLA格式,完成成衣档案后,需要输出裁片"*.IBA"文件与成衣"*.VET"文件,才能够进行排料,如果使用PLX格式排料,则无须输出成衣文档。

10.【Modaris Asset Manager】/【File Manager Browser】

【Modaris Asset Manager】/【File Manager Browser】命令都用于力克的ERP系统,在Modaris最新的V7版本该功能被取消。

11.【参考款式系列】

【参考款式系列】命令是在现用款式中插入参考款式系列。插入的参考款式通常是标准的基本款式,它是其他款式的部件,如标准的衣领或口袋,插入后即不能修改,只用作参考。但它作为独立的款式单独打开时是可以修改的。

12.【控制】/【访问路径】/【列印】/【选择绘图】/【离开】

【控制】命令是对所有尺码剪口或裁片项目进行检查控制,对出错的剪口或裁片进行系统提示。

(1)【对所有尺码剪口控制】 将剪口设置在定距点上时,由于定距点方向有正负之分,在放码时一些定距点上的剪口有可能会被放出裁片外,导致出错。但在裁片很多的情况下,不容易发现这种情况,这时需要点击【档案】→【控制】→【对所有尺码剪口控制】来检查是否有剪口出错。弹出的窗口如图5-6所示,表示无剪口出错。

(2)【裁片项目控制】 将裁片读进【成衣档案】后如果错手将某个裁片删除了,用户在处理大量裁片时不容易发现这种情况,这时可以点击【档案】→【控制】→【裁片项目控制】来检查是否有裁片被错误删除。弹出的窗口如图5-7所示,表示有进入【成衣档案】的裁片被错误删除。

图5-6 【对所有尺码剪口控制】提示框   图5-7 【裁片项目控制】提示框

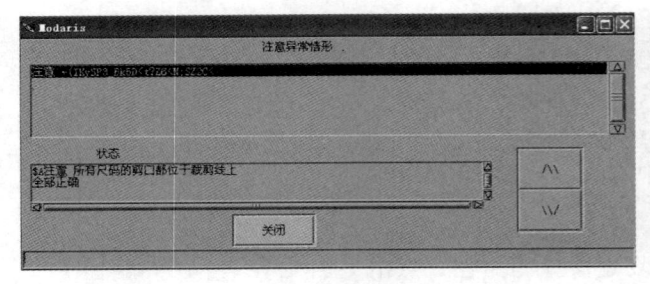

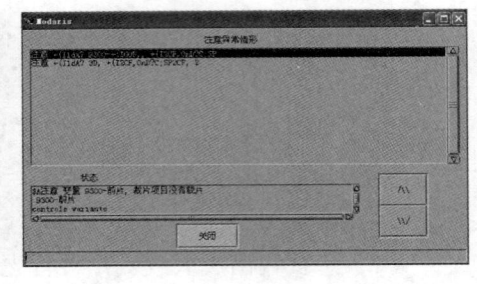

【访问路径】命令是设定各资料库路径,具体参见"第二章 第一节 Modaris V6R1系统概述 访问路径设置"。

【列印】命令是列印款式系列中所有成衣档案资料,包括打印成衣档案、列印基本内容、列印简单内容。

【选择绘图】命令是打印所选的工作页或对象,但用户必须安装VigiPrint或I_Manager等软件程序才能打印。

【离开】命令是退出Modaris软件系统。

二、【编辑】菜单

【编辑】菜单中的命令主要是以Modaris系统的文字为对象，对其进行编辑、修改、复制等操作，具体如图5-8所示。

1.【编辑】

【编辑】命令是以Modaris系统的文字为对象，对其进行编辑与修改，包括对资料框中文字的编辑与修改，对某些【轴线】上文字的编辑与修改。快捷键为 E 。

如果要修改资料框中的文字信息，如修改图5-9资料框中的款式档，将其名称"T801"改为"T901"，点击【编辑】→【编辑】打钩"√"，鼠标左键双击"T801"文字，出现黑色输入框，输入"T901"，按 Enter 完成修改。

对某些轴线上文字的编辑与修改，具体参见"第二章　第三节　图形修改与裁片创建【轴线】工具"。

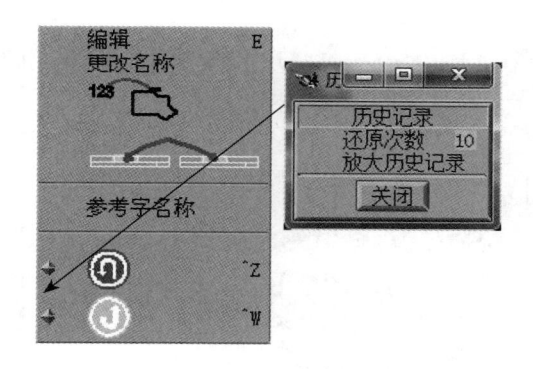

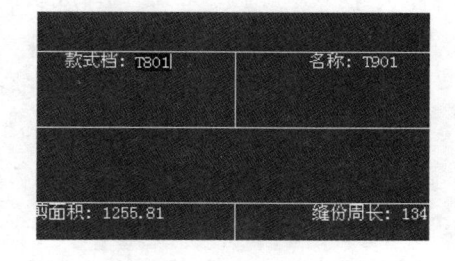

图5-8　【编辑】菜单　　　　　图5-9　编辑资料框中的文字修改

2.【更改名称】/【贴上名称】/【区域复制】/【参考字名称】/【还原/重做】

【更改名称】命令是更改现用款式或工作页名称；【贴上名称】命令是贴上名称（用于Body Click）；【区域复制】命令是将资料框中的文字复制到其他资料框内；【参考字名称】命令是设定【参考字轴线】名称，具体参见"第二章 第三节 图形修改与裁片创建【轴线】工具"；【还原】命令是还原前次动作，可以点击该命令左侧 ✥ 符号，设置最大还原次数；【重做】命令是重做前次动作，可以点击该命令左侧 ✥ 符号，设置最大重做次数。

三、【工作页】菜单

【工作页】菜单中的命令主要是以工作页为操作对象，对其进行建立、复制、删除、选择、排列、布局、大小调整等操作，具体如图5-10所示。

1.【新工作页】/【复印】/【删除】/【选取工作页】/【选成衣档案】/【选平面图】

【新工作页】命令是在工作区建立新工作页。快捷键为 N 。

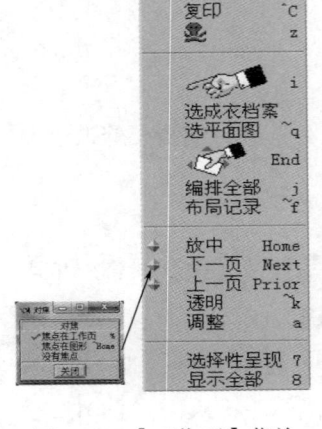

图5-10 【工作页】菜单

【复印】命令是复制工作页。快捷键为 Ctrl + C 。点击【工作页】→【复印】打钩"√",鼠标左键点击需要复制的工作页,拖出白色线框,再次点击鼠标左键,复制该工作页。

【删除】命令是删除工作页。快捷键为 Z 。点击【工作页】→【删除】打钩"√",光标变为 ,鼠标左键点击要删除的工作页,即可删除该工作页。但如果是裁片工作页,鼠标单击一次不能将裁片工作页完全删除,裁片工作页变为结构线工作页。如果想要一次直接彻底删除裁片工作页,按住 Shift 键,再点击该工作页即可。

【选取工作页】命令是选择工作页。快捷键为 i 。点击【工作页】→【选取工作页】打钩"√",可以连续鼠标左键点击选中想要的工作页,鼠标右键结束选择。(鼠标左键=选择,鼠标右键=结束选择,鼠标左键+右键=取消选择)。

【选成衣档案】命令是选择工作区内某成衣档案中的工作页。点击该命令,弹出【成衣名称】输入框,按 Tab 键选择成衣档案名称,即可选中该成衣档案的所有工作页。

【选平面图】命令是选择平面图工作页。快捷键为 Alt + q 。

2. 【编排】/【编排全部】/【布局记录】/【放中】/【下一页】/【上一页】

【编排】命令是移动工作区内的工作页。快捷键为 End 键。点击【工作页】→【编排】打钩"√",鼠标左键点击需要移动的工作页,移动光标,再次点击鼠标左键,工作页被移动到需要的位置。

【编排全部】命令是显示工作区内所有工作页,并将所有工作页整齐排列成行。快捷键为 j 。

【布局记录】命令是记录储存用户需要的工作区布局。与状态栏中的【用户布局】工具联合使用,具体参见"第五章 第二节 状态栏【用户布局】工具"。

【放中】命令是使选中的工作页放置在工作区正中央。快捷键为 Home 。

【下一页】是呈现下一张工作页。

【上一页】是呈现上一张工作页。

3. 【透明】/【调整】/【选择性呈现】/【显示全部】

【透明】命令是使工作页呈现透明。快捷键为 Alt + k 。

【调整】命令是调整工作页大小。快捷键为 a 。如图5-11(a)所示,工作页远远大于裁片大小,要调整工作页匹配裁片大小,点击【工作页】→【调整】即可。

【选择性呈现】命令如图5-12所示,是可以按材料、布类、成衣名称等选择性呈现裁片。快捷键为 7 。

【显示全部】命令是显示工作区内所有工作页。快捷键为⑧。

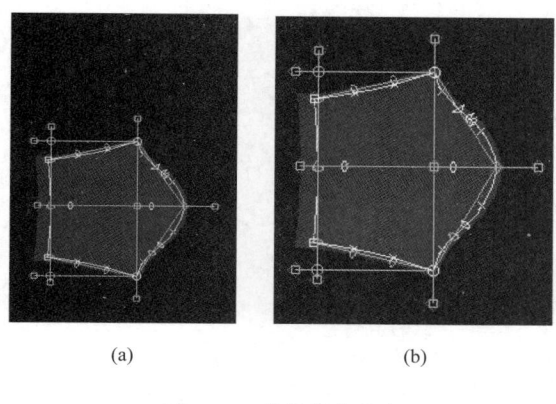

(a)　　　　　　　(b)

图5-11　【调整】命令　　　　　　　图5-12　【选择性呈现】对话框

四、【切角工具】菜单

如图5-13所示，【切角工具】菜单提供了各种切角方式，并且能进行切角的创建与删除，具体参见"第二章　第三节　图形修改与裁片创建【切角工具】"。

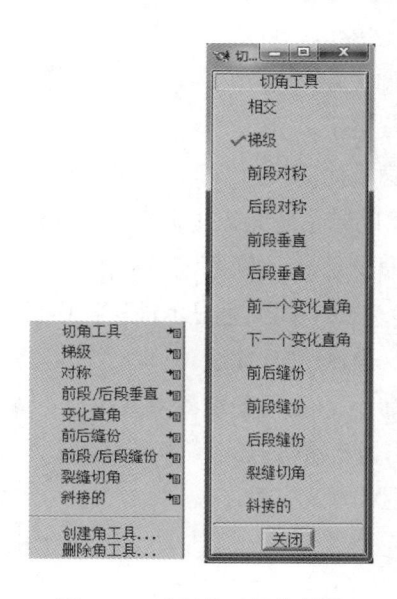

图5-13　【切角工具】菜单

五、【显示】菜单

利用【显示】菜单，可以对各种对象，如曲线点、影子、剪口、弧切线、尺码、资料框等进行显示或隐藏。具体操作：点击【显示】→【曲线点】打钩"√"，表示显示曲线点。再次点击取消打钩"√"，表示隐藏曲线点。其他【显示】菜单下的命令都是如此，打钩"√"为显示，不打钩"√"为隐藏，具体如图5-14所示。

【比率1】命令是呈现裁片的实际大小（1∶1尺寸）。

【曲线点】命令是显示/隐藏曲线点。

【影子】命令是保留/不保留修改前形状。

【平面图】命令是显示/隐藏引出裁片的平面图。

【单个裁片】命令是以不同深浅颜色显示在或不在成衣档案的裁片。

【裁剪部分】命令是显示/不显示裁剪部分。

【实样/裁片】命令是选择工作页呈现方式，实样或者裁片呈现。

【隐藏对称线点】命令是显示/隐藏对称后的线点。

【点名称】命令是显示/隐藏点名称。

【隐藏尺码】命令是隐藏相关尺码。

【显示相关尺码】命令是显示相关尺码。

【剪口】命令是显示/隐藏裁剪部分剪口。

【弧切线】命令是显示/隐藏弧切线。

【尺码】命令是只显示基本尺码。

【资料框】命令是显示/隐藏工作页资料框。

【织物类型】命令是显示织物类型。

【显示 EVT】命令是显示EVT。

【格子】命令是显示/隐藏格子。

【比率尺】命令是显示/隐藏比率尺。

【比率尺原点】命令是以鼠标左键确认任意点为比率尺原点。

【显示/隐藏裁刀动作】命令是显示/隐藏裁刀动作。

【显示被保护项目】命令是以不同颜色显示被保护项目。

【Display 3D curves】命令是显示3D曲线。

【显示/隐藏参考款式】命令是显示/隐藏参考款式。

【切角参考】命令是绘出切角参考点。

【点】命令是选择点的显示方式。

Modaservice 精确度。

六、【尺码】菜单

【尺码】菜单操作的对象为尺码，具体如图5-15所示。

【对应尺码】命令是显示/隐藏对应尺码。

【款式尺码】命令是显示/隐藏款式尺码。

【显示/隐藏所有尺码】命令是显示/隐藏所有尺码。

【检查对应尺码】命令是检查尺码的对应方式是否正确。

【1-放缩】命令是激活普通放缩。

【2-特殊放缩1】命令是激活特殊放缩1。

【3-特殊放缩2】命令是激活特殊放缩2。

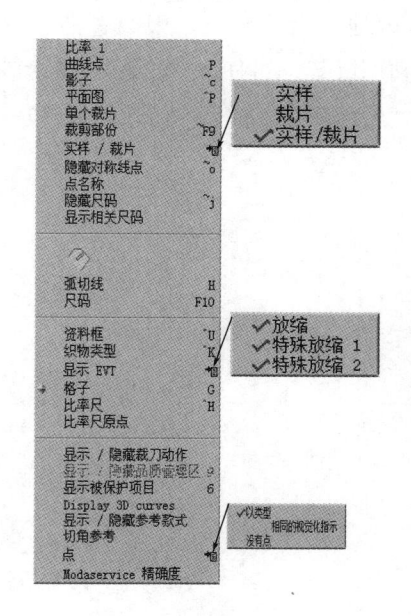

图5-14 【显示】菜单　　　　图5-15 【尺码】菜单

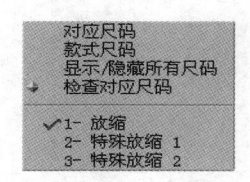

七、【选择】菜单

【选择】菜单负责对Modaris系统中各种对象进行选择与筛选，具体如图5-16所示。

【连续选点】命令是连续选取线段上的点。

【取消选择】命令是取消连续选点操作。

【选所有工作页】命令是选取工作区内所有工作页。

【工作项目】命令是设定工作页需选取项目，如点、剪口、裁片等。

【过滤选择】命令是过滤选择部分对象。

【选择命名】命令是选取出来的部分对象给予名称。

【读出选择】命令是读出已命名的选择项目。

【过滤剪口】命令是选择部分，只取剪口。

【过滤现用剪口】命令是选择部分，只取现用剪口。

【过滤点】命令是选择部分，只取点。

【过滤线条】命令是选择部分，只取线条。

【过滤裁片】命令是选择部分，只取裁片。

【过滤轴线】命令是选择部分，只取轴线。

【分段尺码】命令是选择分段尺码。

【所有尺码】命令是选择所有尺码。

八、【巨集】菜单

巨集是一种批次处理的称谓，通常中国内地称为"宏"，中国香港、台湾地区称为"巨集"。巨集是由一连串执行指令构成，利用巨集，可使一些冗长、重复或是例行的任务自动化。【巨集】菜单包括【远端遥控】、【编辑】、【逐一进行】等命令，如图5-17所示。

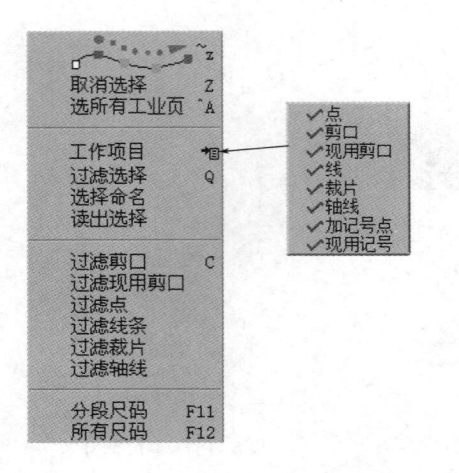

图5-16 【选择】菜单　　　　图5-17 【巨集】菜单

1.【远端遥控】

（1）点击【远端遥控】命令，弹出远端遥控按键框，包括Reco（录制）、播放、暂停、停止、Sbwd（回退）和Sfwd（前进）等按键，如图5-18所示。

图5-18 远端遥控按键框

Reco：创建并保存巨集；
播放：打开巨集；
暂停：暂停巨集；
停止：停止巨集；
Sbwd：回退上一步；
Sfwd：前进下一步；

（2）创建巨集。单击远程控制的Reco（保存）按钮，弹出对话框如图5-19所示，就可以记录巨集。

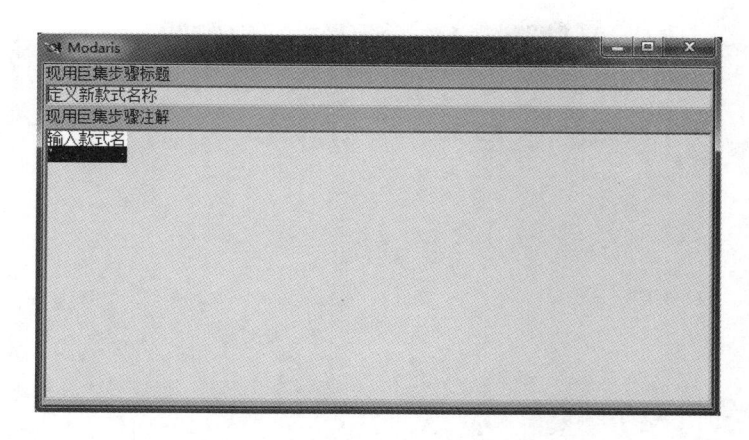

图5-19 【巨集】对话框

记录步骤1：在【现用巨集步骤标题】输入框输入步骤标题名称，如"定义新款式名称"；在【现用巨集步骤注解】输入框中输入本步骤的注释，如"输入款式名"，方便其他用户在调用时清楚知道此步骤的用途。

记录步骤2：选择与标题相对应的命令，这里点击【档案】菜单的【新款式系列】命令，弹出【新的款式名称】输入框。随意输入英文款式名称，如"shirt"，按 Enter 键结束，完成"新建款式系列"这一步骤的记录。

记录步骤3：这时巨集对话框的标题和注释输入框内容变空白，在标题输入框输入"新建工作页"，在注解输入框输入"建立新的工作页"，然后点击与标题相对应的命令，这里点击【工作页】菜单的【新工作页】命令，完成"新建工作页"步骤的记录。

记录步骤4：与步骤1、2、3一样，其他步骤也是先输入标题和注解，然后按与之相对应的命令或工具，完成其他步骤的记录。

记录步骤5：完成所有步骤记录后，点击【停止】按键，弹出【停止记录？】对话框，如图5-20所示，点击【是】，弹出【储存巨集为...】对话框，选择储存路径，输入文件名（系统自动设定为 *.mac扩展名），点击【保存】即完成巨集的保存。

图5-20 【停止记录？】对话框

（3）打开巨集。点击【播放】按键，弹出【巨集名称】输入框，输入巨集名称，如输入已经储存的"shirt"，或按 Tab 键选择巨集，按 Enter 键打开巨集。再按巨集记录的步骤进行标准化操作。

2. 【编辑】

【编辑】可以对巨集每一步的命令、参数、选择、名称和注释进行设置、修改和删除。点击【编辑】命令，弹出如图5-21所示的编辑器，编辑器实际上就是一个界面，用户可以在上面看到并修改巨集。

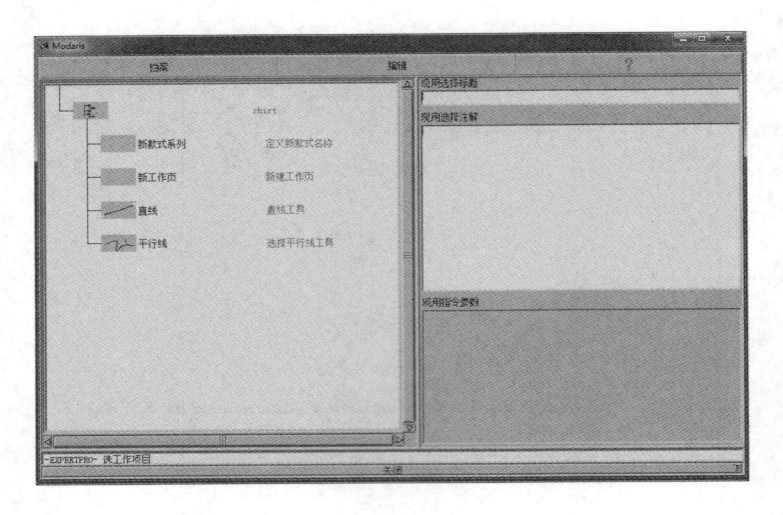

图5-21 【巨集】编辑器

3. 【逐一进行】

执行（打钩"√"）或不执行（不打钩）逐一进行指令。

4. 系统自带的巨集

Modaris系统自带了一些标准化的巨集，位于菜单栏下，包括【建立】、【修改】、【工业化】、【放缩】四个模块，每个模块都有与之相关的巨集下拉菜单，点击这些菜单命令便可调出巨集，如图5-22所示为巨集下拉菜单。

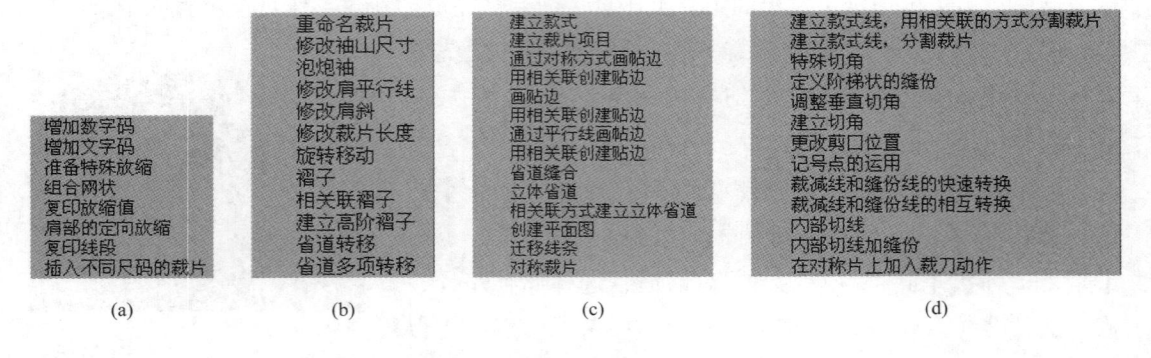

(a)　　　　　　　(b)　　　　　　　(c)　　　　　　　(d)

图5-22 系统自带的【巨集】下拉菜单

九、【工作层】菜单

在制作一些复杂的服装样板时，通常需要绘制基础线、辅助线、完成线等众多线条，并且面料、辅料、衬料等都需要分别制板。针对这个问题，Modaris推出了工作层的概念，提供【工作层】菜单，在制作复杂服装样板时，把基础线、辅助线、面料板、里料板、衬料板分别放置在不同的层中，需要时显示或调出使用，不需要时不显示，大大方便了工作，提高制板效率，如图5-23所示为【工作层】菜单。

1. 【建立】

（1）【建立】命令是用来建立新的工作层。点击下拉菜单【工作层】→【建立】，在弹出【工作层名称】对话框中输入新工作层名称，如输入"Back_panel"，按 Enter 键确认，在【工作层】下拉菜单末尾可以找到新建的工作层"PLANBack_panel"。

（2）点击"PLANBack_panel"打钩"√"，表示可以对工作层操作，不打钩，表示不可对工作层操作；点击左边的小灯泡发亮，变为绿色，表示工作层可视；点击小灯泡变为空心，表示该工作层不可视，如图5-24所示。

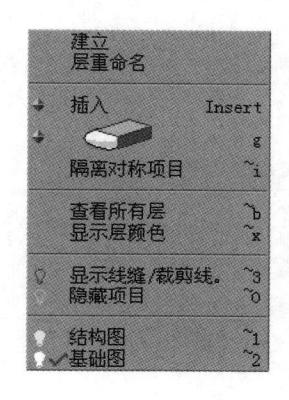

图5-23　【工作层】菜单

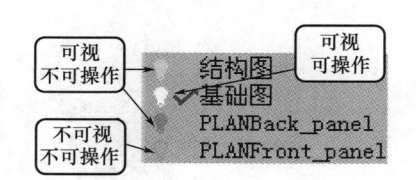

图5-24　对工作层的显示及操作

2. 【层重命名】

该命令为重命名工作层。点击下拉菜单【工作层】→【层重命名】，在弹出的对话框【旧名称】中输入原工作层名称，如"Back_panel"，在【新名称】中输入新工作层名称，如"Back"，按 Enter 键确认，新名称替代旧名称，如图5-25所示。

图5-25　层重命名

3. 【插入】/【删除】/【隔离对称项目】/【查看所有层】/【显示层颜色】/【显示线缝/裁剪线】/【隐藏项目】/【结构图】/【基础图】

【插入】命令是将其他工作层有的点或线插入到现用工作层中。

【删除】命令是用来删除现用工作层中点、线等图形对象。点击【工作层】→【删除】打钩"√"，点击现用工作层的图形对象删除即可。

【隔离对称项目】命令是将对称项目隔离。

【查看所有层】命令是查看所有工作层。

【显示层颜色】命令是显示层颜色。

【显示线缝/裁剪线】命令是显示线缝/裁剪线。

【隐藏项目】命令是隐藏项目。

【结构图】命令是显示/隐藏结构图。

【基础图】命令是显示/隐藏基础图。

十、【参数】菜单

在进入Modaris工作界面开始工作之前，首先要根据工作类型进行参数设置，通常如长度单位、角度单位、比例单位等不同参数的设置，以满足不同工作需要。如图5-26所示为【参数】菜单以及【长度单位】、【角度单位】、【面积单位】、【比例单位】四个子命令选项框。

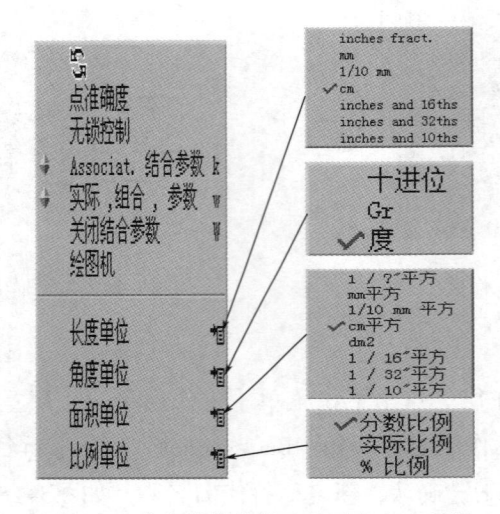

图5-26 【参数】菜单及其子命令选项框

1.【自动储存】

（1）【自动储存】命令功能是设定自动储存的时间，系统会根据在输入框中定义的速率，自动储存当前的款式。时间以秒为计算单位，系统默认为"300"秒，输入"0"为取消自动储存功能。点击【自动储存】，弹出如图5-27所示的输入框，输入需要储存的时间，按Enter键确认即可。

（2）系统在自动储存时，帮助栏会有消息提示，光标会变成手表状。

（3）文件会保存在与原文件位于同一个目录下的OMD文件夹中，以"#"号加款式

图5-27 【自动储存】输入框

名称进行标注，如"#lady suit.mdl"。最后一次自动储存的文件也会保存在该文件中，由"#"号加款式后缀再加后缀".omd"进行标注，如"#lady suit.mdl.omd"。

2. 【点准确度】

（1）【点准确度】命令是用来设定光标点中操作对象的半径距离。不管在执行什么功能，只要在设定半径以内的任何图像，都会被光标"点中"。

（2）点击【点准确度】，弹出如图5-28所示的输入框，输入半径范围，按 Enter 键确认即可。

图5-28 【点准确度】输入框

3. 【无锁控制】

【无锁控制】命令是检查档案有没有被另外用户同时使用。当几个用户同时对一个目录下的款式进行操作时，用户就会被告知，款式已被修改，其他用户正在使用该款式，如果这一控件被停用，就不会接收任何信息。

4.【Associat.结合参数】/【实际.组合.参数】/【关闭结合参数】

【Associat.结合参数】命令是用来显示所选的下一个控件或功能的参数。

【实际.组合.参数】命令是用来显示当前所选控件或功能的参数。

【关闭结合参数】命令是用来关闭所有功能参数表窗口。

5. 【绘图机】

【绘图机】命令是设定绘图机参数。

6. 【长度单位】/【角度单位】/【面积单位】/【比例单位】

这些都是测量单位，分别是用来设定长度单位、角度单位、面积单位、比例单位。这些命令各有一个选项框，具体如图5-26所示。

十一、【画面配置】菜单

【画面配置】菜单主要作用是对Modaris的工作界面进行局部的设置或修改，使工作界面更为友好，更符合用户的操作习惯。具体包括能够进行功能键图像/文字的转换、对辅助说明栏或状态栏的调整、更换款式系列图标、画面配置和创建用户个人的工具栏等，如图5-29所示为【画面配置】菜单。

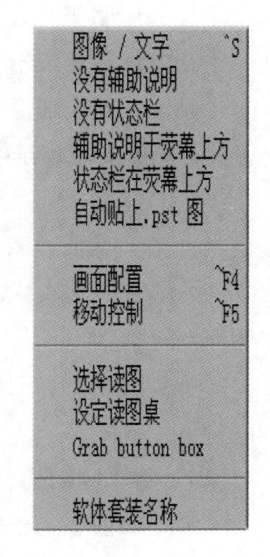

图5-29 【画面配置】菜单

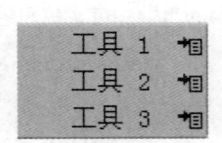

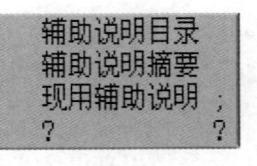

图5-30 【工具】、【？】菜单

1. 【图像/文字】

【图像/文字】命令是使各操作命令或功能键以图像或文字的方式显示。当在命令前不打钩时，各功能键以图像显示；当在命令前打钩"√"时，各功能键以文字显示，如图5-31所示。

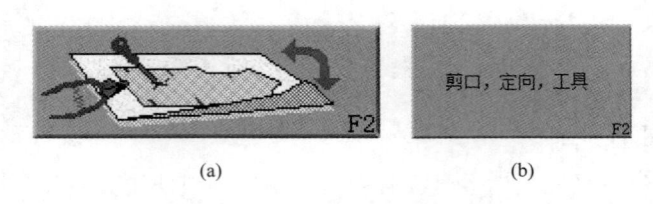

图5-31 以图像文字显示

2. 【没有辅助说明】/【没有状态栏】/【辅助说明于荧屏上方】/【状态栏在荧屏上方】/【画面配置】

在【没有辅助说明】命令前不打钩，显示辅助说明栏；打钩"√"，隐藏辅助说明栏。

在【没有状态栏】命令前不打钩，显示状态栏；打钩"√"，隐藏状态栏。

【辅助说明于荧屏上方】命令是设定辅助说明栏在荧屏上方显示。

【状态栏在荧屏上方】命令是设定状态栏在荧屏上方显示。

【画面配置】命令是选择区域执行画面配置（图5-30）。

3. 【自动贴上.pst图】

（1）Modaris允许用户修改款式系列图标，在建立款式系列时自动贴上个性的款式图或成衣视图。贴上的图片后缀必须为"*.pst"图像文件。

（2）在【档案】菜单中打开【访问路径】命令对话框，在【图像目录】输入框中设定图库路径。

（3）将制作好后缀带有"*.pst"的图像文件存入【图像目录】输入框中设定路径的图库中。

（4）将【画面配置】菜单的【自动贴上.pst图】打钩"√"。

（5）新建一个款式系列或更改一个款式或成衣的名称时，该库会自动更新，储存在图库中的"*.pst"图像文件就会自动更新到款式系列图标之中，如图5-32所示。

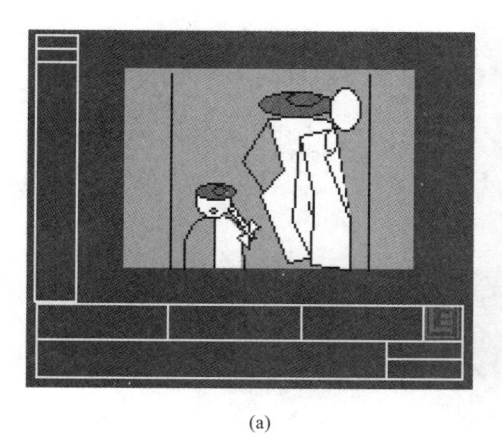

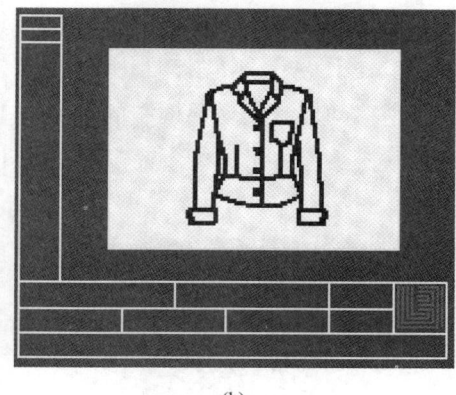

图5-32　更新款式系列图标

4.【移动控制】

（1）Modaris 允许用户按自己的需求，把常用的工具或命令组合成新的菜单集合，以方便随时调用。有3个菜单命令（包括【工具1】、【工具2】、【工具3】）专门用于这一用途，位于菜单栏的右边，被称为【工具】菜单。

（2）点击【画面配置】菜单下的【移动控制】命令，弹出如图5-34所示的对话框。对话框包括【小窗口】、【复制管理】、【引出管理】、【加入】等。

【小窗口】：显示需要引入的工具或命令。

【复制管理】：将工作界面中的工具或命令复制进【小窗口】。

【引出管理】：将工作界面中的工具或命令移进【小窗口】，或将选进【工具】菜单的工具或命令移回【小窗口】。

【加入】：可以将【小窗口】中的工具或命令加入到【工具】菜单。

（3）将几个常用工具或菜单命令复制或移动到【工具1】。

点击【画面配置】菜单下的【移动控制】命令，弹出如图5-33所示的对话框。

选择【复制管理】，在工作界面中单击工具或菜单命令，如点击【放中】、【编排】、【透明】、【调整】四个命令，这四个命令复制进入了【小窗口】，如图5-34所示。如果选择【引出管理】，按上述操作，四个命令移动进入了【小窗口】。

图5-33　【移动控制】对话框　　　　图5-34　加入工具

在【工具】菜单按钮上按住鼠标左键不松手，一直移动光标至下拉菜单底部，可以拉出整个【工具】菜单，如图5-35所示。

点击【移动控制】对话框中的【加入】，在【小窗口】中点中【放中】命令，并按住鼠标左键不松手，将【放中】命令拖进【工具】菜单的【工具1】中，如图5-36所示。

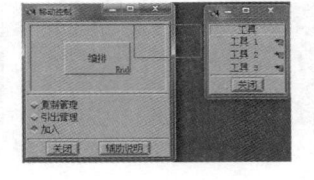

图5-35　拉出【工具】菜单　　　　图5-36　拖动命令

其他命令也按此步骤操作，最后所有命令都被拖进【工具1】中，如图5-37所示。

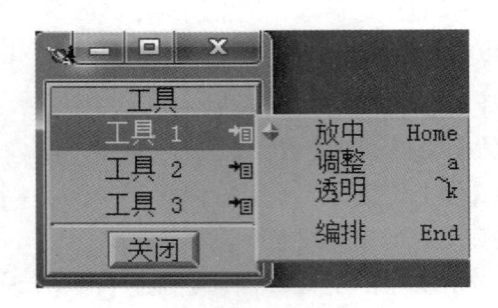

图5-37　所有命令进入【工具1】

选择【引出管理】，再在【工具1】中点击不需要的命令，该命令会被移回到【移动控制】的【小窗口】中。

5.【选择读图】/【设定读图桌】/【Grab button box】/【软体套装名称】

【选择读图】功能为设定工作站和读图桌连接；【设定读图桌】功能为设定读图桌供现用Modaris使用；【Grab button box】功能为设定功能键盘供读图使用；软体套装名称。

十二、【工具】菜单

【工具】菜单包括【工具1】、【工具2】、【工具3】3个菜单命令，配合【移动控制】菜单命令，用户可自行设定常用工具与命令栏，组合成新的菜单集合，方便用户使用。

十三、【辅助说明】菜单

【辅助说明目录】功能为开启辅助说明目录；【辅助说明摘要】功能为开启辅助说明

摘要；【现用辅助说明】功能为开启现用功能辅助说明；【？ ？】功能为开启在线辅助说明。

第二节　状态栏

Modaris系统的状态栏通常位于工作区的底部，是将一些常用并且重要的工具或命令以按钮的形式并排显示，方便用户随时调用。状态栏包括【剪口工具】、【记号工具】、【切角工具】、【轴线】、【放缩工具】、【曲线点】、【影子】、【裁剪部分】、【平面图】、【用户布局】等。

一、【剪口工具】

点击【状态栏】中【剪口工具】按钮，弹出【剪口】形状对话框，如图5-38所示，选择剪口形状，剪口可以以图像或文字的形式显示。

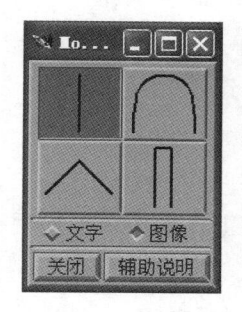

(a) 图像形式 　　(b) 文字形式

图5-38　剪口显示

二、【记号工具】

点住【状态栏】中【记号工具】按钮不松手，弹出如图5-39所示选项框，上下移动鼠标选择命令，松开鼠标左键，【状态栏】中显示该命令。

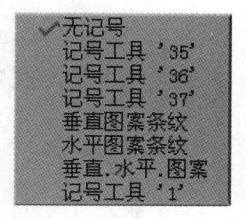

【无记号】表示该点只能在电脑中显示，但不能打印输出。

【记号工具"35"】电脑显示形状为"＊"，可以打印输出，但输出的形状不一定为"＊"，具体输出形状要在力克绘图软件Justprint或Vigiprint中设定。

图5-39　【记号工具】选项框

【记号工具"36"】电脑显示形状为"◇"，可以打印输出，打印输出形状在力克绘图软件中设定。

【记号工具"37"】电脑显示形状为"◇"，可以打印输出，打印输出形状在力克绘图软件中设定。

【垂直图案条纹】显示形状为"Ⅰ"，用于对条。

【水平图案条纹】显示形状为"H"，用于对条。

【垂直.水平.图案条纹】显示形状为"✢"，用于对格。

【记号工具"1"】电脑显示形状为"※"，可以打印输出，打印输出形状在力克绘图软件中设定。

三、【切角工具】

点住【状态栏】中【切角工具】按钮不松手，弹出切角工具选项框，上下移动鼠标选择切角，松开鼠标左键，【状态栏】中显示选中的切角。

具体参见"第二章 第三节 图形修改与裁片创建【切角工具】"。

四、【轴线】

点住【状态栏】中【轴线】按钮不松手，弹出轴线选项框，上下移动鼠标选择轴线，松开鼠标左键，【状态栏】中显示选中的轴线。

具体参见"第二章 第三节 图形修改与裁片创建【轴线】工具"。

五、【放缩工具】

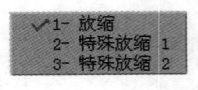

图5-40 【放缩工具】选项框

点住【状态栏】中【放缩工具】按钮不松手，弹出如图5-40所示的放缩选项框，包括【放缩】、【特殊放缩1】、【特殊放缩2】，上下移动鼠标选择放缩方式，松开鼠标左键，【状态栏】中显示选中的放缩形式。

具体参见"第三章 第一节 放码与尺码系统【特殊网状】工具"。

六、【曲线点】

点击【状态栏】中的【曲线点】按钮，按钮变为深灰色，表示该按钮被激活，工作页中的弧线上显示红色的曲线点，如图5-41所示，再次点击关闭该功能，红色曲线点消失。

七、【影子】

【影子】工具是为了可以比较线条在修改前和修改后的状态而设立的，红色线条是虚拟存在的，表示修改前的状态，只有激活了影子工具才会出现。

点击【状态栏】中的【影子】按钮，按钮变为深灰色，表示该按钮被激活，修改工作页中的线条，会同时显示修改前红色的影子线条和修改后的线条，如图5-42所示，再次点击关闭该功能，红色影子线条消失。

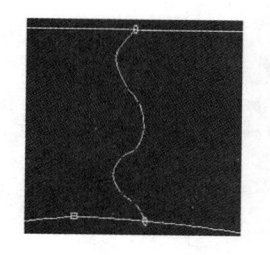

图5-41　弧线显示红色曲线点

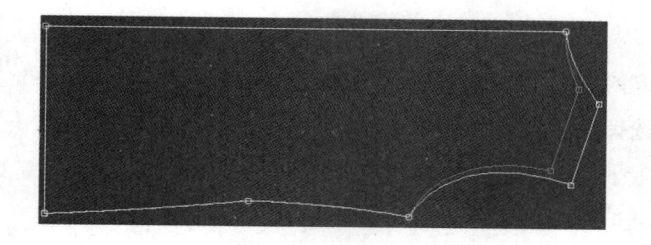

图5-42　【影子】工具

八、【裁剪部分】

【裁剪部分】工具是为了显示裁片最后输出的状态。点击【状态栏】中的【裁剪部分】按钮，工作页隐藏了所有的辅助点和线，只显示黄色的"缝纫线"和红色的"裁剪线"，如图5-43所示。再次点击【裁剪部分】关闭该功能。

九、【平面图】

【平面图】工具是在选中的裁片工作页上（一定是以相关联引出的裁片工作页），查看或隐藏从中提取出裁片的平面图。

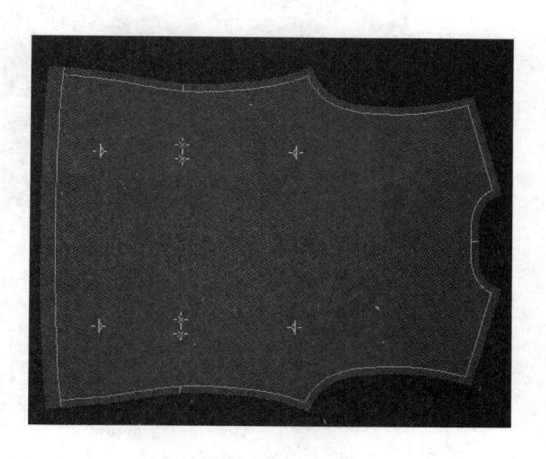

图5-43　显示裁剪部分

（1）通常一些复杂的服装有很多分割的裁片，并且这些裁片很小，不容易找到其原来的位置。但以相关联引出的裁片很容易找到它们原来的位置，如图5-44所示，（a）为相关联引出的裁片，选中该裁片，点击【状态栏】中的【平面图】按钮，按钮变为深灰色，表示该按钮被激活，裁片显示原来的平面图，可以很清晰知道该裁片是袖子的一部分，再次点击【平面图】关闭该功能。

(a)

(b)

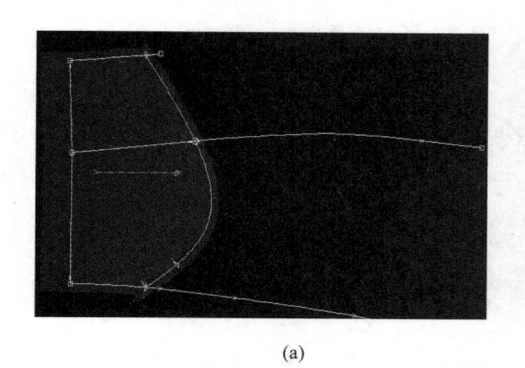

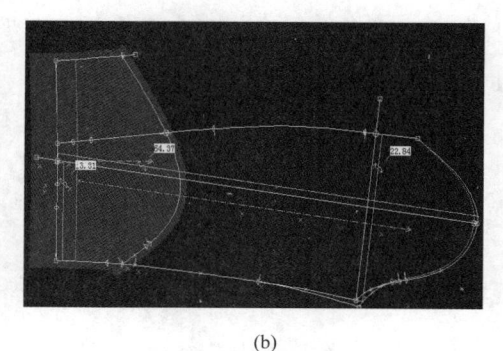

图5-44　显示平面图

（2）在裁片上存在一些点或内线，用户不想让它们显示在裁片上，但又想将其保留，方便以后修改裁片时调用。这时点击【状态栏】中的【平面图】按钮变灰，激活该按钮，选择【F4】面板的【输出裁片】工具，鼠标左键点击图5-45（a）图中的弧线，再次点击【平面图】按钮，关闭该功能，弧线消失（并不是被删除，而是被隐藏起来了），如图5-45（b）所示。

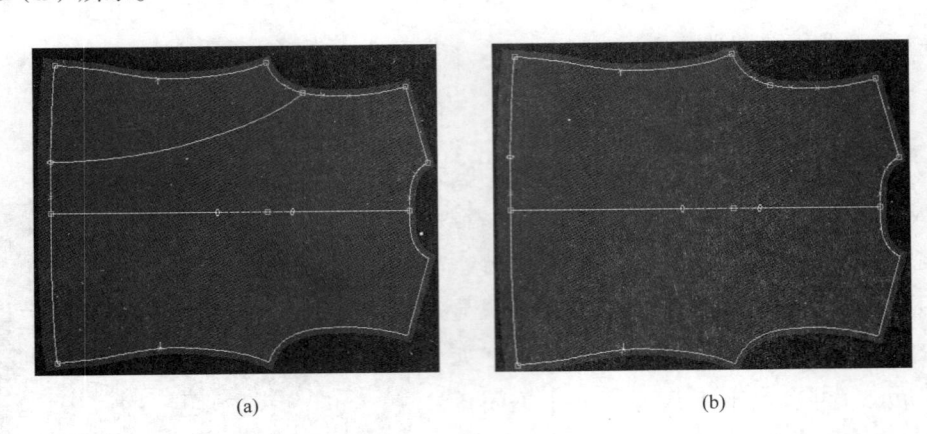

(a)　　　　　　　　　　　　　(b)

图5-45　隐藏内线

需要调出该弧线时，激活【平面图】按钮，弧线出现，选择【F4】面板的【输入裁片】工具，鼠标左键点击该弧线，关闭【平面图】，弧线被调出。

（3）选择【工作页】菜单的【删除】命令，点击需要删除的裁片工作页，删除该裁片，但会生成一个平面图工作页。如果想一次性删除该裁片，按住 Shift 键，再点击需要删除的裁片工作页即可完全删除。

十、【用户布局】

【用户布局】工具是为了让用户按自己的意愿编排工作页。在Modaris中编排工作页通常是按⑧键或 J 键，工作页是随机编排的。如果用户想要按自己的意愿编排工作页，比如按前片、后片、袖片等顺序编排，这时需要点击下拉菜单【工作页】→【编排】，移动工作页到适当的位置，再点击【工作页】→【布局记录】，然后点击【档案】→【储存】，储存该文档。

在下次开启Modaris系统后先点击【状态栏】中的【用户布局】按钮，按钮变为深灰色，表示该按钮被激活，再点击【档案】→【开启款式系列】，打开该文件，文件按用户需要的布局打开。

本章小结

■ Modaris工作界面中共有14个下拉菜单，包括【力克版权】、【档案】、【编辑】、【工作页】、【切角工具】、【显示】、【尺码】、【选择】、【巨集】、【工作层】、

【参数】、【画面配置】、【工具】、【辅助说明】等。点击菜单时，会弹出下拉式命令列表，点击命令，可以执行各种操作处理。

■ 状态栏包括【剪口工具】、【记号工具】、【切角工具】、【轴线】、【放缩工具】、【曲线点】、【影子】、【裁剪部分】、【平面图】、【用户布局】等。

思考题与实训练习

  1. 巨集有什么作用？怎样制作巨集？
  2. 工作层有什么作用？怎样运用工作层进行纸样制作？
  3. 工作页菜单下调整命令与透明命令有什么作用？
  4. 状态栏中的影子工具与裁剪部分工具有什么作用？
  5. 如何使用状态栏中的用户布局工具？

运用与拓展——

力克排料系统（Diamino Fashion V5R4）

课题内容： 排料系统开启

排料系统操作

工具箱与快捷键

下拉菜单

排料系统综合应用

课题时间： 8课时

教学目的： 通过本章的学习，掌握Diamino Fashion V5R4排料系统的使用，能够熟练运用该系统进行纸样的排料。

教学方法： 应用PPT课件，上机操作与教师讲授同步进行。

教学要求： 1. 掌握【成衣档案】的建立与修改。

2. 掌握排料系统的开启。

3. 掌握排料系统的操作。

4. 熟知工具箱、快捷键与下拉菜单。

5. 能够熟练运用该排料系统进行各种纸样（包括上衣、裙子、裤子、内衣、泳装等纸样）的排料。

第六章 力克排料系统（Diamino Fashion V5R4）

第一节 排料系统开启

　　Diamino Fashion V5R4是法国力克公司为服装时尚品开发的专业排料软件系统。该系统提供了自动排料（基于Diamino强大的运算方法）和交互式排料（基于手动排料方法）两种排料方式，配合Modaris的使用，可以帮助服装生产商进行成本核算、原型制作、生产阶段简化、加快排料、物料消耗优化等活动。

　　安装Diamino Fashion V5R4软件后，双击桌面上的图标，或点击屏幕左下角的 开始 按钮，选择"所有程序"中的"Lectra"组件，单击Diamino Fashion V5R4 → Diamino V5R4按钮，弹出Diamino Fashion V5R4版权图，如图6-1所示，接着进入Diamino的工作界面，如图6-2所示。从图中可以看到，新打开的Diamino工作界面，除了【档案】、【编辑】下拉菜单可以使用外，其他下拉菜单与功能都处于灰色的非激活状态。想要进行服装裁片的排料，首先需要在Modaris系统中进行成衣档案的设置和在【档案】下拉菜单中进行某些功能的设置。

图 6-1 Diamino Fashion V5R4版权图　　　　图 6-2 Diamino Fashion V5R4 非激活工作界面

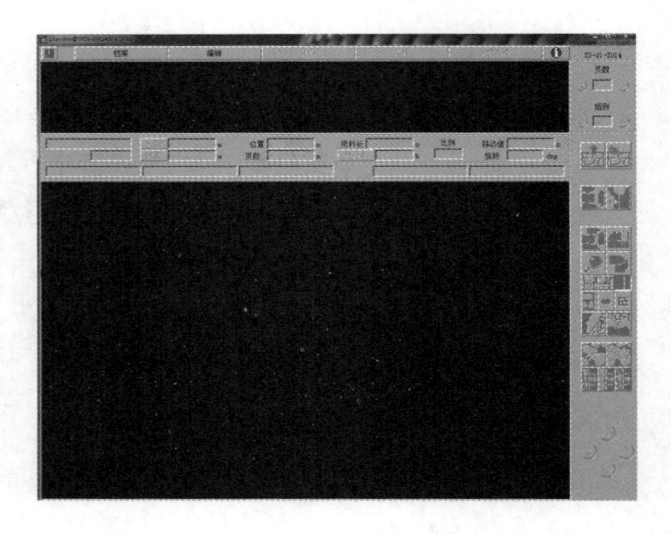

一、成衣档案设置

在开启Diamino Fashion V5R4排料系统之前，首先要在Modaris系统中进行成衣档案设置，将需要进行输出排料的裁片放在同一个成衣档案内，以备排料使用。同一个款式可以允许建立多个【成衣档案】，以输出不同组合的裁片进行排料。如果没有建立成衣档案，在排料参数设置时将会出现"Bad model"的警告框，如图6-3所示，导致排料参数无法设置，中断排料操作。

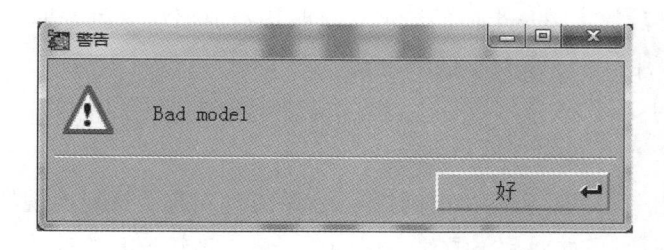

图6-3 "Bad model"警告框

1. 建立成衣档案

这里以女衬衫排料为例进行成衣档案的建立和修改。

（1）开启Modaris系统，点击下拉菜单【档案】→【开启款式系列】，打开本书附带光盘中的"Standard Pattern→第六章→lady shirt.mdl"文件。

（2）按 F8 键选择【F8】面板，鼠标左键点击【成衣档案】按钮，弹出【成衣名称】输入框，输入"lady shirt"名称，按 Enter 键即可进入【成衣档案】对话框。这时【成衣档案】对话框为空表，无任何裁片信息。

在【F8】面板中选择【建立裁片项目】工具，鼠标左键点击工作区中的裁片工作页添加裁片，这里添加女衬衫前片、后片、育克、领片等裁片，如图6-4所示。

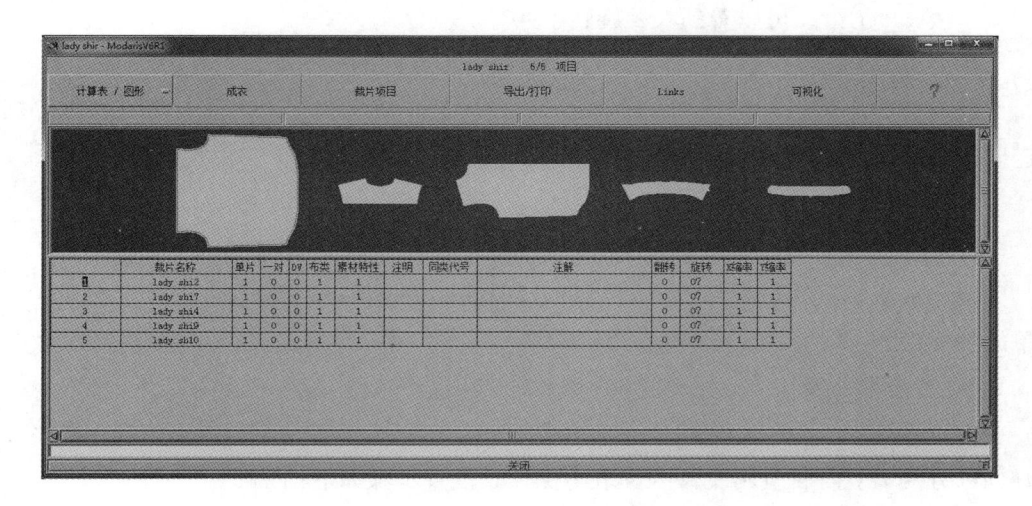

图6-4 女衬衫成衣档案

2. 修改成衣档案

系统以默认的方式设置裁片的排料信息，客户可以根据自己的需要对排料信息进行确认与修改，在此，对以下几方面参数进行说明，并根据实际情况修改部分参数。

（1）【裁片名称】：显示读入裁片的名称，名称由系统默认的方式赋予，一般不作修改。

（2）【单片】：由于女衬衫的前片、育克、领片在成衣生产时都需要两片（1对），所以在【单片】中应该输入"0"，在【一对】中输入"1"。

鼠标左键点击裁片【单片】栏的数值，这时该数值出现黑色方框，输入数字"0"即可。后片只需要一片，在【单片】栏中输入"1"。

（3）【一对】与【DV】：鼠标左键点击裁片【一对】栏的数值，这时该数值出现黑色方框，输入数字"1"即可。

值得一提的是：【一对】是以X轴对称（水平方向对称）成对出现的数量，而【DV】则是以Y轴对称（垂直方向对称）成对出现的数量。一般情况只修改【一对】，【DV】保持为"0"。

（4）【布类】：区分布料的种类，如区分面布、里布、衬布等。可以将面布设置为数字或英文字母，如"1"或"F"。里布为"2"或"T"，衬布为"3"或"L"等。

（5）【素材特征】：布料素材的种类，如输入"1"表示棉料，输入"2"表示皮革等。

（6）【注明】、【注解】：对裁片进一步说明，输入数字或英文字母。

（7）【同类代码】：输入裁片的同类代码。

（8）【翻转】：水平翻转。输入"0"为原来状态，输入"1"为水平翻转。

（9）【旋转】：由于在【成衣档案】中女衬衫衣领布纹方向读入不正确，需要将衣领旋转90°。

鼠标左键点击衣领裁片【旋转】栏的数值，这时该数值出现黑色方框，输入数字"90"，按 Enter 键，可以看到衣领旋转了90°。

（10）【X缩率】、【Y缩率】：裁片X轴或Y轴方向的缩水率。

【成衣档案】最后的修改如图6-5所示。设置好【成衣档案】之后，将该文件存档即可进入Diamino系统排料了。

二、【档案】下拉菜单设置

完成【成衣档案】的设置后，可以打开Diamino Fashion V5R4软件进行【档案】下拉菜单的功能设置。

1. 设置存取路径

在力克系统中，设置存取路径尤为重要。通常在正式排料之前，就应该把存取路径设置好，以方便力克各种资料文件的读取与保存。设置步骤如下：

（1）双击桌面上的图标 ，打开Diamino排料系统。点击下拉菜单【档案】→【存取路径】，进入【存取路径】对话框，如图6-6所示。

（2）双击【输入】路径编辑框，打开存取路径窗口，设定正确的存取路径。其他的路径，如【读出/增加/建立】区、【写入】区、【同类排料】区中的档案路径可以用同样的方法设置。

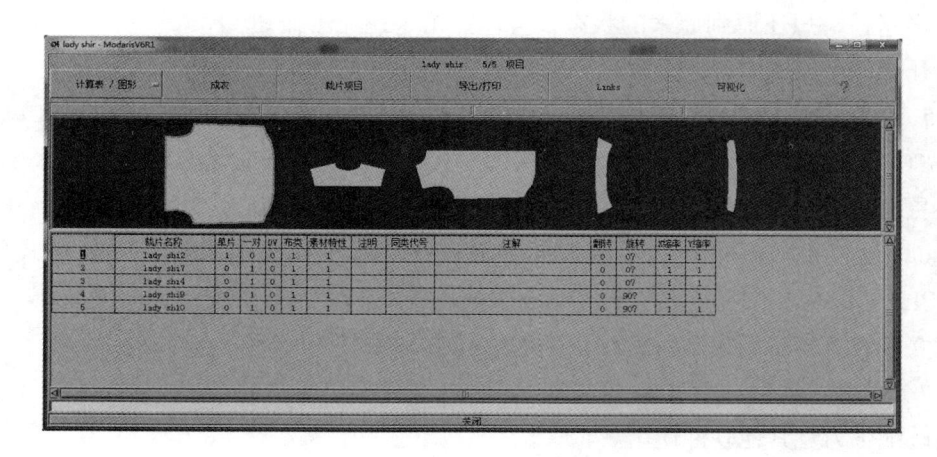

图6-5　女衬衫成衣档案的修改

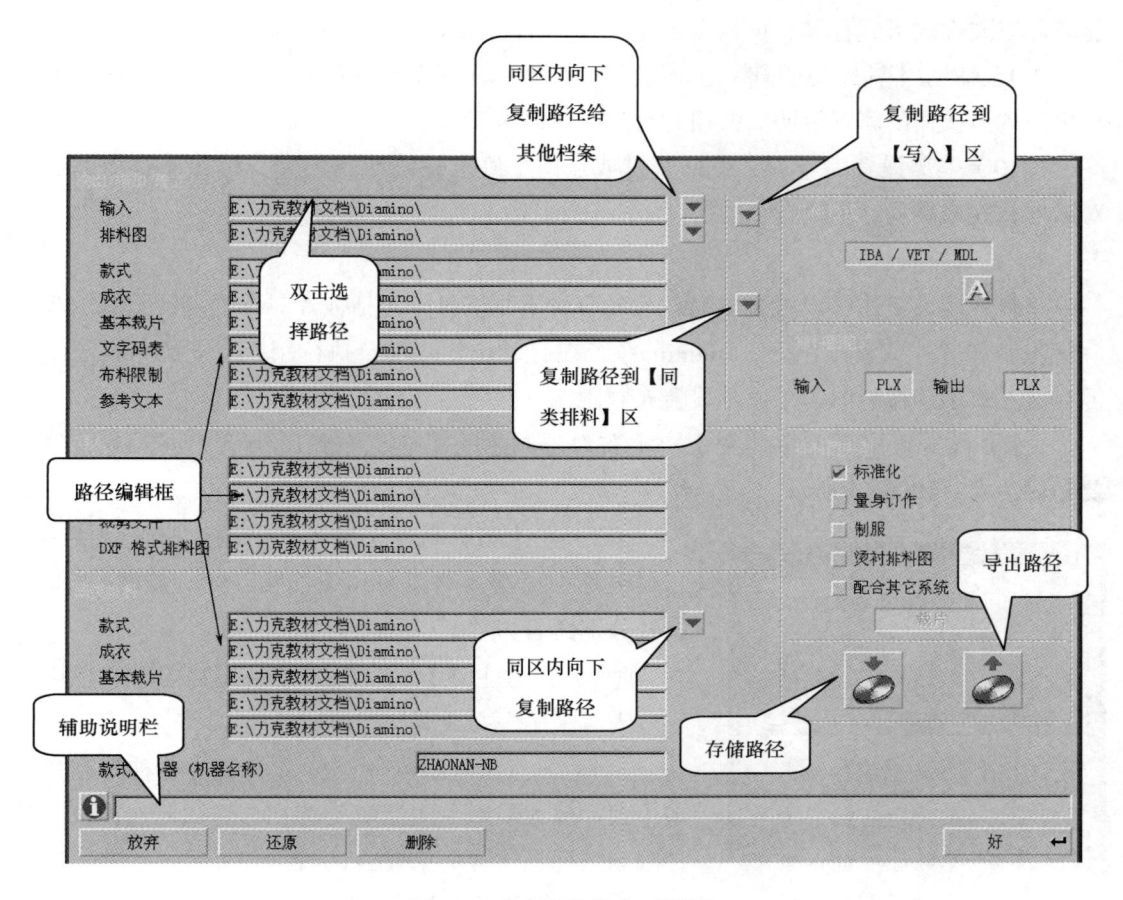

图6-6　【存取路径】对话框

（3）如果使用的路径全部相同，在【输入】路径编辑框中设定好路径后，点击蓝色按钮 ，将相同的路径复制给【读出/增加/建立】区中其他档案。点击红色按钮 ，将相同路径复制给【写入】区、【同类排料】区中其他档案。

（4）如果设置错误，可以点击【删除】按钮 删除 ，删除所有设置；如果错删了某个档案路径，想还原到原来的状态，可以点击【还原】按钮 还原 ；如果不作任何修改离开窗口，点击【放弃】按钮 放弃 退出窗口。

（5）设置几何格式：左键按住格式框，下拉出的几何格式包括：IBA/VET/MDL、DXF/XIN、STG/XCH、DXF/XCH、CUT、IBA/XIN格式，通常情况下选择IBA/VET/MDL格式。点击 ，更换大小写（之前力克文件的后缀是区分大小写的，现在基本上不区分）。

（6）设置排料图格式：左键按住【输入】或【输出】编辑框，下拉格式包括：PLA、PLX。选择PLA格式，需要在Modaris建立成衣档案后输出成衣，而PLX为新格式，只需建立成衣档案，无须输出成衣。现在常用PLX格式，很少用PLA格式。

（7）排料图类型：通过Modaris建立成衣档案并输出排料通常选择【标准化】类型。其他按键配合力克其他软件使用。

（8）如果想把设置好的路径存储起来，方便以后调用，可以点击 按钮，将路径设置取名以文件的形式存储，可以点击 ，导出之前存储的路径设置文件。

（9）辅助/不辅助说明 ：按钮按下，移动鼠标到需要解释说明的按钮上，辅助说明栏里出现该按钮的解释说明。按钮升起，关闭该按钮。

（10）全部设置完毕后，按回车键或点击【好】按钮 好 ，退出【存取路径】对话框，完成路径存取设置。

2. 建立布料限制

布料限制，是用来设置排料时裁片的各种限制信息，包括裁片对称轴翻转限制、裁片旋转限制和裁片放置限制等，Diamino系统在自动排料时便会执行用户建立的布料限制，但在交互式手动排料时，可以不设置布料限制。

（1）点击下拉菜单【档案】→【布料限制】→【建立布料限制】，进入【布料概要】对话框，如图6-7所示。

（2）在【布料名称】输入框中输入排料时使用的布料名称，通常命名以裁片无旋转、90°旋转、180°旋转分别命名为"0""90""180"等。

（3）在【注解】输入框中输入注解内容，也可以不输入，采用中文或英文均可。

（4）每点击一次限制图标皆会变换一种限制，点击【裁片放置限制】图标 会弹出放置限制选择框，各种限制图标具体含义见表6-1、表6-2。

图6-7 【布料概要】对话框

（5）在【超缝】输入框输入"0~100"之间的数

值，主要是用来给裁片预留出裁剪时的面料磨损量。

（6）单击【好】按钮，确认该设置，弹出【此限制档案已储存】对话框，单击【好】按钮，完成【布料限制】设置。

表6-1 裁片限制按钮与功能

按钮	功　能
	允许裁片对称翻转
	禁止裁片对称翻转
	禁止裁片旋转
	允许裁片90°旋转
	允许裁片180°旋转
	允许同一尺码的裁片一起旋转
	禁止同一尺码的裁片一起旋转
	在对折布料、圆筒布料排料时，允许某一尺码的裁片整件翻转
	在对折布料、圆筒布料排料时，禁止某一尺码的裁片整件翻转

表6-2 裁片放置限制按钮与功能

按钮	功　能
	在对折布料、圆筒布料、面对面布料排料时，禁止裁片改变上下层
	在对折布料、圆筒布料、面对面布料排料时，允许裁片改变上下层
	在对折布料、圆筒布料排料时，允许单一裁片在上方或下方折叠
	在对折布料、圆筒布料排料时，允许单一裁片在上方折叠
	在对折布料、圆筒布料排料时，允许单一裁片在下方折叠
	强迫单一裁片到布料的顶端或底部
	强迫单一裁片到布料的顶端
	强迫单一裁片到布料的底部
	强迫裁片居中放置
	强迫裁片在中线上方放置
	强迫裁片在中线下方放置
	对已选定的位置标明其偏移量，范围是0~99cm或0~39英寸

3. 新建排料图文件

设置好存取路径与布料限制后，想要把Modaris中建立好的成衣档案导入到Diamino中进行排料，首先必须先新建排料图文件。建立步骤如下。

（1）点击下拉菜单【档案】→【新档】，系统同时弹出【排料图概要】对话框与【排料图构成】对话框，如图6-8、图6-9所示。

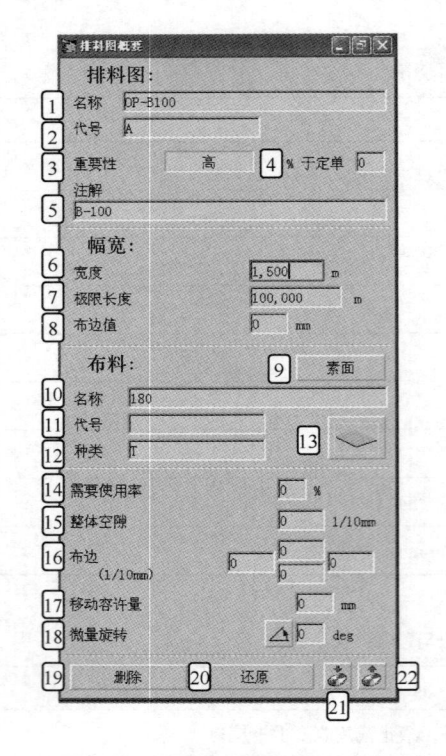

图6-8 【排料图概要】对话框

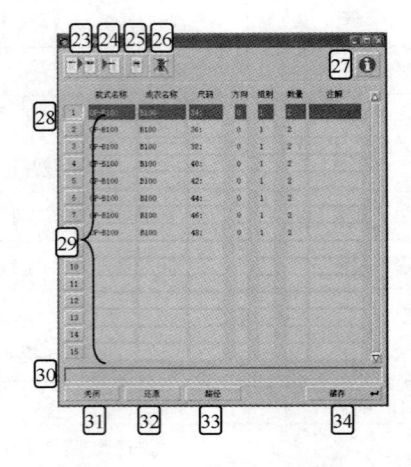

图6-9 【排料图构成】对话框

（2）首先要设置【排料图概要】对话框中的内容。

①【名称】：排料图（俗称麦架）文件的名称，可以和款式文件同名，因为排料图文件的扩展名为"*.PLX"，款式文件的扩展名为"*.MDL"。

②【代号】：排料图代号，系统默认为"A"。

③【重要性】：该排料图在订单中的重要性，通常配合力克的Optiplan软件使用。左键按住编辑框向下拖动，可以选择高、正常、低选项中的一个。

④【%于订单】：占整张订单的百分比，通常配合力克的Optiplan软件使用。

⑤【注解】：排料图注解，可输入中文。

⑥【宽度】：布料的宽度，数据范围在"0.1～3.25m"或"3.9～127.9 inch"之间。

⑦【极限长度】：布料的最大长度，系统默认为"100m"，一般不需要改动。

⑧【布边值】：排料图需扣除的布边数值，数据在"0～99mm"之间。如果是单层布料或双层布料，实际排料布幅=幅宽-布边值*2；如果是对折布料，实际排料布幅=幅宽-布边值；如果是圆筒布料，不管是否输入布边值，都认为没有布边，实际排料布幅=幅宽。

⑨【素面】：单色布排料模式。点击 素面 按钮，弹出【修改条纹】对话框，可设置布料的条格参数，如图6-10。点击【好】按钮 好 ，【素面】按钮转变为 条纹 按钮，进入对条、对格排料模式。

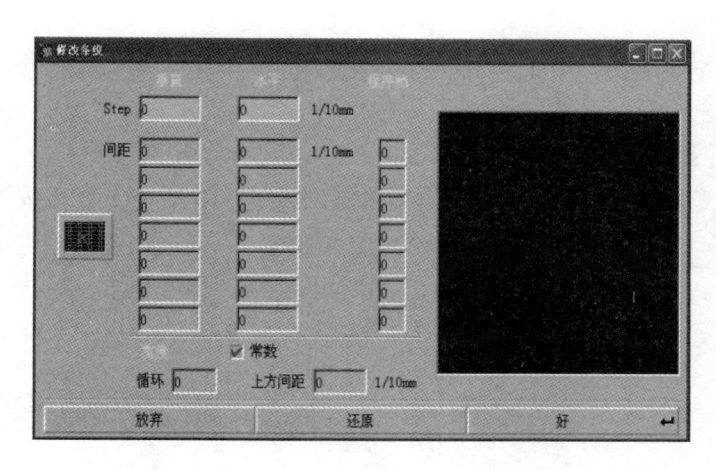

图6-10 【修改条纹】对话框

⑩【名称】：布料限制的名称。要与布料限制中的布料名称一致，比如在布料限制中一般命名为"0""90""180"，代表的是样片不能旋转、旋转90°、旋转180°，在【名称】里也要相应输入0、90或180。

⑪【代号】：布料限制的代号，要与布料限制中的代号一致。

⑫【种类】：布料的种类，要与成衣档案中的设置一致，通常用1、2或T等数字或字母表示。

⑬【铺布的类型】：点击铺布类型按钮，系统会在单层布 、对折布 、圆筒布 、面对面布 之间切换，根据需要选择铺布的类型。

⑭【需要使用率】：排料图预算的使用率，最大为"99%"。

⑮【整体空隙】：裁片与裁片之间的空隙量，如果数字为"0"，裁片与裁片之间没有空隙，与【累积空隙处理模式】 按钮配合使用。

⑯【布边】：幅宽内上、下、左、右四个方向的布边量。要配合【整体空隙】功能一起使用。如果【整体空隙】设置为"100"时（1cm），上、下、左、右四个方向的布边量也可以设置为"100"（1cm）；如果【整体空隙】设置为"0"时，【布边】输入任何数值都是无效的。

⑰【移动容许量】：容许裁片间重叠的最大量，设置后也可以使裁片出布边，节约面料。

⑱【微量旋转】：容许裁片微量旋转的最大量。如果输入数值"10"，表示裁片可微量旋转不能超过"10°"，配合小键盘⑨键，裁片可顺时针旋转，配合小键盘③键，裁片可逆时针旋转。

⑲【删除】：删除【排料图概要】对话框内输入的数值及返回原定值。
⑳【还原】：还原到原来的画面状态。
㉑【存储排料图通用信息】：以文件的形式存储【排料图概要】对话框内设置的参数。
㉒【导出排料图通用信息】：导出已经存储设置好的【排料图概要】对话框内的参数文件。

（3）设置【排料图构成】对话框中的内容。

①【复制选行】：鼠标左键点击【排料图构成】对话框中数字按钮列中任意的数字按钮，如图6-11所示，点击按钮1，行1的信息被激活，呈现出蓝色。点击按钮，行1的信息被复制到行2。

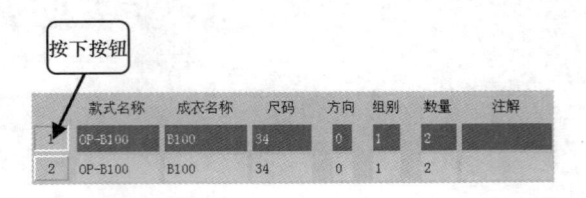

图6-11 复制选行

②【在选行之下插入空行】：用同样方法点击按钮1，选中行1，点击按钮，在行1下插入空行，如图6-12所示。

图6-12 插入空行

③【删除选行】：点击任意的数字按钮，选中某一行，按按钮，删除被选中的行。

④【删除所有选行】：点击按钮，弹出【警告】对话框，显示"所有行会被删除"，按回车键或点击【好】按钮，所有行信息被删除。

⑤【辅助/不辅助说明】：按钮按下，移动鼠标到需要解释说明的按钮上，辅助说明栏里出现该按钮的解释说明。按钮升起，关闭该按钮。

⑥【数字按钮】：点击任意的数字按钮，选中某一行，再点，按钮升起，关闭该按钮。

⑦【资料输入区】：Diamino系统能够导入在Modaris建立的成衣档案中的内容，具体是在【资料输入区】中实现的。

如图6-13所示，在【款式名称】编辑框内双击鼠标，会自动弹出【款式】对话框，对话框的路径是之前设置好的路径，如图6-14所示。选择设置有【成衣档案】的"*.MDL"文件（没有设置【成衣档案】的"*.MDL"文件不能导入），点击【好】按钮，款式被导入到编辑框内。

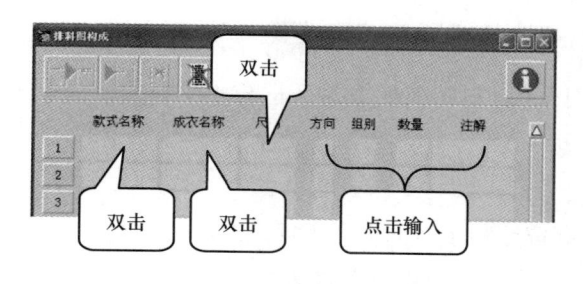

图6-13　双击【资料输入框】

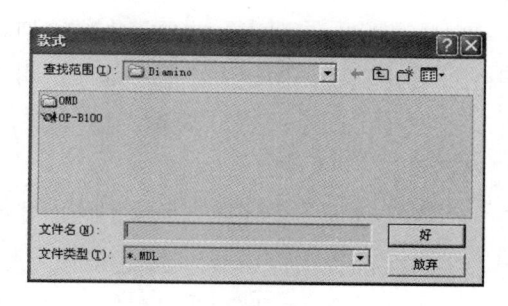

图6-14　选择款式文件

双击【成衣名称】编辑框，弹出如图6-15所示对话框，选择成衣档案名称。

双击【尺码】编辑框，在尺码列表中选择尺码，如图6-16所示。

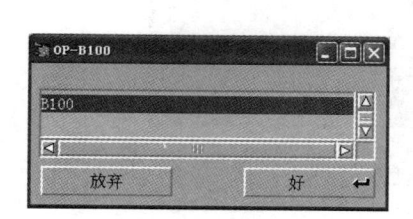

图6-15　选择成衣名称

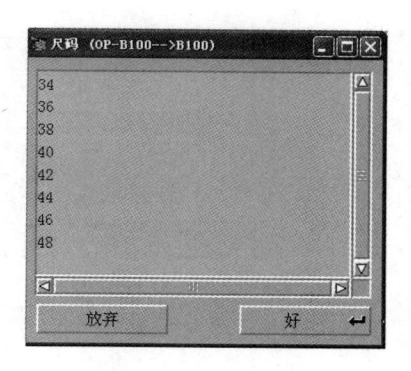

图6-16　选择尺码

在【方向】编辑框点击后出现光标，如果成衣裁片进入排料时与成衣档案内的成衣方向保持一致，则输入"0"（也可以直接双击），如果成衣裁片需要旋转180°，则输入"1"。

在【组别】编辑框点击后出现光标，如果不分组，则输入"1"（也可以直接双击），如果需要多组排料，则要输入"1""2""3"等组别。

在【数量】编辑框点击后出现光标，输入需要的成衣裁片数量。

在【注解】内输入注解。设置好如图6-17所示。

	款式名称	成衣名称	尺码	方向	组别	数量	注解
1	OP-B100	B100	34	0	1	2	OP-B100

图6-17　设置好【资料输入框】

用相同的方法设置其他尺码。如果各行的设置基本相同时，选中第一行，点击【复制选行】按钮向下复制，再逐行修改各项数值。

值得注意的是，【尺码】在复制行时，会显示特殊放缩列表，如34码会出现"34："，双击弹出特殊放缩列表对话框为空。要显示一级放缩列表，需要把尺码后的"："删除，再双击，才会进入尺码列表对话框，选择尺码。

⑧【辅助说明栏】：显示辅助说明。

⑨【关闭】：点击 关闭 按钮，同时关闭【排料图概要】对话框与【排料图构成】对话框。

⑩【还原】：还原到原来的画面状态。

⑪【路径】：点击 路径 按钮，弹出【存取路径】对话框，方便随时修改路径。

⑫【储存】：储存【排料图概要】对话框与【排料图构成】对话框设置的信息，建立新的排料图文件。

点击 储存 按钮，弹出【写入】对话框，如图6-18所示。因为存取路径与排料图名称在之前的【存取路径】和【排料图概要】中设置好了，所以按回车键或点击【好】按钮，建立新的排料图文件。

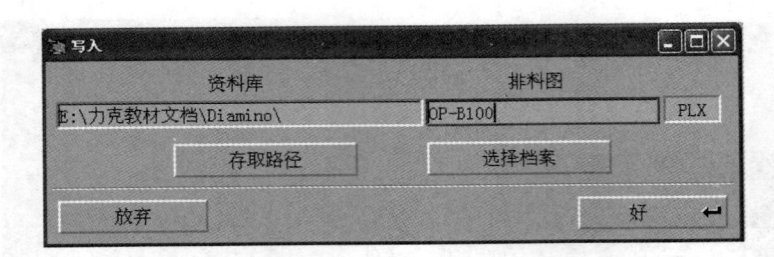

图6-18 【写入】对话框

4. 修改布料限制

布料限制是可以修改的，若要修改布料限制，点击【档案】→【布料限制】→【修改布料档案】，在弹出的【开启】对话框中选择要修改的布料限制文件，文件的后缀名为"*.TIS"（被建立在与之同名的文件夹中），重新打开【布料概要】对话框，修改完毕，储存后关闭即可。

5. 修改排料图档案

若要修改【排料图概要】与【排料图构成】的设置，点击下拉【档案】→【修改】，在弹出的【修改】对话框中点击【选择档案】按钮，选择要修改的排料图文件，排料图文件的后缀名为"*.PLX"，重新打开【排料图概要】与【排料图构成】对话框，修改完毕，储存后关闭即可。

6. 开启排料图档案

设置好新的排料图文件后，就可以打开排料图文件进行排料了。开启排料图文件的方法为：点击下拉【档案】→【开启】，在弹出的【开启】对话框（图6-19）中点击【选择档案】按钮，选择要打开的排料图文件（排料图文件的后缀名为"*.PLX"），点击【好】按钮即可开启该排料图文件了。开启后的系统窗口如图6-20所示。

图6-19 【开启】对话框

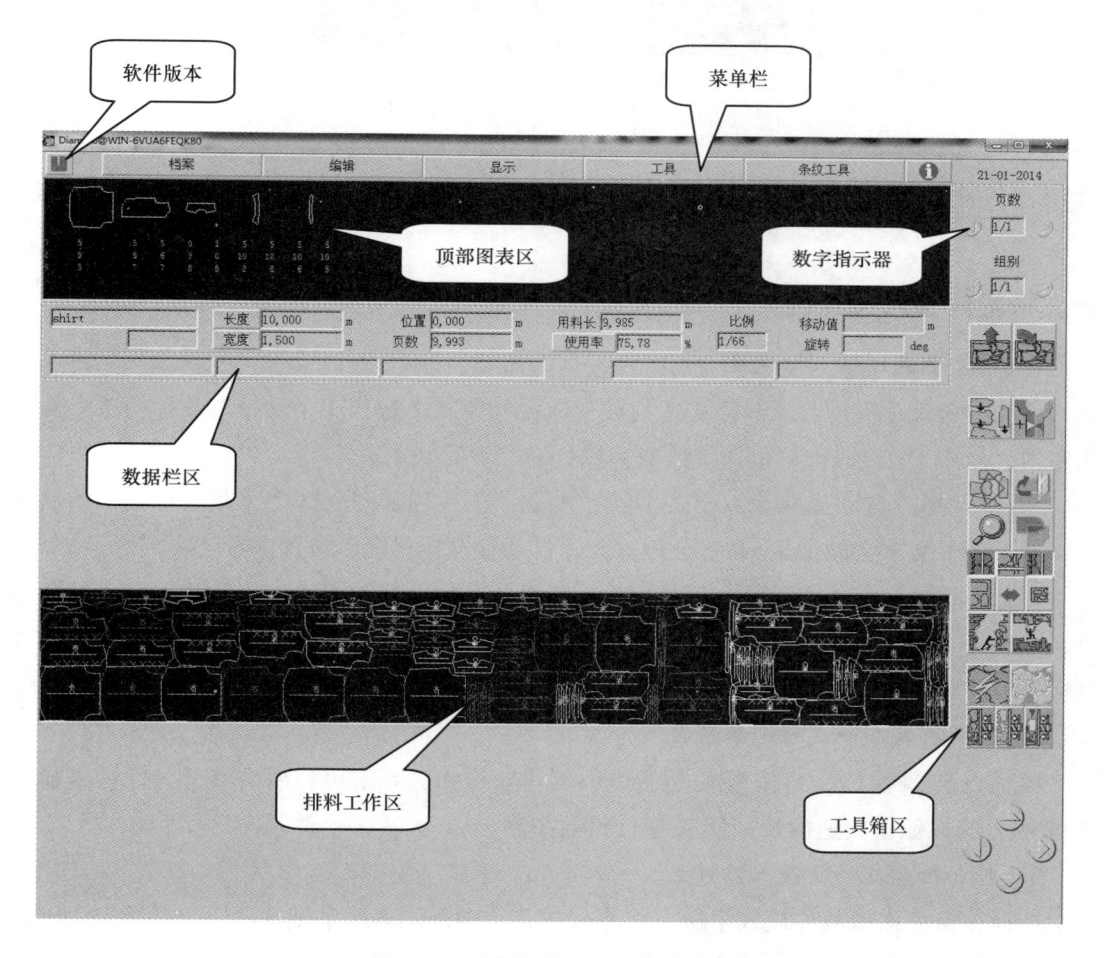

图6-20 开启排料图后的系统窗口

第二节 排料系统操作

开启排料图文件后，可以看到原本处于灰色非激活状态的菜单栏、工具箱、数据栏等都被激活，顶部图表区也出现导入的裁片、裁片码数、裁片件数等信息，如图6-21所示。而排料工作区则无任何裁片，呈现黑色。

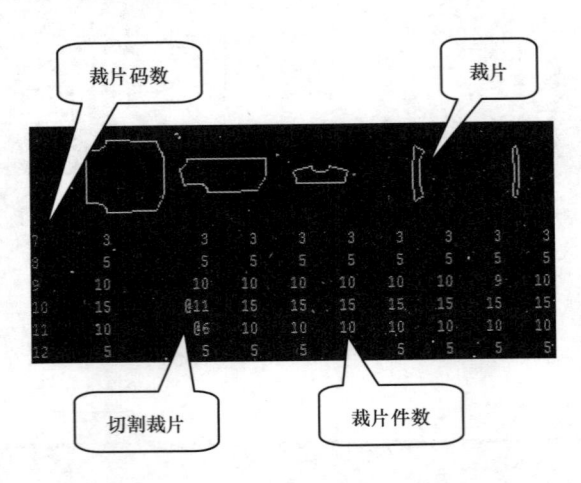

图6-21 顶部图表区

一、将裁片移入排料区

1. 将单个裁片移入排料区

移动单个裁片需配合工具箱中【自动提取裁片模式】与【手动提取裁片模式】一起使用。使用 F3 快捷键可以切换这两种模式。

（1）选择【自动提取裁片模式】，左键点击在顶部图表区中【裁片件数】的数字上，点击一下数字会减少1，系统会把该裁片自动移进排料区，位置由系统决定。

（2）选择【手动提取裁片模式】，左键点击在顶部图表区中【裁片件数】的数字上，点击一下数字会减少1，鼠标光标自动跟随裁片进入排料区，但位置并不确定，移动光标，裁片跟随移动，将裁片放置在用户想要放置的地方，点击鼠标左键可放下裁片。

2. 将所有裁片一次移入排料区

鼠标点击 快速排料按钮或 智能自动排料按钮，系统可将所有裁片一次移入排料区排料。 按钮排料速度快， 按钮排料效率高。

3. 将相同裁片一次移入排料区

选择【自动提取裁片模式】，将光标放在【顶部图表区】裁片图下方的数字上，同时按下数字键盘上的 O + Enter 键，数字减少到"0"，该裁片全部移入排料区。

值得注意的是：当使用数字键盘上的快捷键时，数字键盘应该在锁定状态，也就是说 Num Lock 键的指示灯处于熄灭的状态，快捷键功能才生效。

4. **取出下一个相同裁片**

将光标放在排料区的参考裁片上，按下数字键盘上的 · 键，在排料区自动出现一个与参考裁片相同的裁片，移动裁片到适合的位置，点击鼠标左键放下该裁片，同时在【顶部图表区】中该裁片的数字相应减少"1"。

5. **取下剩余的同类裁片**

将光标放在排料区的参考裁片上，按下数字键盘上的 * 键，取下所有与参考裁片相同的裁片，同时在【顶部图表区】中该裁片的数字相应变为"0"，说明该裁片已被全部取下进入排料区。

6. **强制增加裁片**

（1）如果裁片已全部进入排料区，顶部图表区该裁片下会显示数字"0"，但这是还想在排料区增加该裁片，可以将光标移动到顶部图表区裁片数字"0"上。

（2）在数字键盘上按一下 + 键，排料区中增加一个裁片，数字会减1，变为"-1"，再按一下 + 键，再增加一个裁片，数字变为"-2"，以此类推（但要在排料图还有空位排料的条件下）。

7. **取出下一个码裁片**

当光标移动到排料区静止的裁片（如11码）上时，按数字键盘上的 + 键或 - 键时，系统自动取出该裁片下一个码或上一个码，即"12码"或"10码"，移动裁片到合适的地方，点击左键即可。

8. **更换裁片码数**

当鼠标左键点击排料区中的裁片（如11码）时，裁片处于可以移动状态（互动状态），这时按数字键盘上的 + 键或 - 键，可以更换该裁片码数，按 + 键更换成大一码（12码），按 - 键更换成小一码（10码），以此类推。

9. **取下数列下方与右方裁片**

如图6-22所示，将光标放在【顶部图表区】裁片图下方的数字上，按数字键盘上的 0 键和 + 键，该数字下方与右方的裁片进入排料区。

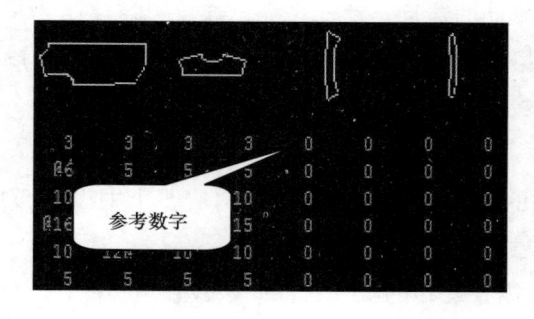

图6-22 数字下方与右方的裁片进入排料区

10. 取下相同码的下一个裁片

当光标放在排料区中的裁片（如11码、后片）时，按数字键盘上的⑦键，系统自动（按顺序）取出相同码数的下一个裁片，如（11码、前片），每按一次⑦键，系统会按顺序自动变换下一个裁片（相同码数），移动裁片到合适的地方，点击左键即可。

二、将裁片移回顶部图表区

1. 将所有裁片送回顶部图表区

鼠标左键点击 ▣ 按钮，或按下数字键盘上的⓪键+⑦键，弹出【警告】对话框，点击【是】按钮，所有排料区的裁片全部回到顶部图表区。

2. 将某个裁片送回顶部图表区

将光标放在排料区的某个裁片上，按下数字键盘上的⑦键，该裁片在排料区中消失，同时在【顶部图表区】中该裁片的数字相应增加"1"。

3. 将排料区中的所有裁片彻底删除

将光标放在排料区中，同时按下数字键盘上的⓪键+⊖键，弹出"是否肯送回所有裁片而不更新上方图表"的警告对话框，点击【是】按钮，排料区中所有裁片被删除，顶部图表区中裁片的数字不变。

三、对排料区中裁片的操作

1. 还原之前一步操作

（1）当对排料区中的裁片进行操作后（如移动、旋转、翻转等操作），并没有达到用户想要的效果，这时可以按下数字键盘上的①键，还原之前一步的操作，每按一次还原一步，系统会储存16步裁片的移动操作。

（2）当排料区裁片排列得非常紧密时，通常鼠标左键点击排料区中的裁片将其拿起后很难精确放回原来的位置，这时按下数字键盘上的①键，可以快速将裁片放回原位。

（3）对"将裁片从顶部图表区移入排料区的操作"或"将裁片从排料区移回顶部图表区"的操作、对齐或联结裁片的操作无效，不能还原之前一步操作。

2. 移动裁片

鼠标左键点击需要移动的裁片，移动光标，裁片跟随移动，在目标位置再次点击鼠标左键，放下该裁片。如果空隙不够大，放下的裁片与其他裁片有重叠的地方，这时系统会发出蜂鸣的警告声音，裁片无法放下。

3. 旋转裁片

想要旋转排料区中的裁片，必须在【排料图概要】中设置微量旋转，或在【布料限制】中允许裁片旋转，才能对裁片进行旋转操作。

（1）鼠标左键点击需要旋转的裁片，拿起该裁片。

（2）在 Num Lock 键的指示灯处于熄灭的状态下，每按一次数字键盘上的⑤键，裁片逆时针旋转 90°；每按一次数字键盘上的⑨键，裁片顺时针方向旋转 0.05°；每按一次数字键盘上的③键，裁片逆时针方向旋转 0.05°。

（3）再次点击鼠标左键，放下该裁片。

4. 翻转裁片

在排料区中可以使裁片以X轴或Y轴为对称轴翻转（只有在【布料限制】中允许裁片翻转的情况下进行）。

（1）鼠标左键点击需要翻转的裁片，拿起该裁片。

（2）按下键盘上的Ⅹ键，裁片以X轴为对称轴翻转；按下键盘上的Ⓨ键，裁片以Y轴为对称轴翻转。

（3）再次点击鼠标左键，放下该裁片。

5. 强制暂时重叠裁片

在排料区中，通常情况下裁片是不允许重叠的。但如果想让裁片强制重叠，可以鼠标左键点击要重叠的裁片，移动光标将其移动到另一片要重叠的裁片上，同时按下数字键盘上的⓪键 + Enter键，裁片被强制重叠。

6. 水平/垂直对齐裁片

当排料区中两片裁片在水平方向相隔一定距离，需要紧挨对齐时，可以移动光标到右边的裁片上，按快捷键F6键，该裁片对齐左边最接近的裁片。

当排料区中两片裁片在垂直方向相隔一定距离，需要紧挨对齐时，可以移动光标到其中一片裁片上，同时按快捷键Shift键 + F6键，该裁片对齐最接近的裁片。

7. 设置裁片重叠移动容许量

裁片在某些情况下是允许微量重叠的，这时需要在【排料图概要】中的【移动容许量】设置允许重叠的量（不能设置为"0"，设置为"0"，此功能不生效），在这里设置允许重叠的量为"10mm"。

（1）光标移动到需要微量重叠的裁片上，同时按快捷键Shift键 + F11键，弹出【移动功能】对话框，如图6-23所示。

（2）点击▮、▮、▮、▮按钮，点击一次裁片分别向左、右、上、下移动"1mm"。

点击▮、▮、▮、▮按钮，点击一次裁片分别向左、右、上、下达到重叠容许量最大值，达到最大值时会出现蜂鸣声音提示，这里的最大值为"10mm"。

（3）点击【好】按钮确定重叠移动。

8. 显示、修改裁片信息

如果用户想查看、修改某个裁片的信息，可以将光标移动到想要查看的裁片上，同时按下快捷键Shift +

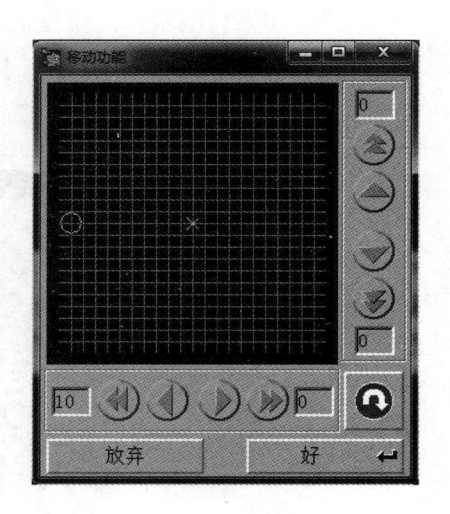

图6-23 【移动功能】对话框

F5键，弹出【裁片目录】对话框，如图6-24所示，通过点击功能按钮可以打开相应的设置对话框，修改裁片信息。

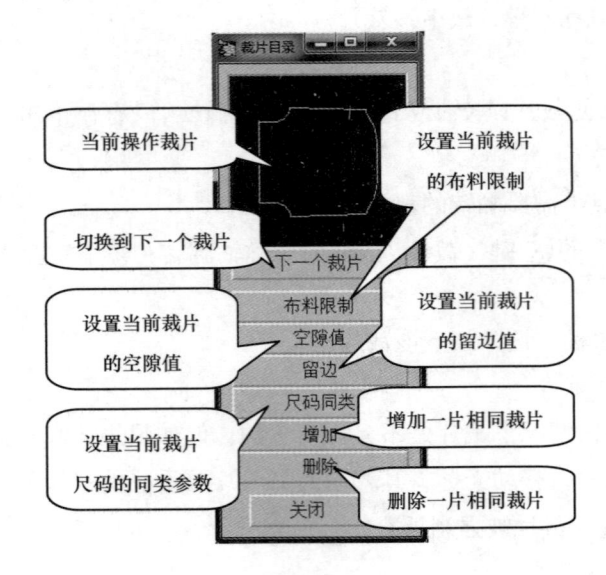

图6-24 【裁片目录】对话框

9. 切割裁片

进入排料区的裁片，在工艺要求允许的前提下，可以对裁片进行切割（已切割过的裁片、联结裁片、组合裁片不能切割）。

（1）将光标移动到要切割的裁片上。

（2）同时按下数字键盘上的⓪键＋·键，弹出如图6-25所示的【切割】对话框，光标变成剪刀形状，同时裁片上出现一条橙色水平切割线，如图6-26（a）所示，移动切割线到需要切割的位置，点击鼠标左键即可切割该裁片，切开的裁片如图6-26（b）所示。

（3）如果切割裁片的位置需要精确定位，可使用【切割】对话框中的按钮和输入框设置切割的位置与缝份，【切割】对话框中各个按钮与输入框的功能见表6-3，确定切割位置与缝份后，点击【好】按钮完成裁片切割并关闭对话框。

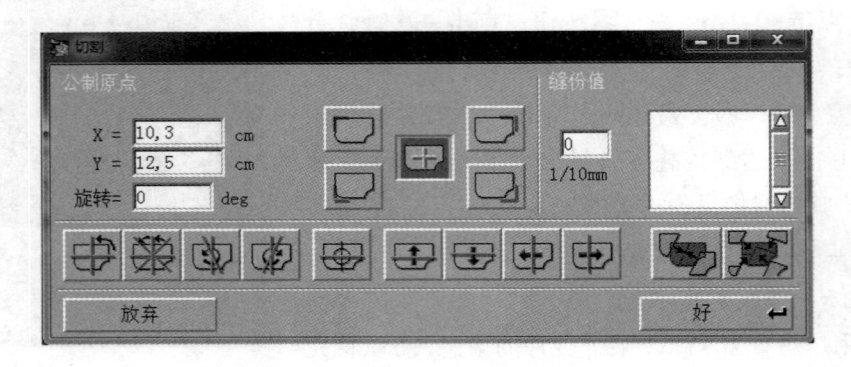

图6-25 【切割】对话框

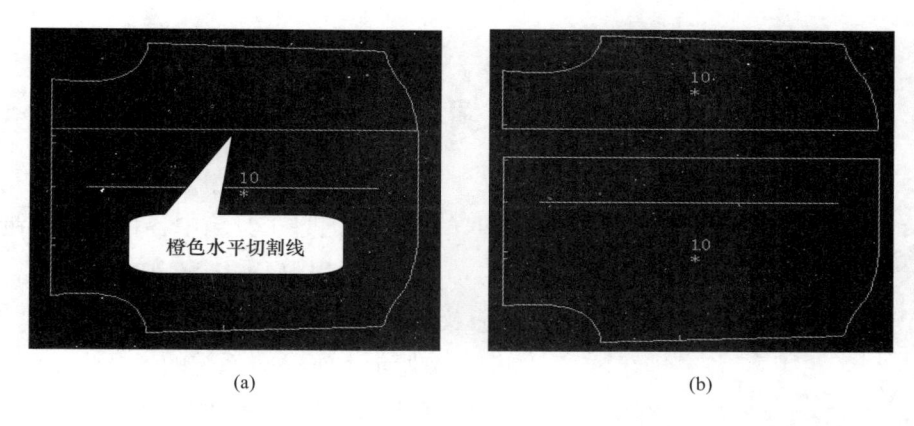

第六章 力克排料系统（Diamino Fashion V5R4） | 269

(a)　　　　　　　　　　　　　　(b)

图6-26　切割裁片

表6-3　【切割】对话框中按钮与输入框的功能

按钮与输入框	功　能
X=-14,9 cm Y=10,0 cm	显示或设置切割线相对于原点坐标的距离
旋转=0 deg	显示或设置切割线旋转的角度
（缝份输入框）	设置分割后的缝份值
（五个原点按钮）	将原点分别设置在裁片的中心、左上、右上、左下、右下角
（按钮）	点击该按钮，在水平、垂直方向切换切割线方向
（按钮）	点击该按钮，在水平、45°、垂直、135°方向切换切割线方向
（按钮）	点击该按钮，逆时针方向旋转切割线，点击一次旋转1°
（按钮）	点击该按钮，顺时针方向旋转切割线，点击一次旋转1°
（按钮）	使分割线恢复到水平方向
（两个按钮）	向上、向下移动水平分割线，点击一次移动1mm
（两个按钮）	向左、向右移动垂直分割线，点击一次移动1mm
（按钮）	重新合并两片已经切割的裁片。光标放在其中一个要合并的裁片上，同时按下数字键盘上的⓪键+·键，弹出【切割】对话框，点击该按钮，被分割成两片的裁片重新合并成一片
（按钮）	重新合并多片已经切割的裁片。光标放在其中一个要合并的裁片上，同时按下数字键盘上的⓪键+·键，弹出【切割】对话框，点击该按钮，被分割成多片的裁片重新合并成一片

第三节 工具箱与快捷键

Diamino排料时的操作是通过工具箱中各种功能按钮与其相应的快捷键完成的。在排料过程中，快捷键被大量使用，用户需熟知各种工具功能及快捷键的使用方法，才能更快速、准确地"排好料"，如图6-27所示为Diamino系统的工具箱。

另外，当使用数字键盘上的快捷键时，数字键盘应该在锁定状态，也就是说 Num Lock 键的指示灯处于熄灭的状态，快捷键功能才生效。

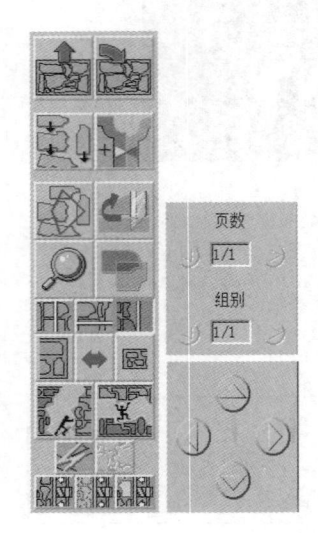

图6-27 Diamino系统的工具箱

一、工具箱

1. ▆ 工具

▆ 工具的主要功能是将排料区中所有裁片送回顶部图表区。

鼠标左键点击 ▆ 按钮，弹出【警告】对话框，如图6-28所示，点击【是】按钮，所有排料区的裁片全部回到顶部图表区。

图6-28 【警告】对话框

2. ▆ 工具

▆ 工具的主要功能是恢复最初储存的排料图。当用户调出一张排料图进行修改，但对修改的结果不满意时，点击 ▆ 按钮可以将排料图恢复到原来储存时的状态。

如图6-29（a）所示为最初储存的排料图，图6-29（b）为修改后的排料图，当对其修改不满意时，点击 ▆ 按钮，弹出如图6-30所示的【警告】对话框，点击【否】按钮，排料图恢复到原来左图的状态；点击【是】按钮，弹出如图6-31所示的【写入】对话框，点击【好】按钮，排料图虽然恢复到原来左图的状态，但原来的排料图文件已被右图排料图所覆盖。

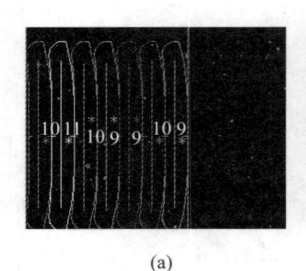

(a)　　　　　(b)

图6-29 修改前、修改后的排料图

图6-30 【警告】对话框 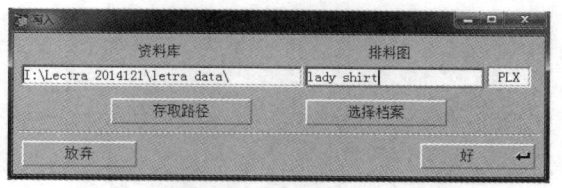　　　　　图6-31 【写入】对话框

3. ▣ ▣【提取裁片模式】

▣是自动提取裁片模式，▣是手动提取裁片模式，点击【提取裁片模式】按钮，或使用F3快捷键，可以切换这两种模式。

4. ▣ ▣ ▣【空隙处理模式】

▣是靠齐空隙处理模式，▣是单一空隙处理模式，▣是累积空隙处理模式。点击【空隙处理模式】按钮，或使用F2快捷键，可以在这三种模式中相互切换。需配合【排料图概要】中的【整体空隙】一起使用，否则无效。

（1）点击下拉菜单【档案】→【新档】，或【档案】→【修改】，在【排料图概要】中设置【整体空隙】，在此，设置整体空隙值为"100"，即1cm。

（2）点击【空隙处理模式】按钮，或点击F2快捷键，分别切换这三种模式，得到裁片间的效果如图6-32～图6-34所示。

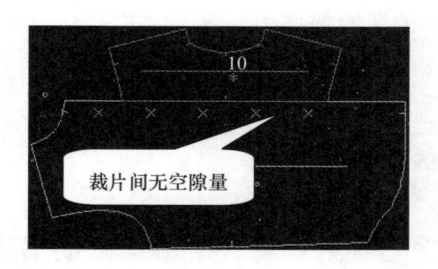

图6-32 ▣【靠齐空隙处理模式】

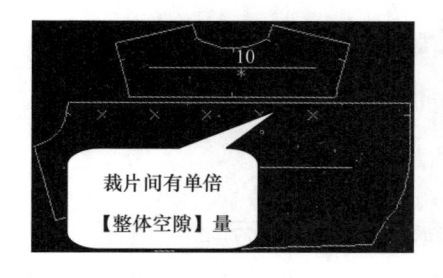

图6-33 ▣【单一空隙处理模式】 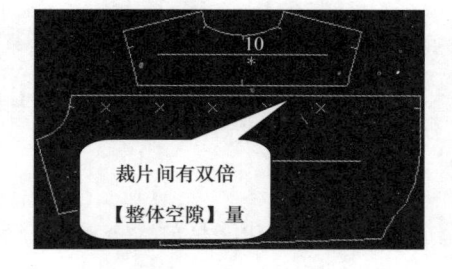　　　　　图6-34 ▣【累积空隙处理模式】

5. ▣【联结裁片模式】

▣【联结裁片模式】的主要功能是将多个裁片联结成组，可以对联结成组的裁片同时进行移动、对齐、旋转、送回顶部图表区等操作。对于双层布与圆筒布，只有在同一层上

的裁片才可以联结。

（1）鼠标左键点击 ▥ 按钮，或按快捷键 F5 ，工具箱变为灰色，光标变为品字型。

（2）在排料区依次点击需要联结的裁片，联结的裁片出现橙色的联结线，再次点击 ▥ 按钮，联结线消失，工具箱恢复原貌，这时所选的裁片已经被联结，可同时对其进行移动、旋转等操作，如图6-35所示。

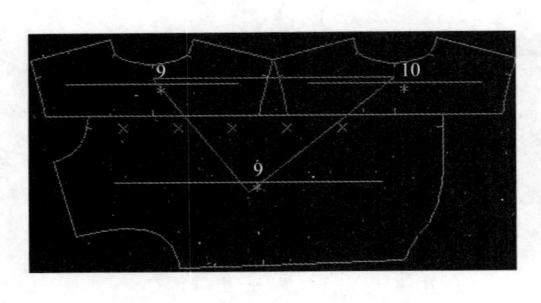

图6-35 ▥【联结裁片模式】

（3）在联结裁片时，按数字键盘上的 ⓪ + Enter 键，排料区会出现一个橙色选择长方形。

移动光标使长方形包含需要联结的裁片，所有光标经过的裁片都会出现橙色的联结线，再次点击 ▥ 按钮，裁片被联结。

（4）解开裁片联结。点击 ▥ 按钮，已联结的裁片会出现橙色的联结线，将光标放在要解除联结的裁片上，按数字键盘上的 ⑦ 键，即可解开该裁片联结。

多个裁片联结可以按照此方法逐一解开联结，或同时按数字键盘上的 ⓪ + ⑦ 键同时解开。再次点击 ▥ 按钮退出该功能。

（5）在没有使用 ▥ 联结裁片模式时，将鼠标放在已联结的裁片上，按数字键盘上的 ⑦ 键，该联结的所有裁片被送回顶部图表区，裁片联结消失。

6. ▥【LogiCut功能】

▥【LogiCut功能】要配合电脑裁床使用。点击该图标，或同时按快捷键 Shift + F2 键，弹出如图6-36所示的对话框。

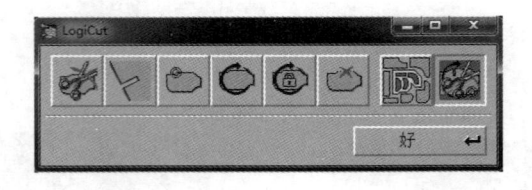

图6-36 【LogiCut 功能】对话框

7. ▥【放大镜】

▥放大镜的主要功能是放大查看部分裁片区域，快捷键为 F7 键。

（1）选择 ▥ 放大镜工具，光标变成放大镜的形状，在想要放大的排料区域点击鼠标左键，出现橙色矩形框，移动鼠标，矩形框随之变大或缩小，选择适中的大小，再次点击鼠标左键，排料区被放大，同时弹出如图6-37所示的放大镜对话框。

（2）在放大镜对话框内，鼠标左键拖动显示窗口内的橙色矩形框，到达想要显示的区域，再次点击鼠标左键，改变排料区的显示范围，或者按数字键盘（必须在锁定状态）

上的⑧、②、④、⑥键分别向上、下、左、右四个方向移动显示区域。

（3）放大镜对话框内的"X"表示橙色矩形框距离排料区左下角端点在X轴上的距离；"Y"表示橙色矩形框距离排料区左下角端点在Y轴上的距离。

（4）点击放大镜对话框内的 ![] 按钮，或同时按下快捷键 (Shift) + (F7) 键，关闭该对话框，排料区恢复正常的显示状态。

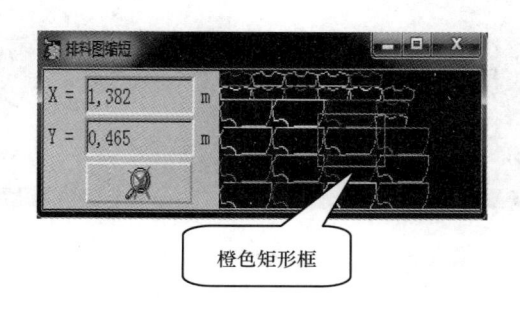

图6-37 【放大镜】对话框

8. ![] 【检查重叠】

点击 ![] 按钮，或同时按下 (Shift) + (F4) 键，弹出【重叠分析】对话框，显示目前排料区重叠裁片的数量，在排料区重叠的裁片上会出现小方块。

9. ![] ![] ![] 【参考线】

![] 为显示/隐藏垂直参考线，选择该功能后，在排料区移动鼠标，一条黄色垂直参考线跟随光标移动，再次点击鼠标左键，固定参考线位置。快捷键 (V) 键为显示垂直参考线。

再次点击该按钮，隐藏参考线。

![] 为显示/隐藏水平参考线，操作与垂直参考线相同。快捷键 (H) 键为显示水平参考线。

![] 为显示/隐藏排料图末端的绿色垂直排料图终线，选择该功能，显示排料图末端绿色垂直线，再次点击该功能，隐藏该垂直线。或者同时按下快捷键 (Shift) + (F3) 键，显示或隐藏排料图终线。

10. ![] ![] ![] 【排料图显示方式】

点击 ![] 按钮，排料图以最大的幅宽显示，是系统默认的排料显示方式。

点击 ![] 按钮，排料图以最长的长度显示。

点击 ![] 按钮，按数字键盘上的⑨键为缩小排料图显示比例，按③键为放大排料图显示比例，排料区会出现两条黄色水平线，点击鼠标左键后确认该显示比例，排料图按确认的比例显示在排料区中（数字键盘必须处于锁定状态）。

11. ![] ![] 【插入裁片】

如果想要在已经排好的排料图中插入裁片，可以使用 ![] 工具在排料图垂直方向拉开一定的间隙,使用█工具在排料图水平方向拉开一定的间隙,以便插入新的裁片。

(1)点击█或█按钮,在排料区连续点击鼠标左键,在需要拉开的位置绘制出黄色折线,选择█工具绘制垂直方向上的折线,选择█工具绘制水平方向上的折线,如图6-38所示。

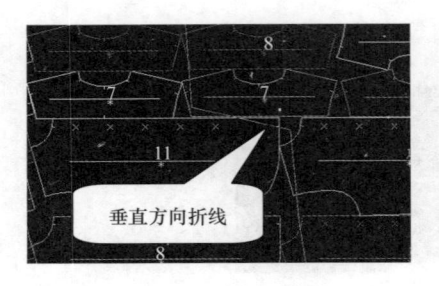

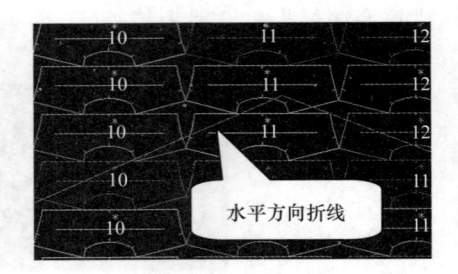

图6-38 绘制垂直方向与水平方向折线

(2)如果折线绘制有误,可以点击鼠标中间的滚轮键,点击一次退回一步,再重新绘制折线。点击鼠标右键结束绘制,弹出【拉布】对话框,如图6-39所示,设置间隙量,点击【好】按钮,排料图按照设置垂直或水平拉开间隙。

12. ██【排料功能】

█快速排料功能(Flash Mark),点击该功能,系统会将所有裁片一次性排完,排料时间短,但面料使用率不够高;█智能自动排料功能,选择该功能后,系统会自动执行智能挤压式排料,排料时间长,但面料使用率非常高。

(1)在█按钮上点击右键,弹出【自动完成:偏好设定】对话框,在对话框中可以设置【组别排料操作方式】、【测试时间】、【过程跟进】等内容,如图6-40所示,设置完成,点击【好】按钮,退出对话框。

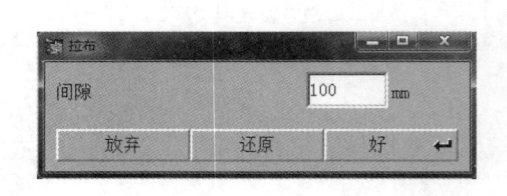

图6-39 【拉布】对话框

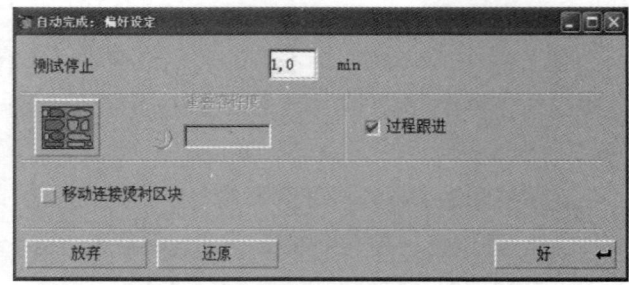

图6-40 【自动完成:偏好设定】对话框

(2)在【组别排料操作方式】中分别有三种组别排料类型可以切换。

█指令型组别排料,在排料图已分组的情况下,如果有空隙,可以考虑容纳另一组裁片。

▓混合型组别排料，排料时各组裁片混合起来，不考虑已经分的组。
▓嵌入型排料，在嵌入容许量箭头转到左方时可以嵌入排料。
（3）【测试时间】：输入数据应该在"0~180 min"之间。
【过程跟进】：选择打钩"√"，在智能自动排料时，会有【过程跟进】窗口弹出显示排料过程，如图6-41所示。

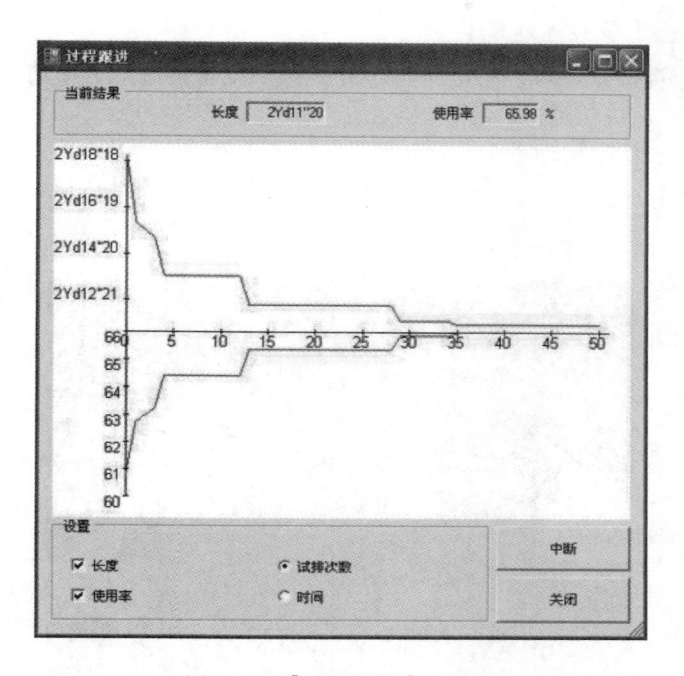

图6-41 【过程跟进】对话框

（4）点击▓快速排料按钮或▓智能自动排料按钮，系统开始快速或智能排料。

13. ▓▓▓【优化排料工具】

优化排料工具包括▓完全挤压排料功能、▓局部挤压排料功能、▓Optimizer排料功能三种。

（1）▓为完全挤压排料功能，可以把排料图挤压得更紧密，提高面料的使用率。

鼠标右键点击▓按钮，弹出【挤压排版参数】对话框，设置挤压时间后点击【好】关闭该窗口。

鼠标左键点击▓按钮，系统开始自动挤压排料图，挤压完毕后会发现【数据栏区】中的【使用率】百分比加大，说明面料的利用率增大。

（2）▓为局部挤压排料功能，可以挤压用户选择区域的裁片。

鼠标右键点击▓按钮，在弹出的【挤压排版参数】对话框中可以设置挤压时间，点击【好】关闭该窗口。

鼠标左键点击▓按钮，光标进入排料区后出现黄色垂直参考线，在起始位置点击鼠标左键，向右拖出需要挤压的区域，选区由黄色格子覆盖，如图6-42所示，在需要结束的位置点击鼠标右键，弹出【警告】对话框，点击【好】按钮，系统自动挤压选区内的裁片。

（3） Optimizer为排料功能，对排料图进行整体挤压。

鼠标右键点击 按钮，在弹出的【Optimizer参数】对话框中可以设置挤压时间，点击【好】按钮关闭该窗口。

鼠标左键点击 按钮挤压排料图即可。

14. 【移动排料区】

点击 按钮，可以将屏幕显示分别移动到排料图的上布边、下布边、最左边与最右边。

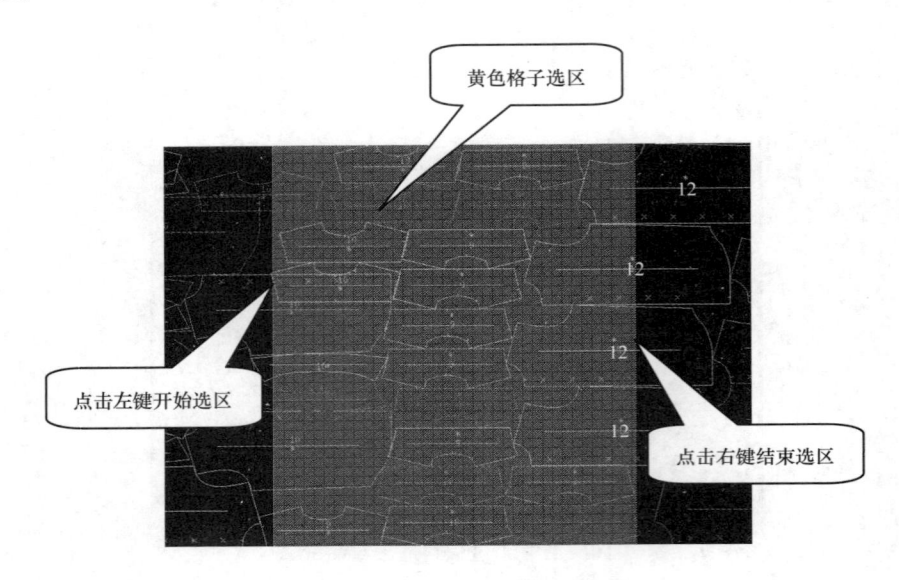

图6-42 局部挤压排料功能

15. 数据栏

数据栏的功能主要是用于查看当前打开排料图的基本信息、排料区的基本状态及鼠标指向具体裁片的参数信息等，如图6-43所示。

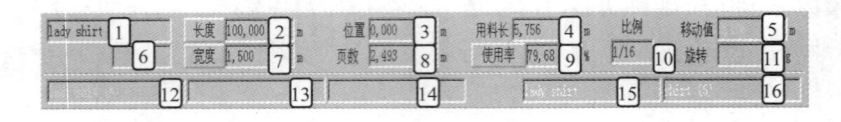

图6-43 数据栏

1—排料图名称（麦架名称）。

2—排料图极限长度（麦架极限长度）。

3—荧幕最左边相对排料图起始位置（布头）的相对距离。

4—排料图实际用料长度。

5—鼠标指向裁片在排料区中的位置。

6——预留给皮革排料使用。

7——布料幅宽。

8——显示出与屏幕大小相应的布料长度。

9——布料的使用率（系统默认）。鼠标左键点击该按钮，切换为损耗率。

10——排料图显示比例。

11——鼠标指向裁片微量旋转度数。

12——鼠标指向裁片的名称。

13——鼠标指向裁片的尺码，包括特殊放缩1/特殊放缩2尺码。

14——鼠标指向裁片的同类代码。

15——鼠标指向裁片的款式名称。

16——鼠标指向裁片的成衣名称，括号内数字表示为第几件衣服。

16. 数字指示器

【数字指示器】包括【页数】与【组别】。

（1）Diamino系统通常默认【顶部图表区】横向上一页可以设置8~16个裁片，超出该数量的裁片会放置在第二页，以此类推。【页数】中显示为"现用页数/总页数"，如显示"1/2"，"1"为现用页数，"2"为总页数。

（2）在排料时通常会遇到"并床"排料，这时需要在一床裁片上出两张排料图，可以在【排料图构成】的【组别】栏中将需要"并床"的裁片设置为"2"，其他的裁片为"1"，这样裁片被分为2组，第1组与第2组，每组分别出一张排料图。【组数】中显示为"现用组别编号/组别总数"，如显示"2/3"，"2"为现用组别编号，"3"为组别总数。

二、快捷键

Diamino快捷键及功能见表6-4。

表6-4　Diamino系统的快捷键

快捷键	功　　能
将裁片从顶部图表区移入排料区 （所有快捷键均在小键盘中操作，Num Lock键指示灯处于熄灭状态）	
0 + Enter	将相同裁片一次移入排料区（光标放在顶部图表区裁片图下方的数字上）
·	取出下一个相同裁片（将光标放在排料区的参考裁片上）
*	取下剩余的同类裁片（将光标放在排料区的参考裁片上）
+	强制增加裁片（将光标放在顶部图表区裁片数字"0"上）
+	取出下一个码（将光标放在排料区的参考裁片上）

续表

快捷键	功　能
[−]	取出上一个码（将光标放在排料区的参考裁片上）
[+]	更换裁片成大一个码［当鼠标左键点击排料区中的裁片，裁片处于可以移动状态（互动状态）时］
[−]	更换裁片成小一个码［当鼠标左键点击排料区中的裁片，裁片处于可以移动状态（互动状态）时］
[0] + [+]	取下数列下方与右方裁片（将光标放在顶部图表区裁片图下方的数字上）
[/]	取下相同码的下一个裁片（将光标放在排料区中的参考裁片上）
将裁片从排料区移回顶部图表区	
（所有快捷键均在小键盘中操作，[Num Lock]键指示灯处于熄灭状态）	
[0] + [7]	将所有裁片从排料区送回顶部图表区
[7]	将某个裁片从排料区送回顶部图表区（将光标放在排料区的某个裁片上）
[0] + [−]	将排料区中的所有裁片彻底删除
对排料区中裁片的操作	
（所有快捷键均在小键盘中操作，[Num Lock]键指示灯处于熄灭状态）	
[1]	还原之前一步操作
[5]	裁片逆时针旋转 90°（鼠标左键点击需要旋转的裁片，拿起该裁片）
[0] + [5]	旋转一组裁片
[9]	裁片顺时针方向旋转 0.05°（鼠标左键点击需要旋转的裁片，拿起该裁片）
[3]	裁片逆时针方向旋转 0.05°（鼠标左键点击需要旋转的裁片，拿起该裁片）
[0] + [Enter]	强制暂时重叠裁片
[0] + [·]	弹出【切割】对话框（将光标放在排料区的参考裁片上）
工具箱快捷键	
[B]	弹出【留边】对话框，加大裁片虚位
[X]	裁片水平翻转（鼠标左键点击需要旋转的裁片，拿起该裁片）
[Y]	裁片垂直翻转（鼠标左键点击需要旋转的裁片，拿起该裁片）
[V]	显示垂直参考线
[H]	显示水平参考线
[F2]	切换单一/靠齐/累积空隙处理模式
[Shift] + [F2]	弹出【LogiCut】对话框
[F3]	切换自动/手动排料模式
[Shift] + [F3]	显示/隐藏排料图终线
[F4]	修改排料图比例，配合[9]键与[3]键使用

续表

快捷键	功　能	
[Shift]+[F4]	检查重叠功能	
[F5]	进入/离开联结模式	
按[F5]键进入联结模式	[7]	逐片解除组合裁片
按[F5]键进入联结模式	[0]+[7]	解除裁片组合
按[F5]键进入联结模式	[0]+[Enter]	框选组合裁片
[Shift]+[F5]	弹出【裁片目录】对话框	
[F6]	水平对齐左面最接近的裁片	
[Shift]+[F6]	垂直对齐最接近的裁片	
[F7]	放大镜功能	
按[F7]键进入放大模式	按[8]键、[2]键、[4]键、[6]键排料图向上、下、左、右移动	
[Shift]+[F7]	退出放大镜功能	
[F8]	裁片自动移动到布幅中央（将光标放在排料区的某个裁片上）	
[F9]	裁片布纹线定位到垂直条纹上	
[Shift]+[F9]	裁片布纹线定位到水平条纹上	
[F10]	重叠两片裁片（不能用在单层布上）	
[F11]	解开重叠裁片（不能用在单层布上）	
[Shift]+[F11]	重叠裁片（可以输入数据）	
下拉菜单快捷键		
[Ctrl]+[C]	新档	
[Ctrl]+[O]	开启	
[Ctrl]+[E]	储存	
[Ctrl]+[R]	列印	
[Ctrl]+[T]	在绘图仪上绘制	
[Ctrl]+[H]	辅助说明	

第四节　下拉菜单

Diamino 系统工作界面中共有6个下拉菜单，包括【档案】、【编辑】、【显示】、【工具】、【条纹工具】、【辅助说明　】等。点击菜单时，会弹出下拉式命令列表，点击命令，可以执行各种操作处理。

一、【档案】菜单

【档案】菜单中的部分命令在本章"第一节 排料系统开启"中已作详细介绍，其他命令如图6-44（a）所示。

（1）【新档】：建立新的排料图文件。

（2）【修改】：修改旧的排料图文件。

（3）【开启】：开启已储存的排料图文件。

（4）【储存】：以同一名称储存正在处理的排料图文件。

（5）【储存为】：以不同名称储存正在处理的排料图文件。

（6）【输入/输出】：用另一种文件格式建立Diamino排料图文件。

（7）【暂时储存】：将正在处理的排料图状态暂时储存。

（8）【还原】：调出之前暂时储存的排料图状态。

（9）【存取路径】：设置排料图文件读取与储存的路径。

（10）【布料限制】：设置及修改排料图布料限制。

（11）【自动操作】：设置、修改及应用自动排料程序。

（12）【成衣】：建立或修改成衣表。

（13）【离开】：退出Diamino系统程序。

二、【编辑】菜单

【编辑】菜单主要功能包括【列印】、【在绘图仪上绘制】、【在HP-GL文件中绘制】、【导出为裁剪文件】、【导出为DXF】等命令，如图6-44（b）所示。

1.【列印】

用户想要查看或打印排料图的资料内容时，可以点击下拉菜单【编辑】→【列印】，弹出【排料图特性】对话框，在对话框内可以选择想要查看或打印的排料图，如图6-45所示。

（1）点击进入选择需要打印的排料图。

（2）显示排料图的详细资料 或简略资料 。

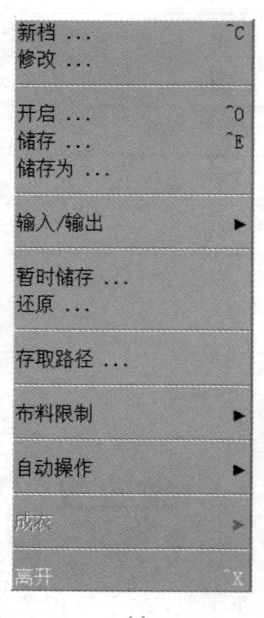

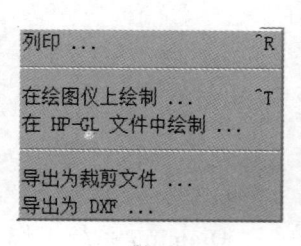

图6-44 【档案】与【编辑】菜单

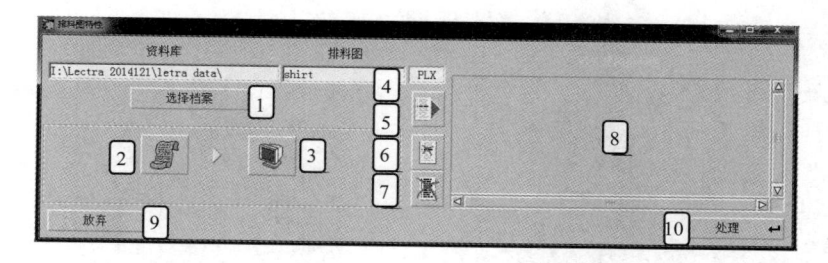

图6-45 【排料图特性】对话框

（3）排料图资料只在屏幕中显示 ，排料图资料输出到打印机 。
（4）排料图输入框。
（5）将需要查看或打印的排料图完整路径添加到【待处理区】。
（6）将列表中已选作处理的排料图删除。
（7）将列表中已选作处理的排料图全部删除。
（8）待处理区：列出准备作处理的排料图完整路径。
（9）不作任何修改退出【排料图特性】对话框。
（10）执行列表中排料图的查看或列印操作。

2. 【在绘图仪上绘制】、【在HP-GL文件中绘制】、【导出为裁剪文件】、【导出为DXF】

点击【编辑】菜单下这四个命令，分别会弹出相应的对话框，如图6-46所示，提示是否在绘出前或转换前记得储存，完成相关设置后，按【好】便可执行该命令。

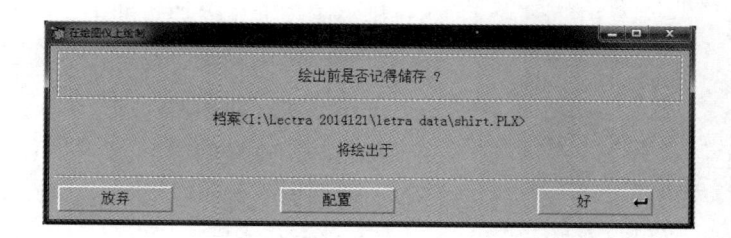

图6-46 弹出相应的对话框

三、【显示】菜单

【显示】菜单中打钩"√"表示显示该选项，不打钩表示隐藏该选项，也可在【偏好设定】中设置，如图6-47所示。

四、【工具】菜单

【工具】菜单集合了Diamino系统许多重要的命令，具体如图6-48所示。

图6-47 【显示】菜单

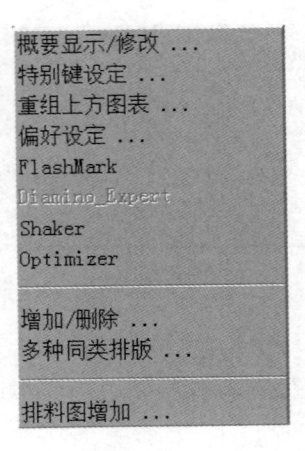

图6-48 【工具】菜单

1. 【概要显示/修改】

在排料时需要查看或者更改排料信息，可以点击下拉菜单【工具】→【概要显示/修改】或右键点击排料区，弹出【排料图概要】对话框，在对话框内对排料信息进行查看或者修改，如图6-49所示。

1—排料图名称（麦架名称）。

2—排料图注解（麦架注解）。

3—排料图代号（麦架代号）。

4—排料图幅宽（麦架布封）。

5—排料图长度（麦架长度）。

6—排料图可用的极限长度。

7—排料图实际使用率。

8—排料图预算使用率。

9—布料限制名称。

10—布料限制代号。

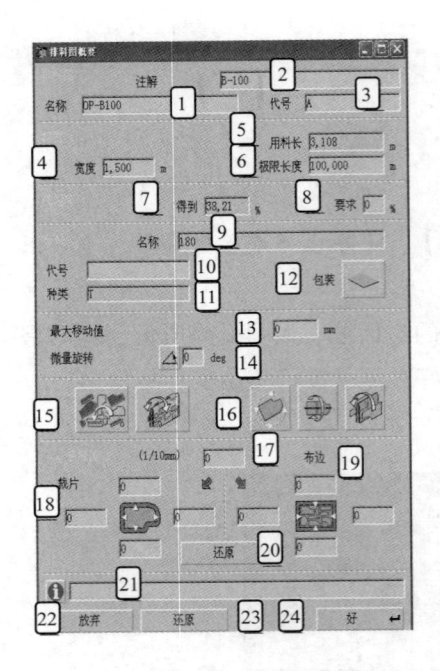

11—布料种类。

图6-49 【概要显示/修改】菜单

12—布料包装。

13—允许裁片重叠最大数值。

14—允许裁片轻微旋转最大数值。

15—尺码旋转限制与整件翻转限制。

16—裁片旋转、对称翻转、放置限制。

17—整体裁片之间最大空隙值。

18—设置裁片各边空隙值。

19——排料图需扣除的布边数值。

20——使空隙值和布边值归零。

21——辅助说明栏。

22——离开【排料图概要】而不作任何改动。

23——还原【排料图概要】。

24——储存输入并关闭该对话框。

2.【特别键设定】

【特别键设定】需配合【力克系统小型键盘】才能使用，如图6-50所示。

3.【重组上方图表】

修改【顶部图表区】横排裁片的数量与竖排的行数，【直行数目】表示在横排上可以放置多少个裁片，系统可以放置"8~16"个裁片不等；【横行数目】表示可以放置多少行，系统可以放置"1~4"行不等。

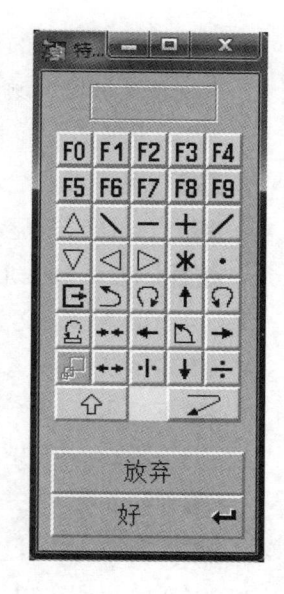

图6-50 【特别键设定】

点击下拉菜单【工具】→【重组上方图表】或右键点击【顶部图表区】，弹出【重新配置排版图表】对话框，如图6-51所示，鼠标左键按住数量输入框，拉出数量列表，移动鼠标进行数量的选择即可。

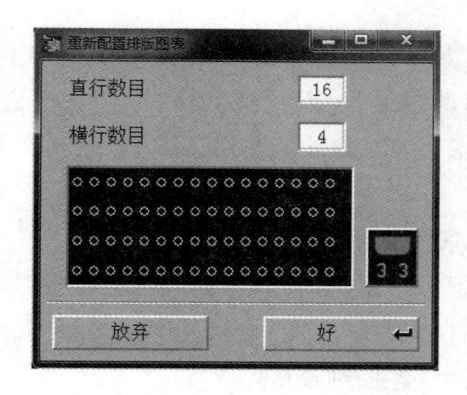

图6-51 【重新配置排版图表】对话框

4.【偏好设定】

在【偏好设定】中，用户可以根据实际需要或操作习惯，选择自己喜好的界面显示模式或操作方法。

点击下拉菜单【工具】→【偏好设定】，弹出【偏好设定】对话框，如图6-53所示。

（1）【配置】：点击该按钮，弹出【重新配置排版图表】对话框，如图6-51所示，可以修改【顶部图表区】裁片横排与竖排的数量。

（2）【填色】：可以设置【顶部图表区】裁片是否填上颜色。

▭ 裁片以线框的形式显示。

　　▭ 裁片被填上颜色显示。

（3）【种类】：【顶部图表区】显示类型选择。

　　▭ 以列表形式显示。

　　▭ 以排版形式显示。

　　▭ 以Flash Mark形式显示。

（4）【显示条纹】：排料区中是否显示条纹。

　　▭ 显示条纹。

　　▭ 不显示条纹。

（5）【对折/张开】：显示对折布是否张开。

　　▭ 对折布张开。

　　▭ 对折布不张开。

（6）【尺码】/【布纹线】/【说明】/【裁片同类】/【内部线】/【空隙值】：排料区中裁片是否显示尺码/布纹线/说明/裁片同类/内部线/空隙值。

　　▭、▭、▭、▭、▭、▭ 显示尺码/布纹线/说明/裁片同类/内部线/空隙值。

　　▭ 不显示尺码/布纹线/说明/裁片同类/内部线/空隙值。

（7）【填色】：排料区中裁片是否显示颜色。

　　▭ 裁片被填上颜色显示。

　　▭ 裁片以线框的形式显示。

（8）【排料图】：自动 ▭/手动 ▭ 排料模式。

（9）【空隙值】：▭ 靠齐空隙处理模式，▭ 单一空隙处理模式，▭ 累积空隙处理模式。

（10）【幅宽/图表背景色】：排料区背景颜色选择。

（11）【图像目录位置】：工具箱放置位置，左边/右边/隐藏 ▭、▭、▭。

（12）是否有声音。打钩"√"，有；反之，没有。

（13）裁片向量化选择。普通/细致 ▭/▭。

（14）内部线设置 ▭。点击该按钮，弹出【内部线】对话框，如图6-52所示。

（15）【特别键】：弹出【特别键设定】对话框。

（16）挤压排版的精度设置。绝对精度/正常精度。只有选择绝对精度才能进行挤压排版。

（17）弹出【自动排料的偏好设定】对话框。

（18）成衣及条纹颜色设置。点击该按钮，弹出如图6-53对话框。

（19）【格子】：在同类排料时，允许 ▭/禁止 ▭ 增加原来不存在的尺码。

（20）【放中】：在同类排料时，裁片取代的定位模式：布纹线/垂直布纹线定位 ▭/中心点定位 ▭。

第六章 力克排料系统（Diamino Fashion V5R4） | 285

图6-52 【内部线】对话框

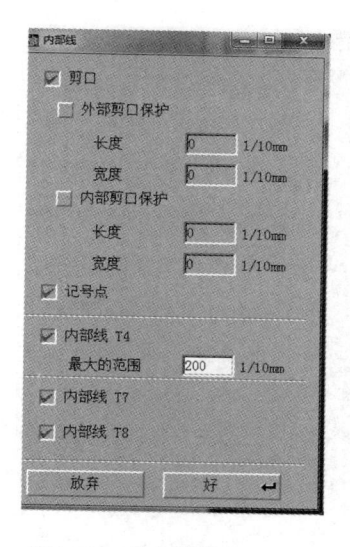

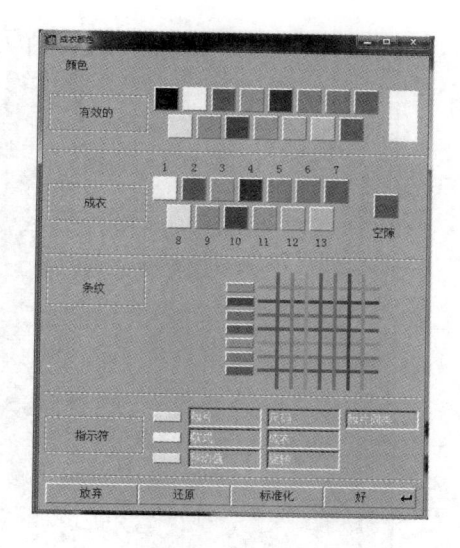

图6-53 成衣及条纹颜色设置

（21）【重读成衣档】：在同类排料时，由磁盘重新读出 ▨ / 不读出 ▨ 所需的成衣（包括限制条件）。

（22）在同类排料时，读取 ▨ / 不读取 ▨ 裁片的裁剪数。

（23）在同类排料时，成衣列表呈现形式：简要 ▨ / 详细 ▨ 。

（24）【留边空隙】：▨ 在同类排料时，从磁盘读出留边/空隙原始值。▨ 在同类排料时，排料或限制放入成衣档。

（25）【移动】：移动类型将被应用在同类排版 ▨ / 成衣 ▨ 上。

（26）【格子】：在增加/建立时，允许 ▨ / 禁止 ▨ 增加原来不存在的尺码。

（27）【重读成衣档】：在增加/建立时，由磁盘重新读出 ▨ / 不读出 ▨ 所需的成衣（包括限制条件）。

（28）【放中模式】：裁片组合时三种模式 ▨ 、▨ 、▨ 。

（29）储存排料图时需要显示的资料选择。

（30）【处理后配置】：选择对已保存排料图的导出方式。

（31）辅助说明栏。

（32）【放弃】：离开【偏好设定】对话框，不作任何设置修改。

（33）【还原】：还原【偏好设定】原来设置的状态（图6-54）。

（34）【好】：储存【偏好设定】的设置。

5. 【Flash Mark】、【Shaker】、【Optimizer】

（1）【Flash Mark】即为工具箱中的 ▨ 快速排料功能。

（2）【Shaker】即为优化排料工具中的 ▨ 完全挤压排料功能。

（3）【Optimizer】即为优化排料工具中的 ▨ Optimizer排料功能。

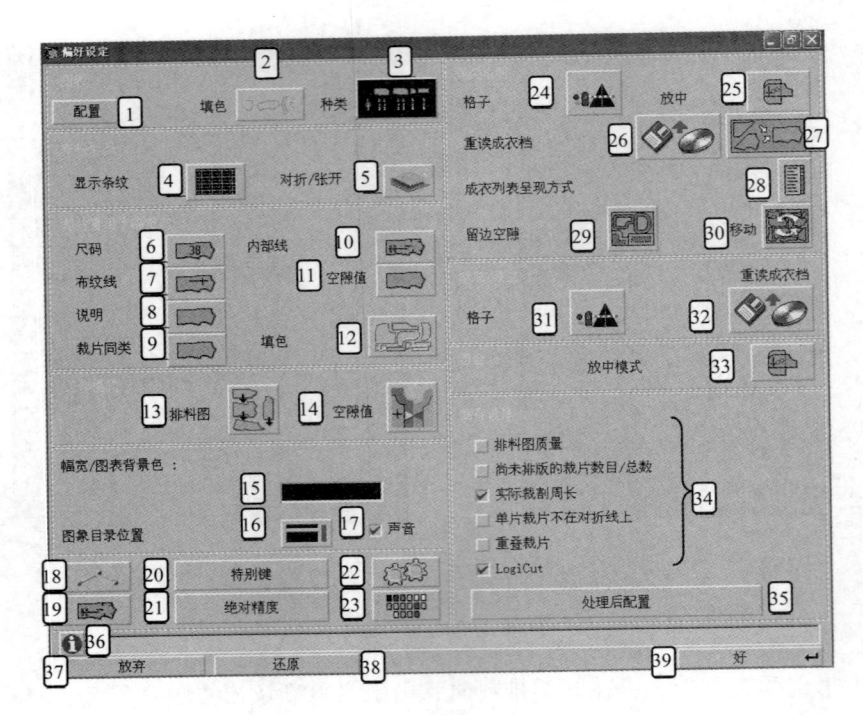

图6-54 【偏好设置】对话框

6. 【增加/删除】

【增加/删除】命令主要功能是增加或删除一组或多组尺码成衣裁片。增加的尺码成衣裁片可以是其他款式或不同的成衣档案，如图6-55所示。

（1）【成衣裁片列表框】：列出排料图所有成衣裁片的款式/成衣/尺码/方向/编号/状态的信息，已选的行以黄色显示。

在详细列表下，每一行代表某个码（在同一个款式系列下）某一件衣服的所有裁片；在简要列表下，每一行代表某个码（在同一个款式系列下）的所有成衣裁片。

（2）列表的呈现方式：详细列表 / 简要列表 。

（3）删除所有已选择的同码成衣裁片，只在详细列表状态下显示，在简要列表状态下隐藏。

例如：在详细列表下，鼠标左键点击款式为"OP-B100"/成衣为"B100"/尺码为"38"码的成衣 裁片行，点击【删除】按钮，该行进入【删除列表框】，点击 按钮，所有款式为"OP-B100"/成衣为"B100"/尺码为"38"码的成衣裁片行都变成了黄色，表示所有该成衣裁片都进入了【删除列表框】。

（4）【删除】：进入/退出成衣裁片删除模式。点击该按钮，文字变为黑色，按钮凹陷，进入成衣裁片删除模式；再次点击该按钮，文字变为黄色，按钮凸起，退出成衣裁片删除模式。

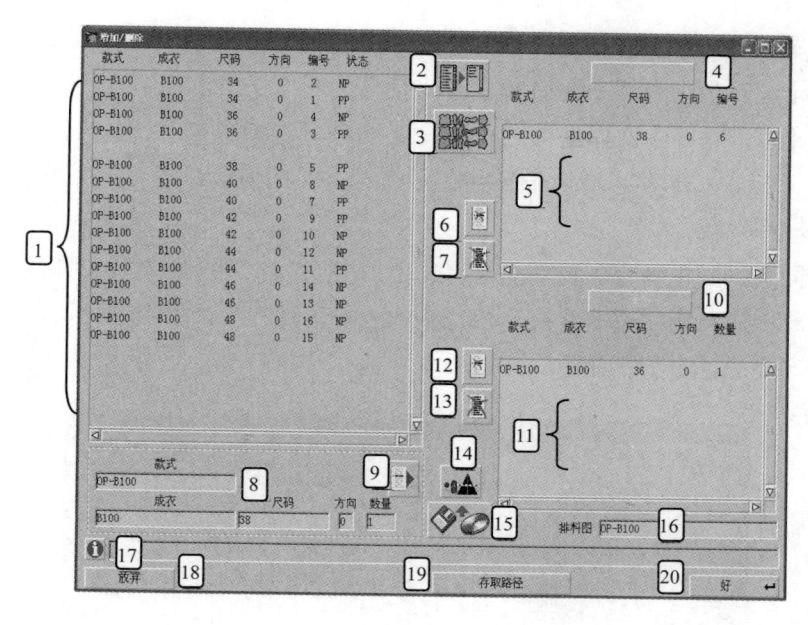

图6-55 【增加/删除】对话框

（5）【删除列表框】：列出被删除的成衣裁片。

（6）删除列表中的选行。

（7）删除列表框中所有列表行。

（8）选择需要增加的款式/成衣档案/尺码，输入方向/数量。

鼠标左键双击款式输入框，开启需要增加的款式文件。

鼠标左键双击成衣输入框，选择需要增加的成衣档案。

鼠标左键双击尺码输入框，选择需要增加的尺码。

输入成衣裁片方向与需要增加的数量。

（9）确认选出需要增加的"款式/成衣/尺码/方向/数量"资料，并将它们送入【增加列表框】。

（10）【增加】：进入/退出成衣裁片增加模式。点击该按钮，文字变为黑色，按钮凹陷，进入成衣裁片增加模式；再次点击该按钮，文字变为黄色，按钮凸起，退出成衣裁片增加模式。

（11）【增加列表框】：列出被增加的成衣裁片。

（12）删除【增加】列表中的选行。

（13）删除【增加】列表框中所有列表行。

（14）在增加成衣裁片时，允许 ▲ / 禁止 ▲ 增加原来不存在的尺码。

（15）在增加成衣裁片时，由磁盘重新读出 ◎◎ / 不读出 ◎◎ 所需的成衣（包括限制条件）。

（16）排料图（麦架）名称。

（17）辅助说明栏。

（18）【放弃】：离开【增加/删除】对话框，不作任何设置修改。

（19）【存取路径】：点击可更改存取路径。

（20）【好】：储存【增加/删除】的设置，并关闭该对话框。

7.【多种同类排版】

【多种同类排版】命令主要功能是将选出的成衣裁片替换原来已经排好的排料图。通常排好的排料图面料利用率非常高，用选出的成衣裁片替换该排料图，可以快速地得到新的面料利用率高的排料图，如图6-56所示。

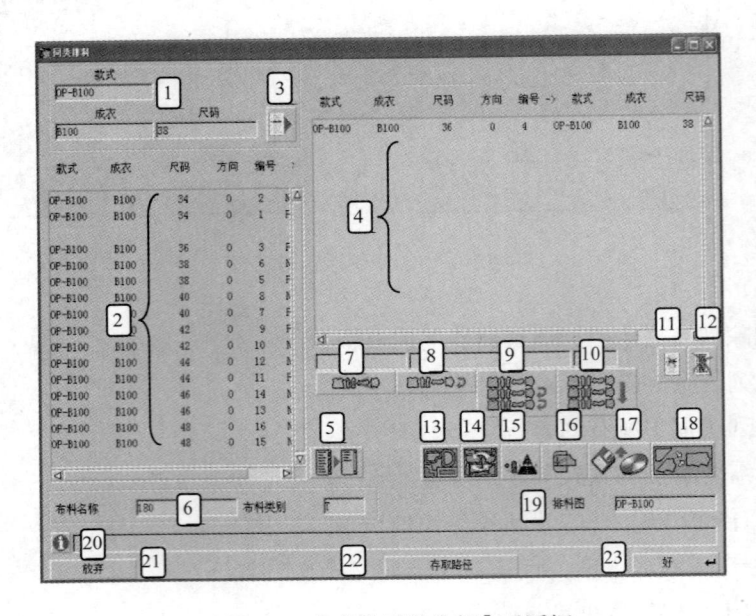

图6-56 【多种同类排版】对话框

（1）选择取代的款式名称/成衣档案/尺码等资料（新的或已存在列表中）。鼠标左键双击款式/成衣/尺码输入框，开启取代的款式文件/成衣档案/尺码。

（2）列出排好排料图的成衣裁片，已选作被取代作同类排料的成衣裁片以黄色显示。

（3）将取代/被取代的成衣裁片送入同类排版列表框。

（4）同类排版列表框。

（5）列表的呈现方式：详细列表 / 简要列表。

（6）布料名称/布料类别的输入。

（7）驳回选为被取代的成衣裁片。

（8）用已选的成衣档案取代现有的选行。

（9）从未选择的成衣档案取得同类。

（10）要求将所有已选的成衣件数替换作同类排版。

（11）删除列表中的选行。

（12）删除列表框中所有列表行。

（13）▨在同类排料时，从磁盘读出留边/空隙原始值。▨在同类排料时，排料或限制放入成衣档。

（14）移动类型将被应用在同类排版▨/成衣▨上，此成衣于硬盘读出。

（15）在同类排料时，允许▲/禁止▲增加原来不存在的尺码。

（16）在同类排料时，裁片取代的定位模式：布纹线/垂直布纹线定位▨/中心点定位▨。

（17）在同类排料时，由磁盘重新读出▨/不读出▨所需的成衣（包括限制条件）。

（18）在同类排料时，读取▨/不读取▨裁片的裁剪数。

（19）【排料图】：可输入新的排料名称。

（20）辅助说明栏。

（21）【放弃】：离开【同类排料】对话框，不作任何设置修改。

（22）【存取路径】：点击可更改存取路径。

（23）【好】：储存【同类排料】的设置，并关闭该对话框。

8.【排料图增加】

【排料图增加】命令主要功能是将两张不同的排料图（麦架）合并成一张。

先开启一张已经完成的排料图，再点击该命令，弹出【排料图增加】对话框，点击【选择档案】按钮，选择需要添加的排料图，弹出如图6-57所示的对话框，按【增加】按钮完成两张排料图的合并。

五、【条纹工具】

【条纹工具】菜单主要是完成对条对格排料的功能设置，包括的命令如图6-58所示。

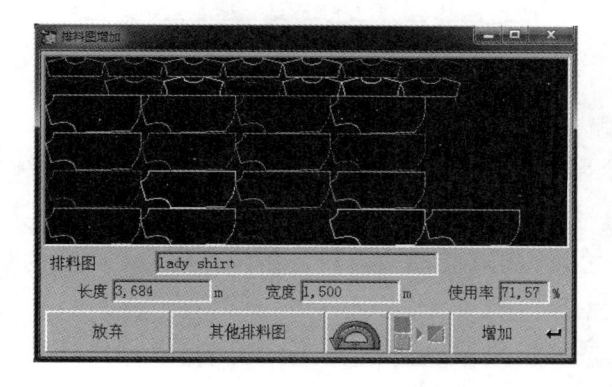

图6-57　【排料图增加】对话框　　　　图6-58　【条纹工具】菜单

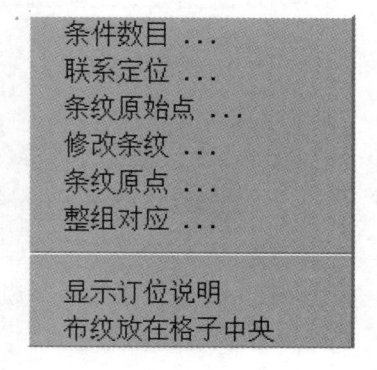

1. 【条纹数目】

【条纹数目】主要功能是显示纸样内在垂直方向、水平方向共有的条纹数量，如图6-59所示。

2. 【联系定位】

【联系定位】主要功能是设置裁片间的联系定位方式，如图6-60所示。

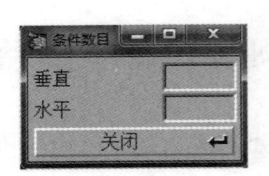

图6-59 【条纹数目】　　　　图6-60 【联系定位】

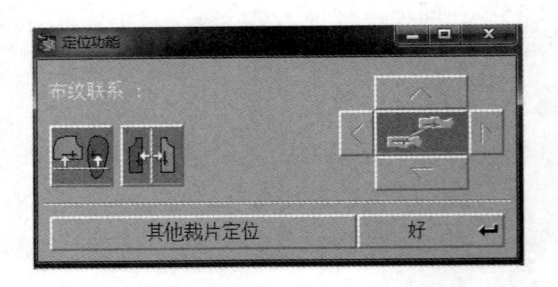

（1）▣▣▣互换布纹定位模式（是否X轴翻转）。

（2）▣▣▣互换布纹定位模式（是否Y轴翻转）。

3. 【条纹原始点】

【条纹原始点】主要功能是设定条纹的起点位置，如图6-61所示。

▣▣▣选择条纹原始点：布幅下方、布幅中央、布幅上方。

4. 【修改条纹】

【修改条纹】主要功能是修改条纹各种设定，如图6-62所示。

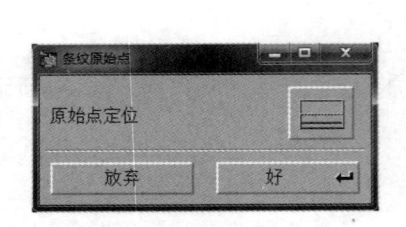

图6-61 【条纹原始点】　　　　图6-62 【修改条纹】

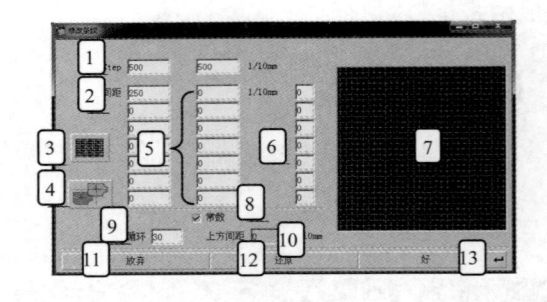

（1）【Step】：垂直/水平条纹一个循环的大小数值。例如垂直输入"500"、水平输入"300"，代表形成"5cm×3cm"为一个循环大小的格子。

（2）【间距】：起条位置与布边之间的距离。垂直条纹起条位置是与左布边的距离；水平条纹起条位置是与下布边的距离。

（3）取消所有的输入值。

（4）排格子时裁片是否自动对格。

(5)辅助条纹循环数值。

(6)补充条纹数量。

(7)条格显示窗口。

(8)改变循环数值时限制/不限制幅宽尺英寸。

(9)循环数值。

(10)循环与上布边的距离。

(11)放弃/还原/好。

5.【整组对应】

点击【整组对应】命令,弹出对话框如图6-63所示。

(1)输入新的对应点,或选择已存在的点。

(2)输入裁片与已存在的对应点结合。

(3)删除整组对应。

(4)删除所有的对应操作。

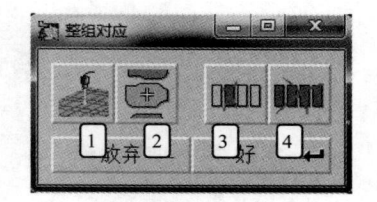

图6-63 【整组对应】

6.【显示订位说明】

【显示订位说明】主要功能是显示布纹定位方式,如图6-64、表6-5所示。

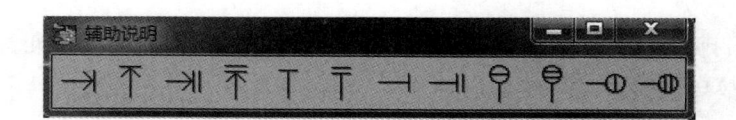

图6-64 【显示订位说明】

表6-5 按钮功能

按钮	功　能
→|	布纹线定位在垂直条纹上
⊥	布纹线定位在水平条纹上
→‖	布纹线定位在中间的垂直条纹上
⊤	布纹线定位在中间的水平条纹上
T	布纹线对称到水平条纹上
╤	对称布纹线联结到水平条纹上
⊣	布纹线对称到垂直条纹上
⊣‖	对称布纹线联结到垂直条纹上
¶	对应到水平条纹上
¶	对称联结到水平条纹上
—Φ	对应到垂直条纹上
—⫿⫿	对称联结到垂直条纹上

六、【辅助说明】菜单

当鼠标点击【辅助说明】菜单下的【辅助说明】打钩"√"时 ✓辅助说明，在排料区底部会出现【辅助说明显示栏】。

当鼠标光标移动到某个命令按钮上时，【辅助说明显示栏】中会显示该命令按钮的功能说明及相关信息。

再次点击【辅助说明】，取消打钩"√"，【辅助说明显示栏】消失。

第五节 排料系统综合应用

一、素色布排料应用

素色布排料应用流程在"本章 第一节 排料系统开启""本章 第二节 排料系统操作"已作详细讲解，在此不再赘述。

二、对条、对格排料应用

对条、对格排料与素色布排料有所不同，在排料前，需要做两方面准备工作。首先要在Modaris中给裁片设置对条、对格的联结，然后在Diamino的【条纹工具】中设置好条纹参数。

完成准备工作后，把设置好对条、对格联结的成衣档案按之前素色布排料的基本步骤建立新的排料图文件，打开排料图文件，在排料界面内自动或交互式排料就可以了。

1. 设置对条、对格的联结

（1）在Modaris中打开光盘。"T801.mdl"款式文件，该文件已经设置好成衣档案。按F8键，进入【测量、组合、成衣】面板。点击【成衣档案】按钮　　　，再点击工作区中成衣档案图标，打开成衣档案对话框，如图6-65所示。如果在成衣档案中，裁片是以裁片填色的状态显示（这种状态下看不到联结方式），而不是以线框的形式显示，可以点击【成衣档案】→【可视化】→【显示/隐藏关联】打钩"√"，裁片即以线框形式显示。

（2）按住　计算表/图形　按钮，在弹出的菜单中选择【图形】，整个对话框变为了图形框，关闭了计算表，如图6-66所示。

（3）垂直联结设置：点击下拉菜单【Links】，在【垂直放置】栏里选中【固定】选项；在【水平放置】栏里选中【自动】选项。

点击下拉菜单【Links】→【加联系点】，在前片裁片右腋下点A拉条直线到后片裁片右腋下点B，直线中间显示　为垂直联结，如图6-67所示。

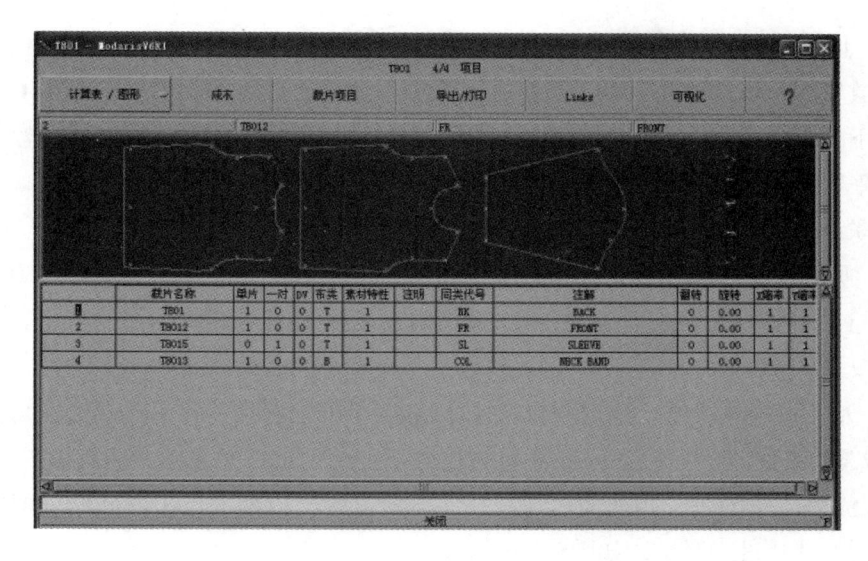

第六章 力克排料系统（Diamino Fashion V5R4） | 293

图6-65 【成衣档案】对话框

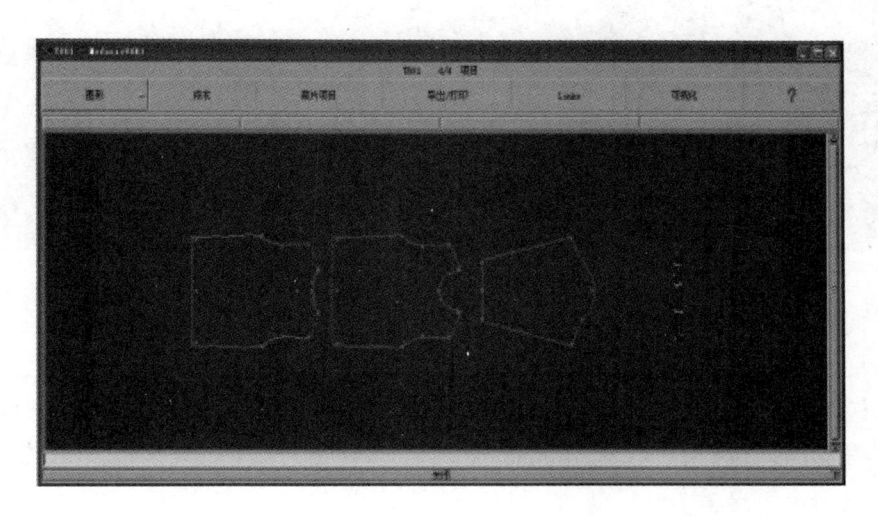

图6-66 【成衣档案】图形框

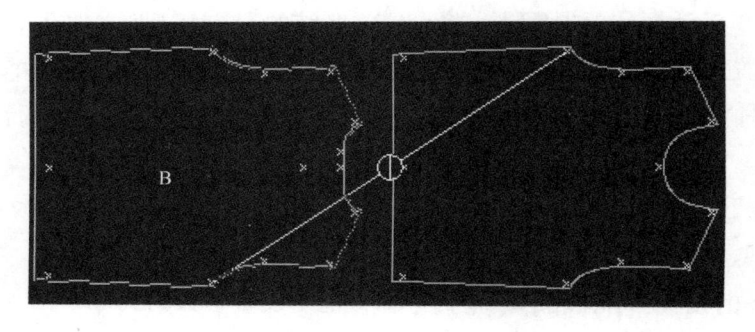

图6-67 垂直联结

（4）水平联结设置：如果想把垂直联结更改为水平联结，点击下拉菜单【Links】，在【垂直放置】栏里选中【自动】选项；在【水平放置】栏里选中【固定】选项。

点击下拉菜单【Links】→【更新联结】，鼠标左键点击在 ▉ 垂直联结图标上，图标更新为水平联结图标 ▉ 。

垂直联结与水平联结用于裁片的对条。

（5）垂直/水平联结设置：如果裁片用于对格，应该在下拉菜单【Links】中，【垂直放置】栏与【水平放置】栏里都应选中【固定】选项，裁片与裁片两点间拉出直线中间的图标是 ▉ 。

（6）如果想删除联结，点击下拉菜单【Links】→【删除关联】，左击在直线中间的图标 ▉ 或 ▉ 或 ▉ 上，可以删除裁片间的联结了。

（7）值得注意的是，相同的两片裁片不能建立两次或两次以上的联结，但同一裁片可以与不同的裁片进行联结，如图6-68所示。

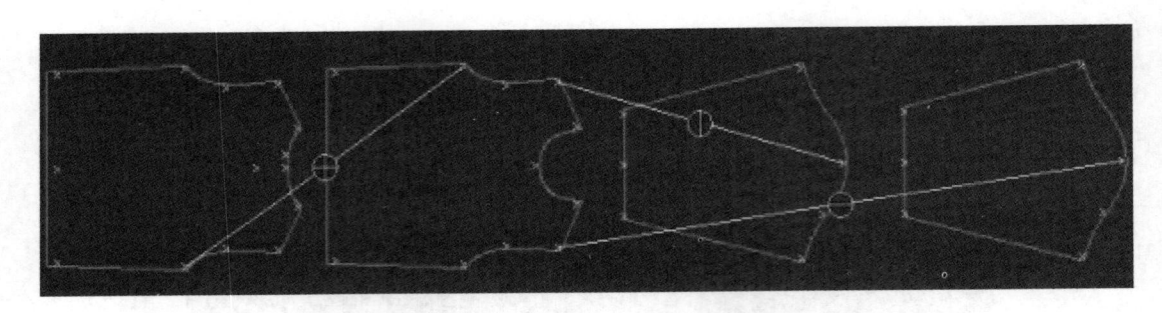

图6-68　一裁片与多裁片联结

点击【关闭】退出成衣档案。点击下拉菜单【档案】→【储存为】，将修改的文件储存成新的"*.MDL"文件，如"T_duitiao.mdl"。

2. 设置对条、对格参数

（1）双击桌面上的Diamino图标，进入排料界面。

（2）点击下拉菜单【档案】→【新档】，系统同时弹出【排料图概要】对话框与【排料图构成】对话框，根据要求，将设置过联结的"*.MDL"文件在【排料图构成】中导入，并设置好两个对话框的参数（注意该裁片布类为"T"，要在【排料图概要】→【布料】→【种类】中设置为"T"，裁片才能导出），最后生成一个新的"*.PLX"排料图文件。

（3）点击下拉【档案】→【开启】，打开新生成的"*.PLX"排料图文件。点击下拉菜单【条纹工具】→【修改条纹】，弹出修改条纹对话框，如图6-69所示。

（4）对条的设置：在Step的【垂直】编辑框中设置参数为1000，因为Step的单位为1/10mm，设置参数为1000代表每个垂直条纹循环的宽度为10cm。【水平】编辑框中设置

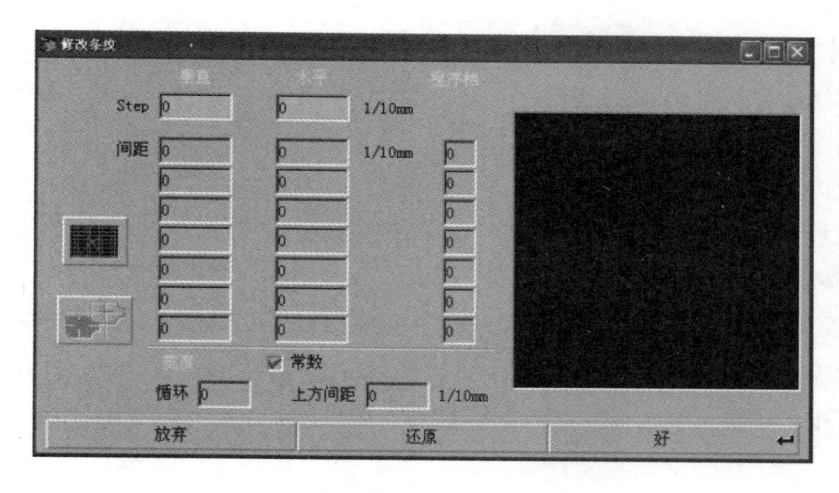

图6-69 【修改条纹】对话框

为0，黑色的预览框变为图6-70所示。

（5）【间距】：第1个编辑框输入数值为条纹起始位置与布边的距离，通常情况下铺布会从第1个条纹循环起始的位置铺起，这时输入数值为0；如果在距离第1个条纹循环起始位置3cm地方铺起，输入数值为300。

（6）如果1个条纹循环中出现不同颜色与大小的两条条纹，【间距】第2个编辑框输入的数字为：在最左方红边数起第1个条纹的宽度数值+第1个编辑框输入数值。即条纹循环内最左方条纹宽度为3cm，条纹起始位置与布边的距离为3cm，这里应该输入的数值为600。

（7）如果1个条纹循环中出现不同颜色与大小的三条条纹，【间距】第3个编辑框输入的数字为：在最左方红边数起到第2个条纹的宽度数值+第1个编辑框输入数值。即最左方红边到第2个条纹的宽度数值为5cm，条纹起始位置与布边的距离为3cm，这里应该输入800，如图6-71所示。

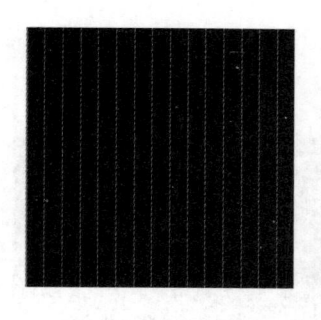

图6-70　对条的设置

Step为1000，其他为0

图6-71　条纹间距

Step为1000，【间距】框1为300，框2为600，框3为800

（8）以下【间距】第4、5、6、7个编辑框输入的数值以步骤⑥、⑦类推。值得注意的是，编辑框输入的数值最大不能超过Step设置的数值。

(9)【水平】编辑框的设置与【垂直】编辑框的设置是一致的。

但通常铺布会从第1个条纹循环起始的位置铺起,【垂直】的【间距】第1个编辑框输入数值为0;而在水平方向通常两头都有布边,所以通常【水平】的【间距】第1个编辑框输入数值不为0。

所有参数设置好后,点击【好】或按 Enter 键退出对话框。

3. 对条排料

(1)设置【垂直】Step为1000,【间距】框1为300,框2为600,框3为800,【平行】Step为0,点击【好】退出【修改条纹】对话框,在【排料区】出现了垂直条纹。如果在【排料区】中不显示条纹,可以点击菜单【显示】→【显示条纹】打钩"√",条纹出现在排料区中。

在【顶部图表区】点击4A码前裁片与后裁片下的数字,如图6-72所示,一个前裁片与一个后裁片掉落到【排料工作区】。

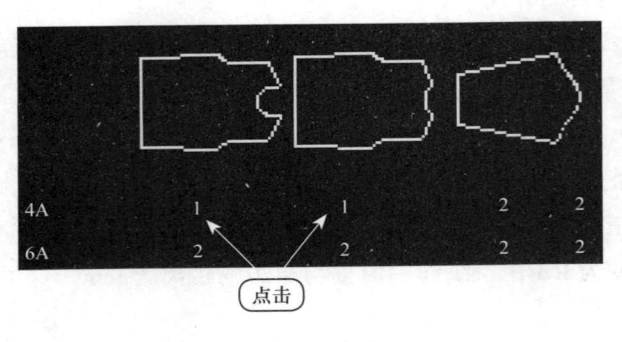

图6-72 点击

(2)保持前裁片不动,左键单击后裁片,移动鼠标,后裁片同步移动,拉出直线如图6-73所示。无论后裁片如何移动,左键再点击确定位置时,裁片会自动排在与前裁片条纹一致的地方(自动对条)。

(3)继续点击更多的裁片进入【排料工作区】,无论裁片如何移动,前后裁片总能保持在对条的状态下,裁片对条完成如图6-74所示。

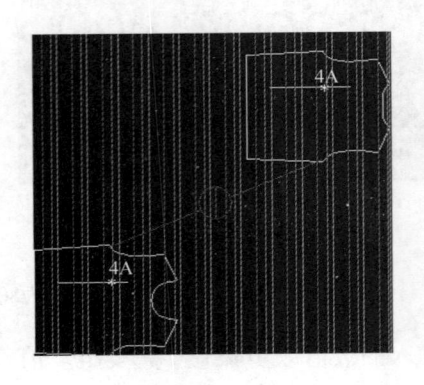

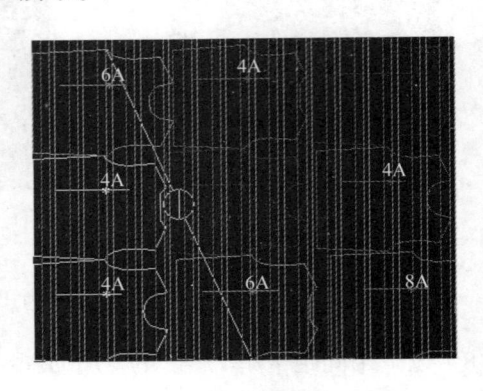

图6-73 对条排料　　　　　图6-74 对条排料完成图

4. 对格排料

（1）在Modaris中打开光盘中"T801.mdl"款式文件，将【成衣档案】中的裁片设置为如图6-75所示的联结形式。

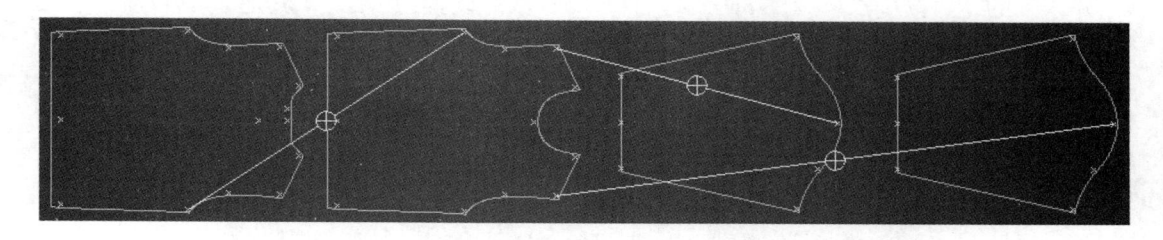

图6-75 对格排料联结形式

（2）点击下拉【档案】→【开启】，打开新生成的"*.PLX"排料图文件。点击下拉菜单【条纹工具】→【修改条纹】，弹出修改条纹对话框。

（3）对条对格的设置：在修改条纹对话框中将"Step"的【垂直】编辑框设置参数为"500"，代表每个垂直条纹循环的宽度为5cm。将【水平】编辑框设置为"300"，代表每个水平条纹循环的宽度为3cm，最终形成"5cm×3cm"为一个循环的对格排料。

（4）在【顶部图表区】中将各个裁片点击进入【排料工作区】排料，对格排料如图6-76所示。

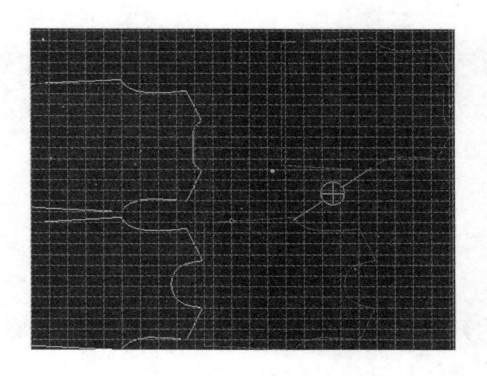

图6-76 对格排料

三、并床排料应用

在实际生产中，某些码数需要排料的数量很少，单独分床排料裁剪效率很低，条件许可时，可将两床或多床合并为一床。可以将排料并为一床，见表6-6。

表6-6 规格与件数

规格	7	8	9	10	11
件数	40	80	90	25	25

并床方案为：（1件/7码 + 2件/8码 + 1件/9码）×15件 +（1件/7码 + 2件/8码 + 3件/9码 + 1件/10码 + 1件/11码）×25件。

这时需要在一床裁片上出两张排料图，可以在【排料图构成】的【组别】栏中将需要"并床"的"1件/7码""2件/8码""1件/9码"裁片设置为"2"，其他"1件/7码""2件/8码""3件/9码""1件/10码""1件/11码"的裁片为"1"，这样裁片被分为2组，第1组与第2组，每组分别出一张排料图，如图6-77所示。

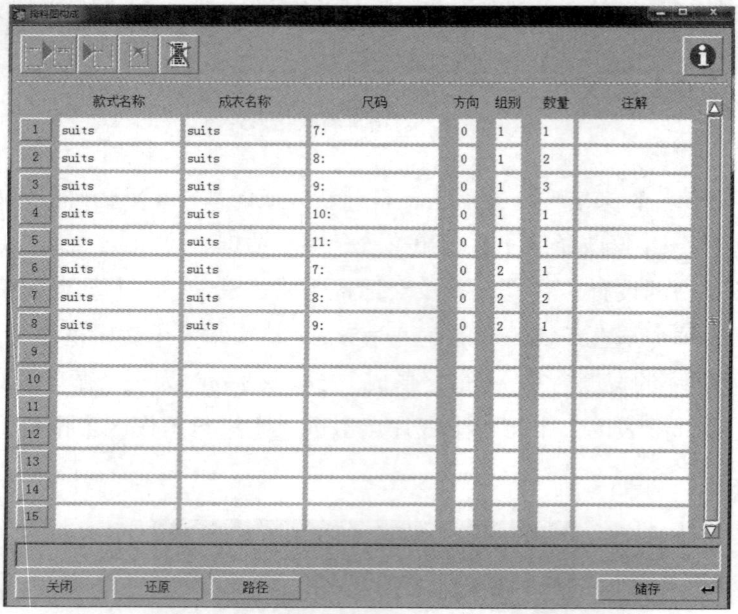

图6-77 并床排料分组

本章小结

■ Diamino排料系统的开启包括【成衣档案】的设置与【档案】下拉菜单的设置。

■ Diamino排料系统的操作包括将裁片移入排料区，将裁片移回顶部图表区，对排料区中裁片的操作等。

Diamino排料系统的快捷键非常重要，很多操作都需要快捷键配合来完成，用户需熟记各种快捷键操作方式。

Diamino排料系统的下拉菜单包括【档案】、【编辑】、【显示】、【工具】、【条纹工具】、【辅助说明】等。

思考题与实训练习

1. 在进入Diamino系统排料前，为什么要先设定裁片的成衣档案？怎样设定？

2. 如何建立裁片的布料限制?

3. 怎样设定裁片的重叠?怎样在原来的排料图中增加或删除一组或多组尺码裁片?

4. 怎样在【修改条纹】对话框中进行对条、对格的设置?

5. 以"第四章 高阶裁片关联(Modaris V6R1)"中建立的双排扣戗驳领女西服为例,在Diamino系统中进行对格排料,并输出排料图。

参考文献

[1] 陈建伟.服装CAD应用教程［M］.北京：中国纺织出版社，2011.

[2] 章永红.女装结构设计［M］.杭州：浙江大学出版社，2005.

[3] 张鸿志.服装CAD原理与应用［M］.北京：中国纺织出版社，2005.

[4] 日本文化服装学院.文化服装讲座（新版）［M］.范树林，译.北京：中国轻工业出版社，2006.